Java

经典入门指南

Java: A Beginner's Tutorial

［加］布迪·克尼亚万（Budi Kurniawan）著

沈泽刚 译

人民邮电出版社

北京

图书在版编目（CIP）数据

Java经典入门指南 / （加）布迪·克尼亚万
(Budi Kurniawan) 著；沈泽刚译. -- 北京：人民邮电
出版社，2020.6
ISBN 978-7-115-52576-5

Ⅰ. ①J… Ⅱ. ①布… ②沈… Ⅲ. ①JAVA语言—程序
设计 Ⅳ. ①TP312.8

中国版本图书馆CIP数据核字(2019)第253783号

版权声明

Simplified Chinese translation copyright© 2019 by Posts & Telecom Press Co.,LTD.

All rights reserved.

Java: A Beginner's Tutorial (5th Edition) ,by Budi Kurniawan.

Copyright©2019.

本书由 Budi Kurniawan 授权人民邮电出版社有限公司出版。未经出版者书面许可，对本书的任何部分不得以任何方式或任何手段复制和传播。

版权所有，侵权必究。

◆ 著　　　[加] 布迪·克尼亚万（Budi Kurniawan）
　　译　　　沈泽刚
　　责任编辑　吴晋瑜
　　责任印制　王　郁　焦志炜
◆ 人民邮电出版社出版发行　　北京市丰台区成寿寺路 11 号
　　邮编　100164　电子邮件　315@ptpress.com.cn
　　网址　https://www.ptpress.com.cn
　　北京市艺辉印刷有限公司印刷
◆ 开本：787×1092　1/16
　　印张：27.25
　　字数：720 千字　　　　　　　　　2020 年 6 月第 1 版
　　印数：1 – 2 400 册　　　　　　　2020 年 6 月北京第 1 次印刷
　　著作权合同登记号　图字：01-2019-7243 号

定价：79.00 元
读者服务热线：**(010)81055410** 印装质量热线：**(010)81055316**
反盗版热线：**(010)81055315**
广告经营许可证：京东工商广登字 20170147 号

内容提要

　　本书基于新版的 Java 11 编写，全面系统地介绍 Java 程序员必须掌握的核心基础知识，这些内容融合在三大主题中——Java 语言基础、面向对象编程以及 Java 核心类库。其中，Java 语言基础包括数据类型和运算符、控制结构、数组、类和对象、异常处理、枚举和注解等；面向对象包括封装性、继承性、多态性、接口与抽象类、泛型与集合、多线程与并发编程等；Java 核心类库包括日期时间 API、输入/输出、JavaFX 图形界面、Lambda 表达式和 Stream 的使用、数据库和网络编程。本书还介绍了安全性和 Java Web 编程基础的相关知识。

　　本书是为专业级 Java 程序员打造的理想教程，也可作为高等院校计算机相关专业"面向对象编程"和"Java 语言程序设计"等课程的教学用书。

译者序

Java 自 1995 年诞生以来，经过 20 多年的发展，现已成为 IT 领域最流行的编程语言和开发平台。多年来，Java 一直名列流行编程语言排行榜（如 TIOBE）首位，尤其是在 Java 归于 Oracle 公司后，其发展更是与时俱进，其半年一次的新版本的发布策略，更能适应当今 IT 领域日新月异的快速发展。

本书主要包括三大主题：Java 语言基础、面向对象编程和 Java 核心类库。作者将这些内容集结成册，以飨读者。本书共 30 章，包括运算符和表达式、控制结构、类与对象、数组、核心类等语言基础，包括继承、封装、多态、接口与抽象类、枚举、注解和内部类等面向对象特征，包括日期和时间 API、泛型与集合框架、输入/输出、数据库与网络编程、线程、Lambda 表达式、Stream 的使用、模块以及 JavaFX 图形界面设计，还包括 Java 安全、Servlet 和 JSP 编程基础。最后，附录介绍了 javac、java 和 jar 工具以及 Eclipse 开发工具（以配套资源形式给出）。

本书是作者为 Java 程序员和即将成为 Java 程序员的读者奉献的一场盛宴，将带领读者一步步进入 Java 领域丰富多彩的殿堂。读者可以按书中给出的章节顺序学习，也可以在学习了前 8 章的基础知识后，有选择地学习后面的章节。

本书通过大量的案例对基本概念和编程思想进行了解释，读者应该仔细研究这些案例并亲手实践，以提升自己的编程能力。

本书作者是资深的 Java 技术专家、Java 企业级应用架构师，著有多部专业图书，以清晰的写作风格闻名。在本书翻译过程中，我也得到了他本人的指导，在此表示感谢。

本书的出版得到了人民邮电出版社的大力支持，我对他们高效的工作态度、高度的敬业精神和精湛的专业知识表示敬佩。译者在翻译过程中虽竭力准确表达原作者思想，但因水平有限，难免存在不足之外，敬请广大读者不吝指教。

沈泽刚

作者简介

　　布迪·克尼亚万（Budi Kurniawan）是 Brainy Software 的高级开发人员，曾在世界各地的多家机构担任顾问。他著有 *How Tomcat Works*、*Servlet and JSP: A Tutorial*、*Struts 2 Design and Programming* 等多部图书。他以清晰的写作风格而闻名，他的写作基于 20 年的软件架构师和软件开发经验。他的 Java 教程最近被德国斯图加特 HDM 计算机科学教学团队选中，作为大学的主要教材。

本书涵盖了中级 Java 程序员日常工作所需掌握的最重要的 Java 编程技术，其中包括三大主题，它们是一名专业级 Java 程序员必须熟练掌握的内容：

- Java 语言基础；
- 面向对象编程（OOP）；
- Java 核心类库，其中包含程序可用的 6000 多个类，它们也称为 Java 标准库。

这三大主题相互依存，却很难组织到一本教程中。一方面，Java 是一种 OOP 语言，所以如果已经了解 OOP，那么它的语法很容易学习；另一方面，OOP 的特性最好通过实例来讲解。但遗憾的是，理解实际的 Java 程序还需要 Java 类库的知识。

鉴于这种相互依存关系，这三大主题的内容并没有分成三个独立的部分，而是经常交织在一起。例如，本书在解释多态性之前，要保证读者已熟悉某些 Java 类，之后才能讲解真实的案例。此外，像泛型这样的语言特性，如果读者事先不理解某些类，是无法解释清楚的，所以需要先介绍支持类，然后讨论泛型。也会出现这样的情况：一个主题可能在两个或多个地方出现。例如，**for** 语句是一项基本的语言特性，应该在前面的章节中讨论，不过 **for** 语句也可以用来迭代数组或集合，因此首先在第 3 章中介绍 **for** 语句，然后在第 6 章和第 14 章中再度讨论它。

接下来，本书对 Java 做高度概括，粗略介绍面向对象编程（OOP）的概念，并简要地描述每一章的主要内容。

Java，语言和技术

Java 不仅是一种面向对象的编程语言，还是一系列技术，它可以使软件开发更快捷，使应用程序更具鲁棒性、更安全。多年来，Java 一直是首选的编程技术，因为它具有平台独立性、易用性、加速应用程序开发的完整类库、安全性、可伸缩性以及广泛的行业支持等优点。

Sun Microsystems 公司于 1995 年发布了 Java。尽管 Java 从一开始是一种通用语言，但很快就以能编写 Applet 而闻名。Applet 是一种小程序，运行在 Web 浏览器中，并且为静态网站添加交互性。Applet 在这个领域统治了十多年，但随着 Flash、Silverlight 和 HTML5 等竞争技术的出现，它的统治地位开始动摇。谷歌浏览器 Chrome 于 2015 年放弃对 Applet 的支持，Firefox 也于 2017 年停止了对它的支持，Applet 就此出局。

Java 另一个吸引人的特性是其平台独立性的承诺，也就是"一次编写，随处运行"（Write Once, Run Anywhere）的口号。这意味着编写的程序可在 Windows、macOS、Linux 和其他操作系统上运行。这是其他编程语言无法做到的。当时，C 和 C++是开发常规应用程序最常用的两种语言。Java 从诞生之日起，似乎就抢尽了它们的风头。

那就是 Java 1.0 版。

1997 年，Java 1.1 版发布了，其在原来的基础上增加了一些重要的特性，如更好的事件模型、Java Beans 以及国际化等。

1998 年 12 月，Java 1.2 发布了。在发布 3 天后，它的版本号被改为 2，这标志着一个巨大的营销活动的开始，该活动旨在将 Java 作为"下一代"技术进行销售。Java 2 有 3 个版本：标准版（J2SE）、企业版（J2EE）、移动版（J2ME）。

2000 年发布的下一个版本是 1.3，也就是 J2SE 1.3。2002 年发布 1.4 版，即 J2SE 1.4。J2SE 1.5 版于 2004 年发布。1.5 版的 Java 2 后来被改为 Java 5。

2006 年 11 月 13 日，也就是 Java 6 正式发布的前一个月，Sun 宣布开放 Java 的源代码。Java SE 6 是 Sun 邀请外部开发人员编写代码并帮助修复程序错误的第一个 Java 版本。诚然，公司过去接受过非本公司员工的参与，如道格·利（Doug Lea）在多线程方面的工作，但这是 Sun 第一次公开发出邀请。Sun 公司承认他们的资源有限，而外部参与者将帮助他们画上完美的句号。

2007 年 5 月，Sun 将其 Java 源代码作为免费软件发布给 OpenJDK 社区。IBM、Oracle 和 Apple 后来都加入了 OpenJDK 社区。

2010 年，Oracle 收购了 Sun，成为 Java 新的所有者。

Java 7 于 2011 年 7 月发布，Java 8 于 2014 年 3 月发布，Java 9 于 2017 年 9 月发布。从 Java 9 开始，Oracle 将 Java 发布策略从特征驱动模型更改为基于时间的模型，每 6 个月发布一个新 Java 版本，每季度更新一次，每 3 年发布一个长期支持版本。得益于这个新方案，Java 10 于 2018 年 3 月发布，Java 11 于 2018 年 9 月发布。

什么使 Java 平台独立

一个"独立于平台"或"跨平台"的程序可以运行在多种操作系统上，这是使 Java 流行的主要原因。然而，是什么使 Java 平台独立呢？

一方面，在传统编程中，源代码被编译成可执行代码。这种可执行代码只能在设计它的平台上运行。换句话说，用 Windows 编写和编译的代码只能在 Windows 上运行，用 Linux 编写的代码只能在 Linux 上运行，以此类推，如图 I.1 所示。

图 I.1 传统的编程范例

另一方面，Java 程序被编译成字节码（bytecode）。字节码本身不能运行，因为它不是本机代码（native code）。字节码只能在 Java 虚拟机（JVM）上运行。JVM 是解释字节码的本机应用程序。JVM 在许多平台上可用，从而把 Java 变成一种跨平台语言。如图 I.2 所示，完全相同的字节码可以在各种操作系统的 JVM 上运行。

图 I.2 Java 编程模式

目前，JVM 适用于 Windows、macOS、Unix、Linux、Free BSD 以及世界上几乎所有其他主流操作系统。

JDK、JRE 和 JVM 有什么区别

Java 程序必须被编译，Java 需要一个真正有用的编译器。编译器是一种将程序源代码转换为可执行格式（字节码或本机代码）的程序。在开始用 Java 编程之前，必须先下载 Java 编译器，编译器程序名为 **javac**，是 Java compiler 的缩写。

尽管 **javac** 可以将 Java 源代码编译为字节码，但要执行字节码，还需要 Java 虚拟机（Java Virtual Machine，JVM）。此外，由于经常使用 Java 类库中的类，因此还需要下载这些类库。Java 运行时环境（Java Runtime Environment，JRE）同时包含 JVM 和 Java 类库。当然，Windows 的 JRE 与 Linux 的 JRE 不同，也就是一种操作系统的 JRE 与另一种操作系统的 JRE 不同。

Java 软件有如下两种发行版。

- JRE，其中包括 JVM 和 Java 类库。这对于执行字节码很有用。
- JDK（Java 开发工具包），其中包括 JRE 加上一个编译器和其他工具。这是编译 Java 程序以及运行字节码所需的软件。

总之，JVM 是执行字节码的本机应用程序。JRE 是一个包含 JVM 和 Java 类库的环境。JDK 包括 JRE 和含 Java 编译器在内的其他工具。JDK 也经常被称为 SDK（软件开发工具包）。

Java 2、Java SE、Java EE、J2ME 是什么

Sun 在推广 Java 方面做得很好。它的营销策略之一就是创造了 Java 2 这个名字。Java 2 有如下 3 个版本。

- Java 2 平台，标准版（J2SE）。J2SE 基本上就是 JDK。它还作为 J2EE 中定义的技术的基础。
- Java 2 平台，企业版（J2EE）。它定义了开发基于组件的多层企业应用程序的标准。特性包括 Web 服务支持和开发工具。
- Java 2 平台，移动版（J2ME）。它为在移动电话和电视机顶盒等消费设备上运行的应用程序提供了一个环境。J2ME 包括一个 JVM 和一组有限的类库。

在版本 5 中出现了名称的变化。J2SE 变成了 Java Platform, Standard Edition 5（Java SE 5），而且，J2EE 和 J2ME 中的"2"也被去掉了。企业版的最新版是 Java Platform, Enterprise Edition 8（Java EE 8 或 JEE 8）。J2ME 现在称为 Java Platform, Micro Edition（Java ME，不带版本号）。

与 Sun 公司推出的第一个 Java 版本不同，J2SE 1.4、Java SE 5 和 Java 的后续版本是一系列规范，它们定义了在发布时需要实现的特性。软件本身被称为参考实现。Oracle、IBM 和其他公司一起，通过 OpenJDK 提供了 Java SE 11 参考实现以及 Java 后续版本的参考实现。Java EE 6、Java EE 7 和 Java EE 8 也是一系列规范，其中包括 Servlet、JavaServer Pages、JavaServer Faces、Java Messaging Service 等技术。

到目前为止，一切顺利。然而，到了 2017 年年初，Oracle 显然在 Java EE 商业化方面几乎没有取得成功。2017 年 9 月，Oracle 宣布将把 Java EE 提交给新的买方 Eclipse Foundation。然而，所有权的转让并不包括 Java 这个名称，因此它现在仍然是 Oracle 拥有的商标。Eclipse

基金会为 Java EE 取的新名称是 Jakarta EE。

要运行 Jakarta EE 应用程序，需要一个应用服务器。在撰写本书时，我们还不清楚哪些应用程序服务器是兼容的，但可以明确的是满足 Java EE 6 和 Java EE 7 等的应用程序服务器包括 Oracle WebLogic、IBM WebSphere、GlassFish、JBoss、WildFly、Apache Geronimo、Apache TomEE 等。

JBoss、GlassFish、WildFly、Geronimo 和 TomEE 都是开源的 Java EE 服务器。不过，它们有不同的许可证，所以在决定使用这些产品之前一定要仔细阅读相关内容。

Java 社区进程程序

Java 之所以能够持续成为首选技术，在很大程度上归功于 Sun 的策略，即让其他行业人员参与决定 Java 的未来。这样，很多人觉得他们也拥有 Java。许多大公司，如 IBM、Oracle、Nokia、Fujitsu 等，都在 Java 上进行了大量的投资，因为他们也可以为一项技术提出一个规范，并提出他们希望在下一个 Java 技术版本中看到的内容。这种协同工作采用 Java 社区进程（Java Community Process，JCP）程序的形式。

JCP 程序提出的规范称为 Java 规范请求（Java Specification Request，JSR），例如 JSR 386 定义了 Java SE 12。

JDK 增强建议

JDK 增强建议（JDK Enhancement Proposal，JEP）是一个收集改进 JDK 和 OpenJDK 建议的过程。JEP 比 JSR 更不正式，它也并不打算取代 JCP。此外，JEP 仅仅针对 JDK 特有的新特性。

面向对象编程概述

面向对象编程（Object-Oriented Programming，OOP）通过在现实世界的对象上对应用程序建模来发挥作用。OOP 的 3 个原则是封装性、继承性和多态性。

OOP 的优势就是大多数现代编程语言（包括 Java）都是面向对象（Object-Oriented, OO）的原因。可以举出两个转而支持 OOP 的语言的例子：C 语言演变为 C++，Visual Basic 升级为 Visual Basic.NET。

接下来将讨论 OOP 的优势，并对学习 OOP 的难易程度进行评定。

OOP 的优势

OOP 的优势包括代码易维护、代码可重用和可扩展性。

（1）代码易维护（ease of maintenance）。现代软件应用程序规模日趋庞大。从前，一个"大型"系统包含几千行代码。现在，即使是那些由百万行代码组成的软件也并不被认为是大型系统。当系统变得越来越大时，它就开始给开发人员带来各种问题。C++之父本贾尼·斯特劳斯特卢普（Bjarne Stroustrup）说过，可以用任何语言以任何方式编写一个小程序。如果读者不轻易放弃，最终还是可以让它运行起来。但对于大型项目就是另一回事了。如果不采用"好的编程"方法，旧的错误还没有修复完，就会产生新的错误。这是因为大型程序的各个部分之间是相互依赖的。当修改程序的某处时，读者可能没有意识到该修改可能会影响其他地方。OOP 很容易使应用程序模块化，这会让维护变得不那么麻烦。模块化在 OOP 中本来就存在，因为类本身就是模块，它是对象的模板。一种好的设计应该允许类包含类似的功能和相关数据。OOP 中经常使用的一个重要且相关的术语是耦合（coupling），它表示两个模块之间的交互程度。组件之间的松散耦合可以使代码重用更容易实现，这是 OOP 的另一个优点。

（2）代码可重用（reusability）。可重用性是指之前编写的代码可以被代码作者和其他需要原始代码提供相同功能的人重用。因此，OOP 语言通常提供一系列现成的类库就不足为奇了。以 Java 为例，该语言附带着数百个经过精心设计和测试的类库或应用程序接口（API）。编写和分发自己的类库也很容易。编程平台支持可重用性这点非常有吸引力，因为它可以缩短开发时间。

类可重用性的主要挑战之一是为类库创建良好的文档。作为一名程序员，要找到一个能够为其提供所需功能的类能有多快？是找一个类更快呢，还是从头开始编写一个新类更快呢？幸运的是，Java 核心和扩展 API 都带有大量文档。

可重用性不仅通过类和其他类型的重用应用于编码阶段，在 OO 系统中设计应用程序时，OO 设计问题的解决方案也可以重用。这些解决方案称为设计模式。为了更容易地引用每个解决方案，每种设计模式都有一个名称。可重用设计模式的早期讨论请见经典著作《设计模式：可重用面向对象软件的基础》，该著作由 Erich Gamma、Richard Helm、Ralph Johnson 和 John Vlissides 合著。

（3）可扩展性（extendibility）。每个应用程序都有自己的需求和规范。就可重用性而言，有时可能找不到提供应用程序所需的精确功能的现成的类。不过，或许可以找到一两个提供部分功能的应用程序。可扩展性的意思就是可以通过扩展这些类来满足需要。这样做仍然可以节省时间，因为不必从头编写代码。在 OOP 中，可以扩展现有的类，并添加或修改其中的方法或数据。

OOP 难学吗

研究人员一直在讨论在学校讲授 OOP 的最佳方法。有人认为，在引入 OOP 之前，最好先讲过程化程序设计。在许多课程教学计划中，都是在学生快大学毕业时才开设 OOP 课程。然而，最近的研究表明，具有过程化程序设计技能的人的思维模式与 OO 程序员看待和试图解决问题的方式非常不同。当这个人需要学习 OOP 时，他所面临的最大困难是必须经历模式转换。据说将一个人的思维模式从过程化转向面向对象需要 6～18 个月的时间。另一项研究表明，没有学过过程化程序设计的学生并不觉得学习 OOP 很难。

好消息是 Java 是一种易于学习的 OOP 语言。读者不需要担心指针，也不需要花时间解决由于未能销毁无用对象而导致的内存泄露，等等。此外，Java 还提供了一个全面的类库。一旦掌握了 OOP 的基本知识，用 Java 编程就非常容易。

本书内容

本书各章的主要内容如下。

第 1 章给出安装 JDK 的指导方法，旨在让读者体验使用 Java 的感觉。包括编写一个简单的 Java 程序，使用 **javac** 工具编译它，并使用 **java** 程序运行它。

第 2 章讲授 Java 语言的语法。

第 3 章解释 Java 的 **for**、**while**、**do-while**、**if**、**if-else**、**switch**、**break** 和 **continue** 等语句。

第 4 章是本书的第一堂 OOP 课。它从 Java 对象是什么开始，然后讨论类、类成员和两个 OOP 概念（抽象和封装）。

第 5 章涵盖 Java 中一些最常用的类。

第 6 章讨论数组，这是 Java 的一个广泛使用的特性。

第 7 章讨论 OOP 中的代码可扩展性。本章教读者如何扩展类、影响子类的可见性和覆盖方法。

错误处理是任何编程语言的一个重要特性。作为一种成熟的语言，Java 有一个非常健壮的错误处理机制，有助于防止程序错误的扩散。第 8 章详细讨论这种机制。

第 9 章讨论处理数字时涉及的 3 个问题：解析、格式化和操作。

第 10 章介绍接口不仅是一个没有实现的类。接口定义了服务提供者和客户之间的一种契约。本章将解释如何使用接口和抽象类。

多态性是面向对象的主要支柱之一。它在程序编译时对象类型未知的情况下非常有用。第 11 章解释多态性特性，并给出一些有用的例子。

第 12 章介绍枚举类型，这是自版本 5 以来添加到 Java 中的一种类型。

第 13 章讨论添加到 Java 8 中的新的日期和时间 API，以及在旧版本 Java 中使用的旧 API。

第 14 章展示如何对对象进行分组和操作。

第 15 章解释泛型，这是 Java 中的一个重要特性。

第 16 章介绍流（Stream）的概念，并解释了如何使用 Java IO API 中的流类型来执行输入/输出操作。

第 17 章讨论注解。它解释了 JDK 附带的标准注解、一般注解、标准元注解和自定义注解类型。

第 18 章解释如何在另一个类中编写类，以及为什么这种 OOP 特性非常有用。

第 19 章介绍 Lambda 表达式的用法。

第 20 章讨论 Stream 以及为什么它们在 Java 编程中扮演着重要的角色。

第 21 章介绍访问数据库和操作数据的技术。

第 22 章介绍 JavaFX，这是一种用于创建富客户端应用程序的技术。

第 23 章讨论 FXML，这是一种标记语言，可用于分离 JavaFX 应用程序中的表示层和业务逻辑。

第 24 章介绍线程。线程是操作系统分配处理器时间的基本处理单元，一个进程中可以有多个线程执行代码。由此可知，在 Java 中多线程编程并不是只有高级程序员才能做到。

第 25 章是关于多线程编程的另一章。它讨论了更容易编写多线程程序的类型。

第 26 章处理可以在网络编程中使用的类。

第 27 章介绍 Java 应用程序用户如何限制 Java 应用程序运行，以及如何使用密码保护应用程序和数据。

第 28 章探讨 Servlet 技术和 Servlet API，并给出了几个示例。

第 29 章解释另一种 Web 开发技术并展示了如何编写 JSP 页面。

第 30 章解释 Java 模块系统，这是 Java 9 中添加的最新特性。

本书附录以配套资源形式给出，请登录异步社区下载。附录 A、附录 B 和附录 C 分别介绍 **javac**、**java** 和 **jar** 这 3 个工具的使用方法。附录 D 提供了当今流行的 IDE 之一 Eclipse 的简短教程。

资源与支持

本书由异步社区出品，社区（https://www.epubit.com/）为您提供相关资源和后续服务。

配套资源

本书提供为读者提供源代码。要获得以上配套资源，请在异步社区本书页面中单击 配套资源 ，跳转到下载界面，按提示进行操作即可。注意：为保证购书读者的权益，该操作会给出相关提示，要求输入提取码进行验证。

如果您是教师，希望获得教学配套资源，请在社区本书页面中直接联系本书的责任编辑。

提交勘误

作者和编辑尽最大努力来确保书中内容的准确性，但难免会存在疏漏。欢迎您将发现的问题反馈给我们，帮助我们提升图书的质量。

如果您发现错误，请登录异步社区，按书名搜索，进入本书页面，单击"提交勘误"，输入勘误信息，单击"提交"按钮即可。本书的作者和编辑会对您提交的勘误进行审核，确认并接受后，将赠予您异步社区的 100 积分（积分可用于在异步社区兑换优惠券、样书或奖品）。

详细信息	写书评	提交勘误

页码：☐　页内位置（行数）：☐　勘误印次：☐

B I U ABC ≡ ▾ ≡ ▾ " ∽ ☒ ≡

字数统计

提交

扫码关注本书

扫描下方二维码，您将会在异步社区微信服务号中看到本书信息及相关的服务提示。

与我们联系

我们的联系邮箱是 contact@epubit.com.cn。

如果您对本书有任何疑问或建议，请发邮件给我们，并请在邮件标题中注明本书书名，以便我们更高效地做出反馈。

如果您有兴趣出版图书、录制教学视频，或者参与图书翻译、技术审校等工作，可以发邮件给我们；有意出版图书的作者也可以到异步社区在线提交投稿（直接访问 www.epubit.com/selfpublish/submission 即可）。

如果您来自学校、培训机构或企业，想批量购买本书或异步社区出版的其他图书，也可以发邮件给我们。

如果您在网上发现有针对异步社区出品图书的各种形式的盗版行为，包括对图书全部或部分内容的非授权传播，请将疑似有侵权行为的链接发邮件给我们。您的这一举动是对作者权益的保护，也是我们持续为您提供有价值的内容的动力之源。

关于异步社区和异步图书

"异步社区"是人民邮电出版社旗下 IT 专业图书社区，致力于出版精品 IT 技术图书和相关学习产品，为作译者提供优质出版服务。异步社区创办于 2015 年 8 月，提供大量精品 IT 技术图书和电子书，以及高品质技术文章和视频课程。更多详情请访问异步社区官网 https://www.epubit.com。

"异步图书"是由异步社区编辑团队策划出版的精品 IT 专业图书的品牌，依托于人民邮电出版社近 30 年的计算机图书出版积累和专业编辑团队，相关图书在封面上印有异步图书的 LOGO。异步图书的出版领域包括软件开发、大数据、AI、测试、前端、网络技术等。

异步社区

微信服务号

目录

第*1*章

新手起步

用 Java 编程，需要用到 Java SE 开发工具包（JDK），因此 1.1 节先介绍如何下载和安装 JDK。

开发 Java 程序包括编写代码、将其编译为字节码以及执行字节码。Java 程序员在其职业生涯中，将不断重复这个过程。由此可见，适应该过程是至关重要的。因此，本章的主要目的是让读者体验使用 Java 进行软件开发的过程。

编写出来的代码不仅要能够执行，更重要的是还要易于阅读和维护，因此本章将介绍 Java 编码规范。此外，明智的开发人员会选择使用集成开发环境（IDE）。本章的最后一节将给出关于 Java IDE 的使用建议。

1.1　下载和安装 JDK

Java 源代码可在 OpenJDK 官方网站下载。代码库包含组成 JDK 的项目，包括类库、虚拟机（代号为 HotSpot）、Java 编译器和其他工具。要使用此源代码，必须将其构建到 Java 开发所需的软件套件中。尽管可以自己构建 JDK，但这并不容易，即使对于经验丰富的 Java 程序员也是如此。优选的方法是下载一个可用的 JDK 构建。Oracle、AdoptOpenJDK 开源社区和其他提供商都提供免费下载的 JDK 构建版本。这些构建具有不同的许可协议，但通常都可以免费用于开发。

Oracle JDK 是当今最流行的 JDK。读者可从下面的网址下载适用于 Windows、Linux 和 macOS 的 JRE 和 JDK。

在打开的页面中单击 DOWNLOAD 链接，会跳转到一个新页面，在此选择一个安装平台：Windows、Linux、Solaris 或 macOS。这一链接也提供了 JRE 下载，但是开发者需要的是 JDK 而不是 JRE——JRE 只适合运行编译后的 Java 类。JDK 包含 JRE。

下载 JDK 之后还需要安装它。安装因操作系统而异，详细过程见 1.1.1 节。

> **注意**　JDK 安装目录通常称为 **$JAVA_HOME** 或 **$JDK_HOME**。

1.1.1　在 Windows 上安装

在 Windows 上安装 JDK 很容易。只需在 Windows 资源管理器中双击下载的可执行文件，并按说明操作即可。图 1.1 所示的是安装向导的第一个对话框。

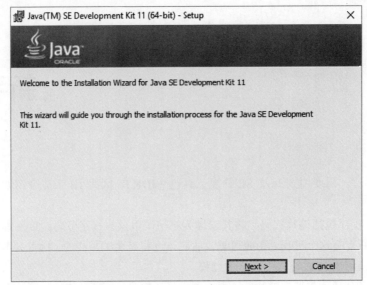

图 1.1　在 Windows 上安装 JDK

1.1.2　在 Linux 上安装

在 Linux 平台上，JDK 有以下两种安装文件格式：一种是 RPM，支持 RPM 包管理系统的 Linux 平台，如 Red Hat 和 SuSE；另一种是自解压包，其中包含安装包的压缩文件。

如果使用 RPM，请按以下步骤操作。

（1）使用 **su** 命令成为 root 用户。

（2）解压下载的文件。

（3）将路径改为下载文件所在的位置，输入下面的命令：

```
chmod a + x rpmFile
```

这里的 rpmFile 是 RPM 文件。

（4）运行 RPM 文件：

```
./ rpmFile
```

如果使用自解压二进制安装文件，请按以下步骤操作：

（1）解压下载的文件。

（2）用 **chmod** 为该文件提供执行权限：

```
chmod a + x binFile
```

这里的 binFile 是为读者的平台下载的 bin 文件。

（3）将路径更改为要安装文件的位置。

（4）运行自解压二进制文件。将路径加到下载的文件名前面来执行它。例如，如果文件在当前目录中，在文件前面加上 “./”。

```
./ binFile
```

1.1.3 在 macOS 上安装

要在 macOS 上安装 JDK 11，需要一台基于英特尔的计算机运行 macOS，还需要管理员特权。安装的具体步骤如下。

（1）双击下载的.dmg 文件。

（2）在出现的 Finder 窗口中，双击包图标。

（3）在出现的第一个窗口中，单击 Continue 按钮。

（4）出现安装类型窗口，单击 Install 按钮。

（5）这时会出现一个窗口，显示"Installer is trying to install new software. Type your password to allow this"，输入读者的 Admin 密码。

（6）单击 Install Software 按钮启动安装。

1.1.4 设置系统环境变量

安装 JDK 之后，就可以编译和运行 Java 程序了。但是，现在只能从 **javac** 和 **java** 程序的位置调用编译器和 JRE，或者在命令中包含安装路径。在计算机上设置 **PATH** 环境变量很重要，这样就可以使编译和运行程序更容易，可以从任何目录调用 **javac** 和 **java**。

1. 在 Windows 上设置 PATH 环境变量

要在 Windows 上设置 PATH 环境变量，请按下面的步骤操作。

（1）如果使用的是 Windows 10，请在工具栏上的搜索框中输入"environment"，然后单击 Windows 找到的第一个搜索结果。

（2）如果使用的是 Windows 7 或 Windows 8，请依次选择 Start>Settings>Control Panel>System。

（3）如果还没有打开，选择 Advanced 选项卡，然后单击 Environment Variables 按钮。

（4）在用户变量或系统变量窗口中找到 PATH 环境变量。PATH 值是由分号分隔的一系列目录。现在，单击 Edit 按钮将$JAVA_HOME/bin（Java 安装目录下 **bin** 目录的完整路径）添加到 **PATH** 现有值的末尾，或者在资源管理器中找到该目录——类似于如下样式：

```
C:\Program Files\Java\jdk-11\bin
```

（5）单击 Set、OK 或 Apply 按钮。

2. 在 UNIX 和 Linux 上设置 PATH 环境变量

在 UNIX 和 Linux 操作系统上设置 PATH 环境变量取决于所使用的 shell。对于 C shell，要在~/ **cshrc** 文件后面添加以下内容：

```
set path=(path/to/jdk/bin $path)
```

这里的 path/to/jdk/bin 是 JDK 安装目录下的 bin 目录。

对于 Bourne Again shell，要在~/.**bashrc** 或~/.**bash_profile** 文件之后添加下面这行代码：

```
export PATH=/path/to/jdk/bin:$PATH
```

这里的 path/to/jdk/bin 是 JDK 安装目录下的 bin 目录。

1.1.5　安装测试

要确认 JDK 安装正确，可在计算机任意目录下的命令提示符下输入“javac”。如果能看到关于如何正确运行 **javac** 的说明，说明已经成功安装。但如果只能从 JDK 安装目录的 **bin** 目录运行 **javac**，则说明 **PATH** 环境变量配置得不正确。

1.1.6　下载 Java API 文档

用 Java 编程，一定会用到 Java 类库中的类。即便是经验丰富的程序员，在编写代码时也要查找这个库的文档。读者可以从如下链接下载文档：

http://www.oracle.com/technetwork/java/javase/downloads/index.html

在下载界面中，需要向下拖动滚动条，直至看到“Java SE 11Documentation”。

以下网址还提供了最新的在线 API：

http://download.oracle.com/javase/11/docs/api

1.2　第一个 Java 程序

本节重点介绍 Java 程序的开发步骤：先编写程序，接着将其编译为字节码，最后执行字节码。

1.2.1　编写 Java 程序

可以用任何文本编辑器编写 Java 程序。打开文本编辑器并输入清单 1.1 所示的代码。或者，如果下载了本书附带的程序示例，可以简单地将其复制到文本编辑器中。

代码下载

　　如需使用本书示例代码，请从人民邮电出版社异步社区图书详情页的“配套资源”处下载。

清单 1.1　一个简单的 Java 程序

```
class MyFirstProgram {
    public static void main(String[] args) {
        System.out.println("Java rocks.");
    }
}
```

现在，我们只要将 Java 代码写在一个类中就够了，并确保将清单 1.1 中的代码保存为 **MyFirstProgram.java** 文件。所有 Java 源文件都必须以 java 作为扩展名。

1.2.2　编译 Java 程序

使用 JDK 安装目录 **bin** 目录中的 **javac** 编译 Java 程序。假设已经修改了计算机的 PATH

环境变量（关于 **PATH** 环境变量的设置请参阅 1.1 节的内容），就可从任何目录调用 **javac**。要编译清单 1.1 中的 **MyFirstProgram** 类，请执行以下操作。

（1）打开终端或命令提示符，并将目录更改为保存 **MyFirstProgram.java** 文件的目录。

（2）输入以下命令：

```
javac MyFirstProgram.java
```

如果一切顺利，**javac** 将在工作目录中创建一个名为 **MyFirstProgram.class** 的文件。

> **注意** 通过指定选项，可以使用 **javac** 工具的更多特性，例如可以指定将新生成的类文件放在什么位置。附录 A 详细介绍了 **javac** 的用法。

1.2.3 执行 Java 程序

要执行 Java 程序，要用到 JDK 中的 **java** 程序。在设置了 **PATH** 环境变量之后，就能从任意目录调用 **java** 解释器。在工作目录中，输入以下内容并按 Enter 键：

```
java MyFirstProgram
```

将在控制台上看到以下输出内容：

```
Java rocks.
```

> **注意** 在执行 Java 程序时不包含 **class** 扩展名。

至此，读者已成功地编写了第一个 Java 程序。由于本章只是帮助读者了解编写和编译程序的过程，因此这里不解释程序是如何工作的。

还可以给 Java 程序传递参数，例如，如果有一个名为 **Calculator** 的类，想给它传递两个参数，可以这样执行程序：

```
java Calculator arg-1 arg-2
```

其中，arg-1 是第一个参数，arg-2 是第二个参数。可以传递任意多的参数，**java** 工具会将这些参数作为字符串数组提供给要执行的 Java 程序。处理参数的方法详见第 6 章。

> **注意** **java** 工具是一个高级程序，提供了很多配置选项，例如可以设置分配给它的内存大小。相关内容参见附录 B。

> **注意** **java** 工具还可以用来运行打包在 jar 文件中的 Java 类。相关内容参见附录 C。

1.3 Java 编码规范

编写正确的、可以运行的 Java 程序固然重要，但是，编写出易于阅读和维护的程序更加重要。一般认为，软件生命周期的 80% 花费在维护上。此外，软件行业的人员流动率非常高，因此代码的维护工作很有可能在软件的生命周期内"易主"。无论谁拿到代码，都希望它是清晰易读的。

采用一致的编码规范是让代码更容易阅读的一种方法（其他方法包括合理的代码组织和足够的注释）。编码规范涉及文件名、文件组织、缩进、注释、声明、语句、空格和命名约定。

类声明以关键字 **class** 开头，后跟类名和左大括号 "{"。可以将左大括号与类名放在同一行，如清单 1.1 所示，也可以放在下一行开头，如清单 1.2 所示。

清单 1.2　用另一种编码规范编写的 MyFirstProgram 类

```
class MyFirstProgram
{
    public static void main(String[] args)
    {
        System.out.println("Java rocks.");
    }
}
```

清单 1.2 与清单 1.1 中的代码一样可行，区别仅在于类用了不同的规范。读者可根据自己的决定对所有程序元素采用一致的风格。不过，Sun Microsystems 发布了一份文档，规定了其员工应该遵循的标准。该文档的详细内容可从下面的网址获得。

http://www.oracle.com/technetwork/java/codeconvtoc-136057.html

本书中的程序示例将遵循本文档中推荐的规范。读者应从学习编程的第一天开始就养成遵循这些规范的习惯，这有助于编写出清晰的代码。

关于样式的编码规范首先是有关缩进的。缩进的单位必须是 4 个空格。如果用制表符替代空格，Tab 键必须设置成 8 个空格（而不是 4 个）。

1.4　集成开发环境

确实可以仅用文本编辑器编写 Java 程序。不过，使用集成开发环境（IDE）会更方便。IDE 不仅可以检查代码的语法，还可以完成代码的自动编写、调试和跟踪程序。此外，编译可以在输入时自动进行，要运行 Java 程序，只需按下一个按钮。因此，用 IDE 可以大大缩短开发时间。

过去有几十个 Java IDE 可用，但是现在只有 Eclipse 和 IntelliJ IDEA 这两个主要的。Eclipse 是完全免费和开源的，IntelliJ IDEA 有免费和付费两个版本。IntelliJ IDEA 可能是当今最流行的 Java IDE，它包含了许多 Eclipse 用户必须作为插件单独安装的优秀工具。但是，对于初学者来说，Eclipse 是一个更好的工具，因为它很简单。

本书推荐使用 Eclipse，相关内容参见附录 D。

1.5　JShell

JShell 是 Java 9 的一个新特性，它是一个环境，称为 REPL（Read-Eval-Print Loop）或语言外壳，用于读取用户输入、计算输入并打印输出结果。可以使用 JShell 输入一小段程序并在没有编译的情况下运行它。在实际应用中，通常用 JShell 执行一些琐碎的任务，比如测试一个方法或做简单的数学计算。

要使用 JShell，需要执行以下操作。

（1）打开 Windows 命令提示符或 Linux 终端。

（2）如果还没有将 JDK_HOME/bin 添加到 PATH 路径中，请将目录更改为 JDK_HOME/bin。JDK_HOME 是 JDK 安装的目录。

（3）输入 "jshell"。

下面是使用 JShell 的一个简单示例。其中以粗体字显示的是在 Windows 命令提示符下输入的内容。

```
c:\Program Files\Java\jdk-10.0.1\bin>jshell
| Welcome to JShell -- Version 10.0.1
| For an introduction type: /help intro
jshell> int i = 5; var j = 8;
i ==> 5
j ==> 8
jshell> System.out.println(i + j)
13
```

1.6　小结

本章给出了下载和安装 JDK 的指导方法，并引导读者编写了第一个 Java 程序。读者可以用文本编辑器编写程序，用 **javac** 将程序编译为类文件，并用 **java** 工具执行类文件。

随着程序变得越来越复杂，项目变得越来越大，使用 IDE 有助于加快应用程序的开发。

习题

1. 什么是编译器？
2. Java 编程与传统编程有何不同？
3. 字节码是什么？
4. JRE 和 JDK 之间的区别是什么？
5. 如果使用另一个不同的名称保存清单 1.1 中的代码，如 **whatever.java**，它能被编译吗？
6. 如果在保存清单 1.1 的代码时使用了 java 以外的文件扩展名，如 **MyFirstProgram.txt**，它能被编译吗？
7. 下面这些 Java 类名是有效的吗？

FirstJava, scientificCalculator, numberFormatter

8. 如何向控制台输出信息？
9. 编写一个名为 **HelloWorld** 的 Java 类，使其输出 "Hello World"。

第 *2* 章

语言基础

由于 Java 是一种面向对象的编程（OOP）语言，因此理解 OOP 至关重要。但是，在研究 OOP 特性和技术之前，读者应该先学习 Java 语言基础。

2.1 ASCII 和 Unicode

传统上，使用英语国家的计算机只使用 ASCII（美国信息交换标准代码）字符集来表示字母、数字、字符。ASCII 中的每个字符由 7 位二进制数表示。因此，这个字符集有 128 个字符，包括小写拉丁字母、大写拉丁字母、数字和标点符号等。

ASCII 字符集后来扩展到包含另外的 128 个字符，比如德语字符 ä 、ö、ü 和英国货币符号£。这个字符集称为扩展 ASCII，每个字符由 8 位二进制数表示。

ASCII 和扩展 ASCII 只是可用的许多字符集中的两种。还有一个流行的字符集是 ISO（国际标准化组织）标准化的 ISO-8859-1，也称为 Latin-1。ISO-8859-1 中的每个字符也用 8 位二进制数表示，该字符集包含许多西欧语言编写文本所需的所有字符，这些语言包括德语、丹麦语、荷兰语、法语、意大利语、西班牙语、葡萄牙语等，当然还有英语。因为每个字节的长度也是 8 个二进制位，所以这样的字符集使用起来很方便。因此，存储和传输以 8 位字符集编写的文本是最高效的。

然而，并不是每种语言都使用拉丁字母，汉语和日语就是使用不同字符集的语言的例子。例如，汉语中的每个字符代表一个单词，而不是一个字母，这些字符的个数成千上万，8 位二进制数不足以表示字符集中的所有字符。日语同样如此，也使用了不同的字符集。总的来说，世界各国语言包含数百种不同的字符集，为了统一所有这些字符集，一个名为 Unicode 的计算标准应运而生。

Unicode 是一个由非营利性组织 Unicode Consortium 开发的字符集。它试图将世界上所有语言中的所有字符包含到一个字符集中。在 Unicode 中，每个字符使用唯一编码表示。Unicode 目前的版本是 11，用在 Java、XML、ECMAScript、LDAP 等语言中。

最初，Unicode 字符用 16 位二进制数表示，这足以表示超过 65000 个不同的字符，这些字符足以为世界上主要语言中的大多数字符编码。然而，Unicode 联盟计划允许对多达 100 万个字符进行编码。对这个数量级的字符数，需要使用超过 16 位二进制数来表示每个字符。事实上，32 位系统被认为是一种存储 Unicode 字符的方便方法。

现在，问题出现了。虽然 Unicode 为所有语言中使用的所有字符提供了足够的空间，但是存储和传输 Unicode 文本的效率不如 ASCII 或 Latin-1 字符高。在互联网世界，这是一个巨大的问题。想象一下，对于同样的数据量，它的传输时间是 ASCII 文本的 4 倍！

幸运的是，字符编码可以提高存储和传输 Unicode 文本的效率。可以认为字符编码与数据压缩类似；而且，现在有很多类型的字符编码。Unicode 联盟支持以下 3 种。

（1）UTF-8。其在 HTML 和将 Unicode 字符转换为可变长度字节编码的协议中非常流行。这种字符编码的优点有，与熟悉的 ASCII 字符集对应的 Unicode 字符具有与 ASCII 相同的字节数，并且 Unicode 字符转换成 UTF-8 后可以与许多现有软件一起使用。大多数浏览器支持 UTF-8 字符编码。

（2）UTF-16。在这种字符编码中，所有常用的字符都通过一个 16 位代码单元存放，而其他较不常用的字符还可以通过一对 16 位代码单元进行编码。

（3）UTF-32。这种字符编码对每个字符使用 32 位编码，这显然不是互联网应用程序的选择，至少目前不是。

ASCII 字符在软件编程中仍然占主导地位。Java 也对几乎所有输入元素使用了 ASCII，除了注释、标识符及字符和字符串的内容（在计算机编程中，字符串是一段文本或字符序列）。对于后者，Java 支持 Unicode 字符。这意味着，完全可以用英语以外的语言编写注释、标识符、字符和字符串。

传统上，Java 使用 UTF-16 表示字符串，这说明任何单个字符都需要由 16 位二进制数来表示。从版本 9 开始，Java 默认使用压缩字符串，这意味着 Latin-1 字符集是默认字符。Latin-1 字符集中的字符只用 8 位二进制数表示。只有当字符串包含非 Latin -1 字符时，Java 才会使用 UTF-16 来表示。大多数 Java 字符串都使用 Latin-1 字符集来表示，这大大节省了内存空间，显著提升了性能。

2.2 分隔符

Java 使用某些字符作为分隔符，这些特殊字符如表 2-1 所示。

表 2-1　Java 分隔符

符号	名称	用途说明
()	圆括号	（1）方法签名，用于包含参数列表 （2）表达式，用于提升操作符的优先级 （3）类型转换 （4）循环，用于包含要运算的表达式
{}	大括号	（1）类型声明 （2）语句体 （3）数组初始化
[]	方括号	（1）数组声明 （2）数组值的引用
<>	尖括号	将参数传递给参数化类型
;	分号	结束语句，以及在 for 语句中分隔初始化代码、表达式以及更新代码
:	冒号	在 for 语句中迭代数组或集合
,	逗号	在方法声明中分隔参数
.	句号	将包名称与子包及类型名称分开，以及将字段或者方法与引用的变量分开

对于这些符号和名称，读者应做到了然于胸，但是如果读者现在不理解说明栏中的术语，也不必担心。我们将在后续章节中给出介绍。

2.3 基本类型

在编写面向对象（OO）的应用程序时，我们将创建一个类似于真实世界的对象模型，例如，工资单应用程序将包含 **Employee** 对象、**Tax** 对象、**Company** 对象等。然而，在 Java 中，对象不是唯一的数据类型，还有另一种称为基本类型（primitive）的数据类型。Java 中有 8 种基本类型，每种类型都有特定的格式和大小，如表 2-2 所示。

表 2-2 Java 基本类型

基本类型	说明	范围
byte	字节整型（8 位）	-128（-2^7）~ 127（2^7-1）
short	短整型（16 位）	-32768（-2^{15}）~ 32767（$2^{15}-1$）
int	整型（32 位）	-2147483648（-2^{31}）~ 2147483647（$2^{31}-1$）
long	长整型（64 位）	-9223372036854775808（-2^{63}）~ 9223372036854775807（$2^{63}-1$）
float	单精度浮点型（32 位）	最小非零正值：$14e^{-45}$，最大非零正值：$3.4028234e^{38}$
double	双精度浮点型（64 位）	最小非零正值：$4.9e^{-324}$，最大非零正值：$1.7976931348623157e^{308}$
char	Unicode 字符	[请参阅 Unicode 6 规范]
boolean	布尔值	true 或 false

前 6 种基本类型（**byte**、**short**、**int**、**long**、**float** 和 **double**）表示数字，它们的大小各不相同。例如，一个 **byte** 可以包含−128 和 127 之间的任何整数。要想获得整数的最小的数和最大的数，可以参考它的位数。一个字节有 8 位长，所以有 2^8（256）个可能的值。前 128 个值留给−128 到−1，然后 0 占一位，还有 127 个正值。因此，一个字节的范围是−128 到 127。

如果需要一个占位符来存储数字 1000000，那么需要一个 **int** 型数，**long** 可以用于存储更大的数字，读者可能会问，既然 **long** 可以包含比 **byte** 和 **int** 型数更大的数字，为什么不总是使用 **long** 呢？这是因为 **long** 需要 64 位，相比 **byte** 或 **int**，这会占用更多的内存空间。因此，为了节省空间，需要选择合适的基本类型。

基本类型 **byte**、**short**、**int** 和 **long** 只能保存整数，对于带有小数点的数字，需要 **float** 或 **double**。float 数是一个 32 位的值，符合电气电子工程师学会（Institute of Electrical and Electronics Engineer，IEEE）标准 754。double 数是符合相同标准的 64 位的值。

char 类型可以包含一个 Unicode 字符，比如 'A' '9' 或 '&'。Unicode 允许使用英语字母表中没有包含的字符。**boolean** 类型的值可以是 **false** 或 **true**。

> **注意** 在 Java 中，不是所有东西都是对象，其原因是速度问题。对象的创建和操作比基本类型开销更大。在编程中，如果某个操作是资源密集型的，或者需要消耗大量 CPU 周期才能完成，那么这个操作的开销就会很大。

现在已经知道 Java 有两种数据类型——基本类型和对象，接下来我们继续探讨基本类型的使用方法，先从变量开始讨论。

2.4 变量

变量（variable）是数据占位符。由于 Java 是一种强类型语言，因此每个变量必须有一个声明的类型。Java 中有以下两种数据类型：引用类型——引用类型的变量提供一个对象的引用；基本类型——基本类型的变量保存一个基本类型。

除了数据类型，Java 变量还要有名称或标识符。选择标识符时有一些基本规则。

（1）标识符是由 Java 字母和 Java 数字组成的序列，其长度没有限制，但必须以一个 Java 字母开头。

（2）标识符不能是 Java 关键字（见表 2-3），但是 **var** 可以用作标识符。

（3）在其作用域内标识符必须是唯一的。作用域的相关内容参见第 4 章。

表 2-3　Java 关键字

abstract	default	goto	package	this
assert	do	if	private	throw
boolean	double	implements	protected	throws
break	else	import	public	transient
byte	enum	instanceof	return	true
case	extends	int	short	try
catch	false	interface	static	var
char	final	long	strictfp	void
class	finally	native	super	volatile
const	float	new	switch	while
continue	for	null	synchronized	

Java 如何存储整数值

读者一定听说过计算机是通过二进制数工作的，二进制数是由 0 和 1 组成的数字。本节给出一个概述，为读者学习算术运算符做铺垫。

一个字节占 8 位，意思是保存一个字节要给它分配 8 位空间。最左边的位是符号位，0 表示正数，1 表示负数。0000 0000 是 0 的二进制表示，0000 0001 是 1 的二进制表示，0000 0010 是 2 的二进制表示，0000 0011 是 3 的二进制表示，0111 1111 是 127 的二进制表示（它是一个字节可以表示的最大正数）。

那么，如何得到负数的二进制表示呢？很容易。首先需要得到它的正数的二进制表示，然后把所有位反转再加 1。例如，要得到-3 的二进制表示，从 3 开始，也就是 0000 0011。反转位的结果如下：

    1111 1100

再加 1，得到：

    1111 1101

这就是-3 的二进制表示。

对于 int 型值，规则是一样的，即最左边的位是符号位。唯一的区别是 int 占 32 位。要计算 int 中 -1 的二进制表示，要先从 1 开始，得到：

```
0000 0000 0000 0000 0000 0000 0000 0001
```

将它所有位反转，得到：

```
1111 1111 1111 1111 1111 1111 1111 1110
```

再加 1，便得出了我们想要的数（-1）：

```
1111 1111 1111 1111 1111 1111 1111 1111
```

1. Java 字母和 Java 数字

Java 字母包括大写的 ASCII 拉丁字母 A 到 Z（\u0041—\u005a——注意，\u 表示 Unicode 字符）和小写的 ASCII 拉丁字母 a 到 z（\u0061—\u007a），由于历史原因，它还包括 ASCII 下画线（_或\u005f）和美元符号（$或\u0024）。$ 字符只能在机器生成的源代码中使用，或者偶尔用于访问遗留系统已有的名称。Java 数字包括 ASCII 数字 0～9（\u0030—\u0039）。

下面是一些合法的标识符：

```
salary
x2
_x3
row_count
```

下面是一些无效的变量：

```
2x
java+variable
```

2x 是无效的，因为它是以一个数字开始的。**java+variable** 也是无效的，因为它包含一个"+"号。

还要注意，Java 标识符是区分大小写的，即 **x2** 和 **X2** 是两个不同的标识符。

声明变量时，要先写类型，再写名称和分号。下面是几个变量声明的例子：

```
byte x;
int rowCount;
char c;
```

在上面的例子中，我们声明了 3 个变量：**byte** 类型的变量 **x**、**int** 类型的变量 **rowCount** 以及 **char** 类型的变量 **c**。其中，**x**、**rowCount** 和 **c** 就是变量名或标识符。

也可以在同一行声明多个具有相同类型的变量，用逗号将这些变量分隔开，例如：

```
int a, b;
```

它与以下声明的效果相同：

```
int a;
int b;
```

但是，不建议在同一行声明多个变量，因为那样会降低可读性。

最后，可以在变量声明的同时给变量赋值：

```
byte x = 12;
int rowCount = 1000;
char c = 'x';
```

2. 变量的命名规范

变量名应该简短并有意义。变量名应该以一个首字母小写的单词开头，整个变量名中大小写字母混合。后面的单词的首字母应大写。变量名不应该以下画线_或美元符号$字符开头。**userName**、**count**、**firstTimeLogin** 是符合 Sun 公司编码规范的变量名。

2.5 局部变量类型推断

Java 10 增加了局部变量类型推断，这一特性允许程序员使用新的关键字 **var** 代替类型，并允许编译器推断（猜测）类型，也就是说，下面的代码：

```
int numCars = 200;
char code = 'a';
```

可以写成：

```
var numCars = 200;
var code = 'a';
```

使用 var 的目的是提供一种快捷方式并节省一些录入时间，虽然在本例中表现得并不明显。但是，如果有一个下面这样的复杂变量：

```
Map<List<Integer>, String> result = doSomething();
```

像下面这样使用局部变量类型推断，确实会节省时间：

```
var result = doSomething();
```

尽管 **var** 被提升为关键字，但仍然可以将其作为变量名，这是为了不破坏向后兼容性。换句话说，为 Java 10 之前的编译器编写的碰巧使用 var 作为标识符的 Java 程序，仍然可以用 Java 10 及以后的编译器编译。

2.6 常量

在 Java 中，常量（constant）是指一旦赋值，其值就不能再更改的变量。使用关键字 **final** 声明常量。按照惯例，常量名称都是大写的，单词之间用下画线分隔。下面是一些常量或 final 变量的例子：

```
final int ROW_COUNT = 50;
final boolean ALLOW_USER_ACCESS = true;
```

2.7　字面值

在程序中，我们经常需要给变量赋值，例如，将数字 2 赋给 **int** 型变量，将字符 'c' 赋给 **char** 型变量。为此，我们需要以 Java 编译器能够理解的格式书写值的表示形式。值的这种源代码表示形式称为字面值（literal）。字面值有 3 种类型：基本类型的字面值、字符串字面值和 **null** 字面值。本章只讨论基本类型的字面值，第 4 章将讨论 **null** 字面值，第 5 章将讨论字符串字面值。

基本类型的字面值又分为 4 种子类型：整数字面值、浮点字面值、布尔字面值和字符字面值。下面我们逐一介绍这些子类型。

2.7.1　整数字面值

整数字面值可以写成十进制（基数为 10，这是我们所习惯的）、十六进制（基数为 16）或八进制（基数为 8）。以下是十进制整数：

```
2
123456
```

作为另一个例子，下面的代码将 10 赋值给 **int** 类型的变量 **x**：

```
int x = 10;
```

十六进制整数的前缀为 **0x** 或 **0X**。例如，十六进制数字 9E 可以写成 0X9E 或 0x9E。八进制整数是在数字前面加上 0 来表示。例如，下面是一个八进制数 567：

```
0567
```

整数字面值用于为 **byte**、**short**、**int** 和 **long** 类型的变量赋值。但请注意，不能将超过各个类型的容量的值赋给变量。例如，一个字节的最大值是 127，下面的代码会产生编译错误，因为 200 对于一个字节来说太大了：

```
byte b = 200;
```

要给一个 **long** 型变量赋值，请在数字后面加字母 **L** 或 **l** 作为数字的后缀。建议使用大写的字母 L，因为小写的字母 l 很容易与数字 1 混淆。**long** 型变量可包含−9223372036854775808L～9223372036854775807L(2^{63})的值。

Java 初学者经常会问为什么需要使用后缀 L 或 l，即便没有它，下面的代码不也可以编译吗？

```
long a = 123;
```

这么说只是部分正确。没有后缀 L 或 l 的整数字面值将被视为 **int** 类型，当值超出 **int** 型的范围时，如 9876543210，就会产生编译错误：

```
long a = 9876543210;
```

要纠正这个问题，可以在数字后面加上一个 L 或 l：

```
long a = 9876543210L;
```

long、int、short 和 byte 也可以用二进制表示，只需在其二进制表示法之前加上 **0B** 或 **0b**，例如：

```
byte twelve = 0B1100;    // = 12
```

如果一个整数字面值太长，其可读性就会受到影响。因此，从 Java 7 开始，可以使用下画线分隔整型字面值中的数字。例如，下面两行代码的含义相同，但是第二种写法读起来显然更容易：

```
int million = 1000000;
int million = 1_000_000;
```

下画线放在哪里并不重要，只要在两个数之间即可。可以每 3 个数字之间使用一个下画线，就像上面的例子一样，或者任意数量的数字之间。又如：

```
short next = 12_345;
int twelve = 0B1_100;
long multiplier = 12_34_56_78_90_00L;
```

但是，下面的代码将无法编译，因为下画线不在两个数字之间：

```
int twelve = 0B_1100;
long multiplier = 1234567890_L;
```

2.7.2 浮点字面值

像 0.4、1.23、$0.5e^{10}$ 这样的数字都属于浮点数。浮点数包括以下几部分：整数部分、小数点、小数部分和可选的指数。以 1.23 为例，这个浮点数的整数部分是 1，小数部分是 23，没有可选的指数。再以 $0.5e^{10}$ 为例，0 是整数部分，5 是小数部分，10 是指数。

在 Java 中，有如下两种类型的浮点数。

（1）单精度浮点数（**float**），32 位，最大的正单精度浮点数为 $3.40282347e^{38}$，最小的正有限非零单精度浮点数为 $1.40239846e^{-45}$。

（2）双精度浮点数（**double**），64 位，最大的正双精度浮点数为 $1.79769313486231570e^{308}$，最小的正有限非零双精度浮点数为 $4.94065645841246544e^{-324}$。

在上述两种类型的浮点数中，当整数部分为 0 时，这个 0 是可选的。换句话说，0.5 可以写成.5。此外，指数可以用 e 或 E 表示。

要表示浮点字面值，可以使用如下格式中的一种：

```
Digits . [Digits] [ExponentPart] f_or_F
. Digits [ExponentPart] f_or_F
Digits ExponentPart f_or_F
Digits [ExponentPart] f_or_F
```

注意　方括号中的部分是可选的。

---

f_or_F 部分表示浮点字面值是单精度浮点数。没有这一部分，浮点数就变成了双精度浮点数。要显式地表示双精度浮点数字面值，可以加上后缀 D 或 d。

要编写双精度浮点数字面值，请使用以下格式之一：

```
Digits . [Digits] [ExponentPart] [d_or_D]
. Digits [ExponentPart] [d_or_D]
Digits ExponentPart [d_or_D]
Digits [ExponentPart] [d_or_D]
```

在单精度浮点数和双精度浮点数中，ExponentPart 的定义如下：

```
ExponentIndicator SignedInteger
```

其中，ExponentIndicator 为 **e** 或 **E**，SignedInteger 是指：

```
Signopt Digits
```

其中，Sign 是 "+" 或 "–"，若是 "+" 则是可选的。

单精度浮点数字面值的例子包括：

```
2e1f
8.f
.5f
0f
3.14f
9.0001e+12f
```

下面是双精度浮点数字面值的例子：

```
2e1
8.
.5
0.0D
3.14
9e-9d
7e123D
```

2.7.3　布尔字面值

布尔类型有两个值，分别用 **true** 和 **false** 表示。例如，下面的代码声明了一个布尔型变量 **includeSign**，并将 **true** 赋给它：

```
boolean includeSign = true;
```

2.7.4　字符字面值

字符字面值是一个用单引号括起来的 Unicode 字符或转义序列。转义序列（escape sequence）是指无法用键盘输入的 Unicode 字符的表示形式，或者在 Java 中具有特殊功能的 Unicode 字符的表示形式。例如，回车和换行符用于终止行，并且它们都没有可视化表示。要表示换行字符，需要对它进行转义，即写出它的字符表示形式。此外，单引号字符也需要转义，因为单引号用于括住字符。

下面是一些字符字面值的例子：

```
'a'
'z'
'0'
'ü'
```

下面是转义序列的字符字面值：

```
'\b'        退格符
'\t'        制表符
'\\'        反斜线
'\''        单引号
'\"'        双引号
'\n'        换行符
'\r'        回车符
```

此外，Java 允许转义 Unicode 字符，以便可以使用 ASCII 字符序列来表示 Unicode 字符。例如，字符£的 Unicode 代码是 00A3，可以用以下字面值来表示该字符：

```
'£'
```

然而，如果无法通过键盘输入这个字符，也可以这样转义：

```
'\u00A3'
```

2.8 基本类型转换

在处理不同的数据类型时，通常需要执行转换。例如，将一个变量的值赋给另一个变量，就涉及转换。如果两个变量的类型相同，则赋值总会成功。同类型之间的转换称为恒等转换。例如，以下操作一定会成功：

```
int a = 90;
int b = a;
```

但是，不同类型之间的转换有时不一定会成功，甚至是不能转换的。有两种基本类型的转换：**加宽转换**和**缩窄转换**。

2.8.1 加宽转换

加宽转换（widening conversion）是指一种类型转换为另一种大小与它相同或比它更大的类型，例如从 **int**（32 位）转换为 **long**（64 位）。在下列情况下，允许加宽转换。

（1）从 **byte** 转换为 **short**、**int**、**long**、**float** 或者 **double**。

（2）从 **short** 转换为 **int**、**long**、**float** 或者 **double**。

（3）从 **char** 转换为 **int**、**long**、**float** 或者 **double**。

（4）从 **int** 转换为 **long**、**float** 或者 **double**。

（5）从 **long** 转换为 **float** 或者 **double**。

（6）从 **float** 转换为 **double**。

一种整数类型到另一种整数类型的加宽转换不会有信息丢失的危险。同样，从 **float** 转换为 **double** 也不会发生信息丢失。但是，从 **int** 或 **long** 转换为 **float** 可能会导致信息的丢失。

基本类型的加宽转换是隐式执行的，不需要在代码中执行任何操作，例如：

```
int a = 10;
long b = a;          // 加宽转换
```

2.8.2 缩窄转换

缩窄转换（narrowing conversion）是指从一种类型转换为另一种位数较少的类型，例如从 **long** 类型（64 位）转换为 **int** 类型（32 位）。一般来说，下面的情况会发生缩窄转换。

（1）从 **short** 转换为 **byte** 或者 **char**。

（2）从 **char** 转换为 **byte** 或者 **short**。

（3）从 **int** 转换为 **byte**、**short** 或者 **char**。

（4）从 **long** 转换为 **byte**、**short** 或者 **char**。

（5）从 **float** 转换为 **byte**、**short**、**char**、**int** 或者 **long**。

（6）从 **double** 转换为 **byte**、**short**、**char**、**int**、**long** 或者 **float**。

与基本类型的加宽转换不同，缩窄转换必须是显式的。读者需要在括号中指定目标类型，例如从 **long** 类型到 **int** 类型的缩窄转换：

```
long a = 10;
int b = (int) a;          // 缩窄转换
```

第二行中的**(int)**告诉编译器这是一个缩窄转换。

如果转换值大于目标类型的容量，则缩窄转换可能导致信息丢失。前面的例子没有发生信息丢失，因为 10 对于 **int** 足够小。但是，在接下来的转换中，9876543210L 对于 **int** 太大，从而导致一些信息丢失：

```
long a = 9876543210L;
int b = (int) a;          // 现在 b 的值为 1286608618
```

导致信息丢失的缩窄转换会在程序中引入一些缺陷。

2.9 运算符

计算机程序是一组操作的集合，这些操作共同实现某种功能。操作有很多种，包括加法、减法、乘法、除法和移位。本节将学习 Java 的各种运算符（见表 2-4）。

运算符（operator）可以对一个、两个或 3 个操作数执行操作。操作数是操作的对象，运算符是表示操作的符号，例如，下面是一个加法运算：

```
x + 4
```

在本例中，**x** 和 **4** 是操作数，加号（+）是运算符。

运算符可能返回结果，也可能不返回结果。

注意 　运算符和操作数的任何合法组合称为表达式（expression），例如 **x + 4** 是一个表达式。布尔表达式的结果是 **true** 或 **false**；整数表达式产生一个整数；浮点表达式的结果是一个浮点数。

只需要一个操作数的运算符称为一元运算符。在 Java 中，有许多一元运算符。Java 运算符中最常见的是二元运算符，它需要两个操作数。还有三元运算符，即"**?:**"运算符，它需要 3 个操作数。

表 2-4　Java 运算符

=	>	<	!	~	? :	instanceof			
==	<=	>=	!=	&&	||	++	--		
+	-	*	/	&	|	^	%	<<	>>	>>>
+=	-=	*=	/=	&=	|=	^=	%=	<<=	>>=	>>>=

在 Java 中，有几类运算符，即一元运算符、算术运算符、关系运算符、条件运算符、移位和逻辑运算符、赋值运算符以及其他运算符。

下面将详细介绍这些运算符。

2.9.1　一元运算符

一元运算符操作一个操作数，有 6 个一元运算符，如下所述。

1.　一元减法运算符（-）

一元减法运算符返回其操作数的负值。操作数必须是数值基本类型或数值基本类型的变量。例如，在下面的代码中，**y** 的值为-4.5：

```
float x = 4.5f;
float y = -x;
```

2.　一元加法运算符（+）

该运算符返回其操作数的值。操作数必须是数值基本类型或数值基本类型的变量。例如，在下面的代码中，**y** 的值是 4.5：

```
float x = 4.5f;
float y = +x;
```

该运算符没有多大意义，因为即使它不存在，结果也没有什么区别。

3.　递增运算符（++）

该运算符将其操作数的值加 1。操作数必须是数值基本类型的变量。这个运算符可以出现在操作数之前，也可以出现在操作数之后。如果出现在操作数之前，称为前缀递增运算符；如果出现操作数之后，则称为后缀递增运算符。

例如，下面是一个前缀递增运算符的例子：

```
int x = 4;
++x;
```

经过**++x** 之后，**x** 的值是 5。上述代码与以下代码的结果一样：

```
int x = 4;
x++;
```

经过 **x++**之后，**x** 的值是 5。

但是，如果将递增运算符的结果赋给同一表达式中的另一个变量，则使用前缀运算符与使用后缀运算符是有区别的。我们来看下面这个例子：

```
int x = 4;
int y = ++x;
// y = 5, x = 5
```

前缀增量运算符应用于赋值之前，即 x 增加到 5，然后它的值被复制到 y 中。

但是，看看后缀递增运算符的用法：

```
int x = 4;
int y = x++;
// y = 4, x = 5
```

操作数（x）的值先赋给一个变量（y），之后再递增。

注意　递增运算符最常应用于 **int** 型变量，但是它也可用于其他类型的数值基本类型，如 **float** 和 **long**。

4.　递减运算符（--）

该运算符将其操作数的值减 1。操作数必须是数值基本类型的变量。与递增运算符一样，递减运算符也有前缀递减运算符和后缀递减运算符。

例如，下面的代码将递减 x 并将值赋给 y：

```
int x = 4;
int y = --x;
// x = 3; y = 3
```

在下面的示例中，使用了后缀递减运算符：

```
int x = 4;
int y = x--;
// x = 3; y = 4
```

5.　逻辑求补运算符（!）

此运算符只能应用于 **boolean** 基本类型或 **java.lang.Boolean** 实例。如果操作数为 **false**，则该运算符的结果为 **true**；如果操作数为 **true**，则结果 **false**。示例如下：

```
boolean x = false;
boolean y = !x;
// 此时，y 为 true, x 为 false
```

6.　按位求反运算符　（~）

该运算符的操作数必须是整数基本类型或整数类型的变量。结果是操作数的按位补码，例如：

```
int j = 2;
int k = ~j;    // k = -3; j = 2
```

要理解这个运算符的工作原理，需要将操作数转换为二进制数并反转所有位。整数 2 的二进制形式为：

```
0000 0000 0000 0000 0000 0000 0000 0010
```

对其按位求反，结果为：

```
1111 1111 1111 1111 1111 1111 1111 1101
```

这正是整数−3 的二进制表示。

2.9.2 算术运算符

算术运算符有 5 种类型：加法、减法、乘法、除法及取模。下面我们逐一讨论每个算术运算符。

1. 加法运算符（+）

加法运算符将两个操作数相加。操作数的类型必须可转换为数值基本类型。示例如下：

```
byte x = 3;
int y = x + 5;           // y = 8
```

一定要确保接收加法结果的变量具有足够大的容量。例如，在下面的代码中，**k** 的值是 −294967296，而不是 40 亿：

```
int j = 2000000000;      // 20 亿
int k = j + j;           // 结果超出范围，这是一个 Bug!!!
```

然而，以下代码可以正常工作：

```
long j = 2000000000;     // 20 亿
long k = j + j;          //   k的值是 40 亿
```

2. 减法运算符（−）

该运算符将两个操作数相减。操作数的类型必须可转换为数值基本类型。示例如下：

```
int x = 2;
int y = x − 1;           // y = 1
```

3. 乘法运算符（*）

该运算符将两个操作数相乘。操作数的类型必须可转换为数值基本类型。示例如下：

```
int x = 4;
int y = x * 4;           // y = 16
```

4. 除法运算符（/）

该运算符将两个操作数相除。左边的操作数是被除数，右边的操作数是除数。被除数和除数必须可转换为数值基本类型。示例如下：

```
int x = 4;
int y = x / 2;           // y = 2
```

注意，在运行时，如果除数为零，则除法操作将引发错误。

使用/运算符进行整数除法运算的结果总是整数，如果被除数不能被除数整除，余数部分将被忽略。示例如下：

```
int x = 4;
int y = x / 3;           // y = 1
```

java.lang.Math 类（将在后面讨论）可以执行更加复杂的除法运算。

5. 取模运算符（%）

取模运算符在两个操作数之间执行除法运算并返回余数。左边的操作数是被除数，右边的操作数是除数。被除数和除数都必须可转换为数值基本类型，例如，下面运算的结果是 2：

```
8 % 3
```

2.9.3　相等运算符

有两个相等运算符：==（等于）和!=（不等于），它们都在两个操作数上执行运算，这两个操作数可以是整数、浮点数、字符或布尔值。相等运算符的结果是一个布尔值。例如，下面的代码 c 的值为 **true**：

```
int a = 5;
int b = 5;
boolean c = a == b;
```

再举一个例子：

```
boolean x = true;
boolean y = true;
boolean z = x != y;
```

z 的值是 **false**，因为 **x** 等于 **y**。

2.9.4　关系运算符

关系操作符有 5 个：<、>、<=、>=和 instanceof。本节解释前 4 个操作符。instanceof 的相关内容参见 7.8 节。

<、>、<=和>=运算符在两个操作数上进行运算，这两个操作数的类型必须可转换为数值基本类型。关系运算返回一个 **boolean** 值。

<运算符计算左操作数的值是否小于右操作数的值，例如，下面操作的结果返回 **false**：

```
9 < 6
```

>运算符计算左操作数的值是否大于右操作数的值，例如，下面操作的结果返回 **true**：

```
9 > 6
```

<=运算符计算左操作数的值是否小于或等于右操作数的值，例如，下面操作的结果返回 **false**：

```
9 <= 6
```

>=运算符计算左操作数的值是否大于或等于右操作数的值，例如，下面操作的结果返回 **true**：

```
9 >= 9
```

2.9.5　条件运算符

条件运算符有 3 个：与运算符（**&&**）、或运算符（**||**）以及（**？：**）运算符。下面将详细介绍这 3 个运算符。

1.　&&运算符

该运算符接收两个表达式并把它们作为操作数，这两个表达式都必须返回一个可转换为 **boolean** 的值。如果两个操作数的值都为 **true**，则&&返回 **true**；否则，返回 **false**。如果左操作数的计算结果为 **false**，则不再计算右操作数。例如，下面的表达式将返回 **false**：

```
(5 < 3) && (6 < 9)
```

2.　||运算符

该运算符接收两个表达式并把它们作为操作数，这两个表达式都必须返回一个可转换为 **boolean** 的值。如果其中一个操作数的值为 **true**，则||返回 **true**；如果左操作数的值为 **true**，则不再计算右操作数。例如，下面的表达式将返回 **true**：

```
(5 < 3) || (6 < 9)
```

3.　？：运算符

该运算符可以操作 3 个操作数，语法如下：

```
expression1 ? expression2 : expression3
```

其中，expression1 必须返回一个可转换为 **boolean** 的值。如果 expression1 的计算结果为 true，则返回 expression2 的值；否则，返回 expression3 的值。例如，下面的表达式将返回 4：

```
(8 < 4) ? 2 : 4
```

2.9.6　移位运算符

移位运算符接收两个操作数，操作数的类型必须可转换为整数基本类型。左边的操作数表示要移位的值，右边的操作数表示移位的距离。移位运算符有 3 种类型：左移运算符（<<）、右移运算符（>>）和无符号右移运算符（>>>）。

1.　左移运算符（<<）

左移运算符将一个数字按位向左移动，用 0 填充右边移入的位。**n << s** 的值是 **n** 的二进制位向左移 **s** 位，这个数值等于 **n** 乘以 2 的 **s** 次方。

例如，将一个值为 1 的 **int** 数左移 3 位（1<<3）。结果是 8。同样，要算出这个值，需要将操作数转换为二进制数。

```
0000 0000 0000 0000 0000 0000 0000 0001
```

将 1 向左移 3 位，结果是：

```
0000 0000 0000 0000 0000 0000 0000 1000
```

这个数就等于 8（等于 $1*2^3$）。

另一个规则是这样的。如果左操作数是 **int** 型，那么只需要使用移位距离的前 5 位。换句话说，移位距离必须在 0 和 31 之间。如果传递的数字大于 31，则只使用前 5 位。也就是说，如果 **x** 是 **int** 型，**x << 32** 的结果与 **x << 0** 是一样的；**x << 33** 的结果与 **x << 1** 是一样的。

如果左操作数是 **long** 型，则只使用移位距离的前 6 位。换句话说，实际使用的移位距离在 0 和 63 之间。

2．右移运算符（>>）

右移运算符>>是将左边的操作数右移指定的位数。**n >>s** 的值是 **n** 右移 **s** 位，这个数值等于 **n** 除以 2 的 **s** 次方，即 $n/2^s$。

例如，**16 >> 1** 等于 8。为了证明这一点，我们写出 16 的二进制表示形式：

```
0000 0000 0000 0000 0000 0000 0001 0000
```

然后，向右移动 1 位，结果为：

```
0000 0000 0000 0000 0000 0000 0000 1000
```

这个数为 8。

3．无符号右移运算符>>>

n >>> s 的值取决于 **n** 是正的还是负的。如果 **n** 是正的，它的值与 **n >> s** 的值相同；如果 **n** 是负数，则值取决于 **n** 的类型；如果 **n** 是一个 **int**，它的值就是（n>>s）+（2<<~s）；如果 **n** 是 **long**，它的值就是（n>>s）+（2L<<~s）。

2.9.7　赋值运算符

赋值运算符有 12 个：=、+=、−=、*=、/=、%=、<<=、>>=、>>>=、&=、^=以及|=。

赋值运算符接收两个操作数，这两个操作数的类型必须是完整的基本类型值。左边的操作数必须是一个变量，例如：

```
int x = 5;
```

除 "=" 之外，其余赋值运算符的用法都是相同的，应该将它们看作由两个运算符组成。例如，+=实际上是+和=。赋值操作符<<=有两个运算符：<<和=。由两部分组成的赋值运算符中，第一个运算符应用于两个操作数，第二个运算符将结果赋给左边的操作数。例如，**x += 5** 与 **x = x + 5** 的结果是一样的。**x −= 5** 与 **x = x − 5** 一样。**x <<= 5** 等价于 **x = x << 5**。**x &= 5** 与 **x = x&5** 也会产生相同的结果。

2.9.8　整数按位运算符（&|^）

位运算符&、|和^对两个操作数执行按位操作，这两个操作数的类型必须可转换为 **int** 型。&表示与运算，|表示或运算，^表示异或运算。示例如下：

```
0xFFFF & 0x0000 = 0x0000
0xF0F0 & 0xFFFF = 0xF0F0
0xFFFF | 0x000F = 0xFFFF
0xFFF0 ^ 0x00FF = 0xFF0F
```

2.9.9　逻辑运算符

逻辑运算符&、|和^对两个操作数执行逻辑操作，这两个操作数的类型必须可转换为 **boolean** 型。&表示逻辑与运算，|表示逻辑或运算，^表示逻辑异或运算。示例如下：

```
true & true = true
true & false = false
true | false = true
false | false = false
true ^ true = false
false ^ false = false
false ^ true = true
```

2.9.10　运算符优先级

在大多数程序中，表达式中经常出现多个运算符，例如：

```
int a = 1;
int b = 2;
int c = 3;
int d = a + b * c;
```

这段代码执行后 **d** 的值是多少呢？如果读者说是 9，就错了，实际上它的答案是 7。

由于乘法运算符*优先于加法运算符+，因此乘法在加法之前执行。但是，如果希望先执行加法，可以使用括号。

```
int d = (a + b) * c;
```

赋值运算符右边的整体运算结果为 9，将把 9 赋给 **d**。

表 2-5 列出了所有运算符的优先顺序。同一栏中的运算符具有相同的优先级。

表 2-5　运算符的优先级

运算符	优先级（由高到低）
后缀操作符	`[].(params) expr + + expr-`
一元运算符	`++expr --expr +expr -expr ~ !`
创建或转换	`new (type)expr`
乘、除、求余	`* / %`
加减法	`+ -`
移位	`<< >>> >>`
关系	`< > <= >= instanceof`
相等	`== !=`
按位与	`&`
按位异或	`^`
按位或	`|`
逻辑与	`&&`

运算符	优先级（由高到低）
逻辑或	||
条件	?:
赋值	= += -= *= /= %= &= ^= |= <<= >>= >>>=

注意，圆括号的优先级最高。圆括号可以使表达式更清晰，例如：

```
int x = 5;
int y = 5;
boolean z = x * 5 == y + 20;
```

比较后 z 的值为 true，但这种表达方式还远远不够清晰。

可以利用圆括号重写最后一行：

```
boolean z = (x * 5) == (y + 20);
```

结果保持不变，因为*和+的优先级比==高，但是这样就使表达式清晰多了。

2.9.11 类型提升

有些一元运算符（如+、-和~）和二元运算符（如+、-、*和/）会造成类型自动提升，即提升到更宽的类型，如从 **byte** 提升到 **int**。考虑以下代码：

```
byte x = 5;
byte y = -x;          // 出错
```

即使一个字节可以容纳-5，令人意外的是，第二行也会出现错误，原因是一元运算符-导致-x 的结果被提升为 **int** 类型。要避免这个问题，要么将 **y** 的类型改为 **int**，要么像下面这样执行显式的缩窄转换。

```
byte x = 5;
byte y = (byte)-x;
```

对于一元运算符，如果操作数的类型是 **byte**、**short** 或 **char**，则结果将提升为 **int**。

对于二元运算符，提升规则如下。

（1）如果任何一个操作数的类型都为 **byte** 或 **short**，那么这两个操作数都将转换为 **int**，结果将为 **int**。

（2）如果任何操作数的类型为 **double**，则另一个操作数转换为 **double**，结果将为 **double**。

（3）如果任何一个操作数的类型为 **float**，则另一个操作数转换为 **float**，结果将为 **float**。

（4）如果任何一个操作数的类型为 **long**，则另一个操作数转换为 **long**，结果将为 **long**。

例如，以下代码会导致编译错误：

```
short x = 200;
short y = 400;
short z = x + y;
```

可以通过将 **z** 更改为 **int** 或显式执行 **x + y** 的缩窄转换来解决这个问题，例如：

```
short z = (short) (x + y);
```

注意，**x + y** 的圆括号是必需的，否则只有 **x** 将被转换成 **short**，一个 **short** 加上一个 **int** 的结果还是 **int**。

2.10　注释

在代码中，添加注释是一种很好的实践，它可以充分解释类有什么功能、方法做什么、字段包含什么等。

Java 中有如下两种注释类型，它们的语法都类似于 C 和 C++中的注释。

- 传统的注释；通常用/*和*/括起来。
- 行尾注释，使用双斜杠（//）表示，这将导致编译器忽略//后面的行。

例如，下面是一个描述方法的注释：

```
/*
toUpperCase 将 String 对象中的字符转换成大写
*/
public void toUpperCase(String s) {
```

下面是行尾注释：

```
public int rowCount; // 数据库的行数
```

传统的注释不能嵌套，下面的注释是非法的：

```
/*
/* 注释 1 */
注释 2 */
```

因为第一个*/表示注释结束。因此，上面的注释多出了"注释 2 */"的部分，这将产生编译错误。

另外，行尾注释可以包含任何内容，包括/*和*/的字符序列，像下面这样：

```
//   /*这个注释是合法的*/
```

2.11　小结

本章介绍了 Java 语言的基本原理、基本概念以及在学习更高级的主题之前应该掌握的内容。讨论的主题包括字符集、变量、基本类型、字面值、运算符、运算符优先级和注释。

第 3 章将讨论语句，这是 Java 语言的另一个重要主题。

习题

1. ASCII 表示什么？
2. Java 使用的是 ASCII 字符还是 Unicode 字符？

3. 什么是引用类型变量？什么是基本类型变量？

4. 常量是如何在 Java 中实现的？

5. 什么是表达式？

6. 若需要将英镑符号赋给 **char** 变量，但是键盘上没有£键，如果知道它的 Unicode 码是 00A3，如何赋值呢？

7. 列出 Java 中至少 10 个运算符。

8. 什么是 Java 中的三元运算符？

9. 什么是运算符优先级？

10. 考虑以下代码，result1 和 result2 的值是多少？为什么会有这样的差异呢？

```
int result1 = 1 + 2 * 3;
int result2 = (1 + 2) * 3;
```

11. 说出两种类型的 Java 注释。

第 *3* 章

语句

计算机程序由一系列指令组成，这些指令称为语句。Java 有许多类型的语句，其中有一些（如 **if**、**while**、**for** 和 **switch**）是决定程序流的条件语句。本章先简要概述 Java 语句，然后给出每种语句的详细信息。其中，**return** 语句用来退出方法，相关内容参见第 4 章。

3.1 概述

在编程中，语句（statement）是指要完成某些工作的指令。语句控制程序执行的顺序。给变量赋值就是语句的一个例子：

```
x = z + 5;
```

就连变量声明也是一个语句：

```
long secondsElapsed;
```

相比之下，表达式（expression）是运算符和要进行运算的操作数的组合。例如，z + 5 是一个表达式。

在 Java 中，语句以分号结束，多个语句可以在同一行书写：

```
x = y + 1; z = y + 2;
```

但不建议在同一行中书写多个语句，因为这样会降低代码的可读性。

注意 在 Java 中，空语句是合法的，它不完成任何工作：

```
;
```

有些表达式只要在末尾加上一个分号，就可成为语句。例如，**x++**是一个表达式，但是下面这种形式就是一个语句了：

```
x++;
```

语句可以集中放在一个块中。根据定义，块（block）是大括号内的一系列编程元素，有以下几类。

（1）语句。

（2）局部类声明。

（3）局部变量声明语句。

可以给语句和语句块加上标签，标签名称需要遵循 Java 标识符命名规则，并以冒号结束。

例如，下面的语句被标记为 **sectionA**：

```
sectionA: x = y + 1;
```

下面是给一个语句块加标签的例子：

```
start: {
// 语句组
}
```

给语句或语句块加标签的目的是让它们能够被 **break** 和 **continue** 语句引用。

3.2 if 语句

if 语句是条件分支语句，其语法有以下两种：

```
if (booleanExpression) {
    statement(s)
}
if (booleanExpression) {
    statement(s)
} else {
    statement(s)
}
```

如果 booleanExpression 的值为 **true**，则执行 **if** 语句后面代码块中的语句。如果计算结果为 **false**，则不执行 **if** 块中的语句。如果 booleanExpression 的值为 **false**，并且有一个 **else** 块，则执行 **else** 块中的语句。

例如，在下面的 **if** 语句中，如果 **x** 大于 4，**if** 语句后面的代码块就会执行：

```
if (x > 4) {
    // 语句组
}
```

在下面的例子中，如果 **a** 大于 3，则执行 **if** 语句后面的代码块，否则执行 **else** 后面的语句块：

```
if (a > 3) {
    // 语句组
} else {
    // 语句组
}
```

注意   为了良好的编码风格，建议块中的语句要有缩进。

如果 if 语句中的计算结果是 **boolean** 值，就不需要像下面这样使用等号（==）运算符：

```
boolean fileExist = ...
if (fileExist == true) {
```

而可以简写成：

```
if (fileExists) {
```

同样，下面的语句：

```
if (fileExists == false) {
```

可以写成：

```
if (!fileExists) {
```

如果要计算的表达式太长，无法在一行写下，建议在下一行使用两个单位的缩进，例如：

```
if (numberOfLoginAttempts < numberOfMaximumLoginAttempts
        || numberOfMinimumLoginAttempts > y) {
    y++;
}
```

如果 **if** 或 **else** 块中只有一个语句，则大括号可以省略。

```
if (a > 3)
    a++;
else
    a = 3;
```

然而，这可能会导致所谓的 **else** 悬空问题。考虑下面的例子：

```
if (a > 0 || b < 5)
    if (a > 2)
        System.out.println("a > 2");
    else
        System.out.println("a < 2");
```

else 语句悬空了，因为不清楚这个 **else** 语句与哪个 **if** 语句关联。**else** 语句总是与离它最近的前一个 **if** 关联。使用大括号可以使代码更清晰：

```
if (a > 0 || b < 5){
    if (a > 2){
        System.out.println("a > 2");
    }else{
        System.out.println("a < 2");
    }
}
```

如果有多个选择，还可以将 **if** 与一系列 **else** 语句一起使用：

```
if (booleanExpression1) {
    // 语句组
} else if (booleanExpression2) {
    // 语句组
}...
else {
    // 语句组
}
```

例如：

```
if (a == 1) {
    System.out.println("one");
} else if (a == 2) {
    System.out.println("two");
} else if (a == 3) {
    System.out.println("three");
} else {
    System.out.println("invalid");
}
```

在这个例子中，紧跟 **if** 之后的 **else** 语句没有使用大括号。关于 **switch** 语句的讨论，请参阅 3.8 节。

3.3　while 语句

在许多情况下，我们可能希望多次执行几个连续的操作，换句话说，希望有一个重复执行的代码块。直观上，这可以通过重复执行代码块来实现。例如，可以使用下面这一行代码来实现"嘀嘀"声：

```
java.awt.Toolkit.getDefaultToolkit().beep();
```

之后，要等待半秒，可以使用这些代码行：

```
try {
    Thread.currentThread().sleep(500);
} catch (Exception e) {
}
```

那么，要生成 3 次"嘀嘀"声，在两次"嘀嘀"声之间间隔 500ms，需要重复书写多行相同的代码：

```
java.awt.Toolkit.getDefaultToolkit().beep();
try {
    Thread.currentThread().sleep(500);
} catch (Exception e) {
}
java.awt.Toolkit.getDefaultToolkit().beep();
try {
    Thread.currentThread().sleep(500);
} catch (Exception e) {
}
java.awt.Toolkit.getDefaultToolkit().beep();
```

然而，在某些情况下，仅重复编写代码是行不通的。以下是其中一些情况。

（1）重复的次数大于 5，这意味着代码行数增加了 5 倍。如果在块中有一行代码需要修改，那么这一行的所有副本都必须修改。

（2）如果事先不知道重复的次数。

更聪明的做法是将重复的代码放入循环体中。这样，代码只需要编写一次就可以让 Java 多次执行这段代码。创建循环的一种方法是使用 **while** 语句，这是本节讨论的主题。另一种方法是使用 **for** 语句，下一节将对此进行解释。

while 语句的语法如下：

```
while (booleanExpression) {
    statement(s)
}
```

这里，只要 booleanExpression 的值为 **true**，就会执行 statement(s)。如果大括号中只有一个语句，大括号可以省略。但是，为了清晰起见，即使只有一条语句，也应该始终使用大括号。

下面的代码将作为 **while** 语句的一个示例，输出小于 3 的整数：

```
int i = 0;
while (i < 3) {
    System.out.println(i);
    i++;
}
```

注意，循环中代码的执行依赖于 **i** 的值，**i** 在每次迭代中递增，直到 **i** 的值为 3。

若要产生间隔为 500ms 的 3 次"嘀嘀"声，可以使用以下代码：

```
int j = 0;
while (j < 3) {
    java.awt.Toolkit.getDefaultToolkit().beep();
    try {
        Thread.currentThread().sleep(500);
    } catch (Exception e) {
    }
    j++;
}
```

有时，条件中会用到一个运算结果总为 **true**（如 **boolean** 字面值 **true**）的表达式，但可用 **break** 语句退出循环。

```
int k = 0;
while (true) {
    System.out.println(k);
    k++;
    if (k > 2) {
        break;
    }
}
```

关于 **break** 语句的相关内容，请参见 3.6 节。

3.4 do-while 语句

do-while 语句类似于 **while** 语句，只是它的语句块部分至少会被执行一次。其语法如下：

```
do {
    statement(s)
} while (booleanExpression);
```

使用 **do-while**，需要将要执行的语句放在 **do** 关键字之后。与 **while** 语句一样，如果其中只有一条语句，可以省略大括号，但为了清晰起见，不建议省略。

例如，下面是 **do-while** 语句的一个例子：

```
int i = 0;
do {
    System.out.println(i);
    i++;
} while (i < 3);
```

这会在控制台上输出以下内容：

```
0
1
2
```

下面的 **do-while** 演示了 **do** 块中的代码至少将执行一次，即便被用来测试表达式 **j < 3** 的初始值为 **false** 也要执行一次：

```
int j = 4;
do {
    System.out.println(j);
    j++;
} while (j < 3);
```

这将在控制台上输出以下内容：

```
4
```

3.5 for 语句

和 **while** 语句类似，**for** 语句可用于封装需要多次执行的代码。不过，**for** 语句比 **while** 语句更复杂一些。

for 语句从初始化部分开始，然后在每此迭代后对表达式求值，如果表达式的结果为 **true**，则执行循环体语句块。每次迭代执行语句块之后，还将执行 **update** 语句。

for 语句的语法如下：

```
for ( init ; booleanExpression ; update ) {
    statement(s)
}
```

其中，init 是在第一次迭代之前执行的一个初始化操作；booleanExpression 是一个布尔表达式，如果计算结果为 **true**，将执行 statement(s)部分；update 是一个语句，在 statement(s)之后执行。init、booleanExpression 和 update 部分都是可选的。

只有符合下列条件之一，**for** 语句才会停止。

（1）booleanExpression 的计算结果为 **false**；

（2）执行 **break** 或 **continue** 语句；

（3）发生运行时错误。

通常在初始化部分声明变量并为其赋值，声明的变量在 booleanExpression、update 和 statement(s)部分都是可见的。

例如，下面的 **for** 语句将循环 3 次，并输出这 3 次的 **i** 值：

```
for (int i = 0; i < 3; i++) {
    System.out.println(i);
}
```

这个 **for** 语句首先声明一个名为 **i** 的 **int** 型变量并为其赋初始值 0：

```
int i = 0;
```

然后它计算表达式 $i < 3$，由于 $i = 0$，表达式的值为 **true**，因此执行语句块，输出 i 的值。接着执行 update 语句 **i++**，该语句将 **i** 递增到 1。第一次循环结束。

接下来，**for** 语句再次计算 $i < 3$ 的值。$i = 1$，结果还是 **true**，执行语句块，并在控制台上输出 1。然后执行 update 语句 **i++**，将 **i** 递增为 2。第二次循环结束。

再接下来，还是对表达式 $i < 3$ 求值，因为 $i = 2$，结果还是 **true**，所以继续执行语句块，并在控制台上输出 2。然后，执行 update 语句 **i++**，将 **i** 递增为 3。第三次循环结束。

最后，依旧计算表达式 $i < 3$，结果为 **false**，这将停止 **for** 循环。

在控制台上可以看到下面的输出：

```
0
1
2
```

注意，变量 **i** 在其他任何地方都不可见，因为它是在 **for** 循环中声明的。

还要注意的是，如果 **for** 中的语句块只包含一个语句，则可以省略大括号，因此在这种情况下，上面的 for 语句可改写为：

```
for (int i = 0; i < 3; i++)
    System.out.println(i);
```

然而，即使只有一个语句，使用大括号也会使代码更具可读性。

下面是 for 语句的另一个例子：

```
for (int i = 0; i < 3; i++) {
    if (i % 2 == 0) {
        System.out.println(i);
    }
}
```

这段代码循环了 3 次，每次迭代都要测试 **i** 的值。如果 **i** 是偶数，则输出它的值。**for** 循环的结果如下：

```
0
2
```

下面的 **for** 循环与上面的类似，但使用 **i += 2** 作为 update 语句。因此，它只循环两次，即当 $i = 0$ 和等于 $i = 2$ 时：

```
for (int i = 0; i < 3; i+=2) {
    System.out.println(i);
}
```

结果如下：

```
0
2
```

使变量递减的语句也经常使用。考虑下面的 **for** 循环：

```
for (int i = 3; i >  0; i --) {
    System.out.println(i);
}
```

它将输出：

```
3
2
1
```

要将任意整数序列传递给 for 循环，可使用以下形式：

```
import java.util.List;
...
for (int i : List.of(13, 4, 110, 21)) {
    System.out.print(i + " ");
}
```

将输出 **13 4 110 21**。可以后面的章节中了解更多关于这种语法和 **java.util.List** 的信息。

　　for 语句的初始化部分是可选的。在下面的 **for** 循环中，变量 **j** 声明在循环之外，因此可以在 **for** 语句块之外的其他地方使用 **j**：

```
int j = 0;
for ( ; j < 3; j++) {
    System.out.println(j);
}
// 此处 j 是可见的
```

　　如前所述，update 语句是可选的。下面的 **for** 语句将 update 语句移动到语句块的末尾，而且效果是一样的：

```
int k = 0;
for ( ; k < 3; ) {
    System.out.println(k);
    k++;
}
```

　　理论上，还可以省略 booleanExpression 部分。例如，下面的 **for** 语句就没有这个部分，该循环只以 **break** 语句结束（有关 **break** 的更多内容参见 3.6 节）：

```
int m = 0;
for ( ; ; ) {
    System.out.println(m);
    m++;
    if (m > 4) {
        break;
    }
}
```

如果比较 **for** 和 **while**，就会发现始终可以用 **for** 语句替换 **while** 语句。这就是说：

```
while (expression) {
    ...
}
```

总是可以写成：

```
for ( ; expression ; ) {
    ...
}
```

> **注意**　**for** 语句还可以遍历数组或集合。有关增强的 **for** 循环的讨论，参见第 6 章和第 14 章。

3.6 break 语句

break 语句用于跳出 **do**、**while**、**for** 或 **switch** 语句。在其他任何地方使用 **break** 都会发生编译错误。

例如，考虑以下代码：

```
int i = 0;
while (true) {
    System.out.println(i);
    i++;
    if (i > 3) {
        break;
    }
}
```

运行结果如下：

```
0
1
2
3
```

> **注意**　由于 **break** 语句中断了循环，因此块中的其余语句不会被执行。

下面是另一个 **break** 语句的例子，这次是用在 **for** 循环中。

```
int m = 0;
for ( ; ; ) {
    System.out.println(m);
    m++;
    if (m > 4) {
        break;
    }
}
```

break 语句后面可以跟一个标签。标签用于把控制权转移到标签标识的代码开头。例如，考虑下面的这段代码：

```
start:
for (int i = 0; i < 3; i++) {
    for (int j = 0; j < 4; j++) {
        if (j == 2) {
            break start;
        }
        System.out.println(i + ":" + j);
    }
}
```

使用 start 标签标识第一个 **for** 循环。因此，**break start;** 语句将中断外层循环。上述代码的运行结果如下：

```
0:0
0:1
```

在 Java 中，标签是 goto 的一种形式。然而，即使 goto 是一个保留关键字，Java 也没有像 C 或 C++那样的 goto 语句。正如在 C 或 C++中使用 goto 可能会使代码变得混乱一样，在 Java 中使用标签可能会使代码变得非结构化。一般建议尽可能避免使用标签，即便要使用，也要非常谨慎。

3.7　continue 语句

continue 语句类似 **break** 语句，但它只终止当前迭代的执行，并导致控制从下一次迭代开始。例如，下面的代码会输出数字 0 到 9，但不会输出 5：

```
for (int i = 0; i < 10; i++) {
    if (i == 5) {
        continue;
    }
    System.out.println(i);
}
```

当 i 等于 5 时，**if** 语句的表达式的计算结果为 **true**，因此执行 **continue** 语句，结果下面输出 i 值的语句就不被执行，控制继续执行下一次循环，即 i 等于 6 的时候。

与 **break** 一样，**continue** 后面可以带一个标签来标识要继续执行哪个封闭的循环。与使用带 **break** 的标签一样，使用 **continue** 标签时要小心，如果可能，尽量避免使用它。

下面是一个带 **continue** 标签的例子：

```
start:
for (int i = 0; i < 3; i++) {
    for (int j = 0; j < 4; j++) {
        if (j == 2) {
            continue start;
        }
        System.out.println(i + ":" + j);
    }
}
```

运行此代码可得以下结果：

```
0:0
0:1
1:0
1:1
2:0
2:1
```

3.8 switch 语句

可以使用 **switch** 语句来代替 **else if**（见 3.2 节的讨论）。**switch** 允许根据表达式的返回值从代码中选择要运行的语句块。**switch** 语句中使用的表达式必须返回一个 **int**、**String** 或枚举值。

> **注意** **String** 类将在第 5 章讨论，枚举值将在第 12 章讨论。

switch 语句的语法如下：

```
switch(expression) {
case value_1 :
    语句（组）;
    break;
case value_2 :
    语句（组）;
    break;
    ⋮
case value_n :
    语句（组）;
    break;
default:
    语句（组）;
}
```

在某个 case 之后，若缺少 **break** 语句，不会产生编译错误，但可能会导致很严重的后果，因为下一个 case 语句代码也将被执行。

下面是 **switch** 语句的一个例子。如果 **i** 的值是 1，输出"One player is playing this game."。如果 **i** 的值为 2，输出"Two players are playing this game."。如果 **i** 的值为 3，输出"Three players are playing this game."。对于其他任何值，输出"You did not enter a valid value."。

```
int i = ...;
switch (i) {
case 1 :
    System.out.println("One player is playing this game.");
    break;
case 2 :
    System.out.println("Two players are playing this game.");
    break;
case 3 :
    System.out.println("Three players are playing this game.");
    break;
```

```
default:
    System.out.println("You did not enter a valid value.");
}
```

有关在 **switch** 表达式中使用 **String** 或枚举值的例子，分别参见第 5 章和第 10 章的内容。

3.9 小结

Java 程序的执行顺序是由语句控制的。在本章中，我们学习了以下 Java 控制语句：**if**、**while**、**do-while**、**for**、**break**、**continue** 和 **switch**。理解如何使用这些语句对于编写正确的程序至关重要。

习题

1. 表达式和语句的区别是什么？
2. 如何从下面的 while 循环中退出？

```
while (true) {
    // statements
}
```

3. 使用后缀增量运算符和前缀增量运算符作为 **for** 循环的 update 语句有什么区别？

```
for (int x = 0; x < length; x++)
for (int x = 0; x < length; ++x)
```

4. 如果执行以下代码，控制台上会输出什么内容：

```
int i = 1;
 switch (i) {
 case 1 :
     System.out.println("One player is playing this game.");
 case 2 :
     System.out.println("Two players are playing this game.");
     break;
 default:
     System.out.println("You did not enter a valid value.");
}
```

提示　case 1 后面没有 **break** 语句。

5. 编写一个类，使用 **for** 语句打印从 1 到 9 的所有偶数。
6. 编写一个类，使用 **for** 语句打印两个整数 a 和 b 之间的所有偶数，如果 b 是偶数，则包含 b。
7. 重新编写上一题的类，要求按降序输出数字。

第 *4* 章

对象和类

面向对象编程（OOP）的工作方式是在真实对象上为应用程序建模。OOP 的好处是实实在在的，这也说明了 OOP 是当今首选的编程范例，以及像 Java 这样的 OOP 语言很流行的原因。本章将讨论对象和类。如果读者刚开始接触 OOP，需要仔细阅读这一章，因为精通 OOP 是编写高质量程序的关键。

本章先解释什么是对象以及类是由什么构成的，然后教读者如何使用 **new** 关键字创建对象、如何将对象存储在内存中、如何将类组织成包、如何使用访问控制来实现封装、Java 虚拟机（JVM）如何加载和链接对象，以及 Java 如何管理未使用的对象。此外，本章还将讨论方法重载和类的静态成员。

4.1　什么是 Java 对象

使用 OOP 语言开发应用程序时，可以创建类似于实际情况的模型来解决问题。以工资单应用程序为例，它需要计算员工的所得税以及领到手的工资。这样的应用程序就要用一个 **Company** 对象来表示使用该应用程序的公司、**Employee** 对象表示公司员工、**Tax** 对象表示员工的缴税细节，等等。但是，在开始编写此类应用程序之前，读者需要了解什么是 Java 对象以及如何创建它们。

我们先来看一下生活中的对象。对象无处不在：有生命的（人、宠物等）和其他东西（汽车、房子、街道等）；具体的（书籍、电视等）和抽象的（爱、知识、税率、规章制度等）。每个对象都有两个特性：属性和对象可以执行的操作。例如，汽车有颜色、车门数量、车牌号等属性，可以执行行驶和刹车操作。

再举一个例子，狗有颜色、年龄、类型、体重等属性。它可以吠叫、奔跑、撒尿、闻气味等。

Java 对象也有属性和可执行的操作。在 Java 中，属性称为字段（field），操作称为方法（method）。在其他编程语言中，属性和可执行的操作可能有其他称呼，例如，方法通常称为函数。

字段和方法都是可选的，这表示有些 Java 对象可能没有字段但有方法，有些对象可能有字段但没有方法。当然，有些 Java 对象同时具有属性和方法，还有些两者都没有。

如何创建 Java 对象呢？这就和问"如何生产汽车的？"是一样的。汽车是昂贵的物品，需要精心设计，要考虑许多因素，如安全性和成本效益。要制出好车，需要一个好的设计蓝图。要创建 Java 对象，也需要类似的蓝图——类。

4.2　Java 类

　　类（class）是创建相同类型对象的蓝图或模板。有 **Employee** 类，就可以创建任意数量的 **Employee** 对象。要创建 **Street** 对象，需要一个 **Street** 类。类决定要创建的对象的类型，例如，如果定义了一个包含 **age** 和 **position** 字段的 **Employee** 类，那么从这个 **Employee** 类创建的所有 **Employee** 对象也将包含 **age** 和 **position** 字段。不多不少，因此我们说类决定对象。

　　总之，类是一种 OOP 工具，它使程序员能够对问题进行抽象。在 OOP 中，抽象是使用编程对象来表示实际对象的行为，因此编程对象不需要具有真实对象的细节。例如，如果工资单应用程序中的 **Employee** 对象只需要工作并领取工资，那么 **Employee** 类只需要两个方法：**work** 和 **receiveSalary**。OOP 抽象忽略了这样一个事实，即现实世界中的员工可以做许多其他事情，包括吃饭、跑步、亲吻和踢腿。

　　类是 Java 程序的基本构造单元，Java 中的所有程序元素都必须放在类中，即使是编写一个不需要 Java 的面向对象特性的简单程序。Java 初学者在编写类时需要考虑三件事：类名、字段和方法。

　　类中还可以出现其他内容，这些内容将在后面的章节中讨论。

　　类声明的格式是关键字 **class** 后跟类名。此外，类的主体需要放在大括号中。下面是声明类的一般语法：

```
class className {
    [类主体]
}
```

　　清单 4.1 给出了一个名为 **Employee** 的 Java 类，粗体字部分为类主体。

清单 4.1　Employee 类

```
class Employee {
    int age;
    double salary;
}
```

> **注意**　按照惯例，类名的命名一般是每个单词的首字母大写。例如，以下是一些遵循惯例的名称：**Employee**、**Boss**、**DateUtility**、**PostOffice**、**RegularRateCalculator**。这种类型的命名约定称为 Pascal 命名约定。另一种约定是驼峰命名约定，即除了第一个单词，每个单词的首字母都大写。方法和字段名一般使用驼峰命名约定。

　　public 类的定义必须保存在与类名相同的文件中，这个限制不适用于非公共类。文件名必须以 java 作为扩展名。

> **注意** 在 UML 类图中，类由一个矩形表示，矩形包含 3 部分：最上面的部分是类名，中间
> 部分是字段列表，底部是方法列表（见图 4.1）。如果字段和方法不那么重要，也可
> 以不列出。

图 4.1　UML 类图中的 **Employee** 类

4.2.1　字段

字段（field）是变量，它们可以是基本类型，也可以是对象的引用。例如，清单 4.1 中的
Employee 类有两个字段：**age** 和 **salary**，它们就是基本类型，在第 2 章中，我们已经学习了如
何声明和初始化基本类型的变量。不过，字段也可以引用另一个对象。例如，**Employee** 类可
能有一个 **address** 字段，它表示街道地址，其类型是 **Address**：

```
Address address;
```

换句话说，一个对象可以包含其他对象，即前者的类包含引用后者类的变量。

字段名应该采用驼峰命名约定，即除第一个单词外，字段名中每个单词的首字母都用大
写字母表示。例如，下面是一些比较 "好" 的字段名：**age**、**maxAge**、**address**、**validAddress**、
numberOfRows。

4.2.2　方法

方法（method）定义一个类的对象（或实例）可以执行的动作。方法包括声明部分和主
体部分。声明部分由返回值、方法名和参数列表组成，主体包含操作执行的代码。

要声明方法，可以使用以下语法：

```
returnType methodName (listOfArguments)
```

方法的返回类型可以是基本类型、对象或 void（为空）。返回类型为 void 意味着该方法不
返回任何东西。方法的声明部分也称方法签名（signature）。

例如，下面是名为 **getSalary** 的方法，它返回一个 **double** 值：

```
double getSalary()
```

getSalary 方法不接收参数。

再看一个例子，下面的方法将返回一个 **Address** 对象：

```
Address getAddress()
```

下面的方法接收一个 **int** 型参数：

```
int negate(int number)
```

如果一个方法有多个参数，两个参数之间需要用逗号分隔。例如，下面的 **add** 方法有两个 **int** 参数并返回一个 **int** 参数：

```
int add(int a, int b)
```

4.2.3　main 方法

main 方法是一个特殊方法，它提供了应用程序的入口点。一个应用程序通常有很多类，其中只有一个类需要 **main** 方法，此方法允许调用包含的类。

main 方法的签名如下：

```
public static void main(String[] args)
```

如果想知道为什么在 **main** 之前会有 "public static void"，可在本章末尾得到答案。

使用 **java** 执行类时，可以向 **main** 方法传递参数。要传递参数，请在类名之后输入它们，参数之间用空格分隔：

```
java className arg1 arg2 arg3 ...
```

所有参数都必须作为字符串传递。例如，要在运行 **Test** 类时传递两个参数 "1" 和 "safeMode"，请输入以下命令：

```
java Test 1 safeMode
```

字符串的相关内容参见第 5 章。

4.2.4　构造方法

每个类必须至少有一个构造方法（constructor），否则，将无法用类创建任何对象，它将毫无用处。因此，如果类没有明确定义构造方法，编译器将添加一个构造方法。

构造方法用于创建对象，它虽然看起来像一个方法，但是与方法不同，构造方法没有返回值，甚至没有 **void**。此外，构造方法必须与类名相同。

构造方法的语法如下：

```
constructorName (listOfArguments) {
    [构造方法主体]
}
```

构造方法可以不带参数，在这种情况下，它被称为无参（简称 no-arg）构造方法。构造方法的参数用于初始化对象中的字段。

如果类中没有定义构造方法，Java 编译器将向类中添加一个无参构造方法，这种添加是隐式的，也就是说，它不会显示在源文件中。但是，如果类定义了构造方法，无论它有没有参数，编译器都不会在类中添加构造方法。

例如，清单 4.2 向清单 4.1 中的 **Employee** 类添加了两个构造方法。

清单 4.2　带构造方法的 Employee 类

```
public class Employee {
    public int age;
    public double salary;
    public Employee() {
    }
    public Employee(int ageValue, double salaryValue) {
        age = ageValue;
        salary = salaryValue;
    }
}
```

第二个构造方法特别有用。如果没有它，要为对象的 age 和 salary 赋值，就需要编写如下额外的代码行来初始化字段：

```
employee.age = 20;
employee.salary = 90000.00;
```

有了第二个构造方法，就可以在创建对象的同时把字段值传递给构造方法：

```
new Employee(20, 90000.00);
```

这里，**new** 是一个新的关键字，我们将在本章后面学习如何使用它。

4.2.5　可变参数方法

可变参数方法（Varargs）是 Java 的一个特性，它允许方法带有可变长度的参数列表。下面的例子是一个名为 **average** 的方法，它接收任意多个 **int** 参数并计算它们的平均值：

```
public double average(int... args)
```

省略号（...）表示指定类型的参数可有 0 个或多个。例如，下面的代码调用 **average** 方法并分别传递 2 个和 3 个 **int** 型参数：

```
double avg1 = average(100, 1010);
double avg2 = average(10, 100, 1000);
```

如果参数列表同时包含固定参数（参数必须存在）和可变参数，则可变参数必须放在最后。

在学习了第 6 章中有关数组的内容之后，读者应该能够实现带可变参数的方法。实际上，可变参数是作为数组传递给方法的。

4.2.6　UML 类图中的类成员

图 4.1 用 UML 类图描述了一个类，通过该图可以快速浏览类的所有字段和方法。还可以使用 UML 做更多的工作。UML 中允许包含字段类型和方法签名，例如，图 4.2 显示了一个 **Book** 类，其中包含 5 个字段和一个方法。

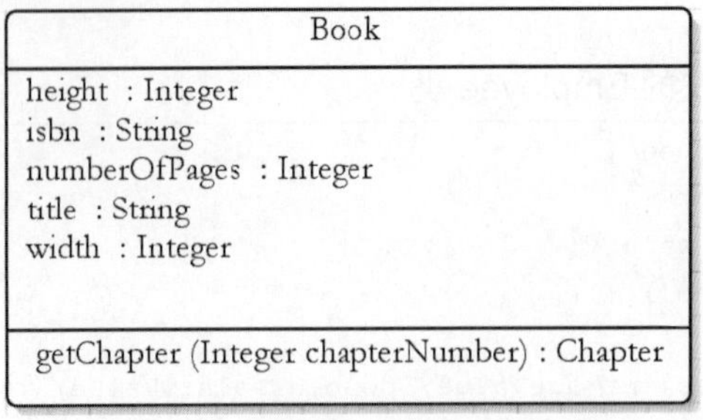

```
                        Book
    height  : Integer
    isbn  : String
    numberOfPages  : Integer
    title  : String
    width  : Integer

    getChapter (Integer chapterNumber) : Chapter
```

图 4.2 在类图中包含类成员信息

注意，在 UML 类图中，字段名与类型用冒号分隔。方法的参数列表用圆括号表示，返回类型在冒号后面。

4.3 创建对象

知道了如何编写类，现在来学习如何使用类来创建对象。对象也称为实例（instance）。"构造"一词通常用来代替"创建"，因此也称为"构造一个 **Employee** 对象"。另一个常用术语是**实例化**（instantiate），实例化 **Employee** 类与创建 **Employee** 实例的含义相同。

有多种方法可用来创建对象，最常见的是使用 **new** 关键字。**new** 后面总是跟要实例化类的构造方法，例如，要创建一个 **Employee** 对象，可以写作：

```
new Employee();
```

大多数情况下，希望将创建的对象赋给对象变量（或引用变量），以便之后操作该对象。要实现这一点，需要声明与对象类型相同的对象引用，例如：

```
Employee employee = new Employee();
```

其中，**employee** 是 **Employee** 类型的对象引用。

一旦有了对象，就可以通过赋给该对象的对象引用调用它的方法和访问它的字段。使用句点（.）运算符调用对象的方法或访问字段，例如：

```
objectReference.methodName
objectReference.fieldName
```

例如，下面的代码创建了一个 **Employee** 对象，并为其 **age** 和 **salary** 字段赋值：

```
Employee employee = new Employee();
employee.age = 24;
employee.salary = 50000;
```

4.4 null 关键字

引用变量指向一个对象，但是有时引用变量没有值（它没有引用一个对象），这样的引用变量被称为具有 null 值。例如，下面的类级引用变量的类型为 **Book**，但没有赋值：

```
Book book;          // book 的值为null
```

如果在一个方法中声明了一个局部引用变量，但是没有给它分配对象，那么为了满足编译器的要求，需要给它赋一个 **null** 值：

```
Book book = null;
```

由于类级引用变量在创建实例时初始化，因此不需要为它们赋 null 值。
试图访问 null 变量引用的字段或方法会产生错误，如以下代码所示：

```
Book book = null;
System.out.println(book.title);    // 因 book 值是 null 而发生错误
```

可以用==运算符来测试引用变量是否为 **null**，例如：

```
if (book == null) {
    book = new Book();
}
System.out.println(book.title)
```

4.5 为对象分配内存

当在类中声明一个变量时，无论是在类级还是在方法级，都要为赋给该变量的数据分配内存空间。对于基本类型变量，很容易计算其所占用的内存量，例如，声明一个 **int** 型变量要占用 4 个字节，声明一个 **long** 型变量要占用 8 个字节。但是，对引用变量的计算是不一样的。

当程序运行时，系统会为数据分配一些内存空间。这种数据空间在逻辑上分为两个部分：栈（stack）和堆（heap）。基本类型值在栈中分配，Java 对象则驻留在堆中。

当声明一个基本类型时，系统会在栈中分配若干字节。当声明一个引用变量时，系统也会在栈中留出一些字节，但其中包含的不是对象的数据，而是对象在堆中的地址。换句话说，当声明以下类型时：

```
Book book;
```

就把一些字节分配给这个引用变量 **book**，因为还没有给它分配对象，所以它的初值为 **null**。当编写下面的代码时：

```
Book book = new Book();
```

就创建了 **Book** 的一个实例，这个实例存储在堆中，并且实例的地址被赋给引用变量 **book**。Java 引用变量类似于 C++指针，只是不能操作引用变量。在 Java 中，引用变量用于访问它所引用的对象的成员。因此，如果 **Book** 类有一个公共 **review** 方法，可以使用以下语法调用该方法：

```
book.review();
```

一个对象可以被多个引用变量引用。例如：

```
Book myBook = new Book();
Book yourBook = myBook;
```

第二行将 **myBook** 的值复制给 **yourBook**。因此，**yourBook** 引用的是与 **myBook** 相同的 **Book** 对象。**myBook** 和 **yourBook** 引用的 **Book** 对象的内存分配情况如图 4.3 所示。

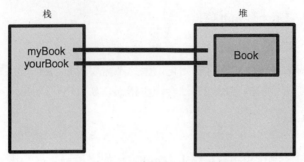

图 4.3 两个变量引用一个对象

此外，下面的代码创建了两个不同的 **Book** 对象：

```
Book myBook = new Book();
Book yourBook = new Book();
```

代码的内存分配情况如图 4.4 所示。

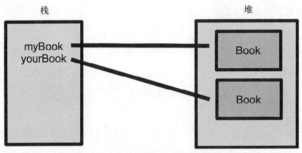

图 4.4 两个变量引用两个对象

那么，一个对象包含另一个对象又如何呢？清单 4.3 中的代码显示了包含 **Address** 类的 **Employee** 类。

清单 4.3 包含另一个类的 Employee 类

```
public class Employee {
    Address address = new Address();
}
```

当使用以下代码创建 **Employee** 对象时，也同时创建了一个 **Address** 对象：

```
Employee employee = new Employee();
```

图 4.5 描述了每个对象在堆中的位置。

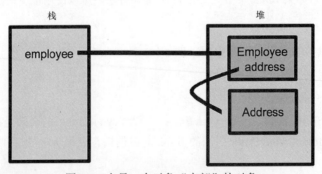

图 4.5 在另一个对象"内部"的对象

可以看到, **Address** 对象并非真正位于 **Employee** 对象中, 而是 **Employee** 对象中的 **address** 字段有一个对 **Address** 对象的引用, 因此允许 **Employee** 对象操作 **Address** 对象。因为在 Java 中, 除了通过分配对象地址的引用变量来访问对象, 没有其他方法访问对象, 所以谁也不能访问 **Employee** 对象 "内部" 的 **Address** 对象。

4.6　Java 包

如果读者正在开发一个由多个不同部分组成的应用程序, 可能希望有效地组织那些类以保持可维护性。在 Java 中, 可以使用包对相关类或有类似功能的类进行分组, 例如, 标准 Java 类就是以包的形式出现的, Java 核心类定义在 **java.lang** 包中, 完成输入和输出操作的类是 **java.io** 包的成员, 等等。如果需要对包进行更详细的组织, 可以创建与名称前面的部分相同的包, 例如, Java 类库就有 **java.lang.annotation** 和 **java.lang.reflect** 包。但是, 请注意, 名称的共享并不意味着两个包相关, **java.lang** 包和 **java.lang.reflect** 是不同的。

以 **java** 开头的包名保留给核心类库, 因此不能创建以 **java** 开头的包。读者可以编译属于这些包中的类, 但不能运行它们。

此外, 以 **javax** 开头的包是用来留给与核心类库配套的扩展类库用的, 因此也不要创建以 **javax** 开头的包。

除了对类进行组织, 包还可以避免命名冲突, 例如, 假设存在两个同名类属于不同的包, 应用程序不仅可以使用来自 A 公司的 **MathUtil** 类, 还可以使用来自另一家公司的同名 **MathUtil** 类。为此, 按照惯例, 包名应该采用反转的域名。因此, Sun 的包名以 **com.sun** 开头。如果域名是 **brainysoftware.com**, 那么可以用 **com.brainysoftware** 作为包名开头。例如, 可以把所有 Applet 程序放在 **com.brainysoftware.applet** 包中, 把 Servlet 放在 **com.brainysoftware.servlet** 包中。

包不是物理对象, 因此不需要创建。要将类组织到某个包中, 只需使用 **package** 关键字, 在其后面加上包名称即可, 例如, 下面的 **MathUtil** 类是 **com.brainysoftware.common** 包的一部分:

```
package com.brainysoftware.common;
public class MathUtil {
    ...
}
```

Java 还引入了术语 "完全限定名" (fully qualified name), 它指的是带包名的类名。类的完全限定名是它的包名后加上点号和类名。因此, 属于 **com.example** 包的 **Launcher** 类的完全限定名是 **com.example.Launcher**。

不带包声明的类属于默认包 (default package), 例如清单 4.1 中的 **Employee** 类就属于默认包。应该始终使用包, 因为默认包中的类型不能被默认包之外的其他类型使用 (除非使用反射技术)。类不带包不是一个好主意。

即便包不是物理对象, 包名也与类的源文件的物理位置有关。包名表示目录结构, 其中包名中的点表示子文件夹, 例如, **com.brainysoftware.common** 包中所有 Java 源文件都必须位于 **common** 目录中, 该目录是 **brainysoftware** 的子目录, 后者同样又是 **com** 的子目录。**com.brainysoftware.common.MathUtil** 类的文件夹结构如图 4.6 所示。

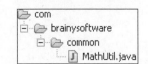

图 4.6　类在包中的物理位置

编译非默认包中的类对初学者来说是一个挑战。要编译这样一个类，需要指定包名，需用斜杠（/）替换点（.），例如，要编译 **com.brainysoftware. common.MathUtil** 类，请将目录更改为工作目录（它是 **com** 的父目录）并输入：

```
javac com/brainysoftware/common/MathUtil.java
```

默认情况下，**javac** 将把结果类文件放在与源文件相同的目录结构中。在本例中，将在 **com/brainysoftware/common** 目录中创建 **MathUtil.class** 文件。

运行属于包的类遵循类似的规则：必须包含包名，用斜杠（/）替换点号（.），例如，要运行 **com.brainysoftware.common.MathUtil** 类，请在工作目录中输入以下内容：

```
java com/brainysoftware/common/MathUtil
```

类的打包还会影响到类的可见性，这将在下一节介绍。

4.7 封装与访问控制

封装（encapsulation）是一种 OOP 原则，它保护对象中需要确保安全的部分，并且只公开可以安全公开的部分。电视机是封装的一个好例子。电视机内部有成千上万个电子元件，它们共同组成了可以接收信号并将其解码成图像和声音的部件。然而，用户无法直接操作这些部件，因此索尼和其他制造商将这些部件包封在一个不易断裂的坚固金属外壳中。为了使电视机易于使用，制造商为用户公开了可以触摸的按钮，以便用户打开和关闭电视机、调节亮度和音量等。

再回到 OOP 的封装中，以一个可以编码和解码消息的类为例。该类公开了名为 **encode** 和 **decode** 的两个方法，类的用户可以访问它们。在内部，有几十个变量用于存储临时值和执行支持任务的其他方法。类的作者隐藏了这些变量和其他方法，因为允许访问它们可能会损害编码/解码算法的安全性。此外，暴露太多会使类更难使用。读者会在后文了解到，封装是一个强大的特性。

Java 通过访问控制支持封装，访问控制由访问控制修饰符管理。Java 有 4 种访问控制修饰符：**public**、**protected**、**private** 和默认访问级别。访问控制修饰符可应用于类或类成员。

4.7.1 类访问控制修饰符

在有多个类的应用程序中，我们可以实例化一个类，并在属于同一包或不同包的另一个类中使用该类。通过在类声明的开头使用访问控制修饰符，我们可以控制从哪个包"看到"读者的类。

类可以有 **public** 访问控制级别，也可以有默认访问控制级别。可以使用 **public** 访问控制修饰符将类公开。声明没有访问控制修饰符的类具有默认访问权限。**public** 类在任何地方都是可见的。清单 4.4 给出了一个名为 **Book** 的公共类。

清单 4.4 公共类 Book

```
package app04;
public class Book {
    String isbn;
    String title;
    int width;
    int height;
```

```
    int numberOfPages;
}
```

Book 类是 **app04** 包的成员，有 5 个字段。由于 **Book** 类是公共的，因此可以从任何其他类实例化它。事实上，Java 类库中的大多数类都是公共类。例如，下面是 **java.lang.Runtime** 类的声明：

```
public class Runtime
```

公共类必须保存在与类同名的文件中，且扩展名必须是 **java**，因此清单 4.4 中的 **Book** 类必须保存在 **Book.java** 文件中。另外，由于 **Book** 类属于 **app04** 包，**Book.java** 文件也必须放在 **app04** 目录中。

注意 一个 Java 源文件只能包含一个公共类，但是它可以包含多个非公共类。

当类声明前面没有访问控制修饰符时，该类具有默认的访问级别。例如，清单 4.5 给出了具有默认访问级别的 **Chapter** 类。

清单 4.5　具有默认访问级别的 Chapter 类

```
package app04;
class Chapter {
    String title;
    int numberOfPages;
    public void review() {
        Page page = new Page();
        int sentenceCount = page.numberOfSentences;
        int pageNumber = page.getPageNumber();
    }
}
```

具有默认访问级别的类只能被同一个包的其他类使用，例如，**Chapter** 类可以在 **Book** 类中实例化，因为 **Book** 类与 **Chapter** 类属于同一个包，但 **Chapter** 在其他包中是不可见的。

例如，可以在 **Book** 类中添加以下 **getChapter** 方法：

```
Chapter getChapter() {
    return new Chapter();
}
```

如果试图将相同的 **getChapter** 方法添加到不属于 **app04** 包的类中，则会引发编译错误。

4.7.2　类成员访问控制修饰符

类成员（方法、字段、构造方法等）可以具有以下 4 种访问控制级别之一：**public**、**protected**、**private** 和默认级别（不带修饰符）。访问控制修饰符 **public** 用于定义类的公共成员，**protected** 修饰符用于定义类的受保护成员，**private** 修饰符用于定义类的私有成员。如果没有访问控制修饰符，类成员将具有默认的访问级别。

表 4-1 显示了每个访问级别的可见性。

表 4-1　类成员的访问级别

访问级别	从其他包中的类	从同一个包中的类	从子类	从同一个类
public	是	是	是	是
protected	否	是	是	是
默认	否	是	否	是
private	否	否	否	是

> **注意**　默认访问级别有时也称为包私有的（package private）。为避免混淆，本书仅使用术语默认访问级别。

public 成员可以被其他任何类访问，只要其所在类能被访问即可。例如，**java.lang.Object** 类的 **toString** 方法是公共的。其方法签名为：

```
public String toString()
```

一旦构造了 **Object** 对象，就可以调用它的 **toString** 方法，因为 **toString** 方法是公共的：

```
Object obj = new Object();
obj.toString();
```

其中，**obj** 是 **java.lang.Object** 实例的引用变量，**toString** 是 **java.lang.Object** 中定义的方法。回想一下，我们可以使用以下语法来访问类成员：

referenceVariable.memberName

protected 类成员具有更受限制的访问级别，它只能从以下类中访问到：

（1）与包含该成员的类位于同一包中的任何类；

（2）包含该成员的类的子类。

> **注意**　子类是指扩展另一个类的类，相关内容参见第 7 章。

例如，考虑清单 4.6 中公共的 **Page** 类。

清单 4.6　Page 类

```
package app04;
public class Page {
    int numberOfSentences = 10;
    private int pageNumber = 5;
    protected int getPageNumber() {
        return pageNumber;
    }
}
```

Page 类有两个字段（**numberOfSentences** 和 **pageNumber**）、一个方法（**getPageNumber**）。首先，由于 **Page** 类的访问级别是 **public**，因此可以从任何其他类实例化它。然而，即便可以实例化它，也不能保证可以访问它的成员，这取决于从哪个类访问 **Page** 类的成员。

由于 **Page** 类的 getPageNumber 方法为 **protected** 访问级别，因此该方法可以被属于 **app04** 的任何类访问，**Page** 类属于 **app04** 包。例如，考虑 **Chapter** 类中的 **review** 方法，如清单 4.5 所示。

```
public void review() {
    Page page = new Page();
    int sentenceCount = page.numberOfSentences;
    int pageNumber = page.getPageNumber();
}
```

Chapter 类可以访问 **getPageNumber** 方法，又因为 **Chapter** 类与 **Page** 类属于同一个包，所以 **Chapter** 可以访问 **Page** 类的所有 **protected** 成员。

默认访问允许同一包中的类访问类成员，例如，**Chapter** 类可以访问 **Page** 类的 **numberOfSentences** 字段，因为 **Page** 类和 **Chapter** 类属于同一个包。但是，如果 **Page** 的子类属于另一个包，则无法从该子类访问 **numberOfSentences**。这正是 **protected** 访问级别和默认访问级别的区别，详细介绍参见第 7 章。

一个类的 **private** 成员只能从它所在的同一个类中访问。例如，除了 **Page** 类本身，无法从任何位置访问 **Page** 类的私有字段 **pageNumber**。但是，看看 **Page** 类定义的以下代码：

```
private int pageNumber = 5;
protected int getPageNumber() {
    return pageNumber;
}
```

由于 **pageNumber** 字段是私有的，因此可以通过 **getPageNumber** 方法来访问它，该方法在同一个类中定义。**getPageNumber** 的返回值是 **pageNumber**，它是私有的。初学者常常对这种代码感到困惑：如果 **pageNumber** 是私有的，为什么用它作为 **protected** 方法（**getPageNumber**）的返回值？注意，**pageNumber** 的访问级别是 **private**，因此其他类无法修改这个字段，但允许把它作为非 **private** 方法的返回值。

构造方法如何呢？构造方法的访问级别与字段和方法的访问级别相同。因此，构造方法也可以有 **public**、**protected**、默认和 **private** 这 4 种访问级别。读者可能认为所有构造方法都必须是 **public** 的，因为拥有构造方法的目的是使类可实例化。然而，令人惊讶的是，事实并非如此。有些构造方法是 **private** 的，因此不能从其他类实例化它们的类。**private** 构造方法通常在单例（singleton）类中使用。如果对这个话题感兴趣，很容易从互联网上找到关于这个主题的文章。

注意 在 UML 类图中，可以包含关于类成员访问级别的信息。在 **public** 成员前面加上"+"，**protected** 成员前面加上"#"，private 成员前面加上"-"。没有前缀的成员被视为具有默认访问级别。图 4.7 显示了 **Manager** 类，其中的成员具有不同的访问级别。

图 4.7　带有类成员访问级别的 UML 类图

4.8 this 关键字

可以在任何方法或构造方法中使用 **this** 关键字来引用当前对象。例如，如果有一个类级字段，它的名称与局部变量相同，就可以使用下面的语法来引用字段：

```
this.field
```

一个常见的用法是在构造方法中接收用于初始化字段的值。考虑清单 4.7 中的 **Box** 类。

清单 4.7 Box 类

```
package app04;
public class Box {
    int length;
    int width;
    int height;
    public Box(int length, int width, int height) {
        this.length = length;
        this.width = width;
        this.height = height;
    }
}
```

Box 类有 3 个字段：**length**、**width** 和 **height**。它的构造方法接收用于初始化字段的 3 个参数。将 **length**、**width** 和 **height** 作为参数名非常方便，因为它们所表示的含义很清晰。在构造方法内部，**length** 指的是 **length** 参数，而不是 **length** 字段。这里用 **this.length** 引用类级别的 **length** 字段。

当然，可以修改参数名称，比如：

```
public Box (int lengthArg, int widthArg, int heightArg) {
    length = lengthArg;
    width = widthArg;
    height = heightArg;
}
```

这样，类级字段就不会被局部变量所隐藏，而且也不需要使用 **this** 关键字引用类级字段，但使用 **this** 关键字可以使读者不必为方法或构造方法参数选择不同的名称。

4.9 使用其他类

在编写的类中使用其他类是很常见的。默认情况下，允许使用与当前类处于同一包中的类。但是，要使用其他包中的类，必须先导入包或导入要使用的类。

Java 提供了 **import** 关键字，用来导入希望使用的包或包中的类，例如，要在代码中使用 **java.util.ArrayList** 类，必须使用下面的 **import** 语句：

```
package app04;
import java.util.ArrayList;
```

```
public class Demo {
    ...
}
```

> **注意**　import 语句必须放在 package 语句之后、类声明之前。关键字 import 可以在类中出
> 现多次。示例如下：
>
> ```
> package app04;
> import java.time.Clock;
> import java.util.ArrayList;
> public class Demo {
>     ...
> }
> ```

有时可能需要用到同一个包中的多个类，可以使用通配符星号（*）导入同一包中的所有
类。例如，下面的代码可以导入 **java.util** 包中的所有成员：

```
package app04;
import java.util.*;
public class Demo {
    ...
}
```

现在，不仅可以使用 **java.util.ArrayList** 类，还可以使用 **java.util** 包的其他成员。但是，为
了使代码更具可读性，建议一次导入包的一个成员。换句话说，如果需要同时使用
java.io.PrintWriter 类和 **java.io.FileReader** 类，使用以下两个导入语句比使用通配符（*）更好：

```
import java.io.PrintWriter;
import java.io.FileReader;
```

> **注意**　**java.lang** 包中的成员被自动导入，因此，要使用 **java.lang.String** 类，并不需要显式
> 导入。

想使用属于其他包的类而又不想导入它们，唯一的方法是在代码中使用类的完全限定名。
例如，下面的代码使用 **java.io.File** 类的完全限定名来声明 **java.io.File** 类：

```
java.io.File file = new java.io.File(filename);
```

如果从不同的包导入了同名的类，在声明类时必须使用完全限定名。例如，Java 类库包
含 **java.sql.Date** 类和 **java.util.Date** 类，同时导入这两个类就会使编译器出现异常。在这种情
况下，我们必须在类中使用 **java.sql.Date** 和 **java.util.Date** 的完全限定名。

> **注意**　Java 类可以打包在一个 jar 文件中。附录 A 详细说明了如何编译一个在 jar 文件中使
> 用其他类的类。附录 B 展示了如何运行 jar 文件中的 Java 类。附录 C 给出了关于 **jar**
> 工具的说明——**jar** 工具是 JDK 附带的一个程序，用于打包 Java 类和相关资源。

一个类如果使用另一个类，则称该类"依赖"另一个类。UML 类图中的依赖关系如图 4.8
所示。

带箭头的虚线表示依赖关系。在图 4.8 中，**Book** 类依赖 **Chapter** 类，因为 **getChapter** 方
法会返回一个 **Chapter** 对象。

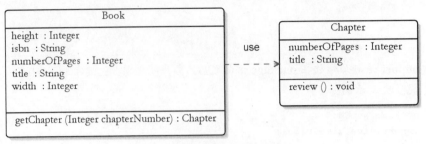

图 4.8　UML 类图中的依赖关系

4.10　final 变量

Java 没有保留用于创建常量的关键字 constant。但是，在 Java 中，可以在声明的变量前加 **final** 关键字，使其值不可更改。局部变量和类字段都可用 final 声明。例如，一年的月数（12）不会改变，所以可以这样写：

```
final int numberOfMonths = 12;
```

再如，在执行数学计算的类中，可以声明变量 **pi** 的值等于 22/7（即用一个圆的周长除以直径，在数学中用希腊字母 π 表示）：

```
final float pi = (float) 22 / 7;
```

一旦赋值，该值就不能更改。如果试图更改它，将导致编译错误。

注意　22 / 7 中的强制转换（**float**）是将 22 的值转换为 **float** 型，否则，将返回一个 **int** 型值，**pi** 变量的值将为 3.0，而不是 3.1428。

还要注意，由于 Java 使用的是 Unicode 字符，因此如果觉得输入 **pi** 比输入 π 麻烦的话，可以简单地将变量 **pi** 定义为 π：

```
final float π = (float) 22 / 7;
```

注意　也可以把一个方法定义成 final，这样就可以防止它在子类中被覆盖。相关内容参见第 7 章。

4.11　静态成员

前文介绍过如何访问一个对象的 public 字段或方法，即在对象引用的后面使用一个点号（.），例如：

```
// 创建 Book 的一个实例
Book book = new Book();
// 访问 review 方法
book.review();
```

这意味着在访问对象的成员之前，我们必须先创建一个对象。然而，在前几章中，有一

些例子使用 **System.out.print** 将值在控制台输出。读者可能已经注意到，事先没有构造 **System** 对象就可以调用它的 **out** 字段。可以不必编写下面的代码：

```
System ref = new System();
ref.out;
```

在类名之后用一个点号即可：

```
System.out
```

这是因为，Java（以及许多 OOP 语言）支持"静态成员"（static member）的概念，即不需要先实例化类即可调用的类成员。**java.lang.System** 类的 **out** 字段是静态的，这正是可以将上述代码写成 **System.out** 的原因。

类的静态成员不会与一个类实例绑定。相反，可以在没有实例的情况下使用它们。实际上，作为类入口点的 **main** 方法就是静态的，因为必须在创建任何对象之前调用它。

要创建一个静态成员，可以在字段或方法声明前使用 **static** 关键字。如果存在访问修饰符，则 **static** 关键字可以出现在访问修饰符之前或之后。下面的两种写法都正确：

```
public static int a;
static public int b;
```

然而，第一种形式更常用。例如，清单 4.8 给出了带有静态方法的 **MathUtil** 类。

清单 4.8　MathUtil 类

```
package app04;
public class MathUtil {
    public static int add(int a, int b) {
        return a + b;
    }
}
```

要使用 **add** 方法，可以像下面这样简单地调用：

```
MathUtil.add(a, b)
```

术语"实例方法/字段"表示非静态的方法和字段。

在静态方法中，不能调用实例方法或实例字段，因为它们只在创建对象之后才存在。但是，可以通过静态方法访问其他静态方法或静态字段。

初学者经常遇到的一个常见困惑是：在 **main** 方法访问了实例成员，导致类无法编译。清单 4.9 给出了这样一个类。

清单 4.9　从静态方法调用非静态成员

```
package app04;
public class StaticDemo {
    public int b = 8;
    public static void main(String[] args) {
        System.out.println(b);
    }
}
```

粗体字显示的那行代码会导致一个编译错误，因为它试图通过 **main** 静态方法访问非静态

字段 **b**。这个问题有两个解决方案：

（1）将 **b** 定义为静态字段；

（2）创建类的一个实例，然后使用实例访问 **b**。

具体采用哪种解决方案更合适取决于具体情况。通常需要多年 OOP 经验才能做出一个令自己满意的决定。

注意　只能在类级别中声明一个静态变量。即使方法是静态的，也不能声明局部静态变量。

那么静态引用变量又如何呢？读者可以声明静态引用变量，这个变量将包含一个地址，但是引用的对象存储在内存堆中，例如：

```
static Book book = new Book();
```

静态引用变量提供了一种很好的方法来公开需要在其他不同对象之间共享的对象。

注意　在 UML 类图中，静态成员使用下画线进行标识。例如，图 4.9 显示了带有静态方法 **add** 的 **MathUtil** 类。

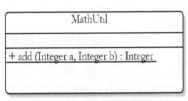

图 4.9　UML 类图中的静态成员

4.12　静态 final 变量

前文提到，可以用关键字 **final** 创建一个最终变量。然而，类级或局部变量的 final 变量在程序运行时总是具有相同的值。如果同一个类有多个对象具有 final 变量，这些对象中的 final 变量的值都将具有相同的值。通常（也更明智），将一个 final 变量定义为静态的，这样所有对象将共享相同的值。

静态 final 变量的命名通常用大写字母来表示，并用下画线分隔两个单词，例如：

```
static final int NUMBER_OF_MONTHS = 12;
static final float PI = (float) 22 / 7;
```

关键字 **static** 和 **final** 的位置可以互换，但 "static final" 比 "final static" 更常见。

如果想从类外部访问一个静态的 final 变量，可以将它设计成 public 的：

```
public static final int NUMBER_OF_MONTHS = 12;
public static final float PI = (float) 22 / 7;
```

为了更好地组织常量，有时需要将所有静态 final 变量放在一个类中，这个类通常没有方法或其他字段，也从不实例化。例如，有时希望将月份表示为 **int** 型值，一月为 1，二月为 2，以此类推。那么，就用 JANUARY 代替数字 1，因为它更具有描述性。清单 4.10 给出了包含月份名称及其表示形式的 **Months** 类。

清单 4.10　Months 类

```
package app04;
public class Months {
    public static final int JANUARY = 1;
    public static final int FEBRUARY = 2;
    public static final int MARCH = 3;
    public static final int APRIL = 4;
    public static final int MAY = 5;
    public static final int JUNE = 6;
    public static final int JULY = 7;
    public static final int AUGUST = 8;
    public static final int SEPTEMBER = 9;
    public static final int OCTOBER = 10;
    public static final int NOVEMBER = 11;
    public static final int DECEMBER = 12;
}
```

然后，可以通过编写下面的代码得到一月（January）的表示形式：

```
int thisMonth = Months.JANUARY;
```

在 Java 5 之前，类似于 **Months** 的类很常见。然而，Java 现在提供了新的枚举类型 **enum**，这可以消除对公共 static final 变量的需要。枚举的相关内容参见第 12 章。

静态的 final 引用变量也是可能的。但是，请注意，只要变量是 final，就意味着一旦将一个地址赋给它的一个实例，就不能再给它赋另一个相同类型的对象，但引用对象本身的字段可以更改。

在下面的代码中：

```
public static final Book book = new Book();
```

book 总是引用 **Book** 的这个特定实例。若给它重新赋另一个 **Book** 对象，将引发编译错误：

```
book = new Book();       // 编译错误
```

但是，可以更改 **Book** 对象的字段值：

```
book.title = "No Excuses";       // 假设 title 字段是 public 的
```

4.13　静态导入

Java 类库中有许多类包含静态 final 字段，**java.util.Calendar** 类就是其中之一，该类包含表示星期几（**MONDAY**、**TUESDAY** 等）的静态 final 字段。要使用 **Calendar** 类中的静态 final 字段，必须先导入 **Calendar** 类：

```
import java.util.Calendar;
```

然后，可以通过 className.staticField 形式来使用它：

```
if (today == Calendar.SATURDAY)
```

然而，也可以使用 **import static** 关键字导入类的静态成员，例如，可以这样做：

```
import static java.util.Calendar.SATURDAY;
```

接下来，要使用导入的静态字段，就不再需要使用类名：

```
if (today == SATURDAY)
```

4.14 变量作用域

读者已经看到，可以在几个不同的地方声明变量：在类体中作为类字段，这里声明的变量称为类级变量；作为方法或构造方法的参数；在方法的主体或构造方法的主体中；在语句块中，如 **while** 或 **for** 语句块的内部。

下面介绍变量作用域。

变量作用域（scope）是指变量的可访问性。第一条规则是：在块中定义的变量只能从块中访问。变量的作用域是定义这个变量的块，例如，考虑下面的 **for** 语句：

```
for (int x = 0; x < 5; x++) {
    System.out.println(x);
}
```

变量 **x** 在 **for** 语句中声明，因此 **x** 只能在这个 **for** 语句块内部访问，在其他任何地方都是无法访问或看到的。当 JVM 执行 **for** 语句时，它创建 **x**；它执行完 **for** 语句块后会释放 **x**。**x** 被释放后，称 **x** 已离开其作用域。

第二条规则是：在一个嵌套的块内部可以访问外部块中声明的变量。考虑下面这段代码：

```
for (int x = 0; x < 5; x++) {
    for (int y = 0; y < 3; y++) {
        System.out.println(x);
        System.out.println(y);
    }
}
```

上述代码是有效的，因为内部 **for** 语句块可以访问 **x**，而 **x** 是在外部 **for** 语句块中声明的。

按照这些规则，可以在方法主体中访问声明为方法参数的变量。此外，类级变量可以在类中的任何位置访问。

如果一个方法声明了一个与类级别变量同名的局部变量，那么前者将"隐藏"后者。要从方法体内部访问类级别变量，需要使用 **this** 关键字。

4.15 方法重载

方法名非常重要，它应该反映方法的功能。在许多情况下，我们可能希望使用多个同名的方法，因为它们具有类似的功能，例如，一个 **printString** 方法可以带一个 **String** 参数并输出该字符串。然而，同一个类还可以定义一个带两个参数的方法并输出字符串的一部分，一个参数指定要打印的 **String**，另一个参数是开始打印的字符位置。通常也将这个方法命名为 **printString**，因为它的确打印一个字符串，但这个名称与第一个 **printString** 方法名相同。

幸运的是，在 Java 类中允许多个方法具有相同的名称，只要每个方法接收不同的参数类型集即可。换句话说，在前面的示例中，将下面两个方法放在同一个类中是合法的：

```
public String printString(String string)
public String printString(String string, int offset)
```

这个特性称为方法重载（method overloading）。

方法的返回值不需要考虑在内。因此，下面两个方法不能放在一个类中：

```
public int countRows(int number);
public String countRows(int number);
```

这是因为不需要将方法的返回值赋给变量就可以调用这个方法。在这种情况下，使用上面的 **countRows** 方法会给编译器造成困扰，因为对于下面的代码，编译器不知道该调用哪个方法：

```
System.out.println(countRows(3));
```

下面的方法描述了一种更复杂的情况，它们的签名非常相似：

```
public int printNumber(int i) {
    return i * 2;
}

public long printNumber(long l) {
    return l * 3;
}
```

将这两个方法放在同一个类中是合法的，但是，读者可能会问，当编写 **printNumber(3)** 时，哪个方法会被调用？要回答这个问题，关键是回顾一下第 2 章，数值字面值将被转换成 **int** 类型，除非它的后缀是 **L** 或 **l**。因此，**printNumber(3)** 将调用下面的方法：

```
public int printNumber(int i)
```

要调用上面的第二个方法，应像下面这样传递一个 **long** 参数：

```
printNumber(3L);
```

System.out.print() 和 **System.out.println()** 是方法重载的一个很好的例子。可以将任何基本类型或对象传递给这两个方法，因为它们各有 9 个重载方法。有一个接收 **int** 的重载、一个接收 **long** 的重载、一个接收 **String** 的重载，等等。

> **注意** 静态方法也可以重载。

4.16　静态工厂方法

我们在前面学习了用 **new** 创建对象的方法，但是，Java 类库中的一些类不能以这种方式实例化，例如，不能使用 **new** 创建 **java.time.LocalDate** 类的实例，因为它的构造方法是私有的，相反，需要使用它的一个静态方法，例如用 **now** 创建该类的实例：

```
LocalDate today = LocalDate.now();
```

这种方法称为静态工厂方法（static factory method）。

读者自己也可以设计带静态工厂方法的类。清单 4.11 显示了一个名为 **Discount** 的类，该类有一个私有构造方法，它是一个简单的类，包含一个表示折扣率的 **int** 型字段。这个折扣率值可以是 10（对于小客户），也可以是 12（对于大客户）。它有一个 **getValue** 方法（返回 value）和两个静态工厂方法 **createSmallCustomerDiscount** 和 **createBigCustomerDiscount**。注意，静态工厂方法可以调用私有构造方法来创建对象，因为它们位于同一个类中。回想一下，可以从类内部访问类私有成员。使用这种设计，就可以将 **Discount** 对象限制为 10 或 12，而不允许使用其他值。

清单 4.11　Discount 类

```
package app04;
import java.time.LocalDate;

public class Discount {
    private int value;
    private Discount(int value) {
        this.value = value;
    }

    public int getValue() {
        return this.value;
    }

    public static Discount createSmallCustomerDiscount() {
        return new Discount(10);
    }

    public static Discount createBigCustomerDiscount() {
        return new Discount(12);
    }
}
```

现在就可以通过调用它的一个静态工厂方法来构造一个 **Discount** 对象，例如：

```
Discount discount = Discount.createBigCustomerDiscount();
System.out.println(discount.getValue());
```

还有一些类允许通过静态工厂方法和构造方法两种方式创建实例，在这两种情况下，构造方法必须是公共的，**java.lang.Integer** 和 **java.lang.Boolean** 类都是这种类的例子。

使用静态工厂方法，就能控制可以从类中创建什么样的对象，就像在 **Discount** 中看到的那样。此外，还可以缓存一个实例，并在每次需要实例时返回同一个实例。此外，与构造方法不同的是，可以为静态工厂方法命名，以明确将创建哪种类型的对象。

4.17　按值还是按引用传递

按值传递和**按引用传递**是所有编程语言中的重要概念，本节将讨论这两者之间的区别，并解释为什么 Java 的按引用传递存在混淆，特别是在与 C++的参数传递比较时。

可以将基本类型变量或引用变量传递给方法。基本类型变量按值传递，引用变量按引用传递。这意味着，当传递一个基本类型变量时，JVM 将传递进来的变量值复制到一个新的局部变量中，如果局部变量的值被更改，这种更改不会影响传入的基本类型变量。

当传递引用变量时，局部变量会引用与传入的引用变量相同的对象。如果更改方法中引用的对象，更改也将反映在调用代码中。清单 4.12 中的 **ReferencePassingTest** 类就展示了这一点。

清单 4.12 ReferencePassingTest 类

```
package app04;
class Point {
    public int x;
    public int y;
}
public class ReferencePassingTest {
    public static void increment(int x) {
        x++;
    }
    public static void reset(Point point) {
        point.x = 0;
        point.y = 0;
    }
    public static void main(String[] args) {
        int a = 9;
        increment(a);
        System.out.println(a);        // 输出 9
        Point p = new Point();
        p.x = 400;
        p.y = 600;
        reset(p);
        System.out.println(p.x);      // 输出 0
    }
}
```

在 **ReferencePassingTest** 类中，定义了 **increment** 和 **reset** 两个方法，**increment** 方法接收一个 **int** 值并对它进行自增，**reset** 方法接收一个 **Point** 对象并重新设置其 **x** 和 **y** 字段值。

现在关注 **main** 方法。将 **a**（其值为 9）传递给 **increment** 方法，方法调用之后，输出 **a** 的值，仍然是 9，这意味着 **a** 的值没有发生变化。

接着，创建一个 **Point** 对象并将这个引用赋给 **p**，然后初始化它的 **x** 和 **y** 字段值并将其传递给 **reset** 方法。因为对象是按引用传递的，所以 **reset** 中的修改影响到了原来的 **Point** 对象，因此，当输出 **p** 的 **x** 值时，得到结果为 0。

然而，一些 Java 专家认为，即使将对象传递给方法，也只是传递了引用的副本，而不是引用本身。这是因为他们将 Java 与 C++进行比较。考虑下面名为 **swap** 的 C++函数：

```
void swap(int &x, int &y) {
    int temp = x;
    x = y;
    y = temp;
}
...
int a = 1;
int b = -1;
swap(a, b);
// 现在 a 的值是-1，b 的值是 1
```

在 C++中，通过引用传递参数时，传递的是参数本身，这就是 **swap** 函数也会影响调用者的原因。将上面的代码与清单 4.13 中的 Java 代码进行比较，清单 4.13 类似于前面的 C++的 **swap** 函数。

清单 4.13 不确定的引用传递

```
package app04;
public class DubiousPassingByReference {
    public static void swap(Integer a, Integer b) {
            Integer temp = a;
            a = b;
            b = temp;
    }
    public static void main(String[] args) {
        Integer x = 1;
        Integer y = -1;
        swap(x, y);
        System.out.println(x);        // 输出 1
    }
}
```

Java 的处理方式不同，清单 4.13 中的 **swap** 方法不会影响调用代码。

4.18 加载、链接和初始化

学会了如何创建类和对象，现在我们来看看 JVM 执行类时会发生什么情况。

我们使用 **java** 工具运行 Java 程序，例如，使用下面的命令运行 **com.example.DemoTest** 类：

```
java com.example.DemoTest
```

在 JVM 加载到内存后，它将开始执行 **DemoTest** 类的 **main** 方法。接下来，JVM 将按以下顺序做三件事情：**加载、链接和初始化**。

4.18.1 加载

JVM 将 **DemoTest** 类的二进制表示和 Java 类库中的大约 480 个其他类加载到内存中，并将它们缓存到内存中，以便将来再次使用这些类。如果没有找到 **DemoTest** 类，将抛出一个错误，进程将在此结束。

要查看 JVM 加载类时加载的所有其他类，可在 **java** 程序中使用**-verbose** 参数：

```
java -verbose com.example.DemoTest
```

可以在控制台上看到类似下面的输出：

```
[0.011s][info][class,load] opened: c:\Program~1\Java\jdk-11\lib\modules
[0.026s][info][class,load] java.lang.Object source: jrt:/java.base
[0.027s][info][class,load] java.io.Serializable source: jrt:/java.base
...
[0.197s][info][class,load] com.example.DemoTest source:file:/C:/Users/user1/
        JavaProjects/test/bin/com/example/
...
```

```
Hello, World!
[0.199s][info][class,load] jdk.internal.misc.TerminatingThreadLocal$1 source:
        jrt:/java.base
[0.200s][info][class,load] java.lang.Shutdown source: jrt:/java.base
[0.200s][info][class,load] java.lang.Shutdown$Lock source: jrt:/java.base
```

4.18.2 链接

这个阶段需要做三件事：**验证**、**准备**和**解析**（可选）。验证是指 JVM 要检查二进制表示是否符合 Java 编程语言和 JVM 的语义要求，例如，如果篡改了作为编译结果创建的类文件，那么类文件可能就不再有效了。准备是指为执行准备特定的类，其中包括为静态变量和该类的其他结构化数据分配内存空间。解析是检查特定的类是否引用了其他类/接口，以及其他类/接口是否可以被找到和加载，将对被引用的类/接口递归进行这些检查。例如，如果指定的类包含以下代码：

```
MathUtil.add(4, 3)
```

JVM 将在调用静态 **add** 方法之前加载、链接和初始化 **MathUtil** 类。

或者，如果在 **DemoTest** 类中找到以下代码：

```
Book book = new Book();
```

那么 JVM 将在创建 **Book** 实例之前加载、链接和初始化 **Book** 类。

注意，**JVM** 实现可能选择在稍后的阶段执行解析，即当正在执行的代码真正需要用到所引用的类/接口时才进行链接。

4.18.3 初始化

最后一步，JVM 用赋给变量的值或默认值初始化静态变量，并执行静态初始化器（**static** 块中的代码）。这种初始化在执行 **main** 方法之前发生。但是，在初始化指定的类之前，我们必须先初始化其父类。如果父类还没有加载和链接，JVM 将首先加载和链接父类。同样，当父类即将初始化时，父类的父类也要先初始化。这个过程递归进行，直到初始化的类是层次结构中最顶层的类为止。例如，如果一个类包含以下声明：

```
public static int z = 5;
```

5 将赋给变量 **z**。如果没有找到初始化代码，则会给静态变量一个默认值。表 4-2 列出了 Java 的基本类型和引用变量的默认值。

表 4-2　基本类型和引用变量的默认值

类型	默认值	类型	默认值
boolean	false	char	\u0000
byte	0	float	0.0f
short	0	double	0.0d
int	0	对象引用	null
long	0L		

接下来执行 **static** 块中的代码。例如，清单 4.14 显示了带有静态代码的 **StaticCodeTest** 类，该类在加载时执行静态代码。与静态方法一样，在静态代码块中只能访问静态成员。

清单 4.14　StaticCodeTest 类

```
package app04;
public class StaticCodeTest {
    public static int a = 5;
    public static int b = a * 2;
    static {
        System.out.println("static");
        System.out.println(b);
    }
    public static void main(String[] args) {
        System.out.println("main method");
    }
}
```

运行这个类，将在控制台上看到以下结果：

```
static
10
main method
```

4.19　对象创建初始化

如 4.18 节所述，初始化发生在类加载时。不过，也可以编写代码，指定在每次创建类的实例时执行初始化。

当遇到实例化类的代码时，JVM 会执行以下操作。

（1）为新对象分配内存空间，为类中声明的实例变量分配空间，为父类中声明的实例变量分配空间。

（2）处理调用的构造方法。如果构造方法有参数，JVM 将为这些参数创建变量，并为传递给构造方法的变量赋值。

（3）如果被调用的构造方法调用另一个构造方法（使用 **this** 关键字），JVM 将处理被调用的构造方法。

（4）为该类执行实例初始化和实例变量初始化。将对未被赋值的实例变量赋默认值（见表 4.2）。实例初始化是包含在大括号中的代码：

```
{
    // 代码
}
```

（5）执行被调用的构造方法主体的其余部分。

（6）返回一个指向新对象的引用变量。

注意　实例初始化与静态初始化不同。后者发生在类加载时，它与实例化无关；相反，实例初始化发生在创建对象时。此外，与静态初始化器不同，实例初始化器可以访问实例变量。

例如，清单 4.15 给出了一个名为 **InitTest1** 的类，该类具有初始化部分。还有一些静态初始化代码，可以让读者了解正在运行的内容。

清单 4.15　InitTest1 类

```java
package app04;

public class InitTest1 {
    int x = 3;
    int y;
    // 实例初始化代码
    {
        y = x * 2;
        System.out.println(y);
    }

    // 静态初始化代码
    static {
        System.out.println("Static initialization");
    }
    public static void main(String[] args) {
        InitTest1 test = new InitTest1();
        InitTest1 moreTest = new InitTest1();
    }
}
```

运行时，**InitTest1** 类将在控制台输出如下内容：

```
Static initialization
6
6
```

在进行任何实例化之前，首先需要执行静态初始化，这是 JVM 输出 "Static initialization" 消息的位置。然后，**InitTest1** 类被实例化两次，这就是为什么会看到两个 "6"。

拥有实例初始化代码的问题就在于此。如果类变得越来越大，就很难注意到初始化代码的存在。

另一种编写初始化代码的方法是在构造方法中编写。实际上，构造方法中的初始化代码更明显，因此这种方式更可取。清单 4.16 给出了 **InitTest2** 类，它将初始化代码放在构造方法中。

清单 4.16　InitTest2 类

```java
package app04;
public class InitTest2 {
    int x = 3;
    int y;
    // 实例初始化代码
    public InitTest2() {
        y = x * 2;
        System.out.println(y);
    }
    // 静态初始化代码
    static {
        System.out.println("Static initialization");
    }
    public static void main(String[] args) {
```

```
        InitTest2 test = new InitTest2();
        InitTest2 moreTest = new InitTest2();
    }
}
```

这种方法有一个问题，当有多个构造方法，并且每个构造方法都必须调用相同的代码时，该怎么办？解决办法是将初始化代码封装到一个方法中，让构造方法调用它，如清单 4.17 所示。

清单 4.17　InitTest3 类

```
package app04;

public class InitTest3 {
    int x = 3;
    int y;
    // 实例初始化代码
    public InitTest3() {
        init();
    }
    public InitTest3(int x) {
        this.x = x;
        init();
    }
    private void init() {
        y = x * 2;
        System.out.println(y);
    }
    // 静态初始化代码
    static {
        System.out.println("Static initialization");
    }
    public static void main(String[] args) {
        InitTest3 test = new InitTest3();
        InitTest3 moreTest = new InitTest3();
    }
}
```

注意，应该优先选择 **InitTest3** 类，因为通过构造方法调用 **init** 方法使初始化代码更清晰（与在初始化块中相比）。

4.20　垃圾回收器

在前面的例子中，我们介绍了用 **new** 关键字创建对象的方法，但还没有见过通过显式销毁无用对象来释放内存空间的代码。如果读者是 C++程序员，可能认为我搞错了，因为在 C++中，对象使用完后必须销毁。

Java 提供了几个垃圾回收器（garbage collector），以此来销毁无用对象并释放内存。无用对象是指不再被引用的对象或其引用已经超出作用域的对象。当运行 Java 程序时，JVM 还要确保垃圾回收器（默认的或选择的）在需要时可用。有了这个特性，Java 程序员就无须担心内存空间的回收问题。然而，这并不意味着不会发生内存泄露。如果不小心，Java 仍然有可能发生内存泄露。

4.21 创建对象的其他方法

在本章中，我们已向读者展示了用 **new** 关键字创建对象的方法。下面再介绍其他几种创建对象的方法。

（1）静态工厂方法。使用静态工厂方法实例化的类通常具有私有构造方法，这意味着不能使用 **new** 调用构造方法。相反，它提供了一个静态方法，该方法可以实现在它内部调用私有构造方法。由于静态方法是在同一个类中定义的，因此它可以访问私有构造方法。又因为它是一个静态方法，所以还可以在没有实例的情况下调用它。使用静态工厂方法的主要目标是提供一个特定实例，这个案例依赖于传递给方法的参数。一个典型的例子是 **java.time.LocalDate** 类，它表示日期，它的构造方法是私有的，但它提供了几个静态工厂方法来创建实例。**LocalDate** 类的相关内容参见第 13 章。

（2）构建器（builder）类。使用构建器实例化的类的构造方法也是私有的。它提供了一个内部类来访问它的私有构造方法。使用构建器的原因是，有时需要一种简单的方法来定制一个带有多个参数的对象。在这里使用构造器要求构造方法接收一长串参数，这将使构造方法的可读性降低。构建器可以提供更整洁的方法来实例化类和定制结果对象，例如，**HttpClient** 和 **HttpRequest** 类带有一个构建器，我们将在第 26 章中讨论它们。

（3）反射（reflection）。反射是 Java 中的一个强大的特性，它允许创建对象、调用方法和访问对象上的字段。之所以使用反射，主要是因为在编写代码时不知道要创建的对象类的名称。例如，在关系数据库中通常要求操作数据的 Java 代码与大多数数据库服务器一起工作，但是在编写代码时，不知道用户将使用哪种数据库。在这种情况下，反射就派上用场了。

（4）使用 **sun.misc.Unsafe** 类。这个类自 Sun Microsystem 推出 Java 以来一直存在。**Unsafe** 类可用于底层编程，在不调用类的构造方法的情况下创建一个实例。由于 **Unsafe** 类现在还没有被支持，因此无法在 Java 文档中找到它。但是，任何 Java 编译器都可以编译使用它的代码。不要使用 **Unsafe** 类，除非读者确切知道要做什么。

上面这些都是先进的方法，本书没有对这些方法进行更深入的讨论，读者可以更进一步了解和探索。

4.22 小结

OOP 根据真实对象对应用程序建模。由于 Java 是 OOP 语言，因此对象在 Java 编程中起着核心作用，对象是基于一个称为类的模板创建的。在本章中，学习了如何编写类和类成员。类成员有多种类型，包括本章讨论的 3 种：**字段**、**方法**和**构造方法**。还有其他类型的 Java 成员，如枚举和内部类，这些内容将在其他章节探讨。

在本章中，我们还学习了两个强大的 OOP 特性：**抽象**和**封装**。OOP 中的抽象是使用编程对象来表示真实对象的行为。封装是一种机制，它保护对象中需要保护的部分，并且只公开需要公开的部分。本章讨论的另一个特性是方法重载，方法重载允许在类中定义多个同名的方法，只要它们的签名不同即可。

Java 提供了垃圾回收器，避免了手动销毁无用对象的麻烦。当对象超出作用域或不再被引用时，它们将被作为垃圾自动回收。

习题

1. 至少列出类中可以包含的 3 种元素类型。
2. 方法和构造方法之间有什么区别？
3. 类图中的类是否显示其构造方法？
4. **null** 是什么意思？
5. 关键字 **this** 有什么作用？
6. 当用 "=="操作符比较个对象引用时，真正比较的是对象的内容吗？为什么？
7. 什么是变量的作用域？
8. 请解释"超出作用域"的含义。
9. 垃圾回收器如何确定要销毁哪些对象？
10. 什么是方法重载？
11. 创建一个完全限定名为 **com.example.Tablet** 的类来模拟 Android 平板电脑。该类须包含 3 个私有字段：**weight**（int）、**screenSize**（float）和 **wifiOnly**（boolean）。要访问这些字段，必须使用一对公共的访问方法和修改方法，即 **getWeight/setWeight**、**getScreenSize/setScreenSize** 和 **getWifiOnly/setWifiOnly**。该类还必须有一个构造方法，即无参数的构造方法。
12. 在 **com.example.test** 包中定义一个 **TabletTest** 类并实例化 **Tablet** 类，实例化之后立即打印字段的值（通过调用它的 get 方法），然后重新设置字段值并再次打印它们。

第 **5** 章

核心类

在讨论面向对象编程（OOP）的其他特性之前，我们先研究一下 Java 中几个常用的重要类，这些类包含在 JRE 附带的 Java 类库中，掌握它们将有助于读者理解后面 OOP 课程中的示例。

其中，最著名的类无疑是 **java.lang.Object**。但是，如果不先讨论继承（相关内容见第 7 章），就很难说清楚这个类。因此，本章仅简单地探讨 **java.lang.Object** 类，将集中讨论可能在程序中使用的类。我们将从 **java.lang.String** 类以及其他类型的字符串类开始，包括 **java.lang.StringBuffer** 和 **java.lang.StringBuilder** 类。之后，我们将讨论 **java.lang.System** 类，还将讨论 **java.util.Scanner** 类，因为它提供了一种方便接收用户输入的方法。

> **注意** 　在描述 Java 类的方法时，将方法签名展示出来总是有益的。方法通常带一些参数对象，它们的类可能属于不同于方法类所在的包。或者，返回值的类型所在的包也不同于方法所在的包。清晰起见，这里将对来自不同包的类使用完全限定名。例如，下面是 **java.lang.Object** 的 **toString** 方法的签名：
>
> ```
> public String toString()
> ```
>
> 该方法返回类型不需要使用完全限定名，因为返回类型 **String** 与 **java.lang.Object** 属于同一个包。但 **java.util.Scanner** 类的 **toString** 方法的签名需使用完全限定名，因为 **Scanner** 类属于不同的包（**java.util**）。
>
> ```
> public java.lang.String toString()
> ```

5.1　java.lang.Object

java.lang.Object 类表示一个 Java 对象。事实上，所有类都是这个类的直接或间接后代。由于我们没有学过继承（见第 7 章），可能对"后代"这个词还不太懂，因此这里只简单介绍这个类中的方法。表 5-1 给出了 **java.lang.Object** 类中的方法。

表 5-1　java.lang.Object 类的方法

方法	说明
clone	创建并返回此对象的副本。类实现此方法以支持对象克隆
equals	将此对象与传入的对象进行比较。类必须实现此方法，以提供一种比较其实例内容的方式
finalize	在即将被垃圾回收的对象上由垃圾回收器调用。理论上，子类可以覆盖此方法来处理系统资源或执行其他清理。但是，上述操作应该在其他地方完成，读者不应该触及这个方法

续表

方法	说明
getClass	返回此对象的 **java.lang.Class** 对象。关于 **Class** 类的更多信息，参见 5.5 节
hashCode	返回此对象的散列码值
toString	返回此对象的描述
Wait，notify，notifyAll	用于 Java 5 之前的多线程编程中。在 Java 5 或更高版本中不应该直接使用它们，而应该使用 Java 并发工具

5.2 java.lang.String

从未见过哪个正式的 Java 程序不使用 **java.lang.String** 类的。它是最常用的，也是最重要的类之一。

一个 **String** 是一段文本，也可以将 **String** 看作 Unicode 字符的序列。**String** 对象可以由任意数量的字符组成。字符数为 0 的字符串称为空字符串。**String** 对象是常量，一旦创建，它们的值就不能更改。因此，**String** 实例被称为不可变的（immutable）。而且，因为它们是不可变的，所以可以安全地共享。

可以用 **new** 关键字构造 **String** 对象，但这不是常用的创建字符串的方法。最常见的情况是，将字符串字面值赋给 **String** 引用变量，例如：

```
String s = "Java is cool";
```

这将生成一个包含"Java is cool"的 **String** 对象，并把它的引用赋给 s。下面的代码也可以创建一个 **String** 对象：

```
String message = new String("Java is cool");
```

但是，为引用变量赋一个字符串字面值与使用 **new** 关键字的方式不同。使用 **new** 关键字，JVM 将始终创建一个新的 **String** 实例。使用字符串字面值，将得到一个相同的 **String** 对象，这个对象并不总是新的。如果之前创建过字符串"Java is cool"，那么这个对象可能来自一个内存池，其中只存储了每个字符串值的唯一副本，这种技术称为字符串驻留（string interning）。

因此，使用字符串字面值创建字符串可能更好一些，因为 JVM 可以节省一些用于构造新实例的 CPU 时间。因此，在创建 **String** 对象时很少使用 **new** 关键字，如果有特定的需求，比如将字符数组转换为 **String**，可以使用 **String** 类的构造方法。

5.2.1 比较两个 String 对象

String 比较是 Java 编程中最有用的操作之一。考虑以下代码：

```
String s1 = "Java";
String s2 = "Java";
if (s1 == s2) {
    ...
}
```

这里，**(s1 == s2)**的值为 **true**，因为 **s1** 和 **s2** 引用的是同一个实例。此外，下面的代码中，**(s1 == s2)**的计算结果为 **false**，因为 **s1** 和 **s2** 引用的是不同的实例：

```
String s1 = new String("Java");
String s2 = new String("Java");
if (s1 == s2) {
    ...
}
```

这说明了使用字符串字面值和使用 **new** 关键字创建字符串对象之间的区别。

使用==运算符比较两个 **String** 对象没有多大用处，因为比较的是两个变量引用的地址。大多数时候，比较两个 **String** 对象时，需要比较的是这两个对象的内容是否相同。在这种情况下，需要使用 **String** 类的 **equals** 方法：

```
String s1 = "Java";
if (s1.equals("Java"))        // 返回 true
```

读者有时会看到下面这种风格的比较：

```
if ("Java".equals(s1))
```

在**(s1.equals("Java"))**中，调用 **s1** 的 **equals** 方法。如果 **s1** 为 null，该表达式将产生运行时错误。安全起见，须确保 **s1** 不为 null，因此，应首先检查引用变量是否为 null：

```
if (s1 != null && s1.equals("Java"))
```

如果 **s1** 为 null，**if** 语句将返回 **false**，而会不计算第二个表达式，因为如果左操作数的计算结果为 **false**，与运算符**&&**将不再计算右操作数。

在**("Java".equals(s1))**中，JVM 创建或从常量池中获取一个包含"Java"的 **String** 对象并调用它的 **equals** 方法。这里不需要检查对象是否为 null，因为"Java"显然不是 null。如果 **s1** 为 null，这个表达式将返回 **false**。因此，下面的两行代码具有相同的效果：

```
if (s1 != null && s1.equals("Java"))
if ("Java".equals(s1))
```

5.2.2 字符串字面值

因为总是要处理 **String** 对象，所以理解处理字符串字面值的规则是很重要的。

首先，字符串字面值以双引号（"）开始和结束；其次，在右双引号之前换行会产生编译错误，例如，下面的代码段将引发编译错误：

```
String s2 = "This is an important
        point to note";
```

对于较长的字符串字面值，可用加号（+）连接两个字符串字面值，如下所示：

```
String s1 = "Java strings " + "are important";
String s2 = "This is an important " +
        "point to note";
```

还可以将 **String** 与一个基本类型或另一个对象连接起来。例如，下面的代码可以用于连接一个字符串和一个整数：

```
String s3 = "String number " + 3;
```

如果一个对象与一个 String 连接，那么将调用前者的 **toString** 方法并且结果将与 String 相连接。

5.2.3 字符转义

有时需要在字符串中使用特殊字符，如回车符（CR）和换行符（LF）；有时还可能需要在字符串中使用一个双引号字符。像 CR 和 LF 这样的字符是不可能通过键盘输入的，因为按回车键会换行。使用特殊字符的一种方法是转义它们，即用字符代替它们。

下面是一些转义序列：

```
\u              /* 一个 Unicode 字符
\b              /* \u0008:退格 BS */
\t              /* \u0009:水平制表符 HT */
\n              /* \u000a:换行符 LF */
\f              /* \u000c:换页符 FF */
\r              /* \u000d:回车符 CR */
\"              /* \u0022:双引号" */
\'              /* \u0027:单引号' */
\\              /* \u005c:反斜杠 \ */
```

例如，下面的代码在字符串结尾包含 Unicode 字符 0122：

```
String s = "Please type this character \u0122";
```

要获得值为 John "The Great" Monroe 的 **String** 对象，就需要对其中的双引号转义：

```
String s = "John \"The Great\" Monroe";
```

5.2.4 switch 中的 String

从 Java 7 开始，可以在 **switch** 语句中使用 **String** 对象。回顾一下第 3 章给出的 **switch** 语句的语法。

```
switch(expression) {
case value_1 :
    statement(s);
    break;
case value_2 :
    statement(s);
    break;
 ...
case value_n :
    statement(s);
    break;
default:
    statement(s);
}
```

下面是一个在 **String** 上使用 **switch** 语句的例子：

```
String input = ...;
switch (input) {
case "one" :
    System.out.println("You entered 1.");
    break;
case "two" :
    System.out.println("You entered 2.");
    break;
default:
    System.out.println("Invalid value.");
}
```

5.2.5 String 类的构造方法

String 类提供了许多构造方法，这些构造方法允许创建空字符串、另一个字符串的副本以及用字符或字节数组创建一个 **String**。使用构造方法时要十分谨慎，因为它们总是创建一个新的 **String** 实例。

注意　有关数组的内容参见第 6 章。

```
public String()
```
创建一个空字符串：

```
public String(String original)
```
创建原字符串的一个副本：

```
public String(char[] value)
```
用字符数组创建字符串对象：

```
public String(byte[] bytes)
```
使用计算机的默认编码，通过解码数组中的字节来创建字符串对象：

```
public String(byte[] bytes, String encoding)
```
使用指定的编码，通过解码数组中的字节来创建字符串对象。

5.2.6 String 类的方法

String 类提供了操作 **String** 值的方法。但是，**String** 对象是不可变的，因此操作的结果总是一个新的 **String** 对象。

下面是一些比较有用的方法。

```
public char charAt(int index)
```
将返回指定索引处的字符，例如，下面的代码将返回'J'：

```
        "Java is cool".charAt(0)
    public String concat(String s)
```

将指定的字符串连接到当前字符串的末尾并返回结果。例如，**"Java ".concat("is cool")**返回"Java is cool"。

```
    public boolean equals(String anotherString)
```

用于比较当前字符串和另一个字符串的内容，如果相等，则返回 **true**。

```
    public boolean endsWith(String suffix)
```

用于测试当前字符串是否以指定的后缀结束。

```
    public int indexOf(String substring)
```

将返回指定子字符串第一次出现的索引，如果没有找到匹配项，则返回-1。例如，下面的代码将返回 8：

```
        "Java is cool".indexOf("cool")
    public int indexOf(String substring, int fromIndex)
```

将返回指定子字符串从指定索引开始第一次出现的索引，如果没有找到匹配项，返回-1。

```
    public int lastIndexOf(String substring)
```

返回指定子字符串最后一次出现的索引，如果没有找到匹配项，则返回-1。

```
    public int lastIndexOf(String substring, int fromIndex)
```

返回指定子字符串到指定索引为止最后一次出现的索引，如果没有找到匹配项，则返回-1，例如，下面的表达式将返回 3：

```
        "Java is cool".lastIndexOf("a")
    public String substring(int beginIndex)
```

返回当前字符串从指定索引开始的子字符串。例如，**"Java is cool".substring(8)**将返回"cool"。

```
    public String substring(int beginIndex, int endIndex)
```

将返回当前字符串从 beginIndex 到 endIndex 的子字符串。例如，下面的代码将返回"is"：

```
        "Java is cool".substring(5, 7)
    public String replace(char oldChar, char newChar)
```

当前字符串中的 oldChar 的每次出现时，都用 newChar 替换它，并返回新字符串。例如，**"dingdong".replace('d'，'k')**将返回"kingkong"。

```
    public int length()
```

将返回此字符串中的字符数。例如，**"Java is cool".length()**将返回 12。在 Java 6 之前，这个方法通常用于测试字符串是否为空。然而，对于这个问题 **isEmpty** 是首选的方法，因为它更具描述性。

```
public boolean isEmpty()
```

如果字符串为空（不包含字符），则返回 true。

```
public String[] split(String regEx)
```

将字符串分割为与指定正则表达式匹配的字符串，例如，**"He is cool".split(" ")**将返回一个由 3 个字符串组成的数组："He""is""cool"。

```
public boolean startsWith(String prefix)
```

测试当前字符串是否以指定的前缀开始。

```
public char[] toCharArray()
```

将当前字符串转换为字符数组。

```
public String toLowerCase()
```

将当前字符串中的所有字符转换成小写的形式。例如，**"Java is cool".toLowerCase()**将返回 "java is cool"。

```
public String toUpperCase()
```

将当前字符串中的所有字符转换成大写的形式。例如，**"Java is cool".toUpperCase()**将返回 "JAVA IS COOL"。

```
public String trim()
```

将删除字符串后面和前面的空白并返回一个新字符串。例如，**" Java ".trim()**将返回 "Java"。

此外，还有 **valueOf** 和 **format** 等静态方法。**valueOf** 方法将基本数据类型、char 数组或 **Object** 实例转换为字符串表示形式，该方法有 9 个重载方法。

```
public static String valueOf(boolean value)
public static String valueOf(char value)
public static String valueOf(char[] value)
public static String valueOf(char[] value, int offset, int length)
public static String valueOf(double value)
public static String valueOf(float value)
public static String valueOf(int value)
public static String valueOf(long value)
public static String valueOf(Object value)
```

例如，下面的代码将返回字符串 "23"：

```
String.valueOf(23);
```

format 方法允许传递任意数量的参数，它的签名如下：

```
public static String format(String format, Object... args)
```

该方法会返回使用指定格式串和参数的一个格式化 **String**。格式模式必须遵循 **java.util.Formatter** 类中指定的规则。可以在 Java 文档中查阅有关 **Formatter** 类的信息，下面是这些规则的简要描述。

要指定字符串参数，请使用**%s**符号，该符号表示数组中的下一个参数。例如，下面是对

format 方法的调用：

```
String firstName = "John";
String lastName = "Adams";
System.out.format("First name: %s. Last name: %s",
        firstName, lastName);
```

将向控制台输出以下字符串：

```
First name: John. Last name: Adams
```

如果没有可变参数方法，就需要以一种更麻烦的方式来完成它。

```
String firstName = "John";
String lastName = "Adams";
System.out.println("First name: " + firstName +
        ". Last name: " + lastName);
```

> **注意**   **java.io.PrintStream** 类的 **printf** 方法是 **format** 方法的一个别名。

这里给出的格式化示例只是冰山一角，格式化功能比这强大得多，感兴趣的读者可以通过阅读 Java 文档中的 **Formatter** 类来研究格式化。

5.3 java.lang.StringBuffer 和 java.lang.StringBuilder

String 对象是不可变的，如果需要在其中添加或插入字符，就不适合使用 **String** 对象，因为 **String** 上的字符串操作总是创建一个新的 **String** 对象。对于添加和插入字符，最好使用 **java.lang.StringBuffer** 或 **java.lang.StringBuilder** 类。一旦完成了对字符串的操作，我们就可以将 **StringBuffer** 或 **StringBuilder** 对象转换成一个 **String**。

在 JDK 1.4 之前，**StringBuffer** 类专门用于可变字符串。**StringBuffer** 中的方法是同步的（synchronized），这使得 **StringBuffer** 适合在多线程环境中使用。然而，同步的代价却是性能的损失。JDK 5 增加了 **StringBuilder** 类，它是 **StringBuffer** 的非同步版本。如果不需要同步，应该选择 **StringBuilder** 而不是 **StringBuffer**。

> **注意**   同步和线程安全的相关内容参见第 24 章。

本节后面的内容将全部使用 **StringBuilder** 类，但是后面的这些讨论也适用于 **StringBuffer** 类，因为 **StringBuilder** 和 **StringBuffer** 都有类似的构造方法和方法。

5.3.1 StringBuilder 类的构造方法

StringBuilder 类有 4 个构造方法，可以向构造方法中传递 **java.lang.CharSequence**、**String** 或 **int** 参数。

```
public StringBuilder()
public StringBuilder(CharSequence seq)
```

```
public StringBuilder(int capacity)
public StringBuilder(String string)
```

如果创建 **StringBuilder** 对象时没有指定容量，那么该对象的容量将为 16 个字符。如果它的内容超过 16 个字符，那么该对象将自动变大。如果事先知道字符串超过 16 个字符，那么最好先分配足够的容量，因为增大 **StringBuilder** 容量也要花费时间。

5.3.2 StringBuilder 类的方法

StringBuilder 类定义了一些方法，主要包括 **capacity**、**length**、**append** 和 **insert** 等。这些方法的用法如下。

```
public int capacity()
```

返回 **StringBuilder** 对象的容量。

```
public int length()
```

返回 **StringBuilder** 对象存储的字符串的长度，该值小于或等于 **StringBuilder** 的容量。

```
public StringBuilder append(String string)
```

将指定的字符串追加到包含的字符串的末尾。

此外，**append** 还有多种重载方法，允许传递基本类型、char 数组和 **java.lang.Object** 实例。以下代码：

```
StringBuilder sb = new StringBuilder(100);
sb.append("Matrix ");
sb.append(2);
```

在执行最后一行之后，**sb** 的内容是"Matrix 2"。

需要注意的重要一点是，**append** 方法返回的是 **StringBuilder** 对象本身，即调用 **append** 的那个对象，因此可以将对 **append** 的调用连接起来。

```
        sb.append("Matrix ").append(2);
public StringBuilder insert(int offset, String string)
```

可以在 offset 指定的位置插入指定的字符串。此外，**insert** 也有多个重载，允许传递基本类型和 **java.lang.Object** 实例，例如：

```
StringBuilder sb2 = new StringBuilder(100);
sb2.append("night");
sb2.insert(0, 'k');        // 最后，值为"knight"
```

与 **append** 一样，**insert** 也返回当前的 **StringBuilder** 对象，因此也允许使用链接插入。

```
public String toString()
```

将返回一个 **String** 对象，该对象表示 **StringBuilder** 的值。

5.4 基本类型包装类

Java 中并不都是对象，为了提高性能，也有基本类型，如 **int**、**long**、**float**、**double** 等。在同时处理基本类型和对象时，我们常常会遇到需要将基本类型和对象相互转换的情况，例如，**java.util.Collection** 对象（见第 14 章）用于存储对象，而不是基本类型，如果要在 **Collection** 中存储基本类型值，就必须首先将这些基本类型值转换为对象。

java.lang 包提供了几个类，它们是基本类型的包装类（wrapper class）。它们是 **Boolean**、**Character**、**Byte**、**Double**、**Float**、**Integer**、**Long** 和 **Short**。由于 **Byte**、**Double**、**Float**、**Integer**、**Long** 和 **Short** 具有类似的方法，因此这里只讨论 **Integer**。可参考 Java 文档获得关于其他几个类的详细信息。

下面几节将详细讨论这些包装类。

5.4.1 java.lang.Integer

java.lang.Integer 类封装了一个 **int** 型值。**Integer** 类有两个 **int** 型静态 final 字段：**MIN_VALUE** 和 **MAX_VALUE**。**MIN_VALUE** 包含 **int** 最小的可能值（-2^{31}），**MAX_VALUE** 包含 **int** 最大的可能值（$2^{31}-1$）。

Integer 类有如下两个构造方法[①]：

```
public Integer(int value)
public Integer(String value)
```

例如，下面这段代码就构造了两个 **Integer** 对象：

```
Integer i1 = new Integer(12);
Integer i2 = new Integer("123");
```

Integer 有 **byteValue**、**doubleValue**、**floatValue**、**intValue**、**longValue** 和 **shortValue** 这些不带参数的方法，它们分别将包装类的值转换为 **byte**、**double**、**float**、**int**、**long** 和 **short**。此外，使用 **toString** 方法可以将值转换为字符串，还可以使用静态方法将字符串解析为 **int**（通过 **parseInt** 方法）并可将 **int** 转换为 **String**（通过 **toString** 方法）。这两个方法的签名如下：

```
public static int parseInt(String string)
public static String toString(int i)
```

5.4.2 java.lang.Boolean

java.lang.Boolean 封装一个 **boolean** 值。它的静态 final 字段 **FALSE** 和 **TRUE** 分别表示一个 **Boolean** 对象值，这个对象封装了基本类型 **false** 和 **true**。可以使用下面的构造方法，从 **boolean** 值或 **String** 值构造 **Boolean** 对象：

---

① 从 Java 9 开始，基本类型包装类的构造方法已经被废弃，应该使用包装类的静态方法 valueOf 创建包装类的实例。——译者注

```
public Boolean(boolean value)
public Boolean(String value)
```

例如：

```
Boolean b1 = new Boolean(false);
Boolean b2 = new Boolean("true");
```

若要将 **Boolean** 转换为 **boolean**，可使用 **booleanValue** 方法：

```
public boolean booleanValue()
```

此外，静态方法 **valueOf** 可将 **String** 解析为 **Boolean** 对象：

```
public static Boolean valueOf(String string)
```

并且，静态方法 **toString** 会返回 **boolean** 的字符串表示形式：

```
public static String toString(boolean boolean)
```

当使用 **java.lang.Boolean** 时，碰到使用下面的语法要小心：

```
Boolean b = ...
if (b) {
    // 若 b 为 true 则执行某些操作
}
```

这里，**if(b)** 将被拆箱，但如果 **b** 为 null，该行将抛出一个 **NullPointerException** 异常。如果不能保证 **b** 为非 null 值，可使用下面的语法：

```
Boolean b = ...
if (b != null && b) {
    // 若 b 为 true 则执行某些操作
}
```

5.4.3　java.lang.Character

Character 类包装一个 **char** 值，该类只有一个构造方法，即：

```
public Character(char value)
```

要将 **Character** 对象转换为 **char**，要用到它的 **charValue** 方法：

```
public char charValue()
```

还有一些静态方法可用于操作字符，如下所示。

```
public static boolean isDigit(char ch)
```

用于确定指定的参数是否是以下其中一个数字："1""2""3""4""5""6""7""8""9" 和 "0"。

```
public static char toLowerCase(char ch)
```

用于将指定的 char 参数转换为小写形式。

```
public static char toUpperCase(char ch)
```

用于将指定的 char 参数转换为大写形式。

5.5 java.lang.Class

Class 类是 **java.lang** 包的一个成员。JVM 每次创建一个对象时，会同时创建一个 **java.lang.Class** 对象来描述对象的类型。同一个类的所有实例共享同一个 **Class** 对象。可以调用对象的 **getClass** 方法（该方法继承自 **java.lang.Object**）来获取 **Class** 对象。

例如，下面的代码可用于创建一个 **String** 对象，在 **String** 实例上调用 **getClass** 方法，然后在 **Class** 对象上调用 **getName** 方法：

```
String country = "Fiji";
Class myClass = country.getClass();
System.out.println(myClass.getName()); // 输出 java.lang.String
```

结果表明，**getName** 方法返回的是由 **Class** 对象表示的类的完全限定名。

有了 **Class** 类，还可以在不使用 **new** 关键字的情况下创建对象，可以调用 **Class** 类的 **forName** 和 **newInstance** 两个方法实现对象的创建：

```
public static Class forName(String className)
public Object newInstance()
```

静态 **forName** 方法创建给定类名的 **Class** 对象，**newInstance** 方法创建一个类的新实例。

清单 5.1 中的 **ClassDemo** 类使用 **forName** 方法创建 **app05.Test** 的类对象，并创建了 **Test** 类的一个实例。因为 **newInstance** 返回的是 **java.lang.Object**，所以需要将其向下转换为原始类型。

清单 5.1 ClassDemo 类

```
package app05;
public class ClassDemo {
    public static void main(String[] args) {
        String country = "Fiji";
        Class myClass = country.getClass();
        System.out.println(myClass.getName());
        Class klass = null;
        try {
            klass = Class.forName("app05.Test");
        } catch (ClassNotFoundException e) {
        }

        if (klass != null) {
            try {
                Test test = (Test) klass.newInstance();
                test.print();
            } catch (IllegalAccessException e) {
            } catch (InstantiationException e) {
            }
        }
    }
}
```

如果现在还看不懂 try…catch 块，不用担心，可以在第 8 章中查看详细讲解。

不过，读者可能想问这个问题：既然使用 **new** 关键字更短而且更容易，为什么还要使用 **forName** 和 **newInstance** 来创建类的实例呢？答案是：因为有的时候，在编写程序时还不知道这个类的名称。

5.6 java.lang.System

System 类是一个 final 类，它公开了一些有用的 static 字段和 static 方法，可以帮助读者完成常见任务。

System 类的 3 个字段是 **out**、**in** 和 **err**：

```
public static final java.io.PrintStream out;
public static final java.io.InputStream in;
public static final java.io.PrintStream err;
```

其中，**out** 字段表示标准输出流，默认情况下，它与运行 Java 应用程序的控制台相同。关于 **PrintStream** 的更多信息，请参见第 16 章，现在只需知道使用 **out** 字段可以将消息写入控制台即可。读者经常会遇到以下代码行：

```
System.out.print(message);
```

message 是一个 **String** 对象。**PrintStream** 有很多重载的 **print** 方法，可以接收不同的类型，因此可将任何基本类型传递给 **print** 方法：

```
System.out.print(12);
System.out.print('g');
```

此外，还有与 **print** 等价的 **println** 方法，只是 **println** 在参数末尾添加了一个换行符。

还要注意，**out** 是静态的，因此可以使用 **System.out** 这个符号来访问它，这个符号会返回一个 **java.io.PrintStream** 对象。然后，就可以像访问其他对象的方法一样访问 **PrintStream** 对象上的许多方法，如 **System.out.print**、**System.out.format** 等。

err 字段也是一个 **PrintStream** 对象，默认情况下的输出也是调用当前 Java 程序的那个控制台上。但是，**err** 的目的是显示可以立即引起用户注意的错误消息。例如，下面是使用 **err** 的方式：

```
System.err.println("You have a runtime error.");
```

in 字段表示标准输入流，使用它可以接收键盘输入。例如，清单 5.2 中的 **getUserInput** 方法可以接收用户输入并将其作为字符串返回。

清单 5.2　InputDemo 类

```
package app05;
import java.io.IOException;

public class InputDemo {
    public String getUserInput() {
        StringBuilder sb = new StringBuilder();
        try {
            char c = (char) System.in.read();
```

```
            while (c != '\r' && c != '\n') {
                sb.append(c);
                c = (char) System.in.read();
            }
        } catch (IOException e) {
        }
        return sb.toString();
    }
    public static void main(String[] args) {
        InputDemo demo = new InputDemo();
        String input = demo.getUserInput();
        System.out.println(input);
    }
}
```

然而，更简单的接收键盘输入的方法是使用 **java.util.Scanner** 类，相关内容参见 5.7 节。**System** 类有许多有用的方法，它们都是静态的，下面列出了一些较重要的方法。

```
public static void arraycopy(Object source, int sourcePos,
        Object destination, int destPos, int length)
```

该方法将一个数组（source）的内容复制到另一个数组（destination）中，从指定位置开始，复制到目标数组的指定位置。例如，下面的代码使用 **arraycopy** 将 **array1** 的内容复制到 **array2** 中。

```
int[] array1 = {1, 2, 3, 4};
int[] array2 = new int[array1.length];
System.arraycopy(array1, 0, array2, 0, array1.length);
```

```
public static void exit(int status)
```

该方法将终止正在运行的程序和当前 JVM。通常传递 0 表示正常退出，传递非 0 表示在调用此方法之前程序存在错误。

```
public static long currentTimeMillis()
```

该方法将返回以毫秒为单位的计算机时间，这个值指自 UTC 从 1970 年 1 月 1 日以来经过的毫秒数。

在 Java 8 之前，使用 **currentTimeMillis** 为操作计时。在 Java 8 及更高的版本中，可以使用 **java.time.Instant** 类计时，该类的相关内容请参见第 13 章。

```
public static long nanoTime()
```

该方法类似于 **currentTimeMillis**，但精度是纳秒。

```
public static String getProperty(String key)
```

这个方法会返回指定属性的值。如果指定的属性不存在，则返回 **null**。属性分为系统属性和用户定义属性。当 Java 程序运行时，JVM 会提供可以被程序使用的属性值。

每个属性都是键/值对。例如，**os.name** 系统属性表示运行 JVM 的操作系统的名称。JVM 提供了调用应用程序的目录名并用 **user.dir** 属性表示它。要得到 **user.dir** 属性值，可以使用以下语句：

```
System.getProperty("user.dir");
```

表 5-2 给出了 Java 的系统属性。

表 5-2 Java 的系统属性

系统属性	描述
java.version	Java 运行时环境版本
java.vendor	Java 运行时环境供应商
java.vendor.url	Java 厂商的网址
java.home	Java 安装目录
java.vm.specification.version	Java 虚拟机规范版本
java.vm.specification.vendor	Java 虚拟机规范供应商
java.vm.specification.name	Java 虚拟机规范名称
java.vm.version	Java 虚拟机实现版本
java.vm.vendor	Java 虚拟机实现供应商
java.vm.name	Java 虚拟机实现名
java.specification.version	Java 运行时环境规范版本
java.specification.vendor	Java 运行时环境规范供应商
java.specification.name	Java 运行时环境规范名称
java.class.version	Java 类格式版本号
java.class.path	Java 类路径
java.library.path	加载库时要搜索的路径列表
java.io.tmpdir	默认临时文件路径
java.compiler	要使用的 JIT 编译器的名称
java.ext.dirs	扩展目录或目录的路径
os.name	操作系统名称
os.arch	操作系统的架构
os.version	操作系统的版本
file.separator	文件分隔符（UNIX 上的 "/"）
path.separator	路径分隔符（UNIX 上的 ":"）
line.separator	行分隔符（UNIX 上的 "\n"）
user.name	用户的账户名称
user.home	用户的主目录
user.dir	用户当前工作目录

```
public static void setProperty(String property, String newValue)
```

使用 **setProperty** 创建用户定义的属性或更改当前属性的值，例如，可以使用下面的代码创建
一个名为 **password** 的属性：

```
System.setProperty("password", "tarzan");
```

然后,可以使用 **getProperty** 来检索它:

```
System.getProperty("password")
```

下面的代码演示了如何更改 **user.name** 属性:

```
System.setProperty("user.name", "tarzan");
```

```
public static String getProperty(String key, String default)
```

该方法与单个参数的 **getProperty** 方法类似,但如果指定的属性不存在,则返回指定的默认值。

```
public static java.util.Properties getProperties()
```

该方法会返回所有系统属性。返回值是 **java.util.Properties** 对象。**Properties** 类是 **java.util.Hashtable**(见第 11 章)的子类。

下面的代码使用 **Properties** 类的 **list** 方法在控制台上迭代和显示所有系统属性:

```
java.util.Properties properties = System.getProperties();
properties.list(System.out);
```

5.7 java.util.Scanner

可以使用 **Scanner** 对象扫描一段文本,本章只关注它在接收键盘输入时的用法。

使用 **Scanner** 接收键盘输入很容易:在创建 **Scanner** 实例时为其传递一个 **System.in**;然后,要接收用户输入,调用实例的 **next** 方法,**next** 方法用于缓冲用户从键盘或其他设备输入的字符,直到用户按回车键;最后,它返回一个包含用户输入的字符的 **String**,但不包括回车符。使用 **Scanner** 接收用户输入的代码如清单 5.3 所示。

清单 5.3 使用 Scanner 接收用户输入

```
package app05;
import java.util.Scanner;

public class ScannerDemo {
    public static void main(String[] args) {
        Scanner scanner = new Scanner(System.in);
        while (true) {
            System.out.print("What's your name? ");
            String input = scanner.nextLine();
            if (input.isEmpty()) {
                break;
            }
            System.out.println("Your name is " + input + ". ");
        }
        scanner.close();
        System.out.println("Good bye");
    }
}
```

与清单 5.2 中的代码相比,使用 **Scanner** 显然要简单得多。

5.8 小结

本章介绍了几个重要的类，比如 **java.lang.String**、**java.lang.System** 和 **java.util.Scanner**，还介绍了可变参数方法，最后介绍了 **java.lang.String** 类和 **java.io.PrintStream** 中可变参数的实现。

习题

1. 当我们说 **String** 是不可变的对象时，这是什么意思？
2. 如果没有 **Scanner**，读者是如何接收用户输入的？又如何使用 **Scanner** 实现呢？
3. 什么是可变参数？
4. 创建一个 **com.example.Car** 类，它包含 3 个私有字段：**year (int)**、**make (String)**和 **model (String)**。通过只提供 get 方法的方式使 **Car** 不可变。字段值通过向构造方法传递值来设置。
5. 创建一个 **com.example.test.CarTest** 类，实例化 **Car** 并通过调用 get 方法打印其字段值。
6. 在 **com.example.util** 包中创建一个名为 **StringUtil** 的实用工具/辅助类。这个类应该有两个 static 方法：**getFileName** 和 **getFileExtension**，分别接收一个文件路径并返回一个文件名或文件扩展名。创建一个 **com.example.test.StringUtilTest** 类来测试这些方法。
7. 演示如何使用 **String.split()**打印字符串中的令牌数量和每个令牌。**String.split()**与 **java.util.StringTokenizer** 相比如何？
8. 什么是字符串驻留（string interning）？

第 *6* 章

数组

在 Java 中，我们可以使用数组将同一类型的基本类型或对象放在一起形成一个数组。属于数组的实体称为数组元素或组件。本章将学习如何创建数组、初始化，以及如何在其上迭代和操作其元素。本章还将介绍 **java.util.Arrays** 类，它是操作数组的工具类。

6.1　概述

每次创建数组时，编译器都会在后台创建一个对象，允许对该对象进行如下操作。

（1）通过 **length** 字段获取数组中元素的数量。数组的长度或大小指数组中元素的个数。

（2）通过指定索引访问每个元素。索引值从 0 开始，索引 0 表示第一个元素，1 表示第二个元素，以此类推。

数组的所有元素都具有相同的类型（称为数组的元素类型）。数组不可调整大小，没有元素的数组称为空数组。

由于数组是一个 Java 对象，因此数组变量的行为类似于其他引用变量，例如，可以将数组变量与 **null** 进行比较：

```
String[] names;
if (names == null)    // 结果为 true
```

如果数组是 Java 对象，那么在创建数组时不是应该实例化一个类吗？比如类似 **java.lang.Array** 的类？事实是，没有这个类。数组确实是特殊的 Java 对象，但它的类没有文档化，也不会被扩展。

要使用数组，首先需要声明一个数组，使用下面的语法声明数组：

```
type[] arrayName;
```

或者

```
type arrayName[]
```

例如，下面的语句声明了一个名为 **numbers** 的 **long** 数组：

```
long[] numbers;
```

声明数组并不创建数组或为其元素分配空间，编译器只是声明了一个对象引用。创建数组的一种方法是使用 **new** 关键字，创建数组时，还必须指定要创建的数组大小。

```
new type[size]
```

例如，下面的代码可用于创建一个由 4 个 **int** 元素组成的数组：

```
new int[4]
```

或者，也可以在同一行代码中同时声明和创建数组。

```
int[] ints = new int[4];
```

数组创建完成后，它的元素值要么为 **null**（如果元素类型是引用类型），要么为元素类型的默认值（如果数组元素是基本类型），例如，**int** 数组元素的默认值是 0。

使用索引引用数组元素，如果数组的大小是 n，那么有效索引是 0 和 $n-1$ 之间的整数。例如，如果一个数组有 4 个元素，有效索引应该是 0、1、2 和 3。下面的代码用于创建一个由 4 个 **String** 对象组成的数组，并为其第一个元素赋值：

```
String[] names = new String[4];
names[0] = "Hello World";
```

使用一个负索引或大于等于数组大小的索引将抛出 **java.lang.ArrayIndexOutOfBounds Exception** 异常。有关异常的信息参见第 8 章。

因为数组是对象，所以可以在数组上调用 **getClass** 方法。数组的 **Class** 对象的字符串表示形式如下：

```
[type
```

其中，type 是对象类型。在 **String** 数组上调用 **getClass().getName()** 将返回 **[Ljava.lang.String**。但基本类型数组的类名较难解释。在 **int** 数组上调用 **getClass().getName()** 将返回 **[I**，在 **long** 数组上调用 **getClass().getName()** 将返回 **[J**。

不使用关键字 **new** 也可以创建和初始化数组。Java 允许把值放在一对大括号中，从而形成一个数组，例如，下面的代码可用于创建一个由 3 个 **String** 对象组成的数组：

```
String[] names = { "John", "Mary", "Paul" };
```

下面的代码用于创建一个包含 4 个 **int** 值的数组，并将数组赋给变量 **matrix**：

```
int[] matrix = { 1, 2, 3, 10 };
```

将一个数组传递给方法时要小心，例如下面的代码就是非法的，尽管 **average** 接收了一个 **int** 数组：

```
int avg = average( { 1, 2, 3, 10 } );        // 非法的
```

相反，必须单独实例化数组：

```
int[] numbers = { 1, 2, 3, 10 };
int avg = average(numbers);
```

也可以这样做：

```
int avg = average(new int[] { 1, 2, 3, 10 });
```

6.2 迭代数组

在 Java 5 之前，迭代数组成员的唯一方法是使用 **for** 循环和数组的索引，例如，下面的代码通过引用变量 **names** 来遍历一个 **String** 数组：

```
for (int i = 0; i < 3; i++) {
    System.out.println("\t- " + names[i]);
}
```

Java 5 提供了增强的 **for** 循环语句，现在可以在不使用索引的情况下迭代数组或集合。使用下面的语法遍历数组：

```
for (elementType variable : arrayName)
```

其中，arrayName 是数组的引用，elementType 是数组元素的类型，variable 是引用数组中每个元素的变量。

下面的代码遍历 **String** 数组：

```
String[] names = { "John", "Mary", "Paul" };
for (String name : names) {
    System.out.println(name);
}
```

上述代码会在控制台上输出如下内容：

```
John
Mary
Paul
```

6.3 java.util.Arrays 类

Arrays 类提供了操作数组的静态方法，表 6-1 显示了它的一些方法。

表 6-1 java.util.Arrays 类的较重要的方法

方法	描述
asList	返回数组支持的固定大小的 **List**。该 **List** 中不能添加其他元素。**List** 的相关内容参见第 14 章
binarySearch	在数组中查找指定的键。如果找到键，则返回元素的索引；如果没有匹配，则返回插入点-1 后的负值。有关详细信息参见 6.5 节
copyOf	创建具有指定长度的新数组。新数组具有与原始数组相同的元素。如果新长度与原数组的长度不相同，则使用 null 或默认值填充新数组，或截断原数组
copyOfRange	根据原数组的指定范围创建新数组
equals	比较两个数组的内容是否相等
fill	将指定值赋给指定数组的每个元素

续表

方法	描述
sort	对指定数组的元素排序
ParallelSort	对指定数组的元素并行排序
toString	返回指定数组的字符串表示形式

下面几节将进一步讨论其中一些方法的使用。

6.4 修改数组大小

数组一旦创建，其大小就不能更改。如果要更改大小，必须创建一个新数组并使用旧数组的值填充它，例如，下面的代码将把 **numbers**（由 3 个 **int** 组成的数组）的大小增加到 4：

```java
int[] numbers = { 1, 2, 3 };
int[] temp = new int[4];
int length = numbers.length;
for (int j = 0; j < length; j++) {
    temp[j] = numbers[j];
}
numbers = temp;
```

一种更简洁的方法是使用 **java.util.Arrays** 类的 **copyOf** 方法，例如，下面的代码可以创建一个包含 4 个元素的数组，并将 **numbers** 的内容复制到它的前 3 个元素中：

```java
int[] numbers = { 1, 2, 3 };
int[] newArray = Arrays.copyOf(numbers, 4);
```

当然，也可以将新数组重新赋给原来的变量：

```java
numbers = Arrays.copyOf(numbers, 4);
```

copyOf 方法有 10 个重载方法，其中 8 个为 Java 基本类型，另外两个为对象类型。下面是它们的签名：

```java
public static boolean[] copyOf(boolean[] original, int newLength)
public static byte[] copyOf(byte[] original, int newLength)
public static char[] copyOf(char[] original, int newLength)
public static double[] copyOf(double[] original, int newLength)
public static float[] copyOf(float[] original, int newLength)
public static int[] copyOf(int[] original, int newLength)
public static long[] copyOf(long[] original, int newLength)
public static short[] copyOf(short[] original, int newLength)
public static <T> T[] copyOf(T[] original, int newLength)
public static <T,U> T[] copyOf(U[] original, int newLength,
        java.lang.Class<? extends T[]> newType)
```

如果 original 的值为 null，则以上每种重载方法都可能抛出 **java.lang.NullPointerException** 异常。如果 newLength 为负值，则抛出一个 **java.lang.NegativeAarraySizeException** 异常。

newLength 参数可以小于、等于或大于原始数组的长度。如果小于原始数组的长度，那么只有前 newLength 个元素包含在副本中。如果大于原始数组的长度，则最后几个元素值为默认值，即如果它是一个 int 数组，元素值则为 0，如果它是一个对象数组，元素值为 null。

与 **copyOf** 类似的另一个方法是 **copyOfRange**。**copyOfRange** 将一组元素复制到另一个新数组中。与 **copyOf** 一样，**copyOfRange** 还为每种 Java 数据类型提供重载方法。以下是它们的签名：

```
public static boolean[] copyOfRange(boolean[] original,
        int from, int to)
public static byte[] copyOfRange(byte[] original,
        int from, int to)
public static char[] copyOfRange(char[] original,
        int from, int to)
public static double[] copyOfRange(double[] original,
        int from, int to)
public static float[] copyOfRange(float[] original,
        int from, int to)
public static int[] copyOfRange(int[] original, int from, int to)
public static long[] copyOfRange(long[] original, int from, int to)
public static short[] copyOfRange(short[] original, int from,
        int to)
public static <T> T[] copyOfRange(T[] original, int from, int to)
public static <T,U> T[] copyOfRange(U[] original, int from,
        int to, java.lang.Class<? extends T[]> newType)
```

还可以使用 **System.arraycopy()** 复制数组，但 **Arrays.copyOf()** 更容易使用，并且在内部它调用的仍是 **System.arraycopy()** 方法。

6.5 查找数组

可以使用 **Arrays** 类的 **binarySearch** 方法来查找数组，该方法有 20 个重载方法，下面是它的两个重载：

```
public static int binarySearch(int[] array, int key)
public static int binarySearch(java.lang.Object[] array,
        java.lang.Object key)
```

还有一些限制查找区域的重载方法。

```
public static int binarySearch(int[] array, int fromIndex,
        int toIndex, int key)
public static int binarySearch(java.lang.Object[] array,
        int fromIndex, int toIndex, java.lang.Object key)
```

binarySearch 方法使用二分查找算法进行查找。要使用这种算法，要求数组首先按升序或降序排序。然后，它将查找键与数组的中间元素进行比较。如果匹配，则返回元素索引。如果没有匹配项，根据查找键是低于还是高于索引，查找将在数组的前半部分或后半部分继续，重复相同的过程，直到没有或只剩下一个元素。如果在查找结束时没有找到匹配项，**binarySearch** 方法将返回插入点减去 1 后的负值。清单 6.1 中的示例清楚地说明了这一点。

清单 6.1　二分查找示例

```
package app06;
import java.util.Arrays;

public class BinarySearchDemo {
    public static void main(String[] args) {
        int[] primes = { 2, 3, 5, 7, 11, 13, 17, 19 };
        int index = Arrays.binarySearch(primes, 13);
        System.out.println(index); // 输出 5
        index = Arrays.binarySearch(primes, 4);
        System.out.println(index); // 输出 -3
    }
}
```

清单 6.1 中的 **BinarySearchDemo** 类使用一个包含前 8 个素数的 **int** 数组。传递 13 作为查找键，方法返回 5，因为 13 是数组中的第 6 个元素，即返回索引为 5。传递 4 作为查找键时，没有找到匹配项，方法返回-3，即-2 -1。如果要将键插入数组，则索引为 2。

6.6　将 String 数组传递给 main

用于调用 Java 类的 public static void 方法 **main** 接收一个字符串数组。以下是 **main** 的签名：

```
public static void main(String[] args)
```

通过将参数提供给 **java** 程序，可以将参数传递给 **main** 方法。这些参数应该出现在类名之后，两个参数之间用空格隔开，如以下语法：

```
java className arg1 arg2 arg3 ... arg-n
```

清单 6.2 显示了一个在 **main** 方法的 String 数组参数上迭代的类。

清单 6.2　访问 main 方法的参数

```
package app06;
public class MainMethodTest {
    public static void main(String[] args) {
        for (String arg : args) {
            System.out.println(arg);
        }
    }
}
```

下面的命令将调用该类并将两个参数传递给 **main** 方法：

```
java app06/MainMethodTest john mary
```

然后 **main** 方法将把参数输出到控制台：

```
john
mary
```

如果没有给 **main** 传递参数，字符串数组 **args** 将是空的（empty），而不是 null。

6.7 多维数组

在 Java 中，多维数组是一个数组，它的元素也是数组。因此，行可以有不同的长度，这与 C 语言中的多维数组不同。

要声明二维数组，需要在类型后面使用两对方括号：

```
int[][] numbers;
```

要创建数组，可以传递两个维度的大小：

```
int[][] numbers = new int[3][2];
```

清单 6.3 显示了一个 **int** 的多维数组。

清单 6.3 多维数组

```
package app06;
import java.util.Arrays;

public class MultidimensionalDemo1 {
    public static void main(String[] args) {
        int[][] matrix = new int[2][3];
        for (int i = 0; i < 2; i++) {
            for (int j = 0; j < 3; j++) {
                matrix[i][j] = j + i;
            }
        }

        for (int i = 0; i < 2; i++) {
            System.out.println(Arrays.toString(matrix[i]));
        }
    }
}
```

如果运行该类，将在控制台上输出以下内容：

```
[0, 1, 2]
[1, 2, 3]
```

多维数组也可以这样声明：

```
String[][] selections = new String[][] {
    {"One"},
    {"One", "Two"},
    {"One", "Two", "Three"}
};
```

在本例中，数组每一行的长度不同。

6.8 小结

本章介绍了声明和初始化数组的方法，以及使用这种数据结构的方法，还介绍了

java.util.Arrays 类——用于对数组进行操作。

习题

1. 什么是数组？
2. 如何调整数组的大小？
3. 如何创建数组并将其传递给方法，而不是先将其赋值给变量？
4. 写一个 **com.example.app06.ArrayUtil** 类，它包含两个静态方法：**min** 和 **max**，两个方法都接收一个 **int** 数组并分别返回最小和最大元素。

第 7 章

继承

继承是面向对象编程（OOP）一个非常重要的特性，正是它使 OOP 语言的代码具有可扩展性。扩展类也称为继承（inheritance）或子类化（subclass）。在 Java 中，默认情况下所有类都是可扩展的，但是也可以用 **final** 关键字来防止类被子类化。本章将介绍 Java 中继承的有关内容。

7.1 概述

可以通过扩展一个类来创建一个新类。前者和后者有一种父子（parent-child）关系。初始类就是父类（parent class）、基类（base class）或超类（super class）。新类就是子类（child class 或 subclass）或派生类（derived class）。在 OOP 中，扩展类的过程称为继承。在子类中，可以添加新方法和新字段，也可以覆盖父类的方法来修改它们的行为。

图 7.1 展示了一个 UML 类图，它描述了一个父类和一个子类之间的父-子关系。

注意，图中带有箭头的线用于描述泛化（generalization）关系，例如父子关系。

相应地，子类还可以被扩展，除非把它明确地声明为 final 类，使其成为不可扩展。final 类的相关内容参见 7.7 节。

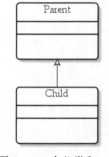

图 7.1　一个父类和一个子类的 UML 图

继承的好处是显而易见的。继承使读者有机会在原始类中添加一些不存在的功能。它还可以让读者有机会更改现有类的行为，以更好地满足需求。

7.1.1 extends 关键字

通过在类声明中使用 **extends** 关键字来扩展类，关键字的位置在子类名之后，父类之前。清单 7.1 给出了一个名为 **Parent** 的类，清单 7.2 给出了一个扩展 **Parent** 类的名为 **Child** 的子类。

清单 7.1　Parent 类

```
public class Parent {
}
```

清单 7.2　Child 类

```
public class Child extends Parent {
}
```

扩展一个类就是这么简单。

> **注意**　所有没有显式扩展父类的 Java 类都将自动扩展 **java.lang.Object** 类。**Object** 是 Java 中的最终超类。默认情况下，清单 7.1 中的 **Parent** 类是 **Object** 类的子类。

> **注意**　在 Java 中，一个类只能扩展另一个类，这与允许多重继承的 C++ 不同。但多重继承的概念可以通过使用 Java 接口来实现，相关内容参见第 10 章。

7.1.2　is-a 关系

通过继承创建新类时，会形成一种特殊的关系。子类和超类具有 is-a 关系。例如，**Animal** 是一个表示动物的类，动物有很多，包括鸟、鱼和狗，它们属于不同的类型，所以可以创建 **Animal** 的子类来模拟特定类型的动物。图 7.2 给出的 **Animal** 类包含 3 个子类：**Bird**、**Fish** 和 **Dog**。

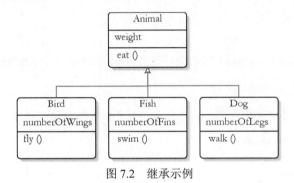

图 7.2　继承示例

子类和超类 **Animal** 之间的 is-a 关系非常明显，即鸟是一种动物，狗是一种动物，鱼也是一种动物。子类是其超类的一种特殊类型，例如鸟是一种特殊的动物。然而，is-a 关系不能反过来，比如一种动物不一定是指一只鸟或一条狗。

清单 7.3 给出了 **Animal** 类及其子类的定义。

清单 7.3　Animal 及其子类

```java
package app07;
class Animal {
    public float weight;
    public void eat() {
    }
}

class Bird extends Animal {
    public int numberOfWings = 2;
    public void fly() {
    }
}

class Fish extends Animal {
    public int numberOfFins = 2;
    public void swim() {
    }
}

class Dog extends Animal {
```

```
    public int numberOfLegs = 4;
    public void walk() {
    }
}
```

在这个例子中，**Animal** 类定义了一个 **weight** 字段，这个字段适用于所有动物。它还声明了一个 **eat** 方法，因为动物都要吃东西。

Bird 类是一种特殊的 **Animal**，它继承了 **eat** 方法和 **weight** 字段。**Bird** 还添加了一个 **numberOfWings** 字段和一个 **fly** 方法，这表示更具体的 **Bird** 类扩展了更一般的 **Animal** 类的功能和行为。

子类继承了其超类的所有公共方法和字段，例如，可以创建一个 **Dog** 对象并调用它的 **eat** 方法：

```
Dog dog = new Dog();
dog.eat();
```

eat 方法已经在 **Animal** 类中声明了，**Dog** 类只是继承了它。

is-a 关系的一个结果是，将子类的实例赋给父类型的引用变量是合法的，例如，下面的代码是合法的，因为 **Bird** 是 **Animal** 的子类，并且 **Bird** 始终是一个 **Animal**：

```
Animal animal = new Bird();
```

然而，以下内容是非法的，因为不能保证 **Animal** 就是 **Dog**。

```
Dog dog = new Animal();
```

7.2　可访问性

在子类中，我们可以访问它的超类的 public 和 protected 方法和字段，但不能访问超类的 private 方法。如果子类和超类在同一个包中，还可以访问超类的默认方法和字段。考虑清单 7.4 中的 **P** 类和 **C** 类。

清单 7.4　展示可访问性

```
package app07;
public class P {
    public void publicMethod() {
    }
    protected void protectedMethod() {
    }
    void defaultMethod() {
    }
}
class C extends P {
    public void testMethods() {
        publicMethod();
        protectedMethod();
        defaultMethod();
    }
}
```

P 有 3 个方法：一个 public 方法、一个 protected 方法和一个有默认访问级别的方法。**C** 是 **P** 的子类，正如在 **C** 类的 **testMethods** 方法中看到的，**C** 可以访问其父类的 public 和 protected 方法。此外，因为 **C** 和 **P** 属于同一个包，所以 **C** 也可以访问 **P** 的默认方法。

但是，这并不意味着可以通过 **P** 的子类公开 **P** 的非公共方法，例如，以下代码将无法编译：

```
package test;
import app07.C;
public class AccessibilityTest {
    public static void main(String[] args) {
        C c = new C();
        c.protectedMethod();
    }
}
```

protectedMethod 是 **P** 的一个 protected 方法，除非是从子类访问，它不能从 **P** 外部访问。因为 **AccessibilityTest** 不是 **P** 的子类，所以不能通过 **P** 的子类对象 **C** 访问 **P** 的 protected 方法。

7.3　方法覆盖

当扩展一个类时，我们可以在子类中修改父类中方法的行为，这称为方法覆盖（method overridding）。如果在子类中编写的方法与父类中的方法具有相同的签名，就会发生这种情况。如果只是名称相同而参数不同，那么称它是方法重载（overloading），相关内容见第 4 章。

要修改父类行为，可以通过覆盖方法实现。要覆盖一个方法，只需在子类中编写新方法，而不需要修改父类的任何内容。可以覆盖超类的 public 和 protected 方法。如果子类和超类位于同一个包中，还可以覆盖有默认访问级别的方法。清单 7.5 中的 **Box** 类演示了方法覆盖的一个例子。

清单 7.5　Box 类

```
package app07;
public class Box {
    public int length;
    public int width;
    public int height;

    public Box(int length, int width, int height) {
        this.length = length;
        this.width = width;
        this.height = height;
    }

    @Override
    public String toString() {
        return "I am a Box.";
    }

    @Override
    public Object clone() {
        return new Box(1, 1, 1);
    }
}
```

　　Box 类扩展了 **java.lang.Object** 类，这是一种隐式扩展，因为没有使用 **extends** 关键字。**Box** 类覆盖了 public **toString** 方法和 protected **clone** 方法。注意，**Box** 类的 **clone** 方法是 public，而 **Object** 类中的 **clone** 方法是 protected。将超类中定义的方法的可见性从 protected 提升到 public，这是允许的，但不允许降低可见性。

　　被覆盖的方法通常用**@Override** 注解标注，这不是必需的，但这样做是很好的实践。注解的用法参见第 17 章。

　　如果创建的方法的签名与在超类中一个 private 方法相同，那会怎样？不用担心，这不是方法覆盖，因为 private 方法在类外部是不可见的，它只是碰巧有一个与 private 方法相同的签名。

> **注意**　　不能覆盖 final 方法。要使方法成为 final，请在方法声明中使用 **final** 关键字。例如：
>
> ```
> public final java.lang.String toUpperCase(java.lang.String s)
> ```

7.4　调用超类的构造方法

　　与普通类一样，子类用 **new** 关键字创建它的实例。如果没有显式地在子类中编写构造方法，编译器将隐式地添加一个无参数（no-arg）构造方法。

　　当调用子类的某个构造方法来对子类进行实例化时，构造方法要做的第一件事就是调用直接父类的无参数构造方法。在父类中，构造方法还会调用其直接父类的构造方法。这个过程不断重复，直至它到达 **java.lang.Object** 类的构造方法。换句话说，当创建一个子类对象时，它的所有父类也都被实例化了。清单 7.6 中的 **Base** 和 **Sub** 类演示了这个过程。

　　清单 7.6　调用超类无参构造方法

```
package app07;
class Base {
    public Base() {
        System.out.println("Base");
    }
    public Base(String s) {
        System.out.println("Base." + s);
    }
}
public class Sub extends Base {
    public Sub(String s) {
        System.out.println(s);
    }
    public static void main(String[] args) {
        Sub sub = new Sub("Start");
    }
}
```

　　如果运行 **Sub** 类，会在控制台上看到如下输出：

```
Base
Start
```

这表明，**Sub** 类的构造方法做的第一件事就是调用 **Base** 类的无参数构造方法。Java 编译器悄悄地将 **Sub** 的构造方法更改为以下结构，而这种修改并不会保存到源文件：

```
public Sub(String s) {
    super();
    System.out.println(s);
}
```

其中，关键字 **super** 表示当前对象的直接超类的实例。由于 **super** 是从 **Sub** 的实例中调用的，因此 **super** 表示 **Base** 的实例，即它的直接超类。

可以用 **super** 关键字显式地从子类的构造方法那里调用父类的构造方法，但 **super** 必须是构造方法中的第一个语句。如果希望调用超类中的另一个构造方法，使用 **super** 关键字可以非常方便地实现，例如，可以将 **Sub** 中的构造方法修改为以下内容：

```
public Sub(String s) {
    super(s);
    System.out.println(s);
}
```

这个构造方法用 **super(s)** 调用父类的单参数构造方法。因此，如果运行该类，将在控制台上看到以下内容：

```
Base.Start
Start
```

现在，如果超类没有无参数构造方法，也没有在子类显式调用另一个构造方法，该怎么办？清单 7.7 中的 **Parent** 类和 **Child** 类说明了这一点。

清单 7.7　隐式调用父类中不存在的构造方法

```
package app07;
class Parent {
    public Parent(String s) {
        System.out.println("Parent(String)");
    }
}

public class Child extends Parent {
    public Child() {
    }
}
```

这将生成一个编译错误，因为编译器添加了一个对 **Parent** 类中的无参数构造方法的隐式调用，而 **Parent** 类只有一个构造方法，即接收 **String** 的构造方法。只要从 **Child** 类的构造方法显式调用父类的构造方法，就可以纠正这种问题：

```
public Child() {
    super(null);
}
```

注意　子类从自己的构造方法调用父类的构造方法实际上是有意义的，因为子类的一个实例必须始终配有其每个父类的实例。这样，可以将对子类中未被覆盖的方法的调用传递给其父类，直至找到层次结构中的第一个方法。

7.5 调用超类的隐藏成员

super 关键字的存在还有另一个目的：它可以用来调用超类中的隐藏成员或覆盖的方法。因为 super 表示直接父类的一个实例，所以 super.memberName 可以返回父类中指定的成员。可以访问在子类中可见的超类中的任何成员，例如，清单 7.8 显示了两个具有父子关系的类：**Tool** 和 **Pencil**。

清单 7.8 利用 super 访问隐藏的成员

```
package app07;
class Tool {
    @Override
    public String toString() {
        return "Generic tool";
    }
}

public class Pencil extends Tool {
    @Override
    public String toString() {
        return "I am a Pencil";
    }

    public void write() {
        System.out.println(super.toString());
        System.out.println(toString());
    }

    public static void main(String[] args) {
        Pencil pencil = new Pencil();
        pencil.write();
    }
}
```

其中，**Pencil** 类覆盖了 **Tool** 中的 **toString** 方法。如果运行 **Pencil** 类，将在控制台上看到以下内容：

```
Generic tool
I am a Pencil
```

与调用父类的构造方法不同，访问父类成员的语句不必是调用方法中的第一条语句。

7.6 类型转换

可以将一个对象转换为另一种类型。转换规则是：只能将子类的一个实例转换为它的父类。将对象转换为父类称为向上转换（upcast）。下面是一个例子，假设 **Child** 是 **Parent** 的一个子类：

```
Child child = new Child();
Parent parent = child;
```

要向上转换 **Child** 对象，只需将该对象赋给 **Parent** 类型的引用变量。注意，**parent** 引用变量不能访问仅在 **Child** 中可用的成员。

因为上面的代码片段中的 **parent** 引用了 **Child** 类型的对象，所以可以将 **parent** 转换回 **Child**，称这种转换为向下转换（downcast），因为正在将对象向下转换成继承层次结构中的类。向下强制转换要求在括号中写入子类型，例如：

```
Child child = new Child();
Parent parent = child;          // parent 指向 Child 的一个实例
Child child2 = (Child) parent;  // 向下转换
```

只有当父类引用已经指向子类的实例时，才允许向下转换成子类。下面的代码将产生一个编译错误：

```
Object parent = new Object();
Child child = (Child) parent;        // 非法向下转换，产生编译错误
```

7.7　final 类

在类声明中，使用关键字 **final** 可以使类成为最终类，以防他人扩展这个类。**final** 可出现在访问修饰符之后或之前，例如：

```
public final class Pencil
final public class Pen
```

第一种形式更常见。尽管 final 类会使代码稍微快一些，但是这种差别微不足道。使一个类成为 final 应该是出于设计考虑，而不是速度，例如，**java.lang.String** 类是 final 类，因为该类的设计者不希望别人更改 **String** 类的行为。

7.8　instanceof 运算符

instanceof 运算符可用于检验一个对象是否是某种指定的类型，它通常用在 **if** 语句中，它的语法是这样的：

```
if (objectReference instanceof type)
```

其中，objectReference 引用的是被检验的对象。例如，下面的 **if** 语句将返回 **true**：

```
String s = "Hello";
if (s instanceof java.lang.String)
```

但是，对 **null** 引用变量应用 **instanceof** 将返回 **false**。例如，下面的 **if** 语句将返回 **false**：

```
String s = null;
if (s instanceof java.lang.String)
```

此外，由于子类"是"其超类的一种类型，因此下面的 **if** 语句将返回 **true**，其中 **Child** 是 **Parent** 的子类：

```
Child child = new Child();
if (child instanceof Parent)      // 运算结果为true
```

7.9 小结

继承是面向对象编程的基本原则之一，它使代码变得可扩展。在 Java 中，所有类都默认扩展 **java.lang.Object** 类。要扩展一个类，需使用 **extends** 关键字。方法覆盖是另一个与继承直接相关的 OOP 特性，它使读者能够更改父类中的某一方法的行为。还可以通过将类设置为 final 来防止类被子类化。

习题

1. 子类是否继承了父类的构造方法？
2. 为什么将子类的实例赋给超类变量是合法的？
3. 方法覆盖和方法重载的区别是什么？
4. 为什么子类的一个实例必须配有每个父类的一个实例？
5. 写一个 public 类 **com.example.transport.Car**，添加一个名为 **run** 的 public void 方法并覆盖 **toString()**。**run** 打印 **toString()** 的返回值。在相同的包中编写另一个名为 **SUV** 的 public 类，**SUV** 扩展 **Car** 并覆盖它的 **run** 和 **toString** 方法。**SUV** 的 **run** 类应该打印父类的 **toString** 方法和它自己的 **toString** 方法的返回值。接下来，在 **SUV** 中添加一个 **main** 方法，该方法将创建一个 **SUV** 对象并调用它的 **run** 方法。

第 *8* 章
错误处理

错误处理是所有编程语言的一个重要特性。良好的错误处理机制使程序员更容易编写出健壮的应用程序，并防止 bug 产生。在某些语言中，程序员用多个 **if** 语句来检测所有可能导致错误的条件，这可能使代码过于复杂，并导致类似意大利面条式的代码（非结构化、难以维护的代码）。

Java 提供的 **try** 语句可以作为一种很好的处理错误的方法。使用这种策略，我们可以将可能导致错误的部分代码隔离在一个块中。如果一个错误发生，我们可以在这个块中捕获并解决它。本章将讨论这种方法。

8.1 概述

Java 中的错误通常称为异常（exception），这里的异常是异常事件（exceptional event）的缩写。在 Java 中有 3 种类型的异常，异常类层次结构如图 8.1 所示。

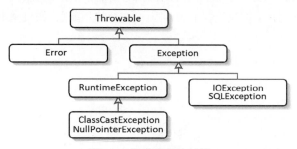

图 8.1 异常类层次结构

（1）错误。**Error** 表示一种严重的问题，我们不应该尝试处理这种问题，因为这超出了我们的控制范围，而且这不是我们的错误造成的。例如，如果程序试图读取由硬件故障引起的文件，会发生输入输出错误。另一个例子是 **OutOfMemoryError**，当 Java 虚拟机因内存不足而无法分配对象时，程序就会抛出该错误。在大多数情况下，在错误发生时，应允许程序突然退出。

（2）运行时异常或未检查异常。运行时异常或未检查异常指可能在运行时发生的异常，但不需要在方法中指定它。例如，如果尝试对 null 对象调用方法，系统将抛出 **NullPointerException** 异常。又如，如果某个数组包含 5 个元素，但却试图访问它的第 6 个元素，系统将抛出 **IndexOutOfBoundsException** 异常。

（3）检查异常。检查异常是应用程序应该预料到并从中恢复的异常。它基本上是所有派生自 **Exception** 的子类，但不是 **RuntimeException** 的子类，如 **IOException** 异常和

SQLException 异常。

初学者可能不清楚检查异常和未检查异常之间的区别。可以从 Java 编译器的观点来记住这种区别。编译器无法捕获 Java 代码可能抛出的 **RuntimeException**，因为该异常发生在程序运行时，例如，编译器不知道对象引用在程序执行期间的某个时刻是否是 null，因此它无法通过拒绝编译程序来防止 **NullPointerException**。

相反，编译器可以通过拒绝编译任何包含可能引发已检查异常的程序来防止发生已检查异常。编译器是如何做到这一点的？它是通过检查从读者自己的方法中调用的构造方法和方法来实现的。

一个编写良好的 Java 库应向它的用户指出方法所有可能抛出的异常，例如，用于读取文件的 **FileReader** 类用下面的 throws 子句标记其构造方法，这表明如果传递一个不存在的文件，构造方法将抛出 **FileNotFoundException** 异常：

```
public FileReader(String fileName) throws FileNotFoundException
```

这就告诉编译器，调用此构造方法的任何方法都必须使用 **try** 语句处理潜在的 **FileNotFoundException** 异常。或者，调用此构造方法的方法必须指明它可能抛出异常。本章的其余部分将解释如何实现这一点。

8.2 捕获异常

在程序中，我们可以用 **try** 语句隔离可能抛出已检查异常的代码。**try** 语句通常与 **catch** 语句和 **finally** 语句一起使用。这种隔离通常出现在方法体中。如果遇到错误，Java 将停止 **try** 块的处理并跳转到 **catch** 块。在这里，可以优雅地处理错误，或者通过抛出相同的或另一个 **Exception** 对象来通知用户。如果选择后者，则由客户处理错误。如果抛出的异常没有被捕获，应用程序将崩溃。

下面是 **try** 语句的语法：

```
try {
    [可能抛出异常的代码]
} [catch (ExceptionType-1 e) {
    [抛出 ExceptionType-1 异常执行的代码]
}] [catch (ExceptionType-2 e) {
    [抛出 ExceptionType-2 异常执行的代码]
}]
  ...
} [catch (ExceptionType-n e) {
    [抛出 ExceptionType-n 异常执行的代码]
}]
[finally {
    [不论是否抛出异常，都将执行的代码]]
}]
```

错误处理的步骤可概括如下：

（1）将可能导致错误的代码隔离到 **try** 块中；

（2）对于每个 **catch** 块，编写在 **try** 块中发生特定类型的异常时执行的代码；

（3）在 **finally** 块中，编写无论是否发生错误都将执行的代码。

> **注意** catch 块和 finally 块是可选的，二者必须至少有一个，但在 try-with-resources 结构中除外，本章稍后将对此进行解释。因此，一个 try 块可以带一个或多个 catch 块，可以带一个 finally 块，也可以同时带 catch 块和 finally 块。

前面的语法表明可以有多个 catch 块。这是因为一些代码可能抛出多种类型的异常。当 try 块抛出异常时，控制权转到第一个 catch 块。如果抛出的异常类型与要捕获的异常匹配，或者抛出的异常类型是第一个 catch 块异常的子类，则执行 catch 块中的代码，之后，假如有 finally 块，控制就转向 finally 块。

如果抛出的异常类型与第一个 catch 块中的异常类型不匹配，Java 虚拟机会转到下一个 catch 块并执行相同的操作，直至找到匹配为止。如果找不到匹配项，则将异常抛给方法调用者。如果调用者没有将调用该方法的错误代码放入 try 块中，程序就会运行失败。

为了演示这种错误处理的用法，我们来看清单 8.1 中的 **NumberDoubler** 类。该类运行时，会提示输入数据。如果数据能成功地转换为一个数字，程序会将数字翻倍并打印结果。如果输入无效，程序将打印一条 "Invalid input" 消息。

清单 8.1 NumberDoubler 类

```
package app08;
import java.util.Scanner;

public class NumberDoubler {
    public static void main(String[] args) {
        Scanner scanner = new Scanner(System.in);
        String input = scanner.next();
        try {
            double number = 2 * Double.parseDouble(input);
            System.out.printf("Result: %s", number);
        } catch (NumberFormatException e) {
            System.out.println("Invalid input.");
        }
        scanner.close();
    }
}
```

NumberDoubler 类用 **java.util.Scanner** 类获取用户输入（**Scanner** 类的相关内容参见第 5 章）。

```
Scanner scanner = new Scanner(System.in);
String input = scanner.next();
```

然后用 **java.lang.Double** 类的静态 **parseDouble** 方法将输入字符串转换为 **double** 值。注意，调用 **parseDouble** 的代码包含在 **try** 块中，这是必要的，因为 **parseDouble** 可能会抛出 **java.lang.NumberFormatException** 异常，**parseDouble** 方法的签名如下：

```
public static double parseDouble(String s) throws NumberFormatExcpetion
```

其中的 **throws** 语句表明，它可能抛出 **NumberFormatException** 异常，而捕获该异常是方法调用者的责任。

如果没有 **try** 块，无效的输入会在系统崩溃前提示下面这条令人尴尬的错误信息：

```
Exception in thread "main" java.lang.NumberFormatException:
```

8.3 不带 catch 的 try

try 语句可与 **finally** 一起使用，而不需要 catch 块，通常这种语法用来确保无论 **try** 块是否抛出意料之外的异常，都始终执行某些代码。例如，在打开数据库连接之后，希望确保使用完连接之后调用 **close** 方法。为了演示这种场景，我们考虑以下打开数据库连接的伪代码：

```
Connection connection = null;
try {
    // 打开连接
    // 利用连接完成一些工作并执行其他任务
} finally {
    if (connection != null) {
        // 关闭连接
    }
}
```

如果在 **try** 块中有意外发生，将总是调用 **close** 方法来释放资源。

8.4 捕获多个异常

在 Java 7 和更高的版本中，如果捕获的多个异常由相同的代码处理，则允许在一个 **catch** 块中捕获多个异常。**catch** 块的语法如下，多个异常由管道字符（|）分隔：

```
catch(exception-1 | exception-2 ... e) {
    // 处理异常
}
```

例如，**java.net.ServerSocket** 类的 **accept** 方法可以抛出 4 个异常：**java.nio.channels.Illegal-BlockingModeException**、**java.net.SocketTimeoutException**、**java.lang.SecurityException** 以及 **java.io.Exception**。假如前 3 个异常由相同的代码处理，那么 **try** 块就可以这样写：

```
try {
    serverSocket.accept();
} catch (SocketTimeoutException | SecurityException |
         IllegalBlockingModeException e) {
    // 处理异常
} catch (IOException e) {
    // 处理 IOException 异常
}
```

8.5 try-with-resources 语句

许多 Java 操作都涉及使用某种资源，使用完这些资源后必须关闭这些资源。在 JDK 7 之前，通常用 **finally** 确保调用了 **close** 方法：

```
try {
    // 打开资源
} catch (Exception e) {
```

```
    } finally {
        // 关闭资源
    }
```

这种语法可能非常冗长且乏味，特别是如果 **close** 方法可能抛出异常或者值为 null，下面是打开数据库连接的典型代码片段：

```
Connection connection = null;
try {
    // 创建连接并用它执行某些操作
} catch (SQLException e) {

} finally {
    if (connection != null) {
        try {
            connection.close();
        } catch (SQLException e) {
        }
    }
}
```

可以看到，即使只处理一个资源，也需要在 **finally** 块中写多行代码，何况经常需要在一个 **try** 块中打开多个资源。JDK 7 增加了一个新特性——try-with-resources 语句，它可使资源自动关闭。其语法如下：

```
try ( resources ) {
    // 使用这些资源执行某些操作
} catch (Exception e) {
    // 用 e 执行某些操作
}
```

例如，在 Java 7 或更高的版本中打开数据库连接的代码如下：

```
Connection connection = null;
try (Connection connection = openConnection();
    // 如果还有其他资源，也打开) {
    // 使用 connection 执行操作
} catch (SQLException e) {

}
```

并不是所有的资源都可自动关闭。只有实现 **java.lang.AutoCloseable** 接口的资源类才可自动关闭。幸运的是，JDK 7 中修改了许多输入/输出和数据库资源来支持该特性。更多 try-with-resources 的使用示例参见第 16 章和第 21 章。

8.6　java.lang.Exception 类

错误代码可以引发任何类型的异常，例如，一个无效的参数可能会抛出 **java.lang.NumberFormatException** 异常，在空引用变量上调用方法会抛出 **java.lang.NullPointerException** 异常。由于所有 Java 异常类都派生自 **java.lang.Exception** 类，因此花点时间来研究这个类是值得的。

其中，**Exception** 类覆盖 **toString** 方法并添加 **printStackTrace** 方法，**toString** 方法返回异常的描述。**printStackTrace** 方法具有以下签名：

```
public void printStackTrace()
```

该方法将打印异常的描述，后跟 **Exception** 对象的堆栈跟踪。通过分析堆栈跟踪，我们可以找出导致问题的那一行。下面是 **printStackTrace** 可能在控制台上打印的示例：

```
java.lang.NullPointerException
    at MathUtil.doubleNumber(MathUtil.java:45)
    at MyClass.performMath(MyClass.java: 18)
    at MyClass.main(MyClass.java: 90)
```

这里告诉读者抛出了 **NullPointerException** 异常，抛出异常的行是 **MathUtil.java** 类的 **doubleNumber** 方法中的第 45 行，**doubleNumber** 方法是由 **MyClass.performMath** 调用的，后者又是由 **MyClass.main** 调用的。

大多数情况下，**try** 块都会与一个 **catch** 块配合起来使用，用来捕获 **java.lang.Exception** 异常。此外，还会有其他的 **catch** 块。捕获 **Exception** 的 **catch** 块必须最后出现。如果其他 **catch** 块未能捕获异常，则最后一个 **catch** 将执行此操作，示例如下：

```
try {
    // 代码
} catch (NumberFormatException e) {
    // 处理 NumberFormatException 异常
} catch (Exception e) {
    // 处理其他异常
}
```

在上面的代码中，**try** 块中的语句可能抛出 **java.lang.NumberFormatException** 或其他类型的异常，读者可以使用多个 **catch** 块来处理这些异常，如果有其他异常抛出，它将被最后一个 **catch** 块捕获。

不过需要注意的是，**catch** 块的顺序很重要，例如，不能把一个处理 **java.lang.Exception** 异常的 **catch** 块放在其他 **catch** 块之前，因为 JVM 试图按照顺序将抛出的异常与 **catch** 块的参数匹配。**java.lang.Exception** 异常会捕获所有异常，因此它后面的 **catch** 块永远不会被执行。

如果有多个 **catch** 块，并且其中一个 **catch** 块的异常类型派生自另一个 **catch** 块的类型，请确保首先出现更特殊的异常类型。例如，当尝试打开一个文件时，需要捕获 **java.io.FileNotFoundException**，以防找不到文件。不过，读者可能希望确保还捕获了 **java.io.IOException**，以便捕获其他 I/O 相关的异常。因为 **FileNotFoundException** 是 **IOException** 的子类，所以处理 **FileNotFoundException** 的 **catch** 块必须在处理 **IOException** 的 **catch** 块之前出现。

8.7　从方法抛出异常

在方法中捕获异常时，有两种选择可用来处理方法中发生的错误：一是在方法中处理错误，从而在不通知调用者的情况下悄悄地捕获异常（在前面的示例中已经演示了这一点）；二是将异常返回给调用者，让调用者处理。如果选择第二种方法，调用代码必须捕获由方法抛出的异常。清单 8.2 给出了一个 **capitalize** 方法，它将参数 **String** 的首字母改成大写的形式：

清单 8.2 　capitalize 方法

```
public String capitalize(String s) throws NullPointerException {
    if (s == null) {
        throw new NullPointerException(
                "You passed a null argument");
    }
    Character firstChar = s.charAt(0);
    String theRest = s.substring(1);
    return firstChar.toString().toUpperCase() + theRest;
}
```

如果给 **capitalize** 方法传递一个 null 值，它将抛出一个新的 **NullPointerException**。注意，如下代码可以实例化 **NullPointerException** 类并抛出实例代码：

```
throw new NullPointerException(
        "You passed a null argument");
```

throw 关键字用于抛出异常。不要将其与方法签名末尾使用的 **throws** 语句混淆，**throws** 语句表明方法可能抛出指定类型的异常。

下面的示例显示了调用 **capitalize** 方法的代码：

```
String input = null;
try {
    String capitalized = util.capitalize(input);
    System.out.println(capitalized);
} catch (NullPointerException e) {
    System.out.println(e.toString());
}
```

注意　构造方法也可能抛出一个异常。

8.8　用户自定义异常

通过继承 **java.lang.Exception** 类，我们可以创建用户自定义异常。之所以使用用户自定义的异常，理由有很多，其中一个就是创建自定义的错误消息。清单 8.3 给出了从 **java.lang.Exception** 派生的 **AlreadyCapitalizedException** 类。

清单 8.3 　AlreadyCapitalizedException 类

```
package app08;
public class AlreadyCapitalizedException extends Exception {
    @Override
    public String toString() {
        return "Input has already been capitalized";
    }
}
```

可以从清单 8.2 中的 **capitalize** 方法中抛出一个 **AlreadyCapitalizedException**。清单 8.4 给出了修改后的 **capitalize** 方法。

清单 8.4　修改后的 capitalize 方法

```
public String capitalize(String s)
        throws NullPointerException, AlreadyCapitalizedException  {
    if (s == null) {
        throw new NullPointerException(
                "You passed a null argument");
    }
    Character firstChar = s.charAt(0);
    if (Character.isUpperCase(firstChar)) {
        throw new AlreadyCapitalizedException();
    }
    String theRest = s.substring(1);
    return firstChar.toString().toUpperCase() + theRest;
}
```

现在，**capitalize** 方法可能抛出两种异常之一。可以在一个方法签名中用逗号将多个异常分隔开。调用 **capitalize** 方法的客户现在必须捕获这两种异常。下面的代码显示了一个对 **capitalize** 方法的调用：

```
StringUtil util = new StringUtil();
String input = "Capitalize";
try {
    String capitalized = util.capitalize(input);
    System.out.println(capitalized);
} catch (NullPointerException e) {
    System.out.println(e.toString());
} catch (AlreadyCapitalizedException e) {
    e.printStackTrace();
}
```

因为 **NullPointerException** 和 **AlreadyCapitalizedException** 不具有父子关系，所以上面 **catch** 块的顺序并不重要。

当一个方法抛出多个异常，除了捕获每一种异常，还可以简单地只写一个 **catch** 块来处理 **java.lang.Exception**。重写上述代码：

```
StringUtil util = new StringUtil();
String input = "Capitalize";
try {
    String capitalized = util.capitalize(input);
    System.out.println(capitalized);
} catch (Exception e) {
    System.out.println(e.toString());
}
```

虽然这段代码更简洁，但是它缺乏细节，且不允许单独对每种异常进行处理。

8.9　异常处理说明

try 语句会带来一些性能损失，因此不要过度使用它。如果对条件进行测试不难，那么应该使用条件测试，而不要依赖 **try** 语句，例如，对空对象调用方法会抛出 **NullPointerException**。

因此，总是可以用一个 **try** 块来包围一个方法调用：

```
try {
    ref.method();
...
```

然而，在调用 **methodA** 之前检查 **ref** 是否为 null 一点也不难。因此，下面的代码更好，因为它消除了 **try** 块：

```
if (ref != null) {
    ref.methodA();
}
```

NullPointerException 异常是开发人员必须处理的最常见的异常之一。Java 8 添加了 **java.util.Optional** 类，可减少处理 **NullPointerException** 的代码量。**Optional** 类的相关内容参见第 19 章。

8.10　小结

本章先讨论了结构化错误处理的用法，并针对每种情况分别给出了示例；然后介绍了 **java.langException** 类及其属性和方法；最后讨论了用户自定义的异常。

习题

1. **try** 语句的优点是什么？
2. **try** 语句可以与 **finally** 一起使用，而不使用 **catch** 吗？
3. 什么是 **try-with-resources**？
4. 编写一个名为 **Util** 的实用工具类（**com.example.app08** 的一部分），该类具有一个名为 **addArray** 的静态方法，用于对两个长度相同的数组相加。**addArray** 的签名如下：

```
public static long[] addArray(int[] array1, int[] array2)
        throws MismatchedArrayException,
        java.lang.NullPointerException
```

如果两个参数的长度不相同，方法会抛出一个 **MismatchedArrayException**。异常类的 **toString** 方法必须返回下面这个值：

```
Mismatched array length. The first array's length is length1. The second
array's length is length2
```

其中，length1 为第一个数组的长度，length2 为第二个数组的长度。如果其中一个数组为 null，该方法将抛出 **NullPointerException**。

第 9 章

处理数字

在 Java 中，数字用基本类型 **byte**、**short**、**int**、**long**、**float**、**double** 及其包装类表示，相关内容参见第 5 章。将基本类型转换为包装类型对象称为**装箱**，将包装类型对象转换为基本类型称为**拆箱**。"装箱与拆箱"是本章要介绍的第一个主题。之后，本章将解释在处理数字时必须解决的 3 个问题：**解析**、**格式化**和**操作**。其中，数字解析是将字符串转换为数字，数字格式化是以特定格式表示数字，例如 1000000 可以表示为 1,000,000。

最后，本章还讨论了如何执行货币计算和生成随机数。

9.1 装箱与拆箱

基本类型到相应的包装类型对象的转换可以自动进行，反之亦然。装箱（auto boxing）是指将基本类型转换为包装类实例，例如将 **int** 转换为 **java.lang.Integer**。拆箱（unboxing）是将包装类实例转换为基本类型，例如将 **Byte** 转成 **byte** 型。

下面是一个装箱的例子：

```
Integer number = 3;    // 给 Integer 变量赋一个 int 值
```

下面是一个拆箱的例子：

```
Integer number = new Integer(100);
int simpleNumber = number;
```

如果需要在基本类型和它的包装类之间进行选择，一定要选择基本类型而不是包装类型，因为基本类型比对象速度更快。但是，也存在需要包装类的情况，比如在处理集合时。集合接收对象而不接收基本类型值，详细内容参见第 14 章。

9.2 数字解析

Java 程序可能要求用户输入一个数字，然后处理该数字或将它作为方法的参数。例如，一个货币转换程序需要用户输入要转换的值。可以使用 **java.util.Scanner** 类来接收用户输入。然而，输入是一个 **String**，即使输入表示一个数字，在使用这个数字之前，也需要对字符串进行解析，如果解析成功，将得到一个数字结果。

因此，数字解析就是将字符串转换为数字基本类型。如果因为字符串不是一个数字或超出指定范围的数字而解析失败，程序将抛出一个异常。

基本类型包装类有 **Byte**、**Short**、**Integer**、**Long**、**Float** 和 **Double** 类，它们为解析字符串提供了静态方法。例如，**Integer** 类有一个 **parseInteger** 方法，其签名如下：

```
public static int parseInt(String s) throws NumberFormatException
```

该方法解析一个 **String** 并返回一个 **int** 型数。如果 **String** 包含的不是有效的 **int** 数，则抛出 **NumberFormatException** 异常。

例如，下面的代码片段使用 **parseInt** 方法将字符串 "123" 解析成整数 123：

```
int x = Integer.parseInt("123");
```

类似地，**Byte** 提供了一个 **parseByte** 方法，**Long** 提供了一个 **parseLong** 方法，**Short** 提供了一个 **parseShort** 方法，**Float** 提供了一个 **parseFloat** 方法，**Double** 提供了一个 **parseDouble** 方法。

如清单 9.1 所示，**NumberTest** 类接收用户输入并对其进行解析。如果用户输入一个无效的数字，将显示一条错误消息。

清单 9.1　解析数字（NumberTest.java）

```java
package app09;
import java.util.Scanner;

public class NumberTest {
    public static void main(String[] args) {
        Scanner scanner = new Scanner(System.in);
        String userInput = scanner.next();
        try {
            int i = Integer.parseInt(userInput);
            System.out.println("The number entered: " + i);
        } catch (NumberFormatException e) {
            System.out.println("Invalid user input");
        }
    }
}
```

9.3　数字格式化

数字格式化有助于增强数字的可读性。例如，如果将 1000000 打印为 1,000,000（或者 1.000.000，如果读者的地区使用点 "." 分隔千位），则它的可读性更强。对于数字格式化，Java 提供了 **java.text.NumberFormat** 类，它是一个抽象类。由于它是抽象的，因此不能用 **new** 关键字创建它的实例，但可以实例化它的子类 **java.text.DecimalFormat**，这个类是 **NumberFormat** 的一个具体实现：

```
NumberFormat nf = new DecimalFormat();
```

然而，不应该直接调用 **DecimalFormat** 类的构造方法，而是应该使用 **NumberFormat** 类的 **getInstance** 静态方法。该方法可能返回 **DecimalFormat** 的一个实例，但也可能不是 **DecimalFormat** 子类实例。

现在，如何用 **NumberFormat** 来格式化数字（如 1234.56）呢？很简单，只需将数字传递给它的 **format** 方法，就会得到一个 **String**。但是，数字 1234.56 应该格式化成 1,234.56，还是 1234,56 呢？这取决于读者住在大西洋的哪一边。如果读者在美国，那么他可能希望格式成

1,234.56；如果读者住在德国，那么他觉得 1234,56 更有意义。因此，在开始使用 **format** 方法之前，我们希望通过告诉它读者住在哪，或者实际上，希望它格式化成什么地区格式实现，来确保得到正确的 **NumberFormat** 实例。在 Java 中，语言环境用 **java.util.Locale** 类表示。现在，请记住 **NumberFormat** 类的 **getInstance** 方法也有一个重载，它接收一个 **java.util.Locale** 实例。

```
public NumberFormat getInstance(java.util.Locale locale)
```

如果将 **Locale.Germany** 传递给该方法，就会得到一个 **NumberFormat** 对象，该对象根据德国的习惯格式化数字。如果传递的是 **Locale.US**，就会得到根据美国的习惯格式化数字的对象。无参数的 **getInstance** 方法返回的是用户计算机所处地域的 **NumberFormat** 对象。清单 9.2 给出的 **NumberFormatTest** 类演示了如何使用 **NumberFormat** 类格式化数字。

清单 9.2　NumberFormatTest 类

```
package app09;
import java.text.NumberFormat;
import java.util.Locale;

public class NumberFormatTest {
    public static void main(String[] args) {
        NumberFormat nf = NumberFormat.getInstance(Locale.US);
        System.out.println(nf.getClass().getName());
        System.out.println(nf.format(123445));
    }
}
```

运行该程序，输出结果为：

```
java.text.DecimalFormat
123,445
```

输出的第一行显示的 **java.text.DecimalFormat** 对象是在调用 **NumberFormat.getInstance** 时生成的。第二行的内容说明 **NumberFormat** 如何将数字 123 445 格式化为更易于阅读的形式。

9.4　用 java.text.NumberFormat 解析数字

可以使用 **NumberFormat** 的 **parse** 方法来解析数字。**parse** 的一个重载方法的签名如下：

```
public java.lang.Number parse(java.lang.String source)
        throws ParseException
```

注意，**parse** 方法返回的是 **java.lang.Number** 的一个实例，它是 **Integer**、**Long** 等的父类。

9.5　java.lang.Math 类

Math 类是一个实用工具类，它为数学运算提供了多个静态方法。另外还有两个 static double 字段：**E** 和 **PI**。**E** 表示自然对数的底（e），其值接近 2.718；**PI** 是圆周率，即圆周长与直径之比。**Math** 类中较重要的方法如表 9-1 所示。

表 9-1 Math 类中较重要的方法

方法	说明
abs	返回指定的 double 数的绝对值
acos	返回一个角度的反余弦，范围为 0.0~pi
asin	返回一个角度的反正弦，范围为–pi/2~pi/2
atan	返回一个角度的反正切，范围为–pi/2~pi/2
cos	返回一个角度的余弦
exp	返回欧拉数 e 的指定 double 次幂的值
log	返回一个 double 的自然对数（以 e 为底）
log10	返回一个 double 的对数（以 10 为底）
max	返回两个 double 值中较大的一个
min	返回两个 double 值中较小的一个
random	返回一个大于或等于 0.0 且小于 1.0 的伪随机 double 数
round	将浮点数舍入到最近的整数

9.6 使用货币值

考虑下面的代码，它使用 **double** 型值表示银行账户余额。假设读者的账户中有 10 美元，读者被收取了两次账户费（每次都是 10 美分）。

```
double balance = 10.00F;
balance -= 0.10F;
balance -= 0.10F;
```

现在 balance 的值是多少？应该是 9.80 美元，但结果是 9.799999997019768，这个结果是错的。

由于 float 值和 double 值都是用二进制位表示的，因此这两种基本类型值是不精确的。如果读者有兴趣了解 float 值或 double 值是如何用位表示的，可参阅相关资料。

因此，float 和 double 值不适合用于货币计算。在 Java 中有 3 种处理货币值的方法。

（1）使用 **int** 或 **long** 计算美分（而不是美元或欧元），并将最终结果转换为美元或欧元。

（2）使用 **java.math.BigDecimal** 类。

（3）使用 JSR 354 参考实现。

第一种方法很烦琐，所以一般最后才选择这种方法。优选的解决方案是 JSR 354 参考实现，它是专门为处理货币值而设计的。但是，要使用它，需要下载一个外部 API，因为这个外部 API 没有包含在 JRE 中。**BigDecimal** 在这里是次选。清单 9.3 给出了使用 **double** 和 **BigDecimal** 的示例。

清单 9.3 使用 BigDecimal

```
package app09;
import java.math.BigDecimal;
public class BigDecimalDemo {
    public static void main(String[] args) {
        double balance = 9.99;
```

```
        balance -= 0.10F;
        System.out.println(balance);          // 输出 9.889999769628048
        BigDecimal balance2 = BigDecimal.valueOf(9.99);
        BigDecimal accountFee = BigDecimal.valueOf(.1);
        BigDecimal r = balance2.subtract(accountFee);
        System.out.println(r.doubleValue());            // 输出 9.89
    }
}
```

可以看到，使用 **BigDecimal** 得到了精确的结果。

9.7　生成随机数

在 Java 7 之前，程序员使用 **java.util.Random** 类或 **java.lang.Math** 类的 **random** 方法生成随机数。**random** 方法比 **Random** 类更容易使用，它会返回 0.0 和 1.0 之间的 **double** 值。如果需要一个随机 **int** 数，就像经常做的那样，需要对返回值进行规范化。例如，下面的代码片段将生成一个 0 和 9（含 9）之间的随机整数：

```
double random = Math.random();
int randomInt = (int) (random * 10);
```

Java 7 添加了一个新类 **java.util.concurrent.ThreadLocalRandom**，它在产生随机数方面做得更好，因为它有更实用的方法，并且在多线程环境中是安全的。即使是在单线程环境下使用它，**ThreadLocalRandom** 仍然是推荐的选择。

要得到 **ThreadLocalRandom**，调用它的静态 **current** 方法即可：

```
ThreadLocalRandom threadLocalRandom = ThreadLocalRandom.current();
```

然后，调用下面的其中一个方法来获得随机数：**nextInt**、**nextLong**、**nextFloat** 和 **nextDouble**。**nextDouble** 返回 0.0 和 1.0 之间的 **double** 值，**nextInt** 返回一个随机的 **int** 值。例如，要生成 0 和 99（包含 99）之间的 **int** 数，可使用下面的语句：

```
int random = ThreadLocalRandom.current().nextInt(100);
```

清单 9.4 显示了 **RandomNumberGenerator** 类，它生成一些介于 50 和 59（包含）之间的 **int** 数。

清单 9.4　RandomNumberGenerator 类

```
package app09;
import java.util.concurrent.ThreadLocalRandom;
public class RandomNumberGenerator {
    public static void main(String[] args) {
      ThreadLocalRandom random = ThreadLocalRandom.current();
        for (int i = 0; i < 30; i++) {
            // 输出一个 50 和 59（含 59）之间的随机数
            System.out.print(random.nextInt(50, 60) + " ");
        }
    }
}
```

9.8 小结

在 Java 中，我们用基本数据类型和包装类对数字建模。基本类型和包装类之间的转换以及其他方法之间的转换都是自动的。在处理数字和日期时，我们经常执行 3 种类型的操作：解析、格式化和操作。本章介绍了如何完成上述这些工作。

习题

1. 使用 **java.lang.Math** 类的静态方法可以完成什么工作？
2. 在 Java 中，既然装箱与拆箱可自动完成，包装器类还有用吗？
3. 解释为什么不能用 double 值或 float 值来执行货币计算。应该用什么来代替？
4. 编写一个名为 **RangeRandomGenerator** 的类，它可以在实例化类时指定两个整数，然后生成这两个整数之间的随机整数。

第 *10* 章

接口和抽象类

Java 初学者常常这样认为：接口（interface）只是一个没有实现的类。虽然这在技术上是正确的，但是它掩盖了最初使用接口的真正目的。接口的作用远不止于此。接口应该被看作服务提供者与其客户之间的一种契约（contract）。因此，在解释如何编写接口之前，我们先介绍这些概念。

本章的第二个主题是抽象类（abstract class）。从技术上讲，抽象类是不能实例化的类，它必须由子类实现。然而，抽象类很重要，因为在某些情况下它可以充当接口的角色。本章还将介绍如何使用抽象类。

10.1 接口的概念

在开始学习接口时，初学者通常关注的是如何编写接口，而不是理解接口背后的概念，他们会认为接口类似于用 **interface** 关键字声明的 Java 类，它的方法没有主体。

虽然这样描述也正确，但是把接口当作一个没有实现的类来处理就忽略了全局。一种更好的定义是"接口是一种契约"。它是服务提供者（服务器）和此类服务的用户（客户）之间的一种契约。有时服务器定义契约，有时客户定义契约。

我们考虑一个真实的例子。微软的 Windows 系统是当今最流行的操作系统，但微软并不生产打印机。为了实现打印功能，Windows 系统需要依赖于惠普、佳能、三星等公司的产品。这些打印机制造商都使用了某一专利技术，然而，他们的产品却能用于打印任何 Windows 应用程序的文档。这是为什么呢？

这是因为微软对打印机制造商提过类似下面的要求：如果想让你的产品在 Windows 上使用（我们知道读者也这样想），必须实现下面的 **Printable** 接口。这个接口像下面这样简单：

```
interface Printable {
    void print(Document document);
}
```

其中，document 是要打印的文档。

要实现该接口，打印机制造商需要编写打印机驱动程序。不同打印机的驱动程序虽然不同，但它们都实现了 **Printable** 接口。打印机驱动程序是 **Printable** 的实现。在本例中，这些打印机驱动程序是服务提供者。

打印服务的客户是所有 Windows 应用程序。在 Windows 上打印很容易，因为应用程序只需要调用 **print** 方法并传递一个 **Document** 对象。因为接口可自由获得，所以就可以编译客户应用程序，而不必等待它的实现可用。

这里的要点是，**Printable** 接口的存在使"从不同的应用程序打印到不同的打印机"成为可能。该接口是打印服务提供者和打印客户之间的契约。

接口可以定义字段和方法。在 JDK 1.8 之前，接口中的所有方法都是抽象的，但从 JDK 1.8 开始，还可在接口中定义默认方法和静态方法。除非另有说明，否则接口方法就是指抽象方法。

要想接口有用，它还必须有一个执行实际操作的实现类。

图 10.1 在 UML 类图中演示了 **Printable** 接口及其实现。

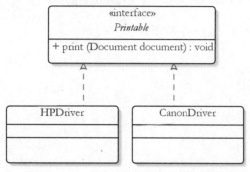

图 10.1　一个接口和两个实现类的类图

在这个类图中，接口的形状与类相同，名称用斜体表示，并且前面带有<interface>标志。**HPDriver** 和 **CanonDriver** 是 **Printable** 接口的实现类。当然，它们的实现是不同的。在 **HPDriver** 类中，**print** 方法包含一些代码，它们支持将数据打印到 HP 打印机。在 **CanonDriver** 中，代码支持打印到 Canon 驱动程序。在 UML 类图中，类和接口之间用一条带有箭头的虚线连接。这种关系通常称为实现（realization），因为类提供了由接口规定的抽象的真正实现（实际工作的代码）。

> **注意**　这个案例是精心设计的，但其中的问题和解决方案是真实的。我希望它能够帮助读者理解接口的真正含义：它就是一个契约。

10.2　从技术角度看接口

理解了什么是接口之后，下面介绍如何创建接口。在 Java 中，接口与类一样，也是一种类型。可以按下面的格式编写接口：

```
accessModifier interface interfaceName {
}
```

与类一样，接口具有 public 或默认访问级别。接口可以定义字段和方法。接口的所有成员都是隐含 public 的。清单 10.1 给出了名为 **Printable** 的接口。

清单 10.1　Printable 接口

```
package app10;
public interface Printable {
    void print(Object o);
}
```

　　Printable 接口只有一个 **print** 方法。注意，尽管 **print** 方法声明没有 **public** 关键字，它也是 public 的。可以在方法签名之前自由地使用 **public** 关键字，但那样做是多余的。

　　就像 Java 类一样，接口也是创建对象的模板。但是，与普通类不同，接口不能实例化，它只是定义了一组 Java 类可以实现的方法。

　　编译接口与编译类一样。编译器为成功编译的每个接口创建了一个 class 文件。

　　要实现接口，需要在类声明之后使用 **implements** 关键字。一个类可以实现多个接口。例如，清单 10.2 给出的 **CanonDriver** 类实现了 **Printable** 接口。

清单 10.2　Printable 接口的一个实现类

```
package app10;
public class CanonDriver implements Printable {
    @Override
    public void print(Object obj) {
        // 实现打印功能的代码
    }
}
```

　　注意，方法实现还应该使用**@Override** 注解标注。

　　除非另有说明，否则接口的所有方法都是抽象的。实现类必须覆盖接口中的所有抽象方法。接口及其实现类之间的关系就像父类和子类的关系一样。实现类的实例也是接口的实例，例如，下面的 **if** 语句的计算结果为 **true**：

```
CanonDriver driver = new CanonDriver();
if (driver instanceof Printable)      // 计算结果为 true
```

　　有些接口既没有字段，也没有方法，这类接口称为标记（marker）接口，类将它们作为一个标记实现，例如，**java.io.Serializable** 接口就没有字段和方法，类可以实现这个接口以便类的实例可以序列化，即保存到文件或内存中。更多关于 Serializable 的知识参见第 16 章。

10.2.1　接口中的字段

　　接口中的字段必须初始化，并且隐含为 public、static 和 final 的。可以使用 **public**、**static** 和 **final** 修饰字段，但那是冗余的。下面的代码有相同的效果：

```
public int STATUS = 1;
int STATUS = 1;
public static final STATUS = 1;
```

　　注意，按照惯例，接口的字段名应该使用大写字母。

　　如果在一个接口中有两个名称相同的字段，那么会出现编译错误。但是，接口可能从其超接口继承多个具有相同名称的字段。

10.2.2　抽象方法

　　在接口中声明抽象方法就像在类中声明方法一样。但是，接口中的抽象方法没有方法体，它们直接以分号结束。所有抽象方法都是隐式 public 和 abstract 的，在方法声明前使用 **public** 和 **abstract** 修饰符是合法的。

接口中抽象方法的语法如下：

```
[methodModifiers] ReturnType MethodName(listOfArgument)
    [ThrowClause];
```

其中，methodModifiers 为 **abstract** 和 **public** 的。

10.2.3 扩展接口

接口支持继承。一个接口可以扩展另一个接口。如果 **A** 接口扩展了 **B** 接口，就说 **A** 是 **B** 的子接口，**B** 是 **A** 的超接口。由于 **A** 直接继承 **B**，因此 **B** 是 **A** 的直接超接口。继承 **A** 的任何接口都是 **B** 的间接子接口。图 10.2 显示了接口 **B** 扩展接口 **A** 的示例。注意，连接两个接口的线条的类型与类扩展使用的线一样。

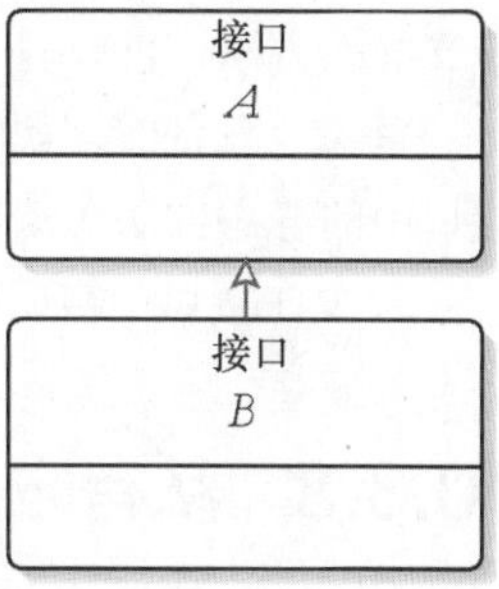

扩展接口的目的是什么呢？就是为了在不破坏现有代码的情况下安全地向接口添加功能。这是因为一旦接口发布，就不能向其添加新方法了。假设 JDK 1.7 中的一个接口 **XYZ** 是一个有数百万实现类的流行接口。现在，Java 的设计者想在 JDK 1.8 的 **XYZ** 中添加一个新方法。如果实现了旧 **XYZ** 且用 JDK 1.8 之前的编译器编译的类部署在 JDK 1.8 上（新版本的 **XYZ** 附带了 JDK 1.8），会发生什么情况呢？它会遭到破坏，因为类没有为新方法提供实现。

图 10.2 扩展一个接口

安全的方法是提供一个扩展 **XYZ** 的新接口，这样旧的软件仍然可以工作，新的应用程序可以选择实现扩展接口而不是 **XYZ** 接口本身。

10.3 接口中的实现

在 Java 8 之前，不允许在接口中有任何实现。不过，Java 已经得到了发展，现在可以在接口中添加默认方法、静态方法甚至私有方法，虽然它们不能是 final 方法。

10.3.1 默认方法

扩展接口是向接口中添加功能的一种安全方法，但最终得到的是两个具有类似功能的接口。如果只需要扩展一两个接口，是可以接受的，但如果需要向数百个接口添加特性，这一定会是一个严重的问题。这正是 Java 语言设计者在试图将 Lambda 表达式添加到 Java 8 并在集合框架的数十个接口中添加对 Lambda 的支持时所面临的问题。扩展所有接口将使接口数量增加一倍，而且有些接口的名称可能还很难看，如 **List2** 或 **ExtendedSet**。

可选择添加默认方法来代替上一种方式。换句话说，从 JDK 1.8 开始，接口可以有默认方法。接口中的默认方法是带有实现的方法。实现接口的类不必实现默认方法，这意味着可以在不破坏向后兼容性的情况下在接口中添加新方法。

要使接口中的方法成为默认方法，需要在方法签名前添加 **default** 关键字。另外，不要用分号结束签名，而是添加一对括号并在括号中编写代码，示例如下：

```
default java.lang.String getDescription() {
    return "This is a default method";
}
```

稍后会看到，JDK 1.8 和更高版本中的许多 Java 接口现在都有默认方法。扩展带默认方法的接口时，有以下选择：

（1）忽略默认方法，实际上是继承了它们；

（2）重新声明默认方法，使它们成为抽象方法；

（3）覆盖默认方法。

记住，Java 现在支持默认方法的主要原因是为了向后兼容。无论如何，编写的程序不能没有类。

10.3.2　静态方法

类中的静态方法可以被该类的所有实例共享。在 Java 8 及更高的版本中，可以在接口中定义静态方法，这样与接口相关的所有静态方法都可以在接口中编写，而不用在辅助类中编写。

静态方法的签名类似于默认方法的签名。但是，使用的是关键字 **static** 而不是 **default**。接口中的静态方法在默认情况下是 public 的。

很少在接口中声明静态方法。**java.util** 包中近 30 个接口中只有两个接口包含静态方法。

10.3.3　私有方法

从 Java 9 开始，可以在接口中声明私有（private）方法和静态私有（static private）方法，就像在类中一样。

10.4　基类

有些接口有多个抽象方法，实现类必须实现所有这些方法。如果只需要某些方法，那么这可能是一项单调乏味的任务。鉴于此，可以创建一个通用实现类，该类使用默认代码实现接口中的抽象方法；然后，实现类可以扩展通用类，并仅覆盖它希望修改的方法。这种通用类称为基类（base class），使用起来十分方便，因为它可以帮助读者更快地编写代码。

例如，**javax.servlet.Servlet** 接口是所有 **Servlet** 类都必须实现的接口。该接口有 5 个抽象方法：**init**、**service**、**destroy**、**getServletConfig** 和 **getServletInfo**。在这 5 个方法中，只有 **service** 方法总是由 **Servlet** 类实现。**init** 方法偶尔实现，其他方法很少使用。然而，所有实现类都必须为这 5 个方法提供实现。对于 Servlet 程序员来说，这是一件十分麻烦的事情。

为了使 Servlet 编程更简单、有趣，Servlet API 定义了 **javax.servlet.GenericServlet** 类，它为 **Servlet** 接口中的所有方法都提供了默认实现，这样在编写 Servlet 时，就不需要实现 **javax.servlet.Servlet** 接口了（这种方式最终需要实现 5 个方法），只需扩展 **javax.servlet.GenericServlet** 类，并只需提供要用到的方法的实现（很可能只是 **service** 方法）。

通过比较清单 10.3 和清单 10.4 中的类可以发现，**TediousServlet** 类实现了 **javax.servlet.Servle** 接口，而 **FunServlet** 类扩展了 **javax. servlet.GenericServlet** 类。哪种方式更简单呢？

清单 10.3　TediousServlet 类

```
package test;
import java.io.IOException;
import javax.servlet.Servlet;
```

```
import javax.servlet.ServletConfig;
import javax.servlet.ServletException;
import javax.servlet.ServletRequest;
import javax.servlet.ServletResponse;

public class TediousServlet implements Servlet {
    @Override
    public void init(ServletConfig config)
                throws ServletException {
    }

    @Override
    public void service(ServletRequest request,
            ServletResponse response)
            throws ServletException, IOException {
        response.getWriter().print("Welcome");
    }

    @Override
    public void destroy() {
    }

    @Override
    public String getServletInfo() {
        return null;
    }

    @Override
    public ServletConfig getServletConfig() {
        return null;
    }
}
```

清单 10.4　FunServlet 类

```
package test;
import java.io.IOException;
import javax.servlet.GenericServlet;
import javax.servlet.ServletException;
import javax.servlet.ServletRequest;
import javax.servlet.ServletResponse;

public class FunServlet extends GenericServlet {
    @Override
    public void service(ServletRequest request,
            ServletResponse response)
            throws ServletException, IOException {
        response.getWriter().print("Welcome");
    }
}
```

10.5　抽象类

有了接口，就要编写一个执行实际操作的实现类。如果接口中有许多抽象方法，则可能会浪费时间覆盖不需要的方法。抽象类具有与接口类似的功能,即在服务提供者与其客户之间提供一种契约,同时,抽象类还可以提供部分实现。需要显式覆盖的方法可声明为抽象方法。因为抽象类不能实例化,所以仍然需要创建实现类,但不必覆盖不用的或不修改的方法。

可以在类声明中使用 **abstract** 修饰符来创建抽象类。要创建抽象方法,在方法声明前面使用 **abstract** 修饰符。清单 10.5 显示了一个抽象的 **DefaultPrinter** 类作为例子。

清单 10.5　DefaultPrinter 类

```
package app10;
public abstract class DefaultPrinter {
    @Override
    public String toString() {
        return "Use this to print documents.";
    }
    public abstract void print(Object document);
}
```

DefaultPrinter 中有两个方法:**toString** 和 **print**。**toString** 方法有一个实现,所以不需要在实现类中覆盖这个方法,除非想更改它的返回值。**print** 方法声明为抽象方法,没有方法体。清单 10.6 给出了一个 **MyPrinter** 类,它是 **DefaultPrinter** 的实现类。

清单 10.6　DefaultPrinter 的一个实现

```
package app10;
public class MyPrinter extends DefaultPrinter {
    @Override
    public void print(Object document) {
        System.out.println("Printing document");
        // 这里还有一些代码
    }
}
```

像 **MyPrinter** 这样的具体实现类必须覆盖超类的所有抽象方法,否则,它本身必须声明为抽象的。类声明为抽象是告诉类用户要扩展类的一种方式。即使没有抽象方法,也可以声明类是抽象的。

在 UML 类图中,抽象类看起来与具体类类似,只是类名用斜体表示。图 10.3 给出了一个抽象类 InputStream。

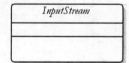

图 10.3　一个抽象类

10.6　抽象类说明

在 Java 8 之前的时代,在抽象类和接口之间做出选择比现在容易。在那时,如果需要在扩展/实现类之间共享一些实现,则选择抽象类;否则,就选择接口。今天,也可以将实现放在接口中,因此创建抽象类的动机肯定会减少。然而,仍然有一些理由使用抽象类。

(1)在抽象类中可以添加最终(final)方法,但在接口中不能。如果想阻止一个方法被覆盖,这一点非常重要。

(2)在抽象类中,可以使用字段保存对象的状态。相反,接口中的字段是 public static 的,这意味着它们的值在实现类的所有实例之间共享。

（3）在抽象类中可以定义构造方法，但在接口中不能。

10.7　小结

接口在 Java 中扮演着重要角色，因为它定义了服务提供者与其客户之间的契约。本章介绍了如何使用接口。基类提供了接口的一个通用实现，并通过提供默认的代码实现来加快程序的开发速度。

抽象类就像接口一样，但它只提供部分方法的实现。

习题

1. 为什么把接口看作契约比把它看作一个没有具体实现的类更准确？
2. 什么是基类？
3. 什么是抽象类？
4. 基类与抽象类相同吗？
5. 在 **com.example** 包中创建一个名为 **Calculator** 的接口，该接口有 3 个方法：**add**、**subtract** 和 **multiply**，所有方法都接收两个 **int** 型参数并返回一个 **long** 型值。
6. 编写一个实现 **Calculator** 接口的名为 **ScientificCalculator** 的类，要求实现 **Calculator** 的所有方法。

第 *11* 章

多态

多态性（polymorphism）是最难向刚接触面向对象编程（OOP）的人解释清楚的概念。事实上，在多数情况下，不通过一两个例子，它的定义就毫无意义。好吧，让我们来试一下。在许多编程书籍中，都有这样一个定义：多态性是一个 OOP 特性，它能使对象在接收方法调用时知道调用哪个方法实现。如果觉得这很难理解，没有关系。虽然很难用简单的语言将这个概念解释清楚，但并不难理解。

本章先用一个简单的例子剖析多态，然后通过其他例子演示如何使用带有反射的多态性。

11.1 概述

在 Java 和其他 OOP 语言中，如果满足某些条件，可以合法地将类型与变量类型不同的对象赋给一个引用变量。也就是说，如果有一个类型为 **A** 的引用变量 **a**，那么给它赋一个类型为 **B** 的对象是合法的，就像下面这样：

```
 A a = new B();
```

只要满足以下任何一个条件即可：

（1）**A** 是一个类，**B** 是它的一个子类；

（2）**A** 是一个接口，**B** 或它的其中一个父接口实现了 **A**。

正如在第 7 章中所提到的，这称为向上转换（upcasting）。

上面的代码中，把 **B** 的一个实例赋给 **a** 时，**a** 的类型是 **A**。这意味着，不能调用不是在 **A** 中定义的 **B** 中的方法。但是，如果输出 **a.getClass().getName()** 的值，将得到 **B** 而不是 **A**。为什么呢？这是由于在编译时 **a** 的类型为 **A**，因此编译器不允许调用不是在 **A** 中定义的 **B** 的方法。此外，在运行时，**a** 的类型是 **B**，正如 **a.getClass().getName()** 的返回值（**B**）所示。

这就是多态性的本质。如果 **B** 覆盖了 **A** 中的一个方法（例如名为 **play** 的方法），那么调用 **a.play()** 将导致调用 **B** 中的 **play** 实现（而不是 **A** 中的）。多态性使对象（本例中指是 **a** 引用的对象）能够确定在调用方法时选择哪个方法（**A** 中的方法还是 **B** 中的方法）。多态性指明运行时调用的对象实现。但是实际上，多态性的作用还远不止于此。

如果调用 **a** 的另一个方法（例如名为 **stop** 的方法），而该方法没有在 **B** 中实现，那么怎么办呢？JVM 很聪明，知道如何做。它会在 **B** 的继承层次结构查找。**B** 必须是 **A** 的一个子类，或者说，如果 **A** 是一个接口，那么 **B** 必须是实现 **A** 的另一个类的子类。否则，代码就不能编译。解决了这个问题之后，JVM 将沿着类层次结构向上，找到 **stop** 的实现并运行它。

现在，多态性的定义有了更丰富的含义：多态性是一个 OOP 特性，它使对象在接收到一个方法调用时能够确定调用哪个方法的实现。

但是，从技术上讲，Java 是如何实现这一点的呢？其实，Java 编译器在遇到 **a.play()** 这样的方法调用时，会检查由 **a** 表示的类/接口是否定义了这个方法（**play** 方法），以及是否向该方法传递了正确的参数。但是，这是编译器能做到的最好情况。除 static 方法和 final 方法之外，JVM 不将方法调用和方法体链接（或绑定），而是在运行时才决定将方法调用绑定到方法体。换句话说，除了 static 方法和 final 方法，Java 中的方法绑定都发生在运行时，而不是编译时。运行时绑定也称为后期绑定或动态绑定。与之相反的是前期绑定，即在编译时或链接时进行绑定。C 语言中使用的就是前期绑定。

因此，Java 中的后期绑定机制使多态性成为可能。在其他语言中，将多态性也称为后期绑定、动态绑定或运行时绑定，那是不准确的。试考虑清单 11.1 中的 Java 代码。

清单 11.1 一个多态的示例

```java
package app11;
class Employee {
    public void work() {
        System.out.println("I am an employee.");
    }
}

class Manager extends Employee {
    public void work() {
        System.out.println("I am a manager.");
    }

    public void manage() {
        System.out.println("Managing ...");
    }
}

public class PolymorphismDemo1 {
    public static void main(String[] args) {
        Employee employee;
        employee = new Manager();
        System.out.println(employee.getClass().getName());
        employee.work();
        Manager manager = (Manager) employee;
        manager.manage();
    }
}
```

清单 11.1 定义了两个非 public 类：**Employee** 和 **Manager**。**Employee** 有一个名为 **work** 的方法，**Manager** 扩展了 **Employee** 并添加了一个名为 **manage** 的新方法。

PolymorphismDemo1 类的 **main** 方法定义了一个名为 **employee** 的对象变量，类型为 **Employee**：

```java
Employee employee;
```

但是，将一个 **Manager** 实例赋给了 **employee**，如下所示：

```java
employee = new Manager();
```

这是合法的，因为 **Manager** 是 **Employee** 的子类，所以 **Manager** "是一名" **Employee**。那么，将一个 **Manager** 实例赋给 **employee**，调用 **employee.getClass().getName()** 的结果是什么呢？读者可能会回答，是 Manager，不是 Employee，答案是对的。

之后，调用 **employee** 的 **work** 方法：

```
employee.work();
```

猜猜控制台会输出什么？

```
I am a manager.
```

这说明被调用的是 **Manager** 类中的 **work** 方法，这就是多态性在起作用了。

注意 多态性对 static 方法不起作用，因为它们是前期绑定的。例如，如果 **Employee** 和 **Manager** 类中的 **work** 方法都是 static 的，那么调用 **employee.work()** 将输出 "I am an employee"。此外，由于 final 方法不能扩展，因此多态性也不能用于 final 方法。

现在，由于 **employee** 的运行时类型是 **Manager**，可以将 **employee** 向下转换为 **Manager**，如下面的代码所示：

```
Manager manager = (Manager) employee;
manager.manage();
```

看到这段代码后，读者可能会问，为什么将 **employee** 声明为 **Employee** 类型呢？为什么不将它声明为 **Manager** 类型，就像下面这样？

```
Manager employee;
employee = new Manager();
```

这样做是为了保证灵活性，以防不知道给这个对象引用（**employee**）赋 **Manager** 实例还是其他对象。

在下一节的示例中，多态性的威力将更加明显。

11.2 多态实战

假设有一个 **Greeting** 接口，它定义了一个名为 **greet** 的抽象方法。这个简单的接口如清单 11.2 所示。

清单 11.2 Greeting 接口

```
package app11;
public interface Greeting {
    public void greet();
}
```

可以实现 **Greeting** 接口，以用不同的语言输出问候语。例如，清单 11.3 中的 **EnglishGreeting** 类和清单 11.4 中的 **FrenchGreeting** 类分别实现了用英语和法语向用户打招呼。

清单 11.3 EnglishGreeting 接口

```
package app11;

public class EnglishGreeting implements Greeting {

    @Override
    public void greet() {
        System.out.println("Good Day!");
```

```
    }
}
```

清单 11.4　FrenchGreeting 接口

```
package app11;

public class FrenchGreeting implements Greeting {

    @Override
    public void greet() {
        System.out.println("Bonjour!");
    }
}
```

清单 11.5 中的 **PolymorphismDemo2** 类展示了多态性的作用。它询问用户希望用哪种语言打招呼。如果用户选择 English，则实例化 **EnglishGreeting** 类；如果选择法语，则实例化 **FrenchGreeting** 类。要实例化的类只有在运行时才知道，即用户输入选择之后，这就是多态性。

清单 11.5　PolymorphismDemo2 类

```
package app11;
import java.util.Scanner;

public class PolymorphismDemo2 {
    public static void main(String[] args) {
        String instruction = "What is your chosen language?" +
                "\nType 'English' or 'French'.";
        Greeting greeting = null;
        Scanner scanner = new Scanner(System.in);
        System.out.println(instruction);
        while (true) {
            String input = scanner.next();
            if (input.equalsIgnoreCase("english")) {
                greeting = new EnglishGreeting();
                break;
            } else if (input.equalsIgnoreCase("french")) {
                greeting = new FrenchGreeting();
                break;
            } else {
                System.out.println(instruction);
            }
        }
        scanner.close();
        greeting.greet();
    }
}
```

11.3　多态与反射

多态性通常与反射（reflection）一起使用。考虑这样的场景：Order Processing 是一个处理购买订单的商业应用程序，它可以在各种数据库（Oracle、MySQL 等）中存储订单并检索订单进行显示。**Order** 类表示购买订单，订单存储在数据库中，**OrderAccessObject** 对象处理

Order 对象的存储和检索。

OrderAccessObject 充当应用程序和数据库之间的一个接口。所有购买订单的操作都是通过该类的一个实例完成的。**OrderAccessObject** 接口如清单 11.6 所示。

清单 11.6 OrderAccessObject 接口

```
package app11;
public interface OrderAccessObject {
    public void addOrder(Order order);
    public void getOrder(int orderId);
}
```

OrderAccessObject 接口需要一个实现类，来为其中的两个方法提供代码。应用程序可能有许多 **OrderAccessObject** 的实现类，每个实现类都针对特定类型的数据库。例如，连接到 Oracle 数据库的实现类为 **OracleOrderAccessObject**，连接 MySQL 的实现类为 **MySQLOrderAccessObject**。图 11.1 显示了 **OrderAccessObject** 及其实现类的 UML 图。

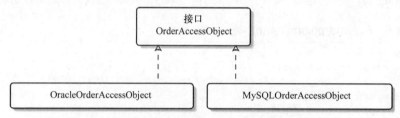

图 11.1 **OrderAccessObject** 接口及实现类的 UML 图

对多个实现类的需要源于这样一个事实，即每个数据库都可以有一个执行特定功能的特定命令。例如，在 MySQL 中自动编号很常见，但在 Oracle 中就没有自动编号。

Order Processing 应用程序要求足够灵活，不需要重新编译就可以处理不同的数据库。将来还可以在不重新编译的情况下添加对新数据库的支持。实际上，读者只需要在调用应用程序时指定 **OrderAccessObject** 的实现类。例如，要使用 Oracle 数据库，可以使用下面这个命令：

```
java OrderProcessing com.example.OracleOrderAccessObject
```

要使用 MySQL 数据库，可以使用以下命令进行调用：

```
java OrderProcessing com.example.MySqlOrderAccessObject
```

下面是在数据库中实例化 **OrderAccessObject** 的部分代码：

```
public static void main (String[] args) {
    OrderAccessObject accessObject = null;
    Class klass = null;
    try {
        klass = Class.forName(args[0]);
        accessObject = (OrderAccessObject) klass.newInstance();
    } catch (ClassNotFoundException e) {
    } catch (Exception e) {
    }
    // 这里是继续处理业务的代码
}
```

这就是多态性，因为在程序运行时，**accessObject** 引用变量每次都可以赋予不同的对象类型。

注意　forName 和 newInstance 方法的相关内容参见 5.5 节。

11.4　小结

多态性是面向对象编程的主要特征之一，编译时在不知道对象类型的情况下它非常有用。本章通过几个例子演示了多态性。

习题

1. 用自己的话描述多态性。
2. 在什么情况下多态性最有用？

我们在第 2 章中提到，有时用 static final 字段作为枚举值。Java 5 添加了一个用于枚举值的新类型：enum。本章将全面讨论枚举的创建和使用。

12.1　概述

可以使用枚举为字段或方法创建一组有效值，例如，在典型的应用程序中，客户类型的唯一可能值是 **Individual** 或 **Organization**。对于 **State**（州）字段，有效值可能是美国的所有州和加拿大的省份，可能还有其他一些州。使用枚举类型，可以轻松地限制程序只取一个有效值。

枚举类型可以单独定义，也可以在类中定义。如果需要在应用程序中的多个位置引用它，那么可以单独定义枚举；如果只在某个类中使用，则最好在类中定义。考虑清单 12.1 中的 **CustomerType** 枚举的定义。

清单 12.1　CustomerType 枚举

```
package app12;
public enum CustomerType {
    INDIVIDUAL,
    ORGANIZATION
}
```

CustomerType 枚举有两个枚举值：**INDIVIDUAL** 和 **ORGANIZATION**。枚举值区分大小写，按惯例均为大写。两个枚举值用逗号分隔，值可以写在一行或多行上。清单 12.1 中的枚举值写在多行上，这样做是为了提高可读性。

在内部，每个枚举常量被赋予一个整数序号，第一个常量是 0。对于 **CustomerType** 枚举，**INDIVIDUAL** 的序号是 0，**ORGANIZATION** 的序号是 1。枚举序号很少用到。

使用枚举就像使用类或接口一样。例如，清单 12.2 中的 **Customer** 类就使用了 **CustomerType** 枚举作为字段类型。

清单 12.2　使用 CustomerType 的 Customer 类

```
package app12;
public class Customer {
    public String customerName;
    public CustomerType customerType;
    public String address;
}
```

可以像使用类的静态成员一样使用枚举常量。例如，下面的代码演示了 **CustomerType** 的使用：

```
Customer customer = new Customer();
customer.customerType = CustomerType.INDIVIDUAL;
```

注意，**Customer** 对象的 **customerType** 字段是如何被赋一个 **CustomerType** 枚举的枚举值 **INDIVIDUAL** 的？因为 **customerType** 字段的类型是 **CustomerType**，所以只能为它赋一个 **CustomerType** 枚举值。

乍一看，使用枚举与使用 static final 字段没有什么区别，但是枚举和 static final 字段的类之间是有一些基本的区别的。

对于只接收预定义值的事物，使用 static final 字段并不是完美的解决方案，例如，考虑清单 12.3 中的 **CustomerTypeStaticFinals** 类。

清单 12.3　使用 static final 字段

```
package app12;
public class CustomerTypeStaticFinals {
    public static final int INDIVIDUAL = 1;
    public static final int ORGANIZATION = 2;
}
```

假设有一个名为 **OldFashionedCustomer** 的类，它类似于清单 12.2 中的 **Customer** 类，但是它有一个 **int** 型的字段 **customerType**。下面的代码将创建一个 **OldFashionedCustomer** 实例，并为其 **customerType** 字段赋值：

```
OldFashionedCustomer ofCustomer = new OldFashionedCustomer();
ofCustomer.customerType = 5;
```

注意到了吗？没有办法阻止为 **customerType** 赋一个无效的整数值。在确保只赋一个有效值给变量时，用枚举比用 static final 字段更好。

枚举和 static final 字段的类之间的另一个区别是，枚举值是对象，因此它被编译成一个.class 文件，其行为类似于一个对象。例如，可以将它用作一个 **Map** 的键。下一节将详细讨论枚举作为对象时的使用。

12.2　类中的枚举

如果枚举只在一个类内部使用，可以将枚举定义为类的成员。例如，清单 12.4 中的 **Shape** 类中定义了一个 **ShapeType** 枚举。

清单 12.4　枚举作为类成员

```
package app12;
public class Shape {
    private enum ShapeType {
        RECTANGLE, TRIANGLE, OVAL
    };
    private ShapeType type = ShapeType.RECTANGLE;
    public String toString() {
        if (this.type == ShapeType.RECTANGLE) {
```

```
            return "Shape is rectangle";
        }
        if (this.type == ShapeType.TRIANGLE) {
            return "Shape is triangle";
        }
        return "Shape is oval";
    }
}
```

12.3　java.lang.Enum 类

当定义一个枚举时，编译器将创建一个扩展 **java.lang.Enum** 类的定义。该类是 **java.lang.Object** 的直接后代。与普通类不同，枚举具有以下属性。

（1）不包含 public 构造方法，因此不能把它实例化。

（2）它隐含是 static 的。

（3）每个枚举常量只有一个实例。

（4）可以调用枚举类型的 **values** 方法迭代它的枚举值。该方法返回一个对象数组。如果在这些对象上调用 **getClass().getName()**，将返回枚举的完全限定名。有关这方面的详细信息，参见 12.4 节。

（5）在 **values** 方法返回的对象上调用 **name** 和 **ordinal** 方法可分别返回枚举实例名和序号值。

12.4　迭代枚举值

可以使用 **for** 循环（见第 3 章）迭代枚举中的值。调用 **values** 方法，它会返回一个类似于数组的对象，该对象包含指定枚举中的所有值。对于清单 12.1 中的 **CustomerType** 枚举，可以使用以下代码对其进行迭代：

```
for (CustomerType customerType : CustomerType.values() ) {
    System.out.println(customerType);
}
```

这将从 **CustomerType** 枚举的第一个值开始打印所有值，结果如下：

```
INDIVIDUAL
ORGANIZATION
```

12.5　在 switch 中使用枚举

还可以在 **switch** 语句处理枚举的枚举值。下面的例子使用了清单 12.1 中的 **CustomerType** 枚举和清单 12.2 中的 **Customer** 类：

```
Customer customer = new Customer();
customer.customerType = CustomerType.INDIVIDUAL;

switch (customer.customerType) {
case INDIVIDUAL:
```

```
        System.out.println("Customer Type: Individual");
        break;
case ORGANIZATION:
        System.out.println("Customer Type: Organization");
        break;
}
```

注意，在每个 case 中的枚举常量前面不能加 enum 类型的前缀。下面的代码将引发编译错误：

```
case CustomerType.INDIVIDUAL:
        //
case CustomerType.ORGANIZATION:
        //
```

12.6　枚举成员

从技术的角度来讲，一个枚举是一个类，所以枚举可以定义构造方法和方法。如果它有构造方法，它的访问级别必须是 private 的或默认的。如果枚举定义包含常量以外的内容，则常量必须在其他内容之前定义，最后一个常量以分号结束。

作为一个例子，清单 12.5 中的 **Weekend** 枚举包含一个 private 构造方法、一个 **toString** 方法和一个用于测试的静态 **main** 方法。

清单 12.5　Weekend 枚举

```
package app12;

public enum Weekend {
    SATURDAY,
    SUNDAY;

    private Weekend() {
    }

    @Override
    public String toString() {
        return "Fun day " + (this.ordinal() + 1);
    }
    public static void main(String[] args) {
        // 打印类名
        System.out.println(
                Weekend.SATURDAY.getClass().getName());
        for (Weekend w : Weekend.values()) {
            System.out.println(w.name() + ": " + w);
        }
    }
}
```

如果运行此枚举，将在控制台上输出以下内容：

```
app12.Weekend
SATURDAY: Fun day 1
SUNDAY: Fun day 2
```

可以将值传递给枚举的构造方法，在这种情况下，常量必须伴有构造方法的参数。作为另一个例子，清单 12.6 显示了一个 **FuelEfficiency** 枚举，它的构造方法包含两个 **int** 字段：最小 MPG（每加仑英里数）和最大 MPG。将这些值赋给 private 字段 **min** 和 **max**。3 个常量分别是 **EFFICIENT**、**ACCEPTABLE** 和 **GAS_GUZZLER**，每个常量都有两个 **int** 值传递给构造方法。**getMin** 和 **getMax** 方法分别返回最小和最大 MPG。

清单 12.6　FuelEfficiency 枚举

```
package com.example;

public enum FuelEfficiency {
    EFFICIENT(33, 55),
    ACCEPTABLE(20, 32),
    GAS_GUZZLER(1, 19);

    private int min;
    private int max;

    FuelEfficiency(int min, int max) {
        this.min = min;
        this.max = max;
    }

    public int getMin() {
        return this.min;
    }

    public int getMax() {
        return this.max;
    }
}
```

有关如何使用该枚举的示例，请参见习题题目 3。

12.7　小结

Java 支持枚举，它是一种特殊的类，是 **java.lang.Enum** 的子类。使用枚举此使用 static final 字段更好，因为它更安全。可以在 switch 结构中使用枚举，也可以在增强的 **for** 循环中使用 **values** 方法迭代枚举值。

习题

1. 如何编写一个枚举？
2. 为什么枚举比 static final 字段更安全？
3. 编写一个抽象的 **Car** 类，它有两个字段：name（类型为 **String**）和 fuelEfficiency（类型为清单 12.6 中给出的 **FuelEfficiency**）。该类还包括计算给定距离（以英里为单位）的最小和最大耗油量的方法。接着定义 3 个子类：**EfficientCar**、**AcceptableCar** 和 **GasGuzzler**，每个子类的构造方法都接收一个 name 并设置 **FuelEfficiency** 字段。最后，编写一个测试类进行测试。

第 *13*章

处理日期和时间

Java 从 1.0 版开始，就用 **java.util.Date** 类表示日期和时间，但 **Date** 类的设计很糟糕，例如，月份从 1 开始，而天从 0 开始。在 JDK 1.1 中，它的很多方法都被舍弃了，同时 **java.util.Calendar** 被引入，以取代 **Date** 类中的某些功能。这两个类被认为不适合且不容易使用，这导致许多人求助于第三方替代类，如 Joda Time，但直到 JDK 1.7，这两个类还在用于处理日期和时间。幸运的是，JDK 1.8 中引入了一个新的日期和时间 API，解决了旧 API 中的许多问题。

本章主要介绍新的日期和时间 API。由于 **Date** 和 **Calendar** 在许多 Java 项目中已经用了几十年，因此也将讨论它们，以便对 JDK 1.8 之前的项目中的日期和时间进行处理。

13.1 概述

日期和时间 API 使处理日期和时间变得非常容易。核心 API 类包含在 java.time 包中，另外还有 4 个使用不多的包：**java.time.chrono**、**java.time.format**、**java.time.temporal** 和 **java.time.zone**。

在 **java.time** 包中，**Instant** 类表示时间线上的一个点，通常用于计算操作的时间。LocalDate 类对日期建模（不包含时间部分和时区），例如，它可以表示出生日期。

如果需要日期和时间，可使用 **LocalDateTime** 类。例如，订单发货日期可能需要一个时间和一个日期，以便更容易跟踪订单。如果只需要时间，而不关心日期，则可以使用 **LocalTime** 类。

此外，如果时区很重要，则可使用日期和时间 API 提供的 **ZonedDateTime** 类。顾名思义，该类对带有时区的日期时间建模，例如，可以使用这个类计算飞机在不同时区的两个机场之间的飞行时间。

另外，还有两个类 **Duration** 和 **Period** 可用于度量时间。这两个类相似，但 **Duration** 是基于时间，而 Period 是基于日期。**Duration** 的精度是纳秒的时间度量。例如，这个类可以很好地建模飞行时间，因为它通常以小时和分钟的数量给出。但若只关心天数、月份或年份时，例如要计算父亲的年龄时，使用 **Period** 更合适。

java.time 包还有两个枚举类型：**DayOfWeek** 和 **Month**。**DayOfWeek** 表示一周中（**MONDAY** 到 **SUNDAY**）的某一天；**Month** 枚举表示一年的 12 个月（从 **JANUARY** 到 **DECEMBER**）。

处理日期和时间常常涉及解析和格式化。日期和时间 API 通过在其所有主要类中提供 **parse** 和 **format** 方法来解决这两个问题。另外，**java.time.format** 还包含一个 **DateTime Formatter** 类，用于格式化日期和时间。

13.2　Instant 类

Instant 对象表示时间线上的一个瞬时点。参考点是标准 Java 纪元，即 1970-01-01t00:0000Z（格林尼治时间 1970 年 1 月 1 日 00:00）。**Instant** 类的 **EPOCH** 字段返回一个表示 Java 纪元的 **Instant**。纪元之后的 Instant 为正值，纪元之前的 Instant 为负值。

使用 **Instant** 的 **now** 静态方法会返回一个表示当前时刻的 **Instant** 对象：

```
Instant now = Instant.now();
```

实例方法 **getEpochSecond** 会返回自纪元以来经过的秒数，**getNano** 方法会返回自上一秒开始的纳秒数。

Instant 类的一个流行用法是为操作计时，如清单 13.1 所示。

清单 13.1　使用 Instant 为操作计时

```
package app13;
import java.time.Duration;
import java.time.Instant;

public class InstantDemo1 {
    public static void main(String[] args) {
        Instant start = Instant.now();
        // 执行某些操作
        Instant end = Instant.now();
        System.out.println(Duration.between(start, end).toMillis());
    }
}
```

如清单 13.1 所示，**Duration** 类用于返回两个 **Instant** 之间的差值。本章后面将介绍更多关于 **Duration** 的内容。

13.3　LocalDate

LocalDate 类用于为日期建模，它不带时间，也不包含时区。表 13-1 给出了 **LocalDate** 类中一些较重要的方法。

表 13-1　LocalDate 类中一些较重要的方法

方法	说明
now	返回今天的日期的静态方法
of	用指定的年份、月份和日期创建 **LocalDate** 对象的静态方法
getDayOfMonth、getMonthValue、getYear	以 **int** 数返回 **LocalDate** 的日、月或年
getMonth	将 **LocalDate** 的月份作为一个 **Month** 枚举常量返回
plusDays、minusDays	在 **LocalDate** 上加上或减去给定的天数
plusWeeks、minusWeeks	在 **LocalDate** 上加上或减去给定的星期数
plusMonths、minusMonths	在 **LocalDate** 上加上或减去给定的月数

续表

方法	说明
plusYears、minusYears	在 **LocalDate** 上加上或减去给定的年数
isLeapYear	返回 **LocalDate** 是否是闰年
isAfter、isBefore	检查此 **LocalDate** 是在给定日期之后，还是在给定日期之前
lengthOfMonth	返回此 **LocalDate** 中月的天数
withDayOfMonth	返回此 **LocalDate** 的副本，并将月日设置为给定值
withMonth	返回此 **LocalDate** 的副本，并将月设置为给定值
withYear	返回此 **LocalDate** 的副本，并将年设置为给定值

LocalDate 提供了创建日期的各种方法，例如，要创建表示今天日期的 **LocalDate**，可使用 **now** 静态方法：

```
LocalDate today = LocalDate.now();
```

要创建表示特定年、月和日的 **LocalDate**，使用 **of** 方法，这个方法也是静态的。例如，下面的代码将创建一个表示 2015 年 12 月 31 日的 **LocalDate**：

```
LocalDate endOfYear = LocalDate.of(2015, 12, 31);
```

还有一个覆盖的 **of** 方法，它接收 **java.time.Month** 枚举常量作为第二个参数。例如，下面是使用第二个覆盖方法创造相同日期的代码：

```
LocalDate endOfYear = LocalDate.of(2015, Month.DECEMBER, 31);
```

还有获取 **LocalDate** 的日期、月份或年份的方法，例如 **getDayOfMonth**、**getMonth**、**getMonthValue** 和 **getYear**。它们都不接收任何参数，返回的是一个 **int** 或一个 **Month** 枚举常量。此外，还有一个 **get** 方法，它接收一个 **TemporalField** 并返回这个 **LocalDate** 的一部分。例如，传递 **ChronoField.YEAR** 给 **get** 方法将返回 **LocalDate** 的 **YEAR** 部分：

```
int year = localDate.get(ChronoField.YEAR));
```

ChronoField 是一个枚举，它实现了 **TemporalField** 接口，因此可以传递一个 **ChronoField** 常量给 **get** 方法。**TemporalField** 和 **ChronoField** 都属于 **java.time.temporal** 包。但是，并不是所有 **ChronoField** 中的常量都可以传递给 **get** 方法，例如，如果将 **ChronoField.SECOND_OF_DAY** 传递给 **get** 方法将抛出异常。因此，与其使用 **get**，不如使用 **getMonth**、**getYear** 或类似的方法来获取 **LocalDate** 的构件。

此外，还有复制 **LocalDate** 的方法，比如 **plusDays**、**plusYears**、**minusMonths** 等。例如，要获取表示明天的 **LocalDate**，可以创建表示今天的 **LocalDate**，然后调用它的 **plusDays** 方法：

```
LocalDate tomorrow = LocalDate.now().plusDays(1);
```

要获取表示昨天的 **LocalDate**，可以使用 **minusDays** 方法：

```
LocalDate yesterday = LocalDate.now().minusDays(1);
```

此外，还有一些 **plus** 或 **minus** 方法可以使读者以更通用的方式获取 **LocalDate** 的副本。两者都接收整数和时间单位。这些方法的签名如下：

```
public LocalDate plus(long amountToAdd,
        java.time.temporal.TemporalUnit unit)
```

```
public LocalDate minus(long amountToSubtract,
        java.time.temporal.TemporalUnit unit)
```

例如，要获得一个 **LocalDate**，它表示从今天往前整整 20 年的一个过去的日期，可以使用下面的代码：

```
LocalDate pastDate = LocalDate.now().minus(2, ChronoUnit.DECADES);
```

由于 **ChronoUnit** 是一个实现 **TemporalUnit** 的枚举，因此可以将一个 **ChronoUnit** 常量传递给 **plus** 或 **minus** 方法。

LocalDate 是不可变的，因此不能对其进行修改。任何返回 **LocalDate** 的方法都会返回一个新的 **LocalDate** 实例。

清单 13.2 给出了 **LocalDate** 的一个示例：

清单 13.2　LocalDate 示例

```
package app13;
import java.time.LocalDate;
import java.time.temporal.ChronoField;
import java.time.temporal.ChronoUnit;

public class LocalDateDemo1 {
    public static void main(String[] args) {
        LocalDate today = LocalDate.now();
        LocalDate tomorrow = today.plusDays(1);
        LocalDate oneDecadeAgo = today.minus(1,ChronoUnit.DECADES);
        System.out.println("Day of month: "
                + today.getDayOfMonth());
        System.out.println("Today is " + today);
        System.out.println("Tomorrow is " + tomorrow);
        System.out.println("A decade ago was " + oneDecadeAgo);
        System.out.println("Year : " + today.get(ChronoField.YEAR));
        System.out.println("Day of year:" + today.getDayOfYear());
    }
}
```

13.4　Period

Period 类为基于日期的时间量建模，例如 5 天、1 周或 3 年。表 13-2 列出了一些比较重要的方法。

表 13-2　Period 类的一些比较重要的方法

方法	说明
between	在两个 **LocalDate** 之间创建一个 **Period**
ofDays、ofWeeks、ofMonths、ofYears	创建一个表示给定天数、周数、月数和年数的 **Period**
of	基于给定的年份、月份和天数创建一个 **Period**
getDays、getMonths、getYears	以 **int** 数返回该 **Period** 的天数、月数和年数

方法	说明
isNegative	如果这个 **Period** 的 3 个分量中有一个为负,则返回 **true**,否则返回 **false**
isZero	如果这个 **Period** 的所有 3 个分量都为零,则返回 **true**,否则返回 **false**
plusDays、minusDays	在这个 **Period** 上加或减去指定的天数
plusMonths、minusMonths	在这个 **Period** 上加或减去指定的月数
plusYears、minusYears	在这个 **Period** 上加或减去指定的年数
withDays	通过指定的天数返回 **Period** 的一个副本
withMonths	通过指定的月数返回 **Period** 的一个副本
withYears	通过指定的年数返回 **Period** 的一个副本

要创建一个 **Period** 很容易,用 **between**、**of**、**ofDays**、**ofWeeks** 和 **ofYears** 这些静态方法均可。例如,下面的代码可以创建表示两个星期的 **Period**:

```
Period twoWeeks = Period.ofWeeks(2);
```

要创建表示一年零两个月零三天的 **Period**,请使用 **of** 方法:

```
Period p = Period.of(1, 2, 3);
```

要获取一个 **Period** 的年、月或日分量值,请调用它的 **getYears**、**getMonths** 或 **getDays** 方法,例如下面的代码中的 **howManyDays** 变量的值为 14:

```
Period twoWeeks = Period.ofWeeks(2);
int howManyDays = twoWeeks.getDays();
```

最后,可以使用 **plusXXX**、**minusXXX** 方法或 **withXXX** 方法创建 **Period** 的副本。由于 **Period** 是不可变的,因此这些方法会返回一个新的 **Period** 实例。

作为示例,清单 13.3 中的代码显示了一个年龄计算器,用来计算一个人的年龄。它使用两个 **LocaDate** 创建一个 **Period**,并调用它的 **getDays**、**getMonths** 和 **getYears** 方法。

清单 13.3　使用 Period

```
package app13;
import java.time.LocalDate;
import java.time.Period;

public class PeriodDemo1 {
    public static void main(String[] args) {
        LocalDate dateA = LocalDate.of(1978, 8, 26);
        LocalDate dateB = LocalDate.of(1988, 9, 28);
        Period period = Period.between(dateA, dateB);
        System.out.printf("Between %s and %s"
                + " there are %d years, %d months"
                + " and %d days%n", dateA, dateB,
                period.getYears(),
                period.getMonths(),
                period.getDays());
    }
}
```

运行清单 13.3 中的 **PeriodDemo1** 类，将输出下面的字符串：

```
Between 1978-08-26 and 1988-09-28 there are 10 years, 1 months and 2 days
```

13.5 LocalDateTime

LocalDateTime 类为不带时区的日期-时间建模。表 13-3 显示了 **LocalDateTime** 类的一些较重要的方法，这些方法类似于 **LocalDate** 的方法，还有一些方法用于修改时间分量，如 **plusHours**、**plusMinutes** 和 **plusSeconds** 等，**LocalDate** 中没有这些方法。

表 13-3　LocalDateTime 类的一些较重要的方法

方法	说明
now	返回当前日期和时间的静态方法
of	用指定的年份、月份、日期、小时、分钟、秒和毫秒创建 **LocalDateTime** 的静态方法
getYear、getMonthValue、getDayOfMonth、getHour、getMinute、getSecond	以 **int** 数返回 **LocalDateTime** 的年、月、日、小时、分钟或秒
plusDays、minusDays	在当前 **LocalDateTime** 上添加或减去给定的天数
plusWeeks、minusWeeks	在当前 **LocalDateTime** 上添加或减去给定的周数
plusMonths、minusMonths	在当前 **LocalDateTime** 上添加或减去给定的月数
plusYears、minusYears	在当前 **LocalDateTime** 上添加或减去给定的年数
plusHours、minusHours	在当前 **LocalDateTime** 上添加或减去给定的小时数
plusMinutes、minusMinutes	在当前 **LocalDateTime** 上添加或减去给定的分钟数
plusSeconds、minusSeconds	在当前 **LocalDateTime** 上添加或减去给定的秒数
isAfter、isBefore	检查 **LocalDateTime** 是在给定日期时间之后还是之前
withDayOfMonth	将日期设置为给定的值，并返回 **LocalDateTime**
withMonth、withYear	将月份或年份设置为给定值，并返回 **LocalDateTime**
withHour、withMinute、withSecond	将小时、分钟和秒设置为给定的值，并返回 **LocalDateTime**

LocalDateTime 提供了各种创建日期和时间的静态方法。有 3 个重载的 **now** 方法可返回当前日期-时间。无参数的 **now** 方法最容易使用：

```
LocalDateTime now = LocalDateTime.now();
```

of 方法可用于创建包含特定日期和时间的 **LocalDateTime**。该方法有许多覆盖项，允许传递日期-时间单个分量或 **LocalDate**，以及 **LocalTime**。下面是一些方法的签名：

```
public static LocalDateTime of(int year, int month, int dayOfMonth, int hour,
    int minute)
public static LocalDateTime of(int year, int month, int dayOfMonth,int hour,
    int minute,int second)
public static LocalDateTime of(int year, Month month,int dayOfMonth, int hour,
    int minute)
public static LocalDateTime of(int year, Month month,int dayOfMonth, int hour,
    int minute,int second)
public static LocalDateTime of(LocalDate date, LocalTime time)
```

例如，下面的代码创建了一个 **LocalDateTime**，它表示 2015 年 12 月 31 日上午 8 点：

```
LocalDateTime endOfYear = LocalDateTime.of(2015, 12, 31, 8, 0);
```

plusXXX 或 **minusXXX** 方法可用于创建 **LocalDateTime** 的副本，例如，下面的代码创建了一个 **LocalDateTime**，表示明天的同一时间：

```
LocalDateTime now = LocalDateTime.now();
LocalDateTime sameTimeTomorrow = now.plusHours(24);
```

13.6　时区

互联网数字分配机构（Internet Assigned Numbers Authority，IANA）有一个时区数据库。Java 日期和时间 API 也适用于时区。抽象类 **ZoneId**（在 **java.time** 包中）表示时区标识符，它有一个名为 **getAvailableZoneIds** 的静态方法，使用该方法将返回所有时区标识符。清单 13.4 显示了如何使用此方法打印所有时区的排序列表。

清单 13.4　列出所有时区标识符

```
package app13;
import java.time.ZoneId;
import java.util.ArrayList;
import java.util.Collections;
import java.util.List;
import java.util.Set;

public class TimeZoneDemo1 {
    public static void main(String[] args) {
        Set<String> allZoneIds = ZoneId.getAvailableZoneIds();
        List<String> zoneList = new ArrayList<>(allZoneIds);

        Collections.sort(zoneList);
        for (String zoneId : zoneList) {
            System.out.println(zoneId);
        }
        // 或者，读者可以使用下面的代码
        // 打印出排序后的时区 id 的列表
        // ZoneId.getAvailableZoneIds().stream().sorted().
        //        forEach(System.out::println);
    }
}
```

getAvailableZoneIds 将返回字符串 **Set**，可以使用 **Collections.sort()** 或者调用 **stream** 方法对 **Set** 进行排序。可以编写下面这段代码来对时区标识符进行排序：

```
ZoneId.getAvailableZoneIds().stream().sorted().forEach(System.out::println);
```

在第 20 章中，我们将讨论什么是流。

getAvailableZoneIds 方法返回包含 586 个时区标识符的 **Set** 对象。下面是输出的一些时区标识符：

```
Africa/Cairo
Africa/Johannesburg
```

```
America/Chicago
America/Los_Angeles
America/Mexico_City
America/New_York
America/Toronto
Antarctica/South_Pole
Asia/Hong_Kong
Asia/Shanghai
Asia/Tokyo
Australia/Melbourne
Australia/Sydney
Canada/Atlantic
Europe/Amsterdam
Europe/London
Europe/Paris
US/Central
US/Eastern
US/Pacific
```

13.7 ZonedDateTime

ZonedDateTime 类用于对带时区的日期-时间建模，例如下面是带时区的日期-时间：

```
2018-10-31T10:59:59+01:00 Europe/Paris
```

ZonedDateTime 是不可变的，并且时间分量的存储精度为纳秒。表 13-4 列出了 **ZonedDateTime** 类较重要的方法。

表 13-4　ZonedDateTime 类较重要的方法

方法	说明
now	返回系统默认区域的当前日期和时间的静态方法
of	从指定的日期-时间和时区标识符创建 **ZonedDateTime** 的静态方法
getYear、getMonthValue、getDayOfMonth、getHour、getMinute、getSecond、getNano	以 **int** 数返回 **ZonedDateTime** 的年、月、日、时、分、秒或纳秒分量
plusDays、minusDays	在当前 **ZonedDateTime** 上添加或减去给定的天数
plusWeeks、minusWeeks	在当前 **ZonedDateTime** 上添加或减去给定的周数
plusMonths、minusMonths	在当前 **ZonedDateTime** 上添加或减去给定的月数
plusYears、minusYears	在当前 **ZonedDateTime** 上添加或减去给定的年数
plusHours、minusHours	在当前 **ZonedDateTime** 上添加或减去给定的小时数
plusMinutes、minusMinutes	在当前 **ZonedDateTime** 上添加或减去给定的分钟数
plusSeconds、minusSeconds	在当前 **ZonedDateTime** 上添加或减去给定的秒数
isAfter、isBefore	检查此 **ZonedDateTime** 是在给定的时区日期时间之后还是之前
getZone	返回此 **ZonedDateTime** 的时区 ID
withYear、withMonth、withDayOfMonth	返回此 **ZonedDateTime** 的副本，其中年、月、日设置为给定值
withHour、withMinute、withSecond	返回此 **ZonedDateTime** 的副本，其中时、分、秒设置为给定值
withNano	返回此 **ZonedDateTime** 的副本，并将其纳秒值设置为给定值

与 **LocalDateTime** 类似，**ZonedDateTime** 类提供了静态的 **now** 和 **of** 方法用于构造 **ZonedDate Time**。**now** 用于创建一个表示当前日期和时间的 **ZonedDateTime** 对象；无参数的 **now** 方法用于创建一个使用计算机默认时区的 **ZonedDateTime** 对象。

```
ZonedDateTime now = ZonedDateTime.now();
```

另一个重载的 **now** 方法可以传递一个区域标识符：

```
ZonedDateTime parisTime = ZonedDateTime.now(ZoneId.of("Europe/Paris"));
```

　　of 方法也有多个重载方法。在所有情况下，都需要传递时区标识符 **ZoneId**。第一个重载方法允许指定时区日期-时间的每个分量（从年到纳秒）。

```
public static ZonedDateTime of(int year, int month, int dayOfMonth
        int hour, int minute, int second, int nanosecond, ZoneId zone)
```

of 的第二个重载方法使用 **LocalDate**、**LocalTime** 和 **ZoneId** 作为参数：

```
public static ZonedDateTime of(LocalDate date, LocalTime time,
    ZoneId zone)
```

of 的最后一个重载方法使用 **LocalDateTime** 和 **ZoneId** 作为参数。

```
public static ZonedDateTime of(LocalDateTime datetime, ZoneId zone)
```

　　与 **LocalDate** 和 **LocalDateTime** 类似，**ZonedDateTime** 也提供了用于创建实例副本的 **plusXXX**、**minusXXX** 和 **withXXX** 方法。

　　例如，下面的代码用默认时区创建一个 **ZonedDateTime**，并调用其 **minusDays** 方法再创建 3 天前的 **ZonedDateTime**：

```
ZonedDateTime now = ZonedDateTime.now();
ZonedDateTime threeDaysEarlier = now.minusDays(3);
```

13.8　Duration

　　Duration 类用于为基于时间的持续时间建模。它类似于 **Period**，只是 **Duration** 有一个精确到纳秒的时间分量，并且考虑了 **ZonedDateTime** 之间的时区。表 13-5 显示了 **Duration** 类中比较重要的方法。

表 13-5　Duration 类中比较重要的方法

方法	说明
between	创建两个时态对象之间的 **Duration**，例如两个 **LocalDateTime** 或两个 **LocalZonedDateTime** 之间的 **Duration**
ofYears、ofMonths、ofWeeks、ofDays、ofHours、ofMinutes、ofSeconds、ofNano	创建表示给定年、月、周、天、小时、分钟、秒和纳秒数的 **Duration**
of	从给定数量的时间单位创建一个 **Duration**
toDays、toHours、toMinutes	以 **int** 数形式返回此 **Duration** 的天数、小时数或分钟数
isNegative	如果此 **Duration** 为负，则返回 **true**，否则返回 **false**
isZero	如果此 **Duration** 的长度是 0，则返回 **true**，否则返回 **false**
plusDays、minusDays	在此 **Duration** 上增加或减去给定的天数、分钟数

方法	说明
plusMonths、minusMonths	在此 **Duration** 上增加或减去给定的月数
plusYears、minusYears	在此 **Duration** 上增加或减去给定的年数
withSeconds	返回具有指定秒数的此 **Duration** 的一个副本

可以通过调用它的 **between** 或 **of** 静态方法来创建一个 **Duration**。清单 13.5 中的代码创建了两个 **LocalDateTime** 之间的 **Duration**(从 2019 年 1 月 26 日 8:10 到 2019 年 1 月 26 日 11:40)。

清单 13.5　创建两个 LocalDateTime 之间的 Duration

```
package app13;
import java.time.Duration;
import java.time.LocalDateTime;

public class DurationDemo1 {

    public static void main(String[] args) {
        LocalDateTime dateTimeA = LocalDateTime
                .of(2019, 1, 26, 8, 10, 0, 0);
        LocalDateTime dateTimeB = LocalDateTime
                .of(2019, 1, 26, 11, 40, 0, 0);
        Duration duration = Duration.between(
                dateTimeA, dateTimeB);
        System.out.printf("There are %d hours and %d minutes.%n",
                duration.toHours(),
                duration.toMinutes() % 60);
    }

}
```

运行 **DurationDemo1** 类的结果如下:

```
There are 3 hours and 30 minutes.
```

清单 13.6 中的代码创建了两个 **ZonedDateTime** 之间的 **Duration**,zdt1 和 zdt2 具有相同的日期-时间,但是时区不同。

清单 13.6　创建两个 ZonedDateTime 之间的 Duration

```
package app13;
import java.time.Duration;
import java.time.LocalDateTime;
import java.time.Month;
import java.time.ZoneId;
import java.time.ZonedDateTime;

public class DurationDemo2 {

    public static void main(String[] args) {
        ZonedDateTime zdt1 = ZonedDateTime.of(
                LocalDateTime.of(2019, Month.JANUARY, 1,
                        8, 0),
                ZoneId.of("America/Denver"));
```

```
        ZonedDateTime zdt2 = ZonedDateTime.of(
                LocalDateTime.of(2019, Month.JANUARY, 1,
                        8, 0),
                ZoneId.of("America/Toronto"));
        Duration duration = Duration.between(zdt1, zdt2);
        System.out.printf("There are %d hours and %d minutes.%n",
                duration.toHours(),
                duration.toMinutes() % 60);
    }
}
```

运行 **DurationDemo2** 类，在控制台上打印下面的结果：

```
There are -2 hours and 0 minutes.
```

这是预料之中的结果，因为“America/Denver”和“America/Toronto”的时区相差两个小时。

下面是一个更复杂的例子，清单 13.7 中的代码显示了一个汽车旅行时间计算器。它有一个 **calculateTravelTime** 方法，由于接收出发的 **ZonedDateTime** 时间和到达的 **ZonedDateTime** 时间，代码两次调用了 **calculateTravelTime** 方法。这两趟车都是早上 8 点（丹佛时间）从科罗拉多州丹佛市出发，在第二天早上 8 点（多伦多时间）到达多伦多。2014 年 3 月 8 日第一次出发，2014 年 3 月 18 日第二次出发。两种情况下的旅行时间分别是多少？

清单 13.7　旅行时间计算器

```
package app13;
import java.time.Duration;
import java.time.LocalDateTime;
import java.time.Month;
import java.time.ZoneId;
import java.time.ZonedDateTime;

public class TravelTimeCalculator {

    public Duration calculateTravelTime(
            ZonedDateTime departure, ZonedDateTime arrival) {
        return Duration.between(departure, arrival);
    }

    public static void main(String[] args) {
        TravelTimeCalculator calculator =
                new TravelTimeCalculator();
        ZonedDateTime departure1 = ZonedDateTime.of(
                LocalDateTime.of(2014, Month.MARCH, 8,
                        8, 0),
                ZoneId.of("America/Denver"));
        ZonedDateTime arrival1 = ZonedDateTime.of(
                LocalDateTime.of(2014, Month.MARCH, 9,
                        8, 0),
                ZoneId.of("America/Toronto"));
        Duration travelTime1 = calculator
                .calculateTravelTime(departure1, arrival1);
        System.out.println("Travel time 1: "
                + travelTime1.toHours() + " hours");

        ZonedDateTime departure2 = ZonedDateTime.of(
```

```
                    LocalDateTime.of(2014, Month.MARCH, 18,
                            8, 0),
                    ZoneId.of("America/Denver"));
            ZonedDateTime arrival2 = ZonedDateTime.of(
                    LocalDateTime.of(2014, Month.MARCH, 19,
                            8, 0),
                    ZoneId.of("America/Toronto"));
            Duration travelTime2 = calculator
                    .calculateTravelTime(departure2, arrival2);
            System.out.println("Travel time 2: "
                    + travelTime2.toHours() + " hours");
        }
    }
```

运行结果如下：

```
Travel time 1: 21 hours
Travel time 2: 22 hours
```

为什么会有这种差别呢？因为在 2014 年，夏令时开始于 3 月 9 日（周日）凌晨 2 点，所以在 2014 年 3 月 8 日到 2014 年 3 月 9 日之间"丢失"了一小时。

13.9　格式化日期-时间

用 **java.time.format.DateTimeFormatter** 格式化本地或带时区的日期-时间。**LocalDate**、**LocalDateTime**、**LocalTime** 和 **ZoneDateTime** 类都提供了一个 **format** 方法，方法的签名如下：

```
public java.lang.String format(java.time.format.DateTimeFormatter formatter)
```

显然，要格式化日期或时间，必须先创建一个 **DateTimeFormatter** 实例。清单 13.8 中的代码使用了两个格式化器来格式化当前日期。

清单 13.8　格式化日期

```
package app13;
import java.time.LocalDateTime;
import java.time.format.DateTimeFormatter;
import java.time.format.FormatStyle;

public class DateTimeFormatterDemo1 {
    public static void main(String[] args) {
        DateTimeFormatter formatter1 = DateTimeFormatter
                .ofLocalizedDateTime(FormatStyle.MEDIUM);
        LocalDateTime example = LocalDateTime.of(
                2000, 3, 19, 10, 56, 59);
        System.out.println("Format 1: " + example
                .format(formatter1));
        DateTimeFormatter formatter2 = DateTimeFormatter
                .ofPattern("MMMM dd, yyyy HH:mm:ss");
        System.out.println("Format 2: " +
                example.format(formatter2));
    }
}
```

结果如下（第一个结果取决于程序运行的时区）：

```
Format 1: 19-Mar-2000 10:56:59 AM
Format 2: March 19, 2000 10:56:59
```

13.10　解析日期-时间

在 Java 日期和时间 API 的许多类中都有两个 **parse** 方法：第一个方法需要格式化器，第二个方法不需要。不带格式化器的 **parse** 方法将基于默认模式解析日期-时间。要指定自己的模式，需要使用 **DateTimeFormatter**。如果传递的字符串不能被解析，**parse** 方法将抛出 **DateTimeParseException** 异常。清单 13.9 包含一个年龄计算器，用于演示日期解析。

清单 13.9　年龄计算器

```java
package app13;
import java.time.LocalDate;
import java.time.Period;
import java.time.format.DateTimeFormatter;
import java.time.format.DateTimeParseException;
import java.util.Scanner;

public class AgeCalculator {
    DateTimeFormatter formatter = DateTimeFormatter.ofPattern("yyyy-M-d");
    public Period calculateAge(LocalDate birthday) {
        LocalDate today = LocalDate.now();
        return Period.between(birthday, today);
    }

    public LocalDate getBirthday() {
        Scanner scanner = new Scanner(System.in);
        LocalDate birthday;
        while (true) {
            System.out.println("Please enter your birthday "
                    + "in yyyy-MM-dd format (e.g. 1980-9-28): ");
            String input = scanner.nextLine();
            try {
                birthday = LocalDate.parse(input, formatter);
                return birthday;
            } catch(DateTimeParseException e) {
                System.out.println("Error! Please try again");
            }
        }
    }

    public static void main(String[] args) {
        AgeCalculator ageCalculator = new AgeCalculator();
        LocalDate birthday = ageCalculator.getBirthday();
        Period age = ageCalculator.calculateAge(birthday);
        System.out.printf("Today you are %d years, %d months"
                + " and %d days old%n",
                age.getYears(), age.getMonths(), age.getDays());
    }
}
```

AgeCalculator 类有两个方法：**getBirthday** 和 **calculateAge**。**getBirthday** 方法使用 **Scanner** 读取用户输入，并使用 **DateTimeFormatter** 类的一个实例将输入解析为 **LocalDate**。**getBirthday** 方法一直在等待用户输入一个日期，直到用户以正确的格式输入一个日期，方法才返回。**calculateAge** 方法接收一个出生日期，并在出生日期和今天的日期之间创建一个 **Period** 实例。运行这个例子，将在控制台上看到如下输出：

```
Please enter your birthday in yyyy-MM-dd format (e.g. 1985-9-28):
```

如果输入的日期格式正确，程序将打印计算出来的年龄，如下所示：

```
Today you are 79 years, 0 months and 15 days old
```

13.11　旧的日期和时间 API

旧的日期和时间 API 以 **Date** 和 **Calendar** 类为中心，这里讨论它们，是因为它们在 Java 8 之前被广泛使用。读者可能仍然会在许多现有的项目中遇到它们。

13.11.1　java.util.Date 类

java.util.Date 类用于表示日期和时间。其中下面的两个构造方法可以放心使用（其他构造方法已废弃，不推荐使用）：

```
public Date()
public Date(long time)
```

无参数构造方法创建一个表示当前日期和时间的 **Date**。第二个构造方法创建一个 **Date**，该日期表示自 1970 年 1 月 1 日 00:00:00 GMT 以来的毫秒数。

Date 类提供了几个有用的方法，**after** 和 **before** 是其中的两个：

```
public boolean after(Date when)
public boolean before(Date when)
```

如果当前日期晚于 when 参数所表示的时间，**after** 方法返回 **true**；否则，返回 **false**。如果当前日期早于 when 参数指定的时间，则 **before** 方法返回 **true**；否则，返回 **false**。

Date 中的许多方法（如 **getDate**、**getMonth**、**getYear**）均已废弃，不应该再使用这些方法。相反，应该使用 **java.util.Calendar** 类中对应的方法。

13.11.2　java.util.Calendar 类

java.util.Date 类中有一些方法允许用日期分量（如日、月和年）构造一个 **Date** 对象。然而，不建议使用这些方法，而应该使用 **java.util.Calendar** 类来代替。

要获取 **Calendar** 对象，请使用下面两个静态 **getInstance** 方法之一，方法的签名如下：

```
public static Calendar getInstance()
public static Calendar getInstance(Locale locale)
```

第一个重载方法返回一个使用计算机语言环境的 **Calendar** 实例。**Calendar** 有很多作用，例如调用它的 **getTime** 方法来获取 **Date** 对象。签名如下：

```
public final Date getTime();
```

不用说，生成的 **Date** 对象包含最初传递来构造 **Calendar** 对象的分量。换句话说，如果构造一个表示 2000 年 5 月 7 日 00:00:00 的 **Calendar** 对象，则从其 **getTime** 方法获得的 **Date** 对象也将表示 2000 年 5 月 7 日 00:00:00。

要获取日期分量，例如小时、月份或年份，可以使用 **get** 方法。乍一看，它的签名并不能反映如何使用这种方法：

```
public int get(int field)
```

要使用它，需要将有效字段传递给 **get** 方法。有效字段是以下值之一：**Calendar.YEAR**、**Calendar.MONTH**、**Calendar.DATE**、**Calendar.HOUR**、**Calendar.MINUT**、**Calendar.SECOND** 和 **Calendar.MILLISECOND**。

get(Calendar.YEAR) 返回一个表示年份的 **int** 值。如果是 2010 年，就得到 2010。**get(Calendar.MONTH)** 返回月份的从 0 开始的索引，0 表示 1 月，11 表示 12 月。其他的如 **get(Calendar.DATE)**、**get(Calendar.HOUR)** 等方法，将返回一个表示日期/时间单位的数字。

最后值得一提的是，如果已经有一个 **Date** 对象，并且想要使用 **Calendar** 中的方法，可以使用 **setTime** 方法构造一个 **Calendar** 对象：

```
public void setTime(Date date)
```

下面举个例子：

```
// myDate 是一个 Date 对象
Calendar calendar = Calendar.getInstance();
calendar.setTime(myDate);
```

若要更改日期/时间分量，请调用其 **set** 方法：

```
public void set(int field, int value)
```

例如，要将 **Calendar** 对象的月份分量改为 **December**，请这样写：

```
calendar.set(Calendar.MONTH, Calendar.DECEMBER)
```

也可使用 **set** 方法的重载同时改变多个分量：

```
public void set(int year, int month, int date)
public void set(int year, int month, int date,
        int hour, int minute, int second)
```

13.11.3　用 DateFormat 进行解析和格式化

可用 **java.text.DateFormat** 和 **java.text.SimpleDateFormat** 类对 Java 旧的日期 API 进行解析和格式化。**DateFormat** 是一个抽象类，它有一个 **getInstance** 静态方法，通过它可以获得一个子类的实例。**SimpleDateFormat** 是 **DateFormat** 的一个具体实现，它比父类更容易使用。

1. DateFormat

DateFormat 支持样式和模式，有 4 种样式可用于格式化日期，每种样式都由一个 **int** 值表示，表示样式的 4 个 **int** 字段如下。

（1）**DateFormat.SHORT**，例如，12/2/18。

（2）**DateFormat.MEDIUM**，例如，Dec 2，2018。

（3）**DateFormat.LONG**，例如，December 2，2018。

（4）**DateFormat.FULL**，例如，Friday，December 2，2018。

创建一个 **DateFormat** 时，需要决定使用哪种样式进行解析或格式化。一旦创建了 **DateFormat** 的样式，就不能更改，但是可以用多个 **DateFormat** 实例支持不同的样式。

要获取 **DateFormat** 实例，使用下面的静态方法：

```
public static DateFormat getDateInstance(int style)
```

其中，style 是 **DateFormat.SHORT**、**DateFormat.MEDIUM**、**DateFormat.LONG** 或 **DateFormat.FULL** 之一。例如，下面的代码创建了一个具有 **MEDIUM** 样式的 **DateFormat** 实例：

```
DateFormat df = DateFormat.getDateInstance(DateFormat.MEDIUM)
```

要格式化一个 **Date** 对象，使用它的 **format** 方法：

```
public final java.lang.String format(java.util.Date date)
```

要解析一个日期的字符串表示形式，使用它的 **parse** 方法，下面是 parse 的签名：

```
public java.util.Date parse(java.lang.String date)
        throws ParseException
```

注意，必须根据 **DateFormat** 的样式组合字符串。清单 13.10 显示了一个解析和格式化日期的类。

清单 13.10　DateFormatDemo1 类

```
package app13.oldapi;
import java.text.DateFormat;
import java.text.ParseException;
import java.util.Date;
public class DateFormatDemo1 {
    public static void main(String[] args) {
        DateFormat shortDf =
                DateFormat.getDateInstance(DateFormat.SHORT);
        DateFormat mediumDf =
                DateFormat.getDateInstance(DateFormat.MEDIUM);
        DateFormat longDf =
                DateFormat.getDateInstance(DateFormat.LONG);
        DateFormat fullDf =
                DateFormat.getDateInstance(DateFormat.FULL);
        System.out.println(shortDf.format(new Date()));
        System.out.println(mediumDf.format(new Date()));
        System.out.println(longDf.format(new Date()));
        System.out.println(fullDf.format(new Date()));

        // 解析
        try {
            Date date = shortDf.parse("12/12/2019");
        } catch (ParseException e) {
        }
    }
}
```

使用 **DateFormat** 和 **SimpleDateFormat** 时需要注意的另一点是宽松性（leniency）。宽松性是指解析时是否遵循严格的规则。例如，如果 **DataFormat** 是宽松的，它将接收这个 **String**：

Jan 32, 2019，尽管实际上这样的日期并不存在。事实上，它可以自由地将日期改为 Feb 1, 2019。如果 **DateFormat** 不宽松，它不会接收不存在的日期。默认情况下，**DateFormat** 对象是宽松的。使用 **isLenient** 方法和 **setLenient** 方法可以检查和修改 **DateFormat** 格式的宽松性。

```
public boolean isLenient()
public void setLenient(boolean value)
```

2. SimpleDateFormat

SimpleDateFormat 的功能比 **DateFormat** 的更强大，因为可以使用自己的日期模式。例如，可以用 dd/mm/yyyy、mm/dd/yyyy、yyyy-mm-dd 等模式格式化和解析日期，所需要做的只是将模式传递给 **SimpleDateFormat** 构造方法。

在日期解析方面，选择使用 **SimpleDateFormat** 比 **DateFormat** 更好。**SimpleDateFormat** 的一个构造方法如下：

```
public SimpleDateFormat(java.lang.String pattern)
        throws java.lang.NullPointerException,
        java.lang.IllegalArgumentException
```

在 Java 文档中可以看到 **SimpleDateFormat** 类的有效模式的完整规则。较为常用的模式可以是 y（表示年份数字）、M（表示月份数字）和 d（表示日期数字）的组合。模式的例子有 dd/MM/yyyy、dd-MM-yyyy、MM/dd/yyyy 和 yyyy-MM-dd。

清单 13.11 显示了一个使用 **SimpleDateFormat** 进行解析和格式化的类。

清单 13.11　SimpleDateFormatDemo1 类

```
package app13.oldapi;
import java.text.ParseException;
import java.text.SimpleDateFormat;
import java.util.Date;
public class SimpleDateFormatDemo1 {

    public static void main(String[] args) {
        String pattern = "MM/dd/yyyy";
        SimpleDateFormat format = new SimpleDateFormat(pattern);
        try {
            Date date = format.parse("12/31/2019");
        } catch (ParseException e) {
            e.printStackTrace();
        }
        // 格式化
        System.out.println(format.format(new Date()));
    }
}
```

13.12　小结

Java 8 带来了一个新的日期-时间 API，以取代以 **java.util.Date** 类为中心的旧 API。在本章，学习了如何使用新的日期-时间 API 中的核心类，如 **Instant**、**LocalDate**、**LocalDateTime**、**ZonedDateTime**、**Period** 和 **Duration**，以及如何对日期-时间进行格式化和解析。

习题

1. 旧的日期–时间 API 中的两个核心类是什么？
2. 为什么旧的日期–时间 API 被淘汰了？
3. 新的日期–时间 API 有哪些包？
4. 核心包中的主要类包括哪些？
5. 创建 **LocalDate**、**LocalDateTime** 和 **ZonedDateTime** 的两种静态方法分别是什么？
6. **Period** 和 **Duration** 有什么不同？
7. 什么是为操作计时的最简单的方法？
8. 如何获得所有时区标识符的一个 **Set**？
9. 新的日期和时间 API 中的日期–时间格式化器类是什么？

第 *14* 章

集合框架

在编写面向对象的程序时，经常用到对象组。在第 6 章中，我们知道可以使用数组对类型相同的对象进行分组。遗憾的是，数组缺乏快速开发应用程序所需的灵活性。例如，数组不能改变大小。幸运的是，Java 提供了一个集合框架（collections framework），它包括一组接口和类，这些接口和类使处理对象组更容易。本章将讨论集合框架中最重要的类型，其中大多数都很容易使用，无须提供大量的示例。读者应更多地关注 14.9 节，因为这一节给出了一些精心设计的示例。对每个 Java 程序员来说，掌握如何使对象可比较和可排序是非常重要的。

> **关于泛型的说明**
>
> 在讨论集合框架时，不讲泛型（generic）是不完整的。如果不了解集合框架，也很难解释泛型。因此，有必要做一个折中：本章首先讨论集合框架，第 15 章再进一步对泛型做更详细的探讨。因为到目前为止还没有涉及泛型的知识，所以本章在讨论集合框架时，只好使用 Java 5 之前的 JDK 中类和方法的签名形式，而不是 Java 5 或更高版本中使用的泛型的签名形式。只要阅读了本章和第 15 章的内容，就会对集合框架和泛型有更新的理解。

14.1　集合框架概述

集合是集中存放其他对象的一个对象。集合也称为容器（container），它提供存储、检索和操作其元素的方法。集合可帮助 Java 程序员轻松管理对象。

Java 程序员应该熟悉集合框架中最重要的类型，它们都是 **java.util** 包的一部分。图 14.1 显示了这些类型之间的关系。

毋庸置疑，集合框架中的主要类型是 **Collection** 接口。**List**、**Set** 和 **Queue** 是 **Collection** 的 3 个子接口。此外，还有一个 **Map** 接口可用于存储键/值对。**Map** 的子接口 **SortedMap** 保证键按升序排列。**Map** 的其他实现还有 **AbstractMap** 及其具体实现 **HashMap**。其他接口包括 **Iterator** 和 **Comparator**，后者用于使对象可排序和可比较。

集合框架中的大多数接口都有实现类，有时一个实现还有两个版本：同步版本和非同步版本。例如，**java.util.Vector** 类和 ArrayList 类都是 **List** 接口的实现。**Vector** 和 **ArrayList** 都提供了类似的功能，但 Vector 是同步的，而 **ArrayList** 是非同步的。非同步版本应该优先于同步版本，因为前者更快。如果需要在多线程环境中使用非同步实现，仍然可以自己将它同步。

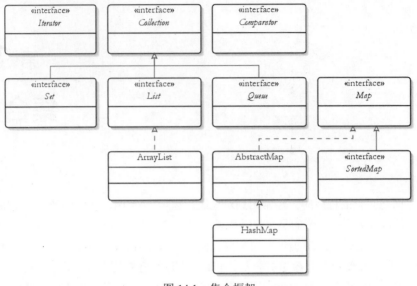

图 14.1　集合框架

14.2　Collection 接口

Collection 接口将对象集中存放在一起。数组不能改变大小且只能存放相同类型的对象，与数组不同，集合允许添加任何类型的对象，并且不强制指定初始大小。

Collection 提供了许多易于使用的方法。要添加元素，使用 **add** 方法；要添加另一个 **Collection** 的成员，使用 **addAll** 方法；要删除所有元素，使用 **clear**；要获取集合中的元素数量，使用 **size** 方法；要测试集合是否包含元素，使用 **isEmpty**；要将它的元素移动到数组中，使用 **toArray** 方法。

需要注意的重点是，**Collection** 扩展了 **Iterable** 接口，从该接口继承了 **iterator** 方法，此方法将返回一个 **Iterator** 对象，可以用该对象迭代集合的元素。请参阅 14.4 节的内容。

此外，我们还将学习如何使用 for 语句迭代集合的元素。

14.3　List 和 ArrayList

List 是 **Collection** 最常用的子接口，**ArrayList** 是 **List** 最常用的实现类。**List** 是有序元素的集合，也称为序列（sequence）。可以使用索引访问它的元素，也可以将元素插入到指定的位置。**List** 的索引 0 表示第一个元素，索引 1 表示第二个元素，依此类推。

从 **Collection** 那里继承的 **add** 方法将指定的元素追加到列表的末尾，下面是 **add** 方法的签名：

```
public boolean add(java.lang.Object element)
```

如果添加成功，此方法将返回 **true**；否则，返回 **false**。**List** 的某些实现（如 **ArrayList**）允许添加 null，而有些则不允许。**List** 还有另一个 **add** 方法，该方法的签名如下：

```
public void add(int index, java.lang.Object element)
```

使用这个 **add** 方法，可以在列表的指定位置插入元素。此外，可以分别用 **set** 和 **remove** 方法替换和删除元素：

```
public java.lang.Object set(int index, java.lang.Object element)
public java.lang.Object remove(int index)
```

set 方法将 index 指定位置的元素替换为 element，并返回对插入元素的引用。**remove** 方法删除指定位置的元素，并返回对已删除元素的引用。

要创建 **List**，通常要将 **ArrayList** 对象赋给一个 **List** 引用变量。

```
List myList = new ArrayList();
```

ArrayList 的无参数构造方法创建了一个 **ArrayList** 对象，列表的初始容量为 10 个元素。当添加的元素超过其容量时，列表的大小将自动增加。如果知道 **ArrayList** 中的元素数量将超过默认的容量，可以使用另一个构造方法：

```
public ArrayList(int initialCapacity)
```

这样得到的 **ArrayList** 操作会稍微快一些，因为不需要扩展这个实例的容量。

List 允许存储重复的元素，即可以存储引用同一对象的两个或多个引用。清单 14.1 演示了 **List** 及其一些方法的用法。

清单 14.1　使用 List

```
package app14;
import java.util.ArrayList;
import java.util.List;

public class ListDemo1 {
    public static void main(String[] args) {
        List myList = new ArrayList();
        String s1 = "Hello";
        String s2 = "Hello";
        myList.add(100);
        myList.add(s1);
        myList.add(s2);
        myList.add(s1);
        myList.add(1);
        myList.add(2, "World");
        myList.set(3, "Yes");
        myList.add(null);
        System.out.println("Size: " + myList.size());
        for (Object object : myList) {
            System.out.println(object);
        }
    }
}
```

运行该程序，控制台上将显示如下结果：

```
Size: 7
100
Hello
World
Yes
Hello
```

```
1
null
```

可以一次将数组或任意数量的元素添加到列表中，例如，下面的代码用 **List** 接口的 **of** 静态方法在一次调用中添加多个 **String**：

```
List members = List.of("Chuck", "Harry", "Larry", "Wang");
```

但是，**of** 方法返回的是一个固定大小的 **List**，这意味着不能向其中添加成员。

List 还提供了搜索集合 **indexOf** 和 **lastIndexOf** 的方法：

```
public int indexOf(java.lang.Object obj)
public int lastIndexOf(java.lang.Object obj)
```

indexOf 用 **equals** 方法从第一个元素开始将 obj 参数与其元素进行比较，并返回第一个匹配项的索引。**lastIndexOf** 执行相同的操作，但这个方法是从最后一个元素开始往前与其元素进行比较。如果没有找到匹配项，**indexOf** 和 **lastIndexOf** 都会返回−1。

注意 **List** 允许存储重复元素；相反，**Set** 则不允许。

------

java.util.Collections 类是一个辅助类或实用工具类，它提供了一些静态方法用于操作 **List** 和其他 **Collection**。例如，可以使用 **sort** 方法轻松地对 **List** 进行排序，如清单 14.2 所示。

清单 14.2 排序 List

```
package app14;
import java.util.Arrays;
import java.util.Collections;
import java.util.List;

public class ListDemo2 {
    public static void main(String[] args) {
        List numbers = Arrays.asList(9, 4, -9, 100);
        Collections.sort(numbers);
        for (Object i : numbers) {
            System.out.println(i);
        }
    }
}
```

运行 **ListDemo2** 类，控制台上将显示如下结果：

```
-9
4
9
100
```

14.4 用 Iterator 和 for 迭代集合

在处理集合时，迭代 **Collection** 是最常见的任务之一，有两种方法可以做到这一点：使用 **Iterator** 和使用 **for**。

　　回想一下，**Collection** 接口扩展了 **Iterable** 接口，它只有一个 **iterator** 方法，这个方法返回可用于在 **Collection** 上迭代的 **java.util.Iterator** 对象。**Iterator** 接口有以下方法。

　　（1）**hasNext**。**Iterator** 使用了一个内部指针，该指针最初指向第一个元素之前的位置。如果指针后面有更多元素，则 **hasNext** 返回 **true**。调用 **next** 将该指针移动到下一个元素。第一次对 **Iterator** 调用 **next** 会导致其指针指向第一个元素。

　　（2）**next**。该方法将内部指针移动到下一个元素并返回该元素。在返回最后一个元素后调用 **next** 将抛出 **java.util.NoSuchElementException** 异常。因此，在调用 **next** 之前，调用 **hasNext** 测试一下是否有下一个元素是最安全的。

　　（3）**remove**。该方法将删除内部指针指向的元素。

　　用 **Iterator** 对 **Collection** 进行迭代的一种常见的方法是使用 **while** 或 **for** 循环。假设 **myList** 是一个要迭代的 **ArrayList**，下面的代码用 **while** 语句迭代集合并打印集合的每个元素：

```
Iterator iterator = myList.iterator();
while (iterator.hasNext()) {
    String element = (String) iterator.next();
    System.out.println(element);
}
```

这与下面的代码等价：

```
for (Iterator iterator = myList.iterator(); iterator.hasNext(); ) {
    String element = (String) iterator.next();
    System.out.println(element);
}
```

使用增强 **for** 语句不需要调用 **iterator** 方法就可以遍历集合，语法如下：

```
for (Type identifier : expression) {
    statement(s)
}
```

　　其中，expression 必须是一个 **Iterable**。由于 **Collection** 扩展了 **Iterable**，因此可以用增强的 **for** 循环迭代任何 **Collection**，如下面的代码所示：

```
for (Object object : myList) {
    System.out.println(object);
}
```

　　用 **for** 循环对集合进行迭代是使用 **Iterator** 的快捷方式。实际上，编译器会把用于上述操作的代码翻译成以下代码：

```
for (Iterator iterator = myList.iterator(); iterator.hasNext(); ) {
    String element = (String) iterator.next();
    System.out.println(element);
}
```

14.5　Set 和 HashSet

　　Set 类似于数学中的集合。与 **List** 不同，**Set** 不允许包含重复元素，即 **Set** 中不能有两个元素，比如 **e1** 和 **e2**，且满足 **e1.equals(e2)**。如果试图添加重复元素，**Set** 的 **add** 方法将返回

false。例如，以下代码将输出"addition failed"（添加失败）：

```
Set set = new HashSet();
set.add("Hello");
if (set.add("Hello")) {
    System.out.println("addition successful");
} else {
    System.out.println("addition failed");
}
```

第一次调用 **add** 时，添加了字符串"Hello"。第二次调用失败，因为添加另一个"Hello"将导致 **Set** 中出现重复元素。

Set 的某些实现最多允许一个 null 元素，有些不允许有 null。例如，**Set** 最流行的实现 **HashSet** 最多允许一个 null 元素。注意，在使用 **HashSet** 时，不能保证元素的顺序一直不变。**HashSet** 应该是首选，因为它比 **Set** 的其他实现（如 **TreeSet** 和 **LinkedHashSet**）更快一些。

14.6　Queue 和 LinkedList

Queue 是 **Collection** 的扩展，添加到其中的元素支持先进先出（FIFO）的元素排序方法。FIFO 意味着先添加的元素将是第一个被检索出的元素。这与 **List** 不同，在 **List** 中，需要将索引传递给它的 **get** 方法来指定检索哪个元素。

Queue 添加了以下方法。

（1）**offer**。该方法像 **add** 方法一样插入一个元素。但是，如果添加元素有可能失败，则应该使用 **offer**。如果不能添加元素，方法将返回 **false**，且不会引发异常。而用 **add** 添加元素失败时会引发异常。

（2）**remove**。该方法删除并返回队头元素。如果 **Queue** 为空，此方法将抛出 **java.util.NoSuch ElementException** 异常。

（3）**poll**。该方法类似于 **remove** 方法，但是如果队列是空的，它将返回 null，且不会抛出异常。

（4）**element**。该方法返回但不删除队头元素。如果 **Queue** 为空，则抛出 **java.util.NoSuch ElementException** 异常。

（5）**peek**。该方法返回但不删除队头元素。但是，如果 **Queue** 为空，**peek** 将返回 null，而不是抛出异常。

当在 **Queue** 上调用 **add** 或 **offer** 方法时，元素总是添加在队列末尾。要获取元素，使用 **remove** 或 **poll** 方法，它们总是删除并返回队头元素。

例如，下面的代码将创建一个 **LinkedList**（**Queue** 的一个实现），以演示队列的 FIFO 特性：

```
Queue queue = new LinkedList();
queue.add("one");
queue.add("two");
queue.add("three");
System.out.println(queue.remove());
System.out.println(queue.remove());
System.out.println(queue.remove());
```

这段代码将输出如下结果：

```
one
two
three
```

这说明 **remove** 总是删除 **Queue** 头部的元素。换句话说，在删除"one"和"two"之前，不能删除"three"（添加到队列中的第三个元素）。

| 注意 | **java.util.Stack** 类是一个 **Collection**，其行为方式遵循后进先出（LIFO）原则。

14.7 集合转换

Collection 实现类通常都有一个接收 **Collection** 对象的构造方法，这使得能够将 **Collection** 转换为不同类型的集合。下面是一些实现类的构造方法：

```
public ArrayList(Collection c)
public HashSet(Collection c)
public LinkedList(Collection c)
```

例如，下面的代码将一个 **Queue** 转换为一个 **List**：

```
Queue queue = new LinkedList();
queue.add("Hello");
queue.add("World");
List list = new ArrayList(queue);
```

下面的代码将一个 **List** 转换成一个 **Set**：

```
List myList = new ArrayList();
myList.add("Hello");
myList.add("World");
myList.add("World");
Set set = new HashSet(myList);
```

myList 有 3 个元素，其中两个是重复的。由于 **Set** 不允许有重复元素，因此只接收其中一个重复元素，结果 **Set** 中只有两个元素。

14.8 Map 和 HashMap

Map 用于保存键/值对。**Map** 中的键不能重复，每个键最多映射到一个值。

要向 **Map** 添加键/值对，需要使用 **put** 方法，该方法的签名如下：

```
public void put(java.lang.Object key, java.lang.Object value)
```

注意，键和值都不能是基本类型。但是，下面这样将基本类型传递给键和值的代码是合法的，因为在调用 **put** 方法之前执行了装箱操作：

```
map.put(1, 3000);
```

另一种方法是用 **putAll** 并传递一个 **Map**：

```
public void putAll(Map map)
```

通过将键传递给 **remove** 方法来删除一个映射：

```
public void remove(java.lang.Object key)
```

要删除所有映射，需要使用 **clear** 方法。要找出映射元素的数量，使用 **size** 方法。此外，如果容量为 0，**isEmpty** 方法将返回 **true**。

要获取某个键的值，可以向 **get** 方法传递一个键：

```
public java.lang.Object get(java.lang.Object key)
```

除了目前讨论的方法，还有 3 个无参数方法。

（1）**keySet**，返回 **Map** 中包含所有键的 **Set**。

（2）**values**，返回 **Map** 中包含的所有值的 **Collection**。

（3）**entrySet**，返回一个包含 **Map.Entry** 对象的 **Set**。每个 **Entry** 对象表示一个键/值对。**Map.Entry** 接口提供返回键的 **getKey** 方法和返回值的 **getValue** 方法。

在 **java.util** 包中，有几个 **Map** 的实现。最常用的是 **HashMap** 和 **Hashtable**。**HashMap** 是非同步的，而 **Hashtable** 是同步的，因此 **HashMap** 是两者之间更快的一个。

下面的代码演示了 **Map** 和 **HashMap** 的用法：

```
Map map = new HashMap();
map.put("1", "one");
map.put("2", "two");

System.out.println(map.size());        // 输出 2
System.out.println(map.get("1"));      // 输出 "one"

Set keys = map.keySet();
// 输出所有键
for (Object object : keys) {
    System.out.println(object);
}
```

14.9　对象比较和排序

在现实生活中，当说"我的车和读者的车一样"时，意思是品牌一样、新旧程度一样、颜色一样，等等。

在 Java 中，使用引用变量来操作对象。请记住，引用变量不包含对象，它仅包含对象在内存中的地址。因此，当比较两个引用变量 **a** 和 **b** 时，下面的代码：

```
if (a == b)
```

实际上是在问 **a** 和 **b** 是否指向同一个对象，而不是在问 **a** 和 **b** 所指对象的内容是否相同。

再看看下面的例子：

```
Object a = new Object();
Object b = new Object();
```

a 引用的对象类型与 **b** 引用的对象类型相同。但是，因为 **a** 和 **b** 引用的是两个不同的实例，所

以 **a** 和 **b** 包含不同的内存地址，因此**(a == b)**将返回 **false**。

以这种方式比较对象引用几乎没什么用，因为大多数时候更关心对象内容，而不是对象的地址。要想比较对象内容，需要使用类提供的特殊方法，例如，要比较两个 **String** 对象，可以调用它的 **equals** 方法。是否可以比较两个对象取决于对象的类是否支持。类可以通过覆盖从 **java.lang.Object** 那里继承来的 **equals** 和 **hashCode** 方法来支持对象比较。

另外，还可以通过实现 **java.lang.Comparable** 和 **java.util.Comparator** 接口使对象具有可比性。在本节中，我们将学习如何使用这些接口。

14.9.1　使用 java.lang.Comparable

java.util.Arrays 类提供了 **sort** 静态方法用于对象数组的排序，该方法的签名如下：

```
public static void sort(java.lang.Object[] a)
```

由于所有 Java 类都是从 **java.lang.Object** 派生的，因此所有 Java 对象都是 **java.lang.Object** 的一个类型。这意味着可以将任何对象数组传递给 **sort** 方法。

与数组类似，**java.util.Collections** 类也提供了对 **List** 元素进行排序的 **sort** 方法。可是，**sort** 方法怎么知道如何对任意对象排序呢？对数字或字符串排序很容易，但是对 **Elephant** 对象数组怎么排序呢？首先，看一下清单 14.3 中的 **Elephant** 类：

清单 14.3　Elephant 类

```
public class Elephant {
    public float weight;
    public int age;
    public float tuskLength; // 单位：厘米
}
```

由于读者是 **Elephant** 类的创建者，因此可以决定如何对 **Elephant** 对象进行排序。假设读者想根据大象的体重和年龄来排序，如何将决定告诉 **Arrays.sort** 方法呢？**Arrays.sort** 已经在它自己和需要其排序的对象之间定义了一个契约，该契约采用 **java.lang.Comparable** 接口的形式，如清单 14.4 所示。

清单 14.4　java.lang.Comparable 方法

```
package java.lang;
public interface Comparable {
    public int compareTo(Object obj);
}
```

任何需要使用 **Arrays.sort** 排序的类都必须实现 **Comparable** 接口。在清单 14.4 中，**compareTo** 方法中的参数 obj 是与当前对象进行比较的对象。如果当前对象大于参数对象，实现类中此方法的代码，则返回一个正数；如果两者相等，则返回 0；如果当前对象小于参数对象，则返回一个负数。清单 14.5 给出了修改过的 **Elephant** 类，它实现了 **Comparable** 接口。

清单 14.5　实现 Comparable 接口的 Elephant 类

```
package app14;
public class Elephant implements Comparable {
    public float weight;
```

```
    public int age;
    public float tuskLength;
    public int compareTo(Object obj) {
        Elephant anotherElephant = (Elephant) obj;
        if (this.weight > anotherElephant.weight) {
            return 1;
        } else if (this.weight < anotherElephant.weight) {
            return -1;
        } else {
            // 现在，两头大象的体重相等
            // 比较它们的年龄
            return (this.age - anotherElephant.age);
        }
    }
}
```

既然 **Elephant** 实现了 **Comparable** 接口，那么就可以用 **Arrays**.sort 或者 **Collections**.sort 对 **Elephant** 对象数组或 **List** 排序。**sort** 方法将每个 **Elephant** 对象视为一个 **Comparable** 对象（因 为 **Elephant** 实现了 **Comparable**，所以 **Elephant** 对象被认为是一个 **Comparable** 类型），并在对 象上调用 **compareTo** 方法。**sort** 方法会反复这样做，直到数组中的大象对象按照它们的体重和 年龄正确地排好序为止。清单 14.6 给出了一个类，用于测试 **Elephant** 对象上的 **sort** 方法。

清单 14.6 对大象进行排序

```
package app14;
import java.util.Arrays;

public class ElephantTest {
    public static void main(String[] args) {
        Elephant elephant1 = new Elephant();
        elephant1.weight = 100.12F;
        elephant1.age = 20;
        Elephant elephant2 = new Elephant();
        elephant2.weight = 120.12F;
        elephant2.age = 20;
        Elephant elephant3 = new Elephant();
        elephant3.weight = 100.12F;
        elephant3.age = 25;

        Elephant[] elephants = new Elephant[3];
        elephants[0] = elephant1;
        elephants[1] = elephant2;
        elephants[2] = elephant3;

        System.out.println("Before sorting");
        for (Elephant elephant : elephants) {
            System.out.println(elephant.weight + ":" +
                    elephant.age);
        }
        Arrays.sort(elephants);
        System.out.println("After sorting");
        for (Elephant elephant : elephants) {
            System.out.println(elephant.weight + ":" +
```

```
                    elephant.age);
            }
        }
    }
```

如果运行 **ElephantTest** 类，控制台上将显示下面的结果：

```
Before sorting
100.12:20
120.12:20
100.12:25
After sorting
100.12:20
100.12:25
120.12:20
```

java.lang.String、**java.util.Date** 以及基本包装类都实现了 **java.lang.Comparable** 接口，这说明了它们都可以被排序的原因。

14.9.2　使用 Comparator

实现 **java.lang.Comparable** 使读者能够定义一种对类实例进行比较的方法，但对象有时需要通过多种方式进行比较。例如，两个 **Person** 对象可能需要按年龄或姓名进行比较。在这种情况下，就需要创建一个 **Comparator**，用它来定义两个对象应如何比较。要使对象可以通过两种方式进行比较，需要两个比较器。使用 **Comparator**，可以比较对象，即使它们的类没有实现 **Comparable** 接口。

要创建比较器，需要编写类实现 **Comparator** 接口，然后实现其 **compare** 方法，该方法的签名如下：

```
public int compare(java.lang.Object o1, java.lang.Object o2)
```

如果 o1 和 o2 相等，**compare** 返回 0；如果 o1 小于 o2，**compare** 返回一个负整数；如果 o1 大于 o2，**compare** 返回一个正整数。作为示例，清单 14.7 中的 **Person** 类实现了 **Comparable**，清单 14.8 和清单 14.9 给出了 **Person** 对象的两个比较器（按姓和按名字进行比较），清单 14.10 提供了实例化 **Person** 类和两个比较器的类。

清单 14.7　实现 Comparable 的 Person 类

```
package app14;

public class Person implements Comparable {
    private String firstName;
    private String lastName;
    private int age;
    public String getFirstName() {
        return firstName;
    }
    public void setFirstName(String firstName) {
        this.firstName = firstName;
    }
    public String getLastName() {
```

```
        return lastName;
    }
    public void setLastName(String lastName) {
        this.lastName = lastName;
    }
    public int getAge() {
        return age;
    }
    public void setAge(int age) {
        this.age = age;
    }
    public int compareTo(Object anotherPerson)
            throws ClassCastException {
        if (!(anotherPerson instanceof Person)) {
            throw new ClassCastException(
                    "A Person object expected.");
        }
        int anotherPersonAge = ((Person) anotherPerson).getAge();
        return this.age - anotherPersonAge;
    }
}
```

清单 14.8　LastNameComparator 类

```
package app14;
import java.util.Comparator;

public class LastNameComparator implements Comparator {
    public int compare(Object person, Object anotherPerson) {
        String lastName1 = ((Person)
                person).getLastName().toUpperCase();
        String firstName1 =
                ((Person) person).getFirstName().toUpperCase();
        String lastName2 = ((Person)
                anotherPerson).getLastName().toUpperCase();
        String firstName2 = ((Person) anotherPerson).getFirstName()
                .toUpperCase();
        if (lastName1.equals(lastName2)) {
            return firstName1.compareTo(firstName2);
        } else {
            return lastName1.compareTo(lastName2);
        }
    }
}
```

清单 14.9　FirstNameComparator 类

```
package app14;
import java.util.Comparator;

public class FirstNameComparator implements Comparator {
    public int compare(Object person, Object anotherPerson) {
        String lastName1 = ((Person)
```

```
                    person).getLastName().toUpperCase();
        String firstName1 = ((Person)
                    person).getFirstName().toUpperCase();
        String lastName2 = ((Person)
                    anotherPerson).getLastName().toUpperCase();
        String firstName2 = ((Person) anotherPerson).getFirstName()
                    .toUpperCase();
        if (firstName1.equals(firstName2)) {
            return lastName1.compareTo(lastName2);
        } else {
            return firstName1.compareTo(firstName2);
        }
    }
}
```

清单 14.10 PersonTest 类

```
package app14;
import java.util.Arrays;

public class PersonTest {
    public static void main(String[] args) {
        Person[] persons = new Person[4];
        persons[0] = new Person();
        persons[0].setFirstName("Elvis");
        persons[0].setLastName("Goodyear");
        persons[0].setAge(56);

        persons[1] = new Person();
        persons[1].setFirstName("Stanley");
        persons[1].setLastName("Clark");
        persons[1].setAge(8);

        persons[2] = new Person();
        persons[2].setFirstName("Jane");
        persons[2].setLastName("Graff");
        persons[2].setAge(16);

        persons[3] = new Person();
        persons[3].setFirstName("Nancy");
        persons[3].setLastName("Goodyear");
        persons[3].setAge(69);

        System.out.println("Natural Order");
        for (int i = 0; i < 4; i++) {
            Person person = persons[i];
            String lastName = person.getLastName();
            String firstName = person.getFirstName();
            int age = person.getAge();
            System.out.println(lastName + ", " + firstName +
                    ". Age:" + age);
        }

        Arrays.sort(persons, new LastNameComparator());
        System.out.println();
        System.out.println("Sorted by last name");
```

```
        for (int i = 0; i < 4; i++) {
            Person person = persons[i];
            String lastName = person.getLastName();
            String firstName = person.getFirstName();
            int age = person.getAge();
            System.out.println(lastName + ", " + firstName +
                    ". Age:" + age);
        }

        Arrays.sort(persons, new FirstNameComparator());
        System.out.println();
        System.out.println("Sorted by first name");
        for (int i = 0; i < 4; i++) {
            Person person = persons[i];
            String lastName = person.getLastName();
            String firstName = person.getFirstName();
            int age = person.getAge();
            System.out.println(lastName + ", " + firstName +
                    ". Age:" + age);
        }

        Arrays.sort(persons);
        System.out.println();
        System.out.println("Sorted by age");
        for (int i = 0; i < 4; i++) {
            Person person = persons[i];
            String lastName = person.getLastName();
            String firstName = person.getFirstName();
            int age = person.getAge();
            System.out.println(lastName + ", " + firstName +
                    ". Age:" + age);
        }
    }
}
```

运行 **PersonTest** 类，将得到以下结果：

```
Natural Order
Goodyear, Elvis. Age:56
Clark, Stanley. Age:8
Graff, Jane. Age:16
Goodyear, Nancy. Age:69

Sorted by last name
Clark, Stanley. Age:8
Goodyear, Elvis. Age:56
Goodyear, Nancy. Age:69
Graff, Jane. Age:16

Sorted by first name
Goodyear, Elvis. Age:56
Graff, Jane. Age:16
Goodyear, Nancy. Age:69
Clark, Stanley. Age:8

Sorted by age
```

```
Clark, Stanley. Age:8
Graff, Jane. Age:16
Goodyear, Elvis. Age:56
Goodyear, Nancy. Age:69
```

14.10　小结

本章学习了如何使用集合框架中的核心类型，主要类型有 **java.util.Collection** 接口，它有 3 个直接子接口 **List**、**Set** 和 **Queue**，每个子类型又都有几个实现，有同步的实现，也有非同步的实现，后者通常更好一些，因为它们的执行速度更快。

还有一个 **Map** 接口，它用于存储键/值对。**Map** 的两个主要实现是 **HashMap** 和 **Hashtable**。**HashMap** 比 **Hashtable** 速度快，因为前者是非同步的，而后者是同步的。

最后，我们学习了 **java.lang.Comparable** 和 **java.util.Comparator** 接口。两者都很重要，因为它们可以使对象能够比较且能够排序。

习题

1. 请列举出集合框架中的至少 7 种类型。
2. **ArrayList** 与 **Vector** 的区别是什么？
3. 为什么 **Comparator** 比 **Comparable** 更强大？
4. 编写一个方法将 **String** 数组转换为可调整大小的 **List**。

第 *15* 章

泛型

使用泛型，可以编写一个参数化类型，并通过传递一个或多个引用类型来创建该类型的实例。之后，这些对象将仅被限于使用这些类型。例如，**java.util.List** 接口就是泛型。如果通过传递 **java.lang.String** 创建一个 **List**，将会得到一个只接收 **String** 的 **List**。除了参数化类型，泛型还支持参数化方法。

泛型的第一个好处是在编译时执行更严格的类型检查，这在集合框架中最为明显。此外，泛型还可以避免在使用集合框架时必须执行的大多数类型转换。

本章教读者如何使用和编写泛型类型。首先，我们会介绍 JDK 的早期版本中缺少什么；其次，我们将给出一些泛型类型的例子；在对语法进行讨论之后，我们将在 15.7 节讲解如何编写泛型类型。

15.1 没有泛型的时代

所有 Java 类都派生自 **java.lang.Object**，这表明所有 Java 对象都可以转换为 **Object**。因此，在 JDK 5 之前的版本中，集合框架中的许多方法都接收 **Object** 参数。这样，集合就变成了通用的实用工具类，可以保存任何类型的对象，这造成了令人不快的后果。

例如，在 JDK 5 之前版本中，**List** 的 **add** 方法接收的是一个 **Object** 参数：

```
public boolean add(java.lang.Object element)
```

因此，可以将任何类型的对象传递给 **add** 方法。使用 **Object** 是经过精心设计的，否则，它只能处理特定类型的对象，那样会产生各种不同的 **List** 类型，如 **StringList**、**EmployeeList**、**AddressList** 等。

在 **add** 方法中使用 **Object** 是很好的，但是考虑一下 **get** 方法，该方法会返回 **List** 实例中的一个元素，下面 **get** 该方法在 Java 5 之前的签名：

```
public java.lang.Object get(int index)
        throws IndexOutOfBoundsException
```

get 方法返回的是一个 **Object**。下面就开始出现令人不快的事情了。假设在一个 **List** 中存储了两个 **String** 对象：

```
List stringList1 = new ArrayList();
stringList1.add("Java 5 and later");
stringList1.add("with generics");
```

如果从 **stringList1** 中检索元素，将得到一个 **java.lang.Object** 实例。为了处理元素的原始类型，必须先将其向下转换，使其成为 **String** 类型：

```
String s1 = (String) stringList1.get(0);
```

有了泛型类型，从 **List** 中检索对象时就不需要进行类型转换了。泛型的好处还有很多，例如使用泛型 **List** 接口可以创建专门的 **List**（如只接收 **String** 的 **List** 对象）。

15.2 泛型类型

泛型类型可以接收类型参数，这就是泛型类型通常称为参数化类型（parameterized type）的原因。声明泛型类型与声明非泛型类型类似，只需使用尖括号将泛型类型的类型变量列表括起来即可：

```
MyType <typeVar1、typeVar2…>
```

例如，要声明一个 **java.util.List** 变量，需要这样写：

```
List <E> myList;
```

其中，E 是一个类型变量，也就是即将被类型替换的变量。之后，替换类型变量的值将用作泛型类型中方法的参数或返回类型。对 **List** 接口而言，当创建实例时，E 将用作 **add** 和其他方法的参数类型。E 还将用作 **get** 方法和其他方法的返回类型。下面是 **add** 和 **get** 方法的签名：

```
public boolean add<E o>
public E get(int index)
```

注意　使用类型变量 E 的泛型类型允许在声明或实例化泛型类型时传递 E。此外，如果 E 是一个类，还可以传递 E 的子类；如果 E 是一个接口，还可以传递一个实现 E 的类。

如果要给 **List** 传递一个 **String**，可作如下声明：

```
List<String> myList;
```

由 **myList** 引用的 **List** 实例的 **add** 方法希望有一个 **String** 作为它的参数，且它的 **get** 方法将返回一个 **String**。因为 **get** 将返回指定类型的对象，所以不需要向下强制类型转换。

注意　按照惯例，类型变量名使用单个大写字母表示。

要实例化泛型类型，需要传递与声明泛型类型时相同的参数列表，例如，要创建一个使用 **String** 的 **ArrayList**，需要在尖括号中传递一个 **String** 参数：

```
List<String> myList = new ArrayList<String>();
```

Java 7 还允许使用菱形（diamond）语法，在许多情况下，在构造方法中省略泛型类的类型参数。因此，上面的语句在 Java 7 或更高的版本中可以写成如下更简洁的形式：

```
List<String> myList = new ArrayList<>();
```

在这种情况下，编译器会推测 **ArrayList** 的参数类型。

再举一个例子，**java.util.Map** 定义成：

```
public interface Map<K, V>
```

其中，K 表示 Map 键的类型，V 表示 Map 值的类型。它的 **put** 和 **values** 方法有以下签名：

```
V put(K key, V value)
Collection<V> values()
```

注意 泛型类型不能是 **java.lang.Throwable** 的直接或间接子类。因为异常是在运行时抛出的，所以无法检查在编译时可能抛出的异常类型。

作为一个例子，清单 15.1 对使用了泛型和没有使用泛型的 **List** 进行了比较。

清单 15.1　使用泛型 List

```
package app15;
import java.util.List;
import java.util.ArrayList;

public class GenericListDemo1 {
    public static void main(String[] args) {
        // 没有使用泛型
        List stringList1 = new ArrayList();
        stringList1.add("Java");
        stringList1.add("without generics");
        // 转换成 java.lang.String
        String s1 = (String) stringList1.get(0);
        System.out.println(s1.toUpperCase());

        // 使用泛型和菱形运算符
        List<String> stringList2 = new ArrayList<>();
        stringList2.add("Java");
        stringList2.add("with generics");
        // 不需要类型转换
        String s2 = stringList2.get(0);
        System.out.println(s2.toUpperCase());
    }
}
```

在清单 15.1 中，**stringList2** 是一个泛型 **List**。声明 **List<String>** 告诉编译器这个 **List** 实例只能存储 **String**。当检索 **List** 的元素时，不需要向下强制类型转换，因为它的 **get** 方法会返回预期的类型，即 **String**。

注意 使用泛型类型时，类型检查是在编译时进行的。

这里值得关注的是，泛型类型本身也是一种类型，并且可以用作类型变量。例如，如果希望 **List** 存储 **String** 列表，可以在声明 **List** 时传递 **List<String>** 作为类型参数，如下所示：

```
List<List<String>> myListOfListsOfStrings;
```

要从 **myListOfListsOfStrings** 的第一个列表中检索出第一个字符串，可以这样写：

```
String s = myListOfListsOfStrings.get(0).get(0);
```

清单 15.2 给出了一个类，它使用一个 **List** 来存储一个包含 **String** 的 **List** 对象。

清单 15.2　使用 List 的 List

```
package app15;
import java.util.ArrayList;
```

```
import java.util.List;
public class ListOfListsDemo1 {
    public static void main(String[] args) {
        List<String> listOfStrings = new ArrayList<>();
        listOfStrings.add("Hello again");
        List<List<String>> listOfLists =  new ArrayList<>();
        listOfLists.add(listOfStrings);
        String s = listOfLists.get(0).get(0);
        System.out.println(s);    // 输出"Hello again"
    }
}
```

另外，泛型类型可以接收多个类型变量。例如，**java.util.Map** 接口有两个类型变量，第一个变量定义键的类型，第二个变量定义值的类型。清单 15.3 给出了一个使用泛型 **Map** 的例子。

清单 15.3　使用泛型 Map

```
package app15;
import java.util.HashMap;
import java.util.Map;
public class MapDemo1 {
    public static void main(String[] args) {
        Map<String, String> map = new HashMap<>();
        map.put("key1", "value1");
        map.put("key2", "value2");
        String value1 = map.get("key1");
    }
}
```

在清单 15.3 中，如果要检索 **key1** 表示的值，不需要进行类型转换。

15.3　使用没有类型参数的泛型类型

虽然 Java 的集合类型已经成为泛型，但是遗留代码该怎么办呢？幸运的是，它们仍然可以在 Java 5 或更高的版本中使用，因为可以使用不带类型参数的泛型类型，例如，仍然可以通过原来的方式使用 **List**，如清单 15.1 中那样：

```
List stringList1 = new ArrayList();
stringList1.add("Java");
stringList1.add("without generics");
String s1 = (String) stringList1.get(0);
```

这里不带类型参数的泛型类型称为原始类型（raw type）。这意味着为 JDK 1.4 和早期版本编写的代码在 Java 5 或更高的版本中仍然有效。

但是，需要注意的是，从 Java 5 开始，Java 编译器希望读者使用带参数的泛型类型。否则，编译器会发出警告，认为读者可能忘记用泛型类型定义类型变量。例如，编译清单 15.1 中的代码会给出以下警告，因为第一个 **List** 用作原始类型了：

```
Note: app15/GenericListDemo1.java uses unchecked or unsafe operations.
Note: Recompile with -Xlint:unchecked for details.
```

在处理原始类型时，可以使用以下选项来消除警告。

（1）用 **-source 1.4** 选项进行编译。

（2）使用 **@SuppressWarnings("unchecked")** 注解（详见第 17 章）。

（3）升级代码，改用 **List<Object>**。**List<Object>** 的实例可以接收任何类型的对象，其行为类似于原始类型 **List**，但是编译器不会发出警告。

注意　使用原始类型是为了向后兼容。新开发的程序应该避免使用它们。Java 未来的版本可能不允许使用原始类型。

15.4　使用"？"通配符

前面提到，如果声明一个 **List<aType>**，那么 **List** 将使用 aType 的实例，并且可以保存以下任意一种类型的对象。

（1）aType 类型的一个实例。

（2）aType 的子类的一个实例，如果 aType 是一个类。

（3）实现 aType 的类的一个实例，如果 aType 是一个接口。

但是，要注意泛型类型本身也是 Java 类型，就像 **java.lang.String** 或 **java.io.File** 一样。将不同的类型变量传递给泛型类型会产生不同的类型，例如，下面的 **list1** 和 **list2** 引用了不同类型的对象：

```
List<Object> list1 = new ArrayList<>();
List<String> list2 = new ArrayList<>();
```

list1 是引用 **java.lang.Object** 实例的一个 **List**，**list2** 是引用 **String** 对象的一个 **List**。尽管 **String** 是 **Object** 的子类，但 **List<String>** 与 **List<Object>** 并没有任何关系。因此，把 **List<String>** 传递给希望得到 **List<Object>** 参数的方法会引发编译错误，清单 15.4 说明了这一点。

清单 15.4　AllowedTypeDemo1 类

```
package app15;
import java.util.ArrayList;
import java.util.List;

public class AllowedTypeDemo1 {
    public static void doIt(List<Object> l) {
    }
    public static void main(String[] args) {
        List<String> myList = new ArrayList<>();
        // 下面的代码将产生编译错误
        doIt(myList);
    }
}
```

清单 15.4 无法编译，因为给 **doIt** 方法传递了错误的类型。**doIt** 期望 **List<Object>** 类型的参数，而传递的是 **List<String>** 类型的实例。解决这个问题的办法是使用通配符 "？"。可以用 **List<?>** 表示任意类型的 **List** 对象。因此，将 **doIt** 方法改为：

```
public static void doIt(List<?> l) {
}
```

在某些情况下，需要使用通配符，例如，如果有一个 **printList** 方法打印 **List** 成员，读者可能希望它接收任何类型的 **List**；否则，就只好编写许多 **printList** 重载方法。通配符 "**?**" 的用法如清单 15.5 所示。

清单 15.5　使用 "？" 通配符

```
package app15;
import java.util.ArrayList;
import java.util.List;

public class WildCardDemo1 {
    public static void printList(List<?> list) {
        for (Object element : list) {
            System.out.println(element);
        }
    }
    public static void main(String[] args) {
        List<String> list1 = new ArrayList<>();
        list1.add("Hello");
        list1.add("World");
        printList(list1);

        List<Integer> list2 = new ArrayList<>();
        list2.add(100);
        list2.add(200);
        printList(list2);
    }
}
```

清单 15.4 中的代码说明 **printList** 方法中的 **List<?>** 表示可接收任何类型的 **List**。但请注意，在声明或创建泛型类型时使用通配符是非法的，就像下面这样：

```
List<?> myList = new ArrayList<?>(); // 这是非法的
```

如果想创建一个可以接收任何类型的对象的 **List**，可将 **Object** 作为类型变量，如下面的代码所示：

```
List<Object> myList = new ArrayList<>();
```

15.5　在方法中使用有界通配符

在 15.4 节中，我们已经知道将不同类型变量传递给泛型类型会产生不同的 Java 类型。在许多情况下，可能需要一个能接收不同类型的 **List** 的方法。例如，对于一个返回 **List** 数字的平均值 **getAverage** 的方法，可能也希望该方法能够处理整数 **List**、浮点数 **List** 或其他数字类型的 **List**。但是，如果将 **List<Number>** 作为传给 **getAverage** 的参数，则无法传递 **List<Integer>** 实例或 **List<Double>** 实例，因为 **List<Number>** 与 **List<Integer>** 或 **List<Double>** 属于不同的类型。可以将 **List** 作为原始类型，也可以使用通配符，但这样做会使得无法在编译时进行类型安全性检查，因为这意味着可以传递任何类型的 **List**，比如 **List<String>** 的一个实例。也可以使用 **List<Number>**，但是必须始终将 **List<Number>** 传递给方法。这将使方法变得不那么有用，因为可能经常使用 **List<Integer>** 或 **List<Double>**，而很少使用 **List<Number>**。

有另一个规则可以避免上述限制，即允许定义类型变量的上界（upper bound）。通过这种方式, 就可以传递一个类型或它的子类型。对于 **getAverage** 方法, 就可能传递一个 **List<Number>** 或 **Number** 子类的 **List** 实例, 例如 **List<Integer>** 或 **List<Float>**。使用上界的语法如下:

    GenericType<? extends *upperBoundType*>

例如, 对于 **getAverage** 方法, 可以这样定义:

    List<? extends Number>

清单 15.6 演示了这种界限的用法。

清单 15.6　使用一个有界通配符

```
package app15;
import java.util.ArrayList;
import java.util.List;
public class BoundedWildcardDemo1 {
    public static double getAverage(
            List<? extends Number> numberList) {
        double total = 0.0;
        for (Number number : numberList) {
            total += number.doubleValue();
        }
        return total/numberList.size();
    }
    public static void main(String[] args) {
        List<Integer> integerList = new ArrayList<>();
        integerList.add(3);
        integerList.add(30);
        integerList.add(300);
        System.out.println(getAverage(integerList));    // 111.0
        List<Double> doubleList = new ArrayList<>();
        doubleList.add(3.0);
        doubleList.add(33.0);
        System.out.println(getAverage(doubleList));    // 18.0
    }
}
```

有了上界, 清单 15.6 中的 **getAverage** 方法就可以允许传递 **List<Number>** 或 **java.lang.Number** 的任何子类的实例 **List**。

下界

关键字 **extends** 用于定义类型变量的一个上界, 还可以使用 **super** 关键字定义类型变量的下界。例如, **List<? super Integer>** 作为一个方法参数的类型时, 表示可以传递一个 **List<Integer>** 或其类是 **java.lang.Integer** 超类的 **List** 对象。

15.6　泛型方法

泛型方法 (generic method) 是带类型参数的方法。泛型方法的类型参数在尖括号中声明, 并出现在方法的返回值之前。泛型方法的类型参数的范围仅限于该方法。允许使用静态和非静态泛型方法以及泛型构造方法。泛型方法可以在泛型类型或非泛型类型中声明，例如，**java.util.Collections** 类的 **emptyList** 方法就是一个泛型方法，该方法的签名如下：

```
public static final <T> List<T> emptyList()
```

emptyList 有一个类型参数 **T**，它出现在关键字 **final** 之后，返回值（**List<T>**）之前。

与泛型类型不同的是，在实例化泛型类型时必须显式指定参数类型，泛型方法的参数类型是从方法调用和相应的声明中推断出来的。这就是为什么可以简单地编写以下代码，而不需要为泛型方法指定参数类型：

```
List<String> emptyList1 = Collections.emptyList();
List<Integer> emptyList2 = Collection.emptyList();
```

在这两个语句中，Java 编译器从接收返回值的引用变量推断 **emptyList** 的参数类型。

> **注意**　类型推断是一种语言特性，它使编译器能够从相应的声明中确定泛型方法的类型参数。

如果愿意，可以显式指定泛型方法的类型参数，在这种情况下，可以在方法名称前用尖括号传递类型参数：

```
List<String> emptyList1 = Collections.<String>emptyList();
List<Integer> emptyList2 = Collection.<Integer>emptyList();
```

泛型方法的类型参数可以有上界或下界，也可以使用通配符。例如，**Collections** 的 **binarySearch** 方法就指定了一个上界和一个下界：

```
public static <T> int binarySearch(List<? extends T> list, T key,
        Comparator<? super T> c)
```

15.7　编写泛型类型

编写泛型类型需要在类中声明一个类型变量列表，这些类型变量将用于类中的某处，除此之外，编写泛型类型与编写其他类型没有什么不同。这些类型变量放在类型名称后面的尖括号中，例如清单 15.7 中的 **Point** 类就是一个泛型类。**Point** 对象表示坐标系中的一个点，它有一个 *X* 分量（横坐标）和一个 *Y* 分量（纵坐标）。通过将 **Point** 定义成泛型类，可以指定 **Point** 实例的精确度。例如，如果 **Point** 对象需要非常精确的值，可以将 **Double** 作为类型变量传递给它；否则，用 **Integer** 就足够了。

清单 15.7　泛型类 Point

```
package app15;
public class Point<T> {
    T x;
    T y;
    public Point(T x, T y) {
        this.x = x;
        this.y = y;
    }
    public T getX() {
        return x;
    }
}
```

```
    public T getY() {
        return y;
    }
    public void setX(T x) {
        this.x = x;
    }
    public void setY(T y) {
        this.y = y;
    }
}
```

在清单 15.7 中，**T** 是 **Point** 类的类型变量。**T** 被当作 **getX** 和 **getY** 的返回值，它也是 **setX** 和 **setY** 的参数类型。此外，构造方法还接收两个 **T** 类型变量。

Point 类的用法与其他泛型类型一样，例如下面的代码创建了两个 **Point** 对象：**point1** 和 **point2**。前者传递 **Integer** 作为类型变量，后者传递 **Double** 作为类型变量。

```
Point<Integer> point1 = new Point<>(4, 2);
point1.setX(7);
Point<Double> point2 = new Point<>(1.3, 2.6);
point2.setX(109.91);
```

15.8　小结

泛型可使得在编译时执行更严格的类型检查。尤其在集合框架中使用泛型时，它做出了两大贡献。首先，泛型在编译时为集合类型添加了类型检查，以便使集合中保存的对象类型仅限于传递给它的类型，例如可以创建 **java.util.List** 的实例，要求它只接收字符串，而不接收 **Integer** 或其他类型。其次，泛型使得从集合中检索元素时不需要进行类型转换。

泛型类型可以在没有类型变量的情况下使用，即作为原始类型使用。这一规定使得使用 JRE 5 或更高的版本运行 Java 5 之前的代码成为可能。对于新的应用程序，不应该使用原始类型，因为将来的 Java 版本可能不支持。

在本章中，我们学习了将不同类型变量传递给泛型类型会产生不同的 Java 类型。这就是说，尽管 **String** 是 **java.lang.Object** 的子类，但 **List<String>** 与 **List<Object>** 是无关的类型。因此，将 **List<String>** 传递给期望 **List<Object>** 参数的方法将产生编译错误。在方法中可以使用 "**?**" 通配符，如 **List< ?>** 表示任何类型的 **List** 对象。

最后，我们还学习了编写泛型类型与编写普通 Java 类型并没有什么不同，只需要在类型名称后面用尖括号声明一个类型变量列表即可。然后将这些类型变量作为方法返回值的类型或方法参数的类型。按照惯例，类型变量名用一个大写字母表示。

习题

1. 泛型的主要优点是什么？
2. 什么是参数化类型？
3. 什么是类型推断？

第 *16* 章

输入/输出

输入/输出（I/O）是计算机程序最常执行的操作之一。I/O 操作的例子包括：创建和删除文件；读写文件或网络套接字；将对象序列化（或保存）到持久存储设备中，以及从中检索保存的对象。

Java 对 I/O 的支持从 JDK 1.0 开始就有了，它通过 java.io 包的 I/O API 提供支持。JDK 1.4 添加了新的 I/O（NIO）API，新的 API 在缓存管理、可扩展的网络和文件 I/O 方面提供了性能改进。Java NIO API 是 **java.nio** 包及其子包的一部分。JDK 7 新引入了一系列被称为 NIO.2 的包对现有技术进行补充。虽然没有 java.nio2 包，但可以在 **java.nio.file** 包及其子包中找到新的类型。NIO.2 的一个特性是 **Path** 接口，它的设计目的是取代 **java.io.File** 类。旧的 **File** 类现在被认为是低级的，常常成为程序失败的根源。它的许多方法都不能抛出异常，它的 **delete** 方法常常因为莫名其妙的原因而失败，而且它的 **rename** 方法无法在不同的操作系统中保持一致。

JDK 7 中另一个对 I/O 和 NIO API 有巨大影响的新特性是 **java.lang.AutoCloseable** 接口。目前，**java.io** 包中大多数的类都实现了这个接口，以支持 try-with-resources 的使用。

本章选择 **java.io** 包和 **java.nio.file** 包中最重要的成员，根据功能介绍有关主题。不再讨论 **java.io.File**，而是使用新的 **Path** 接口。但 JDK 7 之前 **java.io.File** 已经被广泛使用，因此仍然可以在用 Java 早期版本编写的应用程序中看到它。

文件系统和路径是本章的第一个主题。在这里，将学到什么是路径，以及如何用 Java 表示文件系统。

我们将在 16.2 节讨论功能强大的 **java.nio.file.Files** 类。可以用 **Files** 类创建和删除文件和目录，检查文件是否存在，以及对文件进行读写操作。

注意，用 **Files** 类读取和写入文件只适用于小文件。对于较大的文件以及新增的功能，需要使用流，流将在 16.4 节讨论，它就像水管一样，用于实现数据传输。有 4 种类型的流：**InputStream**、**OutputStream**、**Reader** 和 **Writer**。为了获得更好的性能，还有一些类可以封装这些流并缓冲正在读取或写入的数据。

从流中读取和写入流要求按顺序执行，这意味着要读取第二个数据单元，必须先读取第一个。要想随机访问文件，换句话说，想随机访问文件的任何部分，需要一个不同的 Java 类型。**java.io.RandomAccessFile** 类过去是非顺序操作的良好选择，但是现在更好的方法是使用 **java.nio.channel.SeekableByteChannel**。后者将在 16.10 节讨论。

本章最后将介绍对象序列化和反序列化。

16.1 File 类

我确实说过不推荐使用 **File** 类，而应该使用 **Path**。然而，**File** 已经在 Java 核心 API 中存在几十年了，可以在许多旧的程序中看到，甚至可能在还没更新的现代 Java API 中看到 **File** 的使用。例如，**javax.image.ImageIO** 类中仍然只使用 **File**，而不支持 **Path**。因此，了解如何使用 **File** 类仍然很重要。

File 表示一个文件或一个目录路径名，但不是物理文件或目录，因此，**File** 对象引用的物理文件或目录不一定存在。**File** 的主要优点是它提供了一种独立于系统的表示路径名的方法。例如，在 Unix/Linux 中，使用正斜杠（/）将目录与子目录或文件分隔开。例如，/tmp 目录中的 **myNotes.txt** 文件可以写成/tmp/myNotes.txt。另外，Windows 使用反斜杠（\）表示路径，因此 **C:\temp\myNotes.txt** 是指 **C:\temp** 目录中的 **myNotes.txt** 文件。在编写用于操作文件和目录的 Java 代码时，如果必须为不同的操作系统处理不同的分隔符，那么这将非常单调、乏味。幸运的是，**File** 解决了这个问题，可以使用它的 **separator** 静态字段，这个字段会返回一个字符串，用于从文件中分离目录和子目录。**separator** 返回的值取决于操作系统；在 Unix/Linux 中，**separator** 返回/；在 Windows 中，它返回\。例如，假设有一个名为 **parent** 的目录和一个名为 **filename** 的文件，可以使用下面的代码以独立于系统的方式将它们连接起来：

```
parent + File.separator + filename
```

无论应用程序运行在哪种操作系统上，其结果都是指向物理文件的正确路径。

静态字段 **charSeparator** 类似于 **separator**，但它返回一个 char。

16.1.1　File 类的构造方法

File 类提供了几个构造方法，最简单的方法的签名如下：

```
public File(java.lang.String pathname)
```

其中，**pathname** 是绝对路径名或相对路径名。如果 **pathname** 为 null，则抛出 **java.lang.NullPointerException** 异常，例如可以像下面这样将绝对路径传递给文件或目录：

```
File file1 = new File("C:\\temp\\myNote.txt"); // 在 Windows 系统上
File file2 = new File("/tmp/myNote.txt");        // 在 Linux/Unix 系统上
```

如果传递的是相对路径名，则该路径与运行应用程序的目录有关，例如如果从 **C:\workDir** 调用 **java** 程序，下面的变量 **file3** 将引用 **C:\workDir** 下名为 **music** 的文件或目录：

```
File file3 = new File("music");
```

如果文件位于某个目录下，可以使用下面的构造方法来引用该文件，并使用 **File.separator** 将目录和文件连接起来：

```
// userSelectedDir 是用户在程序运行时选择的目录
// filename 是包含文件名的 String 对象
File myFile = new File(userSelectedDir + File.separator + filename);
```

然而，使用下面的构造方法会更简洁：

```
public File(java.lang.String parent, java.lang.String child)
```

其中，parent 是指向目录的绝对路径或相对路径，child 是指向文件或子目录的路径。如果 child 是绝对路径，那么它将以依赖于系统的方式转换为相对路径名。如果 parent 为空字符串，则 child 将转换为抽象路径名，并按照依赖于系统的默认目录进行解析。例如，下面的代码引用

的是 **userSelectedDir** 下的 **data** 目录：

```
File myFile = new File(userSelectedDir, data);
```

如果 parent 为 null，它与将 child 传递给单参数构造方法相同：

```
File(child)
```

第三个构造方法类似于第二个构造方法，只是 parent 参数是一个 **File** 而不是 **String**：

```
public File(File parent, String.java.lang child)
```

如果 parent 为 null，它与调用单参数构造方法相同。

File 类的最后一个构造方法接收一个 URI：

```
public File(java.net.URI uri)
```

通过将给定的 URI 转换为抽象路径名，可以使用它创建一个 **File**。

16.1.2　File 类的方法

下面是 **File** 类的较重要的方法。

```
public boolean canRead()
```

用于测试应用程序是否可以读取此 **File** 引用的文件。

```
public boolean canWrite()
```

用于测试应用程序是否可以写入此 **File** 引用的文件。

```
public boolean createNewFile() throws IOException
```

用此 **File** 指定的名称，在当前位置创建一个空的新文件。

```
public boolean delete()
```

删除此 **File** 引用的文件或目录。

```
public boolean makeDir()
```

创建此 **File** 命名的目录。

```
public boolean isFile()
```

测试此 **File** 是否引用了文件。

```
public boolean isDirectory()
```

测试此 **File** 是否引用了目录。

```
public boolean exists()
```

测试此 **File** 所表示的文件或目录是否存在。

```
public File[] listFiles()
```

如果此 **File** 表示一个目录，方法将返回一个 **File** 对象数组，该数组用于引用目录中的子目录和文件；否则，返回 null。

16.2 文件系统和路径

一个文件系统可以包含 3 种类型对象：文件、目录（也称文件夹）和符号链接（symbolic link）。并非所有操作系统都支持符号链接，早期操作系统是没有子目录的平面文件系统，但当今大多数操作系统至少支持文件和目录，并允许目录包含子目录。位于目录树顶部的目录称为根目录。Linux/UNIX 及变体系统都有一个根目录：/。Windows 可以有多个根目录：**C:**、**D:**等。

文件系统中的对象可以用一条路径唯一标识，例如，可以用**/home/user/image1.png** 表示 Mac 上**/home/user** 目录中的 **image1.png** 文件，它是一条路径。Windows 的 **C:**驱动器下的 **temp** 目录表示为 **C:\temp**，这也是一条路径。在整个文件系统中，路径必须是唯一的，例如，如果在**/home/user** 目录中已经有一个名为 **document.bak** 的文件，则不能在该目录中创建 **document.bak** 目录。

路径可以是绝对的，也可以是相对的。绝对路径包含指向文件系统中某一对象的所有信息，例如，**/home/kyleen** 和**/home/alexis** 是绝对路径。相对路径不包含所需的所有信息，例如，**home/jayden** 是与当前目录有关，只有知道当前目录，才能确定 **home/jayden** 的具体位置。

在 Java 中，传统上使用 **java.io.File** 表示文件或目录。但是，**File** 类有很多缺点，Java 7 在它的 NIO.2 包中用 **java.nio.file.Path** 接口提供了更好的替代。

Path 接口的命名十分恰当，它表示一条路径，路径可以是文件、目录或符号链接。它也可以表示根目录。在详细讨论 **Path** 之前，首先介绍一下 **java.nio.file** 包中的另一个成员：**FileSystem** 类。

顾名思义，**FileSystem** 就表示文件系统，它是一个抽象类，可以调用 **FileSystems** 类的静态方法 **getDefault** 返回当前文件系统：

```
FileSystem fileSystem = FileSystems.getDefault();
```

FileSystem 类还有其他的方法。**getSeparator** 方法以 **String** 的形式返回名称分隔符。在 Windows 系统中是"\"，在 UNIX/Linux 系统中是"/"。下面是该方法的签名：

```
public abstract java.lang.String getSeparator()
```

FileSystem 类的另一个方法 **getRootDirectories** 返回一个 **Iterable**，用来遍历根目录：

```
public abstract java.lang.Iterable<Path> getRootDirectories()
```

要创建 **Path**，可使用 **FileSystem** 的 **getPath** 方法：

```
public abstract Path getPath(String first, String... more)
```

getPath 中只有 first 是必需的，more 参数是可选的。如果有 more 参数，一定要放在 first 参数之后。例如，为了创建一个指向**/home/user/images** 的路径，可以编写下面任何一条语句：

```
Path path = FileSystems.getDefault().getPath("/home/user/images");
Path path = FileSystems.getDefault().getPath("/home","user","images");
```

java.nio.file.Paths 类提供了通过其静态 **get** 方法创建 **Path** 的快捷方式：

```
Path path1 = Paths.get("/home/user/images");
Path path2 = Paths.get("/home", "user", "images");
Path path3 = Paths.get("C:\\temp");
Path path4 = Paths.get("C:\\", "temp");
```

可以将**/home/user/images** 或 **C:\temp** 这样的路径分解为它的元素。例如**/home/user/images**
有 3 个名称：**home**、**user** 和 **images**。**C:\temp** 只有一个名称：**temp**，因为根目录不算。**Path**
中的 **getNameCount** 方法会返回路径中的名称数量。使用 **getName** 方法可以检索每个单独的
名称：

```
Path getName(int index)
```

index 参数是从 0 开始的，它的值必须在 0 和元素个数减 1 之间。最接近根的第一个元素的索
引为 0，如下面的代码所示：

```
Path path = Paths.get("/home/user/images");
System.out.println(path.getNameCount());    // 输出 3
System.out.println(path.getName(0));         // 输出 home
System.out.println(path.getName(1));         // 输出 user
System.out.println(path.getName(2));         // 输出 images
```

　　Path 中的其他重要方法有 **getFileName**、**getParent** 和 **getRoot**：

```
Path getFileName()
Path getParent()
Path getRoot()
```

　　getFileName 方法返回当前 **Path** 的文件名。因此，如果 path1 表示**/home/user1/Calculator.java**，
则 **getFileName()**将返回一个引用 **Calculator.java** 文件的相对路径。调用 **path1.getParent()**将
返回**/home/user1**，调用 **path1.getRoot()**将返回**/**。在根目录上调用 **getParent** 将返回 null。

重要提示　　创建 **Path** 不会创建物理文件或目录。**Path** 实例通常引用的是不存在的物理对象。
要创建文件或目录，需要使用 **Files** 类，相关内容参见 16.3 节。

16.3　文件和目录的处理及操作

　　java.nio.file.Files 是一个功能非常强大的类，它提供了一些静态方法——可用于处理文件
和目录，以及读取文件和写入文件。可以用 **java.nio.file.Files** 类创建和删除路径、复制文件、
检查路径是否存在等。**Files** 还提供了创建流对象的方法，这些方法在处理输入流和输出流时
非常有用。

　　下面将详细说明可以用 **Files** 做什么。

16.3.1　创建和删除文件及目录

　　要创建文件，可以使用 **Files** 的 **createFile** 方法，该方法的签名如下：

```
public static Path createFile(Path file,
        java.nio.file.attribute.FileAttribute<?>... attrs)
```

attrs 参数是可选的，如果文件属性不需要设置，可以忽略它，例如：

```
Path newFile = Paths.get("/home/jayden/newFile.txt");
Files.createFile(newFile);
```

如果父目录不存在，**createFile** 将抛出 **IOException** 异常；如果已经存在一个由 file 指定名称的文件、目录或符号链接，则抛出 **FileAlreadyExistsException** 异常。

要创建目录，可使用 **createDirectory** 方法：

```
public static Path createDirectory(Path directory,
        java.nio.file.attribute.FileAttribute<?>... attrs)
```

与 **createFile** 一样，**createDirectory** 可能抛出 **IOException** 或 **FileAlreadyExistsException** 异常。

要删除文件、目录或符号链接，可以使用 **delete** 方法：

```
public static void delete(Path path)
```

如果 path 是一个目录，那么该目录必须为空；如果 path 是符号链接，则只删除链接而不删除链接所指的目录；如果 path 不存在，则抛出 **NoSuchFileException** 异常。

要避免在删除路径时检查路径是否存在，可以使用 **deleteIfExists** 方法：

```
public static void deleteIfExists(Path path)
```

如果使用 **deleteIfExists** 删除目录，则该目录必须为空，否则将抛出 **DirectoryNotEmpty Exception** 异常。

16.3.2　检索目录中的对象

可以使用 **Files** 类的 **newDirectoryStream** 方法检索目录中的文件、子目录和符号链接，该方法将返回一个 **DirectoryStream** 来遍历目录中的所有对象。**NewDirectoryStream** 方法的签名如下：

```
public static DirectoryStream<Path> newDirectoryStream(Path path)
```

这个方法返回的 **DirectoryStream** 必须在使用后关闭，例如，下面的代码片段将打印一个目录中的所有子目录和文件：

```
Path parent = ...
try (DirectoryStream<Path> children =
        Files.newDirectoryStream(parent)) {
    for (Path child : children) {
        System.out.println(child);
    }
} catch (IOException e) {
    e.printStackTrace();
}
```

16.3.3　复制和移动文件

有 3 个 **copy** 方法可以用来复制文件和目录，最容易使用的是下面这个方法：

```
public static Path copy(Path source, Path target,
        CopyOption... options) throws java.io.IOException
```

CopyOption 是 **java.nio.file** 中的一个接口。**StandardCopyOption** 枚举是它的一个实现，该枚举提供了下面 3 个复制选项：

（1）**ATOMIC_MOVE**，将移动文件作为原子文件系统操作；

（2）**COPY_ATTRIBUTES**，将属性复制到新文件中；

（3）**REPLACE_EXISTING**，如果已经存在文件，则替换它。

举个例子，下面的代码将在同一个目录中创建 **C:\temp\line1.bmp** 文件的副本，并将其命名为 **backup.bmp**：

```
Path source = Paths.get("C:/temp/line1.bmp");
Path target = Paths.get("C:/temp/backup.bmp");
try {
    Files.copy(source, target,
            StandardCopyOption.REPLACE_EXISTING);
} catch (IOException e) {
    e.printStackTrace();
}
```

使用 **move** 方法移动文件：

```
public static Path move(Path source, Path target,
        CopyOption... options) throws java.io.IOException
```

例如，下面的代码将 **C:\temp\backup.bmp** 移动到 **C:\data** 目录中：

```
Path source = Paths.get("C:/temp/backup.bmp");
Path target = Paths.get("C:/data/backup.bmp");
try {
    Files.move(source, target,
            StandardCopyOption.REPLACE_EXISTING);
} catch (IOException e) {
    e.printStackTrace();
}
```

16.3.4 读取和写入文件

Files 类提供了从一个小型二进制和文本文件中读取和写入文件的方法。**readAllBytes** 和 **readAllLines** 方法分别用于从二进制文件和文本文件中读取数据：

```
public static byte[] readAllBytes(Path path)
        throws java.io.IOException
public static List<String> readAllLines(Path path,
        java.nio.charset.Charset charset) throws java.io.IOException
```

下面这些 **write** 方法分别用于向二进制文件和文本文件中写入数据：

```
public static Path write(Path path, byte[] bytes,
        OpenOption... options) throws java.io.IOException
public static Path write(Path path, java.lang.Iterable<? extends
        CharSequence> lines, java.nio.charset.Charset charset,
        OpenOption... options) throws java.io.IOException
```

两个重载的 **write** 方法都带可选的 **OpenOption** 参数，第二个重载方法还用 **Charset** 参数表示字符集。**OpenOption** 接口定义了打开文件进行写入访问的选项。**StandardOpenOption** 枚举实现了 **OpenOption** 接口，并提供了以下这些值。

（1）**APPEND**，如果文件被打开用于写访问，那么写入的数据将被添加到文件的末尾。

（2）**CREATE**，如果文件不存在，则创建一个新的文件。

（3）**CREATE_NEW**，创建一个新文件，如果文件已经存在，则抛出一个异常。

（4）**DELETE_ON_CLOSE**，关闭文件时删除文件。

（5）**DSYNC**，将对文件内容的更新同步写入文件。

（6）**READ**，为读取访问打开文件。

（7）**SPARSE**，处理稀疏文件。

（8）**SYNC**，将对文件内容的更新和元数据同步写入文件。

（9）**TRUNCATE_EXISTING**，如果打开文件进行写操作，并且文件存在，则将其长度截断为 0。

（10）**WRITE**，为写访问打开文件。

java.nio.charset.Charset 是抽象类，表示一个字符集。将字符编码为字节以及将字节解码为字符时需要指定使用的字符集。如果已经忘记关于字符集的知识，请参考第 2 章中关于 ASCII 和 Unicode 的讨论。

创建 **Charset** 的最简单方法是调用静态 **Charset.forName** 方法，为该方法传递一个字符集名称。例如，要创建美国 **ASCII Charset**，可以这样写：

```
Charset usAscii = Charset.forName("US-ASCII");
```

了解了 **OpenOption** 和 **Charset**，再来看看下面的代码片段，它将几行文本写入 **C:\temp\speech.txt** 并将它们读取回来：

```
// 写入和读取一个文本文件
Path textFile = Paths.get("C:/temp/speech.txt");
Charset charset = Charset.forName("US-ASCII");
String line1 = "Easy read and write";
String line2 = "with java.nio.file.Files";
List<String> lines = Arrays.asList(line1, line2);
try {
    Files.write(textFile, lines, charset);
} catch (IOException ex) {
    ex.printStackTrace();
}

// 读取回来
List<String> linesRead = null;
try {
    linesRead = Files.readAllLines(textFile, charset);
} catch (IOException ex) {
    ex.printStackTrace();
}
if (linesRead != null) {
    for (String line : linesRead) {
        System.out.println(line);
    }
}
```

| 注意 | **Files** 中的 **read** 和 **write** 方法只适用于小文件。对大中型文件，则要用流代替。

16.4 输入流/输出流

可以将 I/O 流比作水管。就像水管将城市房屋连接到水库一样，Java I/O 流将 Java 代码与一个"数据存储库"连接。在 Java 术语中，这个"数据存储库"称为接收装置（sink），它可以是文件、网络套接字或内存。流的好处是，使用统一的方法在不同的接收装置之间传输数据，从而简化了代码。读者需要做的，只是构造正确的流。

根据数据的流向，有两种类型的流：输入流和输出流。输入流用于从接收装置读取数据，输出流用于向接收装置中写入数据。由于数据可以分为二进制数据和字符（人类可读数据），因此输入流和输出流也有两种类型。这些流由 **java.io** 包中的以下 4 个抽象类表示。

（1）**Reader**，从接收装置中读取字符的流。

（2）**Writer**，将字符写入接收装置的流。

（3）**InputStream**，从接收装置中读取二进制数据的流。

（4）**OutputStream**，将二进制数据写入接收装置的流。

流的好处是，它们定义了读取和写入数据的方法，无论数据源或目标是什么，都可以使用这些方法。要连接到特定的接收装置，只需要构造正确的实现类。**java.nio.file.Files** 类提供了方法，用于构造连接到文件的流。

在处理流时，典型的操作序列如下。

（1）创建一个流。得到的结果对象已经处于打开状态，因此不需要使用 **open** 方法。

（2）执行读取或写入操作。

（3）通过调用 **close** 方法关闭流。因为大多数流类现在都实现了 **java.lang.AutoCloseable** 接口，因此可以使用 try-with-resources 语句创建一个流，并且让流自动关闭。下面几节将详细讨论流类。

16.5 读二进制数据

可以用 **InputStream** 从接收装置读取二进制数据。**InputStream** 是一个抽象类，有许多具体的子类，如图 16.1 所示。

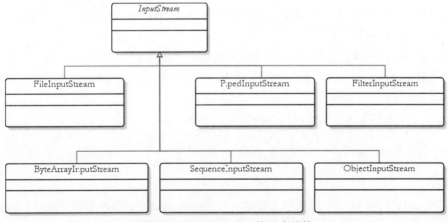

图 16.1 **InputStream** 的层次结构

在 JDK 7 之前，使用 **FileInputStream** 从文件中读取二进制数据。随着 NIO.2 的出现，可以调用 **Files.newInputStream** 方法来获取使用文件接收装置的 **InputStream** 对象。下面是 **newInputStream** 方法的签名：

```
public static java.io.InputStream newInputStream(Path path,
        OpenOption... options) throws java.io.IOException
```

由于 **InputStream** 实现了 **java.lang.AutoCloseable** 接口，因此可以在 try-with-resources 语句中使用它，而不需要显式地关闭它。下面是一些样板代码：

```
Path path = ...
try (InputStream inputStream = Files.newInputStream(path,
        StandardOpenOption.READ)) {
    // 操作 inputStream

} catch (IOException e) {
    // 处理 e 的异常信息
}
```

从 **Files.newInputStream** 方法返回的 **InputStream** 没有缓存，所以为了提升性能，应该将它包装在 **BufferedInputStream** 中。因此，样板代码应该是这样的：

```
Path path = ...
try (InputStream inputStream = Files.newInputStream(path,
        StandardOpenOption.READ);
        BufferedInputStream buffered =
            new BufferedInputStream(inputStream)) {

    // 操作 buffered 而非 inputStream

} catch (IOException e) {
    // 处理 e 的异常信息
}
```

InputStream 的核心是 3 个重载的 **read** 方法：

```
public int read()
public int read(byte[] data)
public int read(byte[] data, int offset, int length)
```

InputStream 使用一个内部指针，该指针指向要读取的数据的起始位置。每个重载 **read** 方法都会返回读取的字节数，如果没有数据被读入 **InputStream**，则返回-1。如果内部指针到达文件末尾，则返回-1。

无参数 **read** 方法最容易使用，它从 **InputStream** 中读取下一个字节，并返回一个 **int**，之后读者可以将 **int** 转换为 **byte**。使用此方法读取文件，要使用一个 **while** 块，它会一直循环，直到 **read** 方法返回-1 为止：

```
int i = inputStream.read();
while (i != -1) {
    byte b = (byte) I;
    // 使用 b 完成操作
}
```

为了更快地读取，应该使用第二个或第三个重载的 **read** 方法，这需要传递一个字节数组，然后将数据存储在这个数组中。数组的大小需要权衡。如果指定较大的值，读取操作将会更快，因为每次可以读取更多的字节，但这意味着需要为数组分配更多的内存空间。实际上，数组大小应该为 1000 以上。

如果所读取的字节数小于数组的大小该怎么办？重载的 **read** 方法会返回读取的字节数，因此总能知道数组中的哪些元素包含有用数据。例如，如果用一个 1000 个字节的数组来读取 **InputStream**，但有 1500 个字节要读取，那么将需要调用两次 **read** 方法，第一次调用将读取 1000 个字节，第二次调用将读取 500 个字节。

使用带 3 个参数的重载 **read** 方法，可以读取比数组大小更少的字节。

```
public int read(byte[] data, int offset, int length)
```

这个重载的方法将 length 字节读入字节数组。offset 的值决定数组中读取的第一个字节的起始位置。

除了 **read** 方法，**InputStream** 还定义了以下方法：

```
public int available() throws IOException
```

此方法返回可无阻塞地读取（或跳过）的字节数。

```
public long skip(long n) throws IOException
```

从这个 **InputStream** 中跳过指定的字节数，返回实际跳过的字节数，返回值可能小于指定的值。

```
public void mark(int readLimit)
```

标记这个 **InputStream** 中内部指针的当前位置。之后调用 **reset** 将指针返回到标记的位置。readLimit 参数指定标记位置失效之前要读取的字节数。

```
public void reset()
```

将 **InputStream** 中的内部指针重新定位到标记的位置。

```
public void close()
```

关闭这个 **InputStream**。除非在 try-with-resources 语句中创建了 **InputStream**，否则在使用完 **InputStream** 之后应该始终调用这个方法以释放资源。

作为示例，清单 16.1 的代码给出了 **InputStreamDemo1** 类，该类包含一个 **compareFiles** 方法，用于对两个文件进行比较。需要调整 **path1** 和 **path2** 的值，并在运行该类之前确保文件存在。

清单 16.1　使用 InpputStream 的 compareFiles 方法

```
package app16;
import java.io.IOException;
import java.io.InputStream;
import java.nio.file.Files;
import java.nio.file.LinkOption;
import java.nio.file.NoSuchFileException;
import java.nio.file.Path;
import java.nio.file.Paths;
import java.nio.file.StandardOpenOption;

public class InputStreamDemo1 {
    public boolean compareFiles(Path path1, Path path2)
            throws NoSuchFileException {
```

```java
        if (Files.notExists(path1)) {
            throw new NoSuchFileException(path1.toString());
        }
        if (Files.notExists(path2)) {
            throw new NoSuchFileException(path2.toString());
        }
        try {
            if (Files.size(path1) != Files.size(path2)) {
                return false;
            }
        } catch (IOException e) {
            e.printStackTrace();
        }
        try (InputStream inputStream1 = Files.newInputStream(
                    path1, StandardOpenOption.READ);
            InputStream inputStream2 = Files.newInputStream(
                    path2, StandardOpenOption.READ)) {

            int i1, i2;
            do {
                i1 = inputStream1.read();
                i2 = inputStream2.read();
                if (i1 != i2) {
                    return false;
                }
            } while (i1 != -1);
            return true;
        } catch (IOException e) {
            return false;
        }
    }

    public static void main(String[] args) {
        Path path1 = Paths.get("C:\\temp\\line1.bmp");
        Path path2 = Paths.get("C:\\temp\\line2.bmp");
        InputStreamDemo1 test = new InputStreamDemo1();
        try {
            if (test.compareFiles(path1, path2)) {
                System.out.println("Files are identical");
            } else {
                System.out.println("Files are not identical");
            }
        } catch (NoSuchFileException e) {
            e.printStackTrace();
        }

        // compareFiles 方法与 Files.isSameFile 方法不同
        try {
            System.out.println(Files.isSameFile(path1, path2));
        } catch (IOException e) {
            e.printStackTrace();
        }
    }
}
```

如果比较的两个文件相同，**compareFiles** 将返回 **true**，该方法的核心是下面这个代码块。

```
int i1, i2;
do {
    i1 = inputStream1.read();
    i2 = inputStream2.read();
    if (i1 != i2) {
        return false;
    }
} while (i1 != -1);
return true;
```

它从第一个 **InputStream** 中将下一个字节读入 **i1**，从第二个 **InputStream** 中将下一个字节读入 **i2**，并对 **i1** 与 **i2** 进行比较。它将不断地读取数据，直到 **i1** 和 **i2** 不同或到达文件末尾为止。

16.6　写入二进制数据

OutputStream 抽象类表示将二进制数据写入一个接收装置的流，该抽象类的子类如图 16.2 所示。

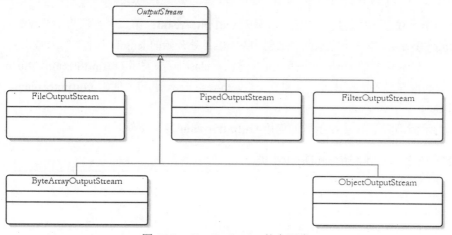

图 16.2　**OutputStream** 的实现类

在 JDK 7 之前的版本中，使用 **java.io.FileOutputStream** 将二进制数据写入文件。现在有了 NIO.2，就可以调用 **Files.newOutputStream** 方法来获取一个使用文件接收装置的 **OutputStream**。下面是 **newOutputStream** 方法的签名：

```
public static java.io.OutputStream newOutputStream(Path path,
        OpenOption... options) throws java.io.IOException
```

OutputStream 实现了 **java.lang.AutoCloseable** 接口，所以可以在 try-with-resources 语句中使用，而不需要显式地关闭它。下面的代码展示了如何用文件接收装置创建 **OutputStream**：

```
Path path = ...
try (OutputStream outputStream = Files.newOutputStream(path,
        StandardOpenOption.CREATE, StandardOpenOption.APPEND) {

    // 操作 outputStream

} catch (IOException e) {
```

```
        // 处理 e 的异常信息
    }
```

从 **Files.newOutputStream** 方法中返回的 **OutputStream** 没有被缓存，因此可以将它包装在 **BufferedOutputStream** 中以提高性能。因此，样板代码应该像这样：

```
Path path = ...
try (OutputStream outputStream = Files.newOututStream(path,
        StandardOpenOption.CREATE, StandardOpenOption.APPEND);
        BufferedOutputStream buffered =
                new BufferedOutputStream(outputStream)) {

        // 操作 buffered，而非 outputStream

} catch (IOException e) {
    // 处理 e 的异常信息
}
```

OutputStream 定义了 3 个 **write** 重载方法，它们与 **InputStream** 中的 **read** 重载方法相对应：

```
public void write(int b)
public void write(byte[] data)
public void write(byte[] data, int offset, int length)
```

第一个重载方法将整数 *b* 的低 8 位写入 **OutputStream**；第二个方法将字节数组的内容写入 **OutputStream**；第三个方法则将数组中从 offset 处开始的 length 个字节写入数据流。

此外，还有无参数 **close** 方法和 **flush** 方法。**close** 方法关闭 **OutputStream**，**flush** 方法强制将缓冲的内容写入接收装置。如果在 try-with-resources 语句中创建 **OutputStream**，则不需要调用 **close** 方法。

作为示例，清单 16.2 显示了如何用 **OutputStream** 复制文件。

清单 16.2　OutputStreamDemo1 类

```
package app16;
import java.io.IOException;
import java.io.InputStream;
import java.io.OutputStream;
import java.nio.file.Files;
import java.nio.file.Path;
import java.nio.file.Paths;
import java.nio.file.StandardOpenOption;

public class OutputStreamDemo1 {
    public void copyFiles(Path originPath, Path destinationPath)
            throws IOException {
        if (Files.notExists(originPath)
                || Files.exists(destinationPath)) {
            throw new IOException(
                "Origin file must exist and " +
                "Destination file must not exist");
        }
        byte[] readData = new byte[1024];
        try (InputStream inputStream =
                    Files.newInputStream(originPath,
                    StandardOpenOption.READ);
            OutputStream outputStream =
```

```
                    Files.newOutputStream(destinationPath,
                    StandardOpenOption.CREATE)) {
            int i = inputStream.read(readData);
            while (i != -1) {
                outputStream.write(readData, 0, i);
                i = inputStream.read(readData);
            }
        } catch (IOException e) {
            throw e;
        }
    }
    public static void main(String[] args) {
        OutputStreamDemo1 test = new OutputStreamDemo1();
        Path origin = Paths.get("C:\\temp\\line1.bmp");
        Path destination = Paths.get("C:\\temp\\line3.bmp");
        try {
            test.copyFiles(origin, destination);
            System.out.println("Copied Successfully");
        } catch (IOException e) {
            e.printStackTrace();
        }
    }
}
```

copyFiles 方法的这部分代码完成了文件复制工作：

```
byte[] readData = new byte[1024];
try (InputStream inputStream =
            Files.newInputStream(originPath,
            StandardOpenOption.READ);
    OutputStream outputStream =
            Files.newOutputStream(destinationPath,
            StandardOpenOption.CREATE)) {
    int i = inputStream.read(readData);
    while (i != -1) {
        outputStream.write(readData, 0, i);
        i = inputStream.read(readData);
    }
} catch (IOException e) {
    throw e;
}
```

字节数组 **readData** 用于存储从 **InputStream** 那里读取的数据，读取的字节数赋给变量 **i**。然后代码调用 **OutputStream** 的 **write** 方法，传递字节数组并将 **i** 作为方法的第三个参数：

```
outputStream.write(readData, 0, i);
```

16.7 写入文本（字符）

抽象类 **Writer** 定义了用于写出字符数据的流，其实现如图 16.3 所示。

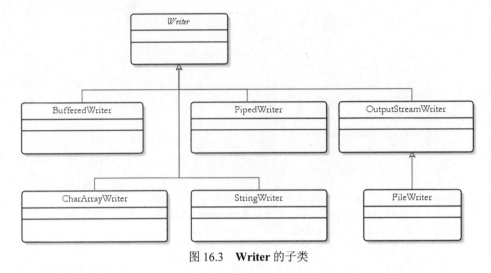

图 16.3　**Writer** 的子类

OutputStreamWriter 为使用给定的字符集将字符流转换为字节流提供了方便。字符集可保证将写入 **OutputStreamWriter** 的任何 Unicode 字符正确地转换成字节表示形式。**FileWriter** 是 **OutputStreamWriter** 的一个子类，它提供了一种将字符写入文件的方便方法。然而，**FileWriter** 并非完美无瑕。如果使用 **FileWriter**，必须使用计算机的编码来输出字符，这意味着当前字符集外的字符不能正确地转换为字节。与 **FileWriter** 相比，更好的选择是使用 **PrintWriter**。下面将介绍 **Writer** 及其子类的用法。

16.7.1　Writer

这个类与 **OutputStream** 类似，只不过 **Writer** 处理的是字符而不是字节。像 **OutputStream** 一样，**Writer** 有 3 个重载的 **write** 方法：

```
public void write(int b)
public void write(char[] text)
public void write(char[] text, int offset, int length)
```

然而，在处理文本或字符时，通常使用字符串。因此，**write** 方法还有另外两个接收 **String** 对象的重载方法：

```
public void write(String text)
public void write(String text, int offset, int length)
```

最后一个 **write** 重载方法允许传递一个 **String**，并将 **String** 的部分内容写出到 **Writer**。

16.7.2　OutputStreamWriter

OutputStreamWriter 是将字符流转换到字节流的一座桥梁：写入 **OutputStreamWriter** 的字符使用指定的字符集编码为字节。字符集是 **OutputStreamWriter** 的一个重要元素，因为它支持将 Unicode 字符正确转换为字节表示。

OutputStreamWriter 类提供了 4 个构造方法：

```
public OutputStreamWriter(OutputStream out)
public OutputStreamWriter(OutputStream out,
        java.nio.charset.Charset cs)
```

```
public OutputStreamWriter(OutputStream out,
        java.nio.charset.CharsetEncoder enc)
public OutputStreamWriter(OutputStream out, String encoding)
```

所有构造方法都接收一个 **OutputStream**，并将把字符翻译成这个 **OutputStreamWriter** 后产生的字节写到这个 **OutputStream** 中。因此，如果想写一个文件，只需要创建一个 **OutputStream** 文件接收装置：

```
OutputStream os = Files.newOutputStream(path, openOption);
OutputStreamWriter writer = new OutputStreamWriter(os, charset);
```

清单 16.3 显示了 **OutputStreamWriter** 的使用示例。

清单 16.3　使用 OutputStreamWriter

```
package app16;
import java.io.IOException;
import java.io.OutputStream;
import java.io.OutputStreamWriter;
import java.nio.charset.Charset;
import java.nio.file.Files;
import java.nio.file.Path;
import java.nio.file.Paths;
import java.nio.file.StandardOpenOption;

public class OutputStreamWriterDemo1 {
    public static void main(String[] args) {
        char[] chars = new char[2];
        chars[0] = '\u4F60';        // 表示'你'
        chars[1] = '\u597D';        // 表示'好'
        Path path = Paths.get("C:\\temp\\myFile.txt");
        Charset chineseSimplifiedCharset =
                Charset.forName("GB2312");
        try (OutputStream outputStream =
                Files.newOutputStream(path,
                StandardOpenOption.CREATE);
            OutputStreamWriter writer = new OutputStreamWriter(
                    outputStream, chineseSimplifiedCharset)) {

            writer.write(chars);
        } catch (IOException e) {
            e.printStackTrace();
        }
    }
}
```

清单 16.3 中的代码在 Windows 上基于 **OutputStream** 创建了一个 **OutputStreamWriter**，然后写出到 **C:\temp\myFile.txt** 文件中。如果使用的是 Linux 或 Mac OS X 操作系统，需要更改文件的路径值。这里故意使用绝对路径，因为大多数读者发现，如果想打开文件，绝对路径更容易找到。**OutputStreamWriter** 使用 GB2312 字符集（简体中文）。

清单 16.3 中的代码传递了两个中文字符：你（用 Unicode 4F60 表示）和好（用 Unicode 597d 表示）。"你好"在中文里是"How are you?"的意思。

执行 **OutputStreamWriterDemo1** 类，将创建一个 **myFile.txt** 文件，它的长度是 4 个字节。

可以打开它看看里面的汉字，要想正确显示这些中文字符，需要在计算机中安装中文字体。

16.7.3　PrintWriter

PrintWriter 是 **OutputStreamWriter** 更好的替代。与 **OutputStreamWriter** 类似，**PrintWriter** 允许通过向它的一个构造方法传递编码信息来选择编码。下面是它的两个构造方法：

```
public PrintWriter(OutputStream out)
public PrintWriter(Writer out)
```

要创建一个写入文件的 **PrintWriter**，只需创建一个带有文件接收装置的 **OutputStream** 即可。

PrintWriter 使用起来比 **OutputStreamWriter** 更方便，因为前者添加了 9 个 **print** 重载方法，用来打印任何 Java 基本类型和对象，下面是这些重载方法：

```
public void print(boolean b)
public void print(char c)
public void print(char[] s)
public void print(double d)
public void print(float f)
public void print(int i)
public void print(long l)
public void print(Object object)
public void print(String string)
```

还有 9 个重载的 **println** 方法，它们与 **print** 方法相同，只不过它们是在输出参数之后换行。

此外，还有两个重载的 **format** 方法，该方法可以使读者根据某种输出格式进行输出。这个方法在第 5 章中已讨论过。

为了获得更好的性能，我们应该始终用 **BufferedWriter** 包装 **Writer** 对象。**BufferedWriter** 有以下构造方法，它允许传递一个 **Writer** 对象。

```
public BufferedWriter(Writer writer)
public BufferedWriter(Writer writer, in bufferSize)
```

第一个构造方法创建一个具有默认缓冲区大小的 **BufferedWriter**（文档中没有说明该缓冲区到底多大）；第二个构造方法允许指定缓冲区大小。

然而，对于 **PrintWriter**，不能这样包装它：

```
PrintWriter printWriter = ...;
BufferedWriter bw = new BufferedWriter(printWriter);
```

因为这样就不能使用 **PrintWriter** 的方法了。相反，需要将传递给 **PrintWriter** 的 **Writer** 包装起来。

```
PrintWriter pw = new PrintWriter(new BufferedWriter(writer));
```

清单 16.4 给出了 **PrintWriter** 的一个示例。

清单 16.4　使用 PrintWriter

```
package app16;
import java.io.BufferedWriter;
import java.io.IOException;
import java.io.PrintWriter;
import java.nio.charset.Charset;
```

```
import java.nio.file.Files;
import java.nio.file.Path;
import java.nio.file.Paths;
import java.nio.file.StandardOpenOption;

public class PrintWriterDemo1 {
    public static void main(String[] args) {
        Path path = Paths.get("c:\\temp\\printWriterOutput.txt");
        Charset usAsciiCharset = Charset.forName("US-ASCII");
        try (BufferedWriter bufferedWriter =
                Files.newBufferedWriter(path, usAsciiCharset,
                StandardOpenOption.CREATE);
            PrintWriter printWriter =
                    new PrintWriter(bufferedWriter)) {
            printWriter.println("PrintWriter is easy to use.");
            printWriter.println(1234);
        } catch (IOException e) {
            e.printStackTrace();
        }
    }
}
```

使用 **PrintWriter** 写入的好处是，当打开生成的文件时，所有内容都是人类可以阅读的。上面的例子创建的文件内容如下：

```
PrintWriter is easy to use.
1234
```

16.8　读取文本（字符）

使用 **Reader** 类来读取文本（字符，即人类可读数据）。**Reader** 类的层次结构如图 16.4 所示。

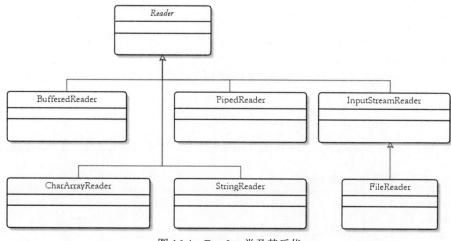

图 16.4　**Reader** 类及其后代

下面几节将讨论 **Reader** 及它的一些子类。

16.8.1 Reader

Reader 是一个抽象类，表示用于读取字符的输入流。它与 **InputStream** 类似，只不过 **Reader** 处理的是字符而不是字节。**Reader** 有 3 个 **read** 重载方法，这 3 个方法与 **InputStream** 中的 **read** 方法类似：

```
public int read()
public int read(char[] data)
public int read(char[] data, int offset, int length)
```

这几个重载方法允许读取单个字符，或者读取多个字符并将它们存储在 **char** 数组中。另外，还有第 4 种 **read** 方法可用于将字符读入 **java.nio.CharBuffer**。

```
public int read(java.nio.CharBuffer target)
```

Reader 还提供了与 **InputStream** 中类似的方法，分别是 **close**、**mark**、**reset** 和 **skip** 方法。

16.8.2 InputStreamReader

InputStreamReader 读取字节，并使用指定的字符集将字节转换为字符，因此 **InputStreamReader** 非常适合从 **OutputStreamWriter** 或 **PrintWriter** 的输出中读取数据。关键是必须知道在写入字符时使用的编码，以便正确地读取它们。

InputStreamReader 类有 4 个构造方法，所有这些构造方法都需要传递一个 **InputStream**：

```
public InputStreamReader(InputStream in)
public InputStreamReader(InputStream in,
        java.nio.charset.Charset charset)
public InputStreamReader(InputStream in,
        java.nio.charset.CharsetDecoder decoder)
public InputStreamReader(InputStream in, String charsetName)
```

例如，要创建一个从文件中读取内容的 **InputStreamReader**，可以给它的构造方法传递一个从 **Files.newInputStream** 方法中获取的 **InputStream**：

```
Path path = ...
Charset charset = ...
InputStream inputStream = Files.newInputStream(path,
        StandardOpenOption.READ);
InputStreamReader reader = new InputStreamReader(
        inputStream, charset);
```

清单 16.5 给出了一个例子，它用 **PrintWriter** 将两个中文字符写入文件，并将其读取回来。

清单 16.5　使用 InputStreamReader

```
package app16;
import java.io.BufferedWriter;
import java.io.FileInputStream;
import java.io.IOException;
import java.io.InputStream;
```

```java
import java.io.InputStreamReader;
import java.nio.charset.Charset;
import java.nio.file.Files;
import java.nio.file.Path;
import java.nio.file.Paths;
import java.nio.file.StandardOpenOption;

public class InputStreamReaderDemo1 {
    public static void main(String[] args) {
        Path textFile = Paths.get("C:\\temp\\myFile.txt");
        Charset chineseSimplifiedCharset =
                Charset.forName("GB2312");
        char[] chars = new char[2];
        chars[0] = '\u4F60';    // 表示'你'
        chars[1] = '\u597D';    // 表示'好'
        // 写入文本
        try (BufferedWriter writer =
                Files.newBufferedWriter(textFile,
                    chineseSimplifiedCharset,
                    StandardOpenOption.CREATE)) {
            writer.write(chars);
        } catch (IOException e) {
            System.out.println(e.toString());
        }

        // 读取回来
        try (InputStream inputStream =
                Files.newInputStream(textFile,
                StandardOpenOption.READ);

            InputStreamReader reader = new
                    InputStreamReader(inputStream,
                        chineseSimplifiedCharset)) {
            char[] chars2 = new char[2];
            reader.read(chars2);
            System.out.print(chars2[0]);
            System.out.print(chars2[1]);
        } catch (IOException e) {
            System.out.println(e.toString());
        }
    }
}
```

16.8.3 BufferedReader

BufferedReader 有两个好处：包装另一个 **Reader**，并提供一个缓冲区，通常可以提高性能；提供读取一行文本的 **readLine** 方法。**readLine** 方法有以下签名：

```java
public java.lang.String readLine() throws IOException
```

它从该 **Reader** 返回一行文本，如果到达流的末尾，则返回 null。

java.nio.file.Files 类提供了一个 **newBufferedReader** 方法，它返回一个 **BufferedReader**，下面是该方法的签名：

```
public static java.io.BufferedReader newBufferedReader(Path path,
        java.nio.charset.Charset charset)
```

例如，下面的代码片段读取一个文本文件，并打印所有文本行：

```
Path path = ...
BufferedReader br = Files.newBufferedReader(path, charset);
String line = br.readLine();
while (line != null) {
    System.out.println(line);
    line = br.readLine();
}
```

另外，在 Java 5 中增加 **java.util.Scanner** 类之前，必须使用 **BufferedReader** 读取用户从控制台输入的数据。清单 16.6 给出了 **getUserInput** 方法，该方法用于获取控制台上用户的输入。

清单 16.6　getUserInput 方法

```
public static String getUserInput() {
    BufferedReader br = new BufferedReader(
            new InputStreamReader(System.in));
    try {
       return br.readLine();
    } catch (IOException ioe) {
    }
    return null;
}
```

之所以可以这样做，是因为 **System.in** 的类型是 **java.io.InputStream**。

注意　**java.util.Scanner** 类的相关内容参见第 5 章。

16.9　用 PrintStream 记录日志

到目前为止，读者已经熟悉了 **System.out** 的 **print** 方法，可以用它来显示消息，以帮助调试代码。然而，在默认情况下，**System.out** 将消息发送到控制台，但这并不总是希望的结果。例如，如果显示的数据量超过一定的行数，则前面的消息就看不见了。此外，可能还希望进一步处理消息，比如，通过电子邮件将这些消息发送出去。

PrintStream 类是 **OutputStream** 的一个间接子类，下面是它的一些构造方法：

```
public PrintStream(OutputStream out)
public PrintStream(OutputStream out, boolean autoFlush)
public PrintStream(OutputStream out, boolean autoFlush,
        String encoding)
```

PrintStream 与 **PrintWriter** 非常相似，例如，它们都有 9 个 **print** 重载方法。**PrintStream** 还有一个 **format** 方法，它类似于 **String** 类中的 format 方法。

System.out 的类型是 **java.io.PrintStream**。**System** 对象允许使用 **setOut** 方法替换默认的 **PrintStream**。清单 16.7 给出了一个将 **System.out** 重定向到某个文件的例子。

清单 16.7　将 System.out 重定向到某个文件

```java
package app16;
import java.io.IOException;
import java.io.OutputStream;
import java.io.PrintStream;
import java.nio.file.Files;
import java.nio.file.OpenOption;
import java.nio.file.Path;
import java.nio.file.Paths;
import java.nio.file.StandardOpenOption;

public class PrintStreamDemo1 {
    public static void main(String[] args) {
        Path debugFile = Paths.get("C:\\temp\\debug.txt");
        try (OutputStream outputStream = Files.newOutputStream(
                debugFile, StandardOpenOption.CREATE,
                StandardOpenOption.APPEND);
             PrintStream printStream = new PrintStream(outputStream,
                    true)) {

            System.setOut(printStream);
            System.out.println("To file");

        } catch (IOException e) {
            e.printStackTrace();
        }
    }
}
```

> 注意　还可以使用 **setIn** 和 **setErr** 方法替换 **System** 对象中默认的 **in** 和 **out**。

16.10　随机访问文件

　　使用流访问文件，意味着必须按顺序访问文件，例如，第一个字符必须在第二个字符之前读取，等等。当数据是按顺序传进来的时候，例如，如果介质是磁带（在硬盘出现之前曾广泛使用）或网络套接字，使用流是很理想的。对大多数应用程序而言，流都是很好的选择，但有时需要随机访问文件，在这种情况下，使用流就不够快了。例如，可能想要修改文件的第 1000个字节，而不必读取前 999 个字节，对于这样的随机访问，有几种 Java 类型提供了解决方案。第一个是 **java.io.RandomAccessFile** 类，它很容易使用，但现在已经过时。第二个是 **java.nio. channels.SeekableByteChannel** 接口，新的应用程序应该使用它。关于 **RandomAccessFile** 的讨论可在本书第 2 版的第 13 章中找到，但本书只讲解如何使用 **SeekableByteChannel** 随机访问文件。

　　SeekableByteChannel 可以执行读和写操作。可以使用 **Files** 类的 **newByteChannel** 方法获得 **SeekableByteChannel** 的实现：

```java
public static java.nio.channels.SeekableByteChannel
        newByteChannel(Path path, OpenOption... options)
```

当使用 **Files.newByteChannel()** 打开文件时，可以选择一种打开方式，如只读、读写或创

建-追加。示例如下:

```
Path path1 = ...
SeekableByteChannel readOnlyByteChannel =
       Files.newByteChannel(path1, EnumSet.of(READ)));

Path path2 = ...
SeekableByteChannel writableByteChannel =
       Files.newByteChannel(path2, EnumSet.of(CREATE,APPEND));
```

SeekableByteChannel 使用一个内部指针指向下一个要读或写的字节。可以通过调用 **position** 方法获得指针的位置:

```
long position() throws java.io.IOException
```

当一个 **SeekableByteChannel** 被创建时,它最初指向第一个字节,**position()**返回 0L。可以通过调用另一个 **position** 方法更改指针的位置,该方法的签名如下:

```
SeekableByteChannel position(long newPosition)
        throws java.io.IOException
```

指针位置从 0 开始,也就是第一个字节由索引 0 表示。可以传递一个大于文件大小的数字而会不引发异常,但这不会改变文件的大小。**size** 方法返回与 **SeekableByteChannel** 连接的资源的当前大小:

```
long size() throws java.io.IOException
```

SeekableByteChannel 非常简单。要从底层文件读取或写入,分别调用它的 **read** 和 **write** 方法:

```
int read(java.nio.ByteBuffer buffer) throws java.io.IOException
int write(java.nio.ByteBuffer buffer) throws java.io.IOException
```

read 和 **write** 方法都带 **java.nio.ByteBuffer** 参数。这意味着要使用 **SeekableByteChannel**,需要熟悉 **ByteBuffer** 类。下面是 **ByteBuffer** 的简单介绍。

ByteBuffer 是 **java.nio.Buffer** 的众多后代之一,**Buffer** 是用于特定基本类型的数据容器。**ByteBuffer** 当然是字节的缓冲区。**Buffer** 的其他子类包括 **CharBuffer**、**DoubleBuffer**、**FloatBuffer**、**IntBuffer**、**LongBuffer** 和 **ShortBuffer** 等。

每个缓冲区都有一个容器,表示它包含的元素的数量。它使用一个内部指针指向下一个要读或写的元素。创建 **ByteBuffer** 的一个简单方法是调用 **ByteBuffer** 类的静态 **allocate** 方法:

```
public static ByteBuffer allocate(int capacity)
```

例如,要创建一个容量为 100 的 **ByteBuffer**,可以这样写:

```
ByteBuffer byteBuffer = ByteBuffer.allocate(100);
```

可能已经猜到,**ByteBuffer** 受字节数组的支持。要检索这个数组,可以调用 **ByteBuffer** 的 **array** 方法:

```
public final byte[] array()
```

数组的长度与 **ByteBuffer** 的容量相同。

ByteBuffer 提供了两种写字节的 **put** 方法:

```
public abstract ByteBuffer put(byte b)
public abstract ByteBuffer put(int index, byte b)
```

第一个 **put** 方法对 **ByteBuffer** 的内部指针所指向的元素进行写操作。第二个方法允许通过指定索引将字节写入指定位置。

还有两个 **put** 方法可用于写入字节数组。第一个方法允许将字节数组或其子集的内容复制到 **ByteBuffer**，该方法的签名如下：

```
public ByteBuffer put(byte[] src, int offset, int length)
```

src 参数是源字节数组，offset 是 src 中第一个字节的位置，length 是要复制的字节数。

第二个 **put** 方法将整个源字节数组从位置 0 开始写入：

```
public ByteBuffer put(byte[] src)
```

ByteBuffer 还提供了各种 **putXXX** 方法，用于向缓冲区写入不同的数据类型。例如，**putInt** 写一个 **int**，而 **putShort** 写一个 **short**。**putXXX** 有两个版本，一个用于将值放在 **ByteBuffer** 内部指针指向的下一个位置，另一个用于将值写入一个绝对位置。**putInt** 方法的签名如下：

```
public abstract ByteBuffer putInt(int value)
public abstract ByteBuffer putInt(int index, int value)
```

要从 **ByteBuffer** 读取数据，**ByteBuffer** 类提供了许多 **get** 和 **getXXX** 方法，它们有两种方式，一种用于从相对位置读取数据，另一种用于从绝对位置读取数据。下面是一些 **get** 和 **getXXX** 方法的签名：

```
public abstract byte get()
public abstract byte get(int index)
public abstract float getFloat()
public abstract float getFloat(int index)
```

这就是需要了解的关于 **ByteBuffer** 的所有内容，现在就可以学习 **SeekableByteChannel** 了。清单 16.8 给出了 **SeekableByteChannel** 的用法。

清单 16.8　随机访问文件

```
package app16;
import java.io.IOException;
import java.nio.ByteBuffer;
import java.nio.channels.SeekableByteChannel;
import java.nio.file.Files;
import java.nio.file.Path;
import java.nio.file.Paths;
import java.nio.file.StandardOpenOption;

public class SeekableByteChannelDemo1 {

    public static void main(String[] args) {
        ByteBuffer buffer = ByteBuffer.allocate(12);
        System.out.println(buffer.position()); // 输出 0
        buffer.putInt(10);
        System.out.println(buffer.position()); // 输出 4
        buffer.putLong(1234567890L);
        System.out.println(buffer.position()); // 输出 12
        buffer.rewind();                       // 设置位置为 0
        System.out.println(buffer.getInt());   // 输出 10
        System.out.println(buffer.getLong());  // 输出 1234567890
```

```
                buffer.rewind();
                System.out.println(buffer.position()); // 输出 0

                Path path = Paths.get("C:/temp/channel");
                System.out.println("------------------------");
                try (SeekableByteChannel byteChannel =
                        Files.newByteChannel(path,
                            StandardOpenOption.CREATE,
                            StandardOpenOption.READ,
                            StandardOpenOption.WRITE);) {
                    System.out.println(byteChannel.position()); // 输出 0
                    byteChannel.write(buffer);
                    System.out.println(byteChannel.position()); // 输出 20

                    // 读取文件
                    ByteBuffer buffer3 = ByteBuffer.allocate(40);
                    byteChannel.position(0);
                    byteChannel.read(buffer3);
                    buffer3.rewind();
                    System.out.println("get int:" + buffer3.getInt());
                    System.out.println("get long:" + buffer3.getLong());
                    System.out.println(buffer3.getChar());
                } catch (IOException e) {
                    e.printStackTrace();
                }
            }
        }
```

清单 16.8 中的 **SeekableByteChannelDemo1** 类首先创建一个容量为 12 的 **ByteBuffer**，并在其中放入一个 **int** 和一个 **long**。记住，**int** 是 4 字节长，**long** 是 8 字节长。

```
ByteBuffer buffer = ByteBuffer.allocate(12);
buffer.putInt(10);
buffer.putLong(1234567890L);
```

在接收到 **int** 和 **long** 之后，缓冲区的位置是 12：

```
System.out.println(buffer.position()); // 输出 12
```

然后，该类创建一个 **SeekableByteChannel** 并调用它的 **write** 方法，传递 **ByteBuffer**：

```
Path path = Paths.get("C:/temp/channel");
try (SeekableByteChannel byteChannel =
        Files.newByteChannel(path,
            StandardOpenOption.CREATE,
            StandardOpenOption.READ,
            StandardOpenOption.WRITE);) {
    byteChannel.write(buffer);
```

随后，它将文件读取回来并将结果打印到控制台：

```
// 读取文件
ByteBuffer buffer3 = ByteBuffer.allocate(40);
byteChannel.position(0);
byteChannel.read(buffer3);
buffer3.rewind();
System.out.println("get int:" + buffer3.getInt());
```

```
System.out.println("get long:" + buffer3.getLong());
System.out.println(buffer3.getChar());
```

16.11　对象序列化

有时需要将对象持久化到永久存储设备中，以便保存对象的状态供以后检索。Java 通过对象序列化（object serialization）支持这一点。要序列化对象，即要将对象保存到永久存储设备中，可以使用 **ObjectOutputStream**。要反序列化（deserialize）对象，即检索保存的对象，可 使 用 **ObjectInputStream**。**ObjectOutputStream** 是 **OutputStream** 的 一 个 子 类，**ObjectInputStream** 派生自 **InputStream** 类。

ObjectOutputStream 类有一个公共构造方法：

```
public ObjectOutputStream(OutputStream out)
```

创建 **ObjectOutputStream** 之后，就可以序列化对象或基本类型，或者两者的组合。**ObjectOutputStream** 类为每种类型提供了 **writeXXX** 方法，其中 **XXX** 表示类型。下面是 **writeXXX** 方法的列表：

```
public void writeBoolean(boolean value)
public void writeByte(int value)
public void writeBytes(String value)
public void writeChar(int value)
public void writeChars(String value)
public void writeDouble(double value)
public void writeFloat(float value)
public void writeInt(int value)
public void writeLong(long value)
public void writeShort(short value)
public void writeObject(java.lang.Object value)
```

要使对象可序列化，它的类必须实现 **java.io.Serializable** 接口。这个接口没有方法，是一个标记接口。标记接口告诉 JVM 实现类的实例属于某种类型的接口。

如果序列化的对象包含其他对象，则所包含对象的类也必须实现 **Serializable** 接口，以便所包含的对象也可以序列化。

ObjectInputStream 类有一个公共构造方法：

```
public ObjectInputStream(InputStream in)
```

要从文件反序列化，可以传递连接到文件接收装置的 **InputStream**。**ObjectInputStream** 类具有与 **ObjectOutputStream** 中的 **writeXXX** 方法相反的方法，这些方法如下：

```
public boolean readBoolean()
public byte readByte()
public char readChar()
public double readDouble()
public float readFloat()
public int readInt()
public long readLong()
public short readShort()
public java.lang.Object readObject()
```

| 重要提示 | 对象序列化基于先进先出（FIFO）方法。当反序列化多个基本类型/对象时，最先序列化的对象必须是先反序列化对象。 |

清单 16.9 显示了一个序列化 **int** 和 **Customer** 对象的类。注意，清单 16.10 中给出的 **Customer** 类实现了 **Serializable** 接口。序列化运行时为每个可序列化类关联一个名为 serialVersionUID 的版本号。这个数字在反序列化期间用于验证序列化对象的发送方和接收方是否已为该对象加载了与序列化兼容的类。所有实现 **Serializable** 的类都应该声明一个静态的 final long serialVersionUID 字段；否则，序列化运行时将自动计算一个。

清单 16.9　对象序列化范例

```java
package app16;
import java.io.IOException;
import java.io.InputStream;
import java.io.ObjectInputStream;
import java.io.ObjectOutputStream;
import java.io.OutputStream;
import java.nio.file.Files;
import java.nio.file.Path;
import java.nio.file.Paths;
import java.nio.file.StandardOpenOption;

public class ObjectSerializationDemo1 {

    public static void main(String[] args) {
        // 序列化
        Path path = Paths.get("C:\\temp\\objectOutput");
        Customer customer = new Customer(1, "Joe Blog",
                "12 West Cost");
        try (OutputStream outputStream =
                Files.newOutputStream(path,
                        StandardOpenOption.CREATE);
            ObjectOutputStream oos = new
                    ObjectOutputStream(outputStream)) {

            // 写出第一个对象
            oos.writeObject(customer);
            // 写出第二个对象
            oos.writeObject("Customer Info");
        } catch (IOException e) {
            System.out.print("IOException");
        }

        // 反序列化
        try (InputStream inputStream = Files.newInputStream(path,
                StandardOpenOption.READ);
            ObjectInputStream ois = new
                    ObjectInputStream(inputStream)) {
            // 读第一个对象
            Customer customer2 = (Customer) ois.readObject();
            System.out.println("First Object: ");
            System.out.println(customer2.id);
            System.out.println(customer2.name);
```

```
            System.out.println(customer2.address);

            // 读第二个对象
            System.out.println();
            System.out.println("Second object: ");
            String info = (String) ois.readObject();
            System.out.println(info);
        } catch (ClassNotFoundException ex) { // 仍然抛出异常
            System.out.print("ClassNotFound " + ex.getMessage());
        } catch (IOException ex2) {
            System.out.print("IOException " + ex2.getMessage());
        }
    }
}
```

清单 16.10   Customer 类

```
package app16;
import java.io.Serializable;

public class Customer implements Serializable {
    private static final long serialVersionUID = 1L;

    public int id;
    public String name;
    public String address;
    public Customer (int id, String name, String address) {
        this.id = id;
        this.name = name;
        this.address = address;
    }
}
```

16.12   小结

输入/输出操作是通过 **java.io** 包的成员支持的。可以通过流来读取和写出数据，数据分为二进制数据和文本。另外，Java 还支持使用 **Serializable** 接口、**ObjectInputStream** 和 **ObjectOutputStream** 类进行对象序列化。

习题

1. 什么是 I/O 流？
2. 说出 **java.io** 包中表示流的 4 个抽象类。
3. 什么是对象序列化？
4. 一个类需要具备什么条件才可以进行可序列化？

第 17 章

注解

注解（annotation）是指示 Java 编译器执行某些操作的说明。Java 注解最初是在 JSR 175 "用于 Java 编程语言的元数据工具"中定义的。后来的 JSR 250 "Java 平台的常用注解"为一般概念添加了注解。

本章首先概述注解，然后讲述如何使用标准和一般注解，最后讨论如何编写自己的定制注解类型。

17.1 概述

注解是给 Java 编译器提供的说明。在源文件中为程序元素添加注解时，是将说明添加到源文件的 Java 程序元素上。可以标注 Java 包、类型（类、接口、枚举类型）、构造方法、方法、字段、参数和局部变量。例如，可以标注一个 Java 类，阻止 **javac** 程序可能发出的任何警告。或者，对要覆盖的方法进行标注，要求编译器检验是否真正覆盖了方法，而不是重载它。

可以指示 Java 编译器是解释注解还是丢弃注解（因此这些注解只存在于源文件中），或者将注解包含在生成的 Java 类中。Java 虚拟机也可能会忽略 Java 类中包含的注解，或者将它们加载到虚拟机中。后一种类型称为运行时可见（runtime-visible）注解，可以通过反射来查询它们。

17.1.1 注解和注解类型

在学习注解时，经常遇到两个术语：注解（annotation）和注解类型（annotation type）。要理解它们的含义，首先要记住：注解类型是一种特殊的接口类型。注解是注解类型的一个实例。与接口一样，注解类型也有名称和成员。注解中包含的信息采用键/值对的形式，可以有 0 个或多个键/值对。每个键都有特定的类型，如 String、int 或其他 Java 类型。没有键/值对的注解类型称为标记注解类型（marker annotation type）。只有一个键/值对的注解类型称为单值注解类型（single-value annotation type）。

注解最早是在 Java 5 中引入的，最开始有 3 种注解类型：**Deprecated**、**Override** 和 **SupressWarnings**。它们都定义在 **java.lang** 包中，读者将在 17.2 节中学习如何使用它们（Java 7 和 Java 8 又在 **java.lang** 包中添加了 **SafeVarargs** 和 **FunctionalInterface** 注解类型）。此外，**java.lang.annotation** 包中还包含其他 6 种注解类型，包括 **Documented**、**Inherited**、**Retention** 和 **Target** 等，这 4 种注解类型用来对注解进行标注。Java 6 添加了一般注解，相关内容参见 17.3 节。

17.1.2 注解语法

可使用下面的语法来声明注解类型：

@AnnotationType

或者

@AnnotationType(elementValuePairs)

第一种语法用于声明标记注解类型，第二种语法用于声明单值或多值注解类型。符号@和注解类型之间可以有空格，但不建议这样做。

例如，下面是标记注解类型 **Deprecated** 的方式：

`@Deprecated`

下面的代码使用了多值注解类型 **Author**，它使用的是第二种语法格式：

`@Author(firstName="Ted",lastName="Diong")`

这条规则有一个例外。如果注解类型只有一个键/值对，而且键的名称是 **value**，那么还可以省略括号中的键名。因此，假设注解类型 **Stage** 只有一个名为 **value** 的键，就可以像下面这么写：

`@Stage(value=1)`

或者

`@Stage(1)`

17.1.3 Annotation 接口

一个注解类型就是一个 Java 接口，所有注解类型都是 **java.lang.annotation.Annotation** 的子接口。其中有一个方法 **annotationType** 返回 **java.lang.Class** 对象：

`java.lang.Class<? extends Annotation> annotationType()`

此外，**Annotation** 的任何实现都将覆盖 **java.lang.Object** 的 **equals**、**hashCode** 和 **toString** 3 个方法。以下是它们的默认实现：

`public boolean equals(Object object)`

如果 *object* 是与此注解类型相同的注解类型的实例，且 *object* 的所有成员都与此注解的对应成员相等，则返回 **true**：

`public int hashCode()`

返回该注解对象的散列码，该散列码是其成员的散列码之和：

`public String toString()`

返回该注解的字符串表示形式，它一般会列出该注解的所有键/值对。

在本章后面学习自定义注解类型时，我们将用到这个类。

17.2 标准注解

注解是 Java 5 中的一个新特性，最初有 3 个标准注解：**Override**、**Deprecated** 和 **SupressWarnings**，它们都定义在 **java.lang** 包中。本节将逐一讨论它们。

17.2.1 Override

Override 是一种标记注解类型，可应用于方法，它告诉编译器该方法是超类中一个方法的覆盖。这个注解类型可以防止程序员在覆盖方法时出错。

例如，考虑下面这个 **Parent** 类：

```
class Parent {
    public float calculate(float a, float b) {
        return a * b;
    }
}
```

假设想要扩展 **Parent** 类并覆盖它的 **calculate** 方法，下面是 **Parent** 类的子类：

```
public class Child extends Parent {
    public int calculate(int a, int b) {
        return (a + 1) * b;
    }
}
```

Child 类可以被编译。但是，**Child** 类中的 **calculate** 方法并不是 **Parent** 类中 **calculate** 方法的覆盖，因为它们的签名不同，即它返回且接收的是 int 而不是 float。在本例中，很容易发现这样的编程错误，因为可同时看到 **Parent** 类和 **Child** 类的定义。不过，并不总是这么幸运，有时父类被深藏在另一个包中。这个看似微不足道的错误可能是致命的，因为当一个客户端类在 **Child** 对象上调用 **calculate** 方法并传递两个 float 数时，它调用的是 **Parent** 类中的方法并返回了错误的结果。

使用 **Override** 注解类型可以防止这种错误。如果想覆盖一个方法，就在方法前面加上 **Override** 注解类型：

```
public class Child extends Parent {
    @Override
    public int calculate(int a, int b) {
        return (a + 1) * b;
    }
}
```

这一次，编译器将生成一个编译错误，并给出警告：**Child** 类中的 **calculate** 方法不是 **Parent** 类 **calculate** 方法的覆盖。

显然，当程序员打算覆盖方法而不是重载某个方法时，使用**@Override** 注解可以确保是真正覆盖了这个方法。

17.2.2 Deprecated

Deprecated 是一个标记注解类型，可应用于某个方法或某个类型，表示该方法或该类型已被弃用。被弃用的方法或类型由程序员标记，以警告编写代码的用户不应使用或覆盖该方法以及使用或扩展该类型。之所以将方法或类型标记为已弃用，通常是因为存在更好的方法或类型，并且为了向后兼容，当前软件版本中保留了已弃用的方法或类型，例如，清单 17.1 中的 **DeprecatedDemo1** 类就使用了 **Deprecated** 注解类型。

清单 17.1　标识某一个方法为 Deprecated

```
package app17;
public class DeprecatedDemo1 {
    @Deprecated
    public void serve() {
    }
}
```

如果使用或覆盖一个已弃用的方法，则在编译时将收到一条警告。例如，清单 17.2 的 **DeprecatedDemo2** 类中使用了 **DeprecatedDemo1** 类中的 **serve** 方法。

清单 17.2　使用一个已弃用的方法

```
package app17;
public class DeprecatedDemo2 {
    public static void main(String[] args) {
        DeprecatedDemo1 demo = new DeprecatedDemo1();
        demo.serve();
    }
}
```

编译 **DeprecatedDemo2** 将产生以下警告：

```
Note: app17/DeprecatedDemo2.java uses or overrides a deprecated API.
Note: Recompile with -Xlint:deprecation for details.
```

除此之外，还可以使用**@Deprecated** 标记类或接口，如清单 17.3 所示。

清单 17.3　将一个类标记为已弃用

```
package app17;
@Deprecated
public class DeprecatedDemo3 {
    public void serve() {
    }
}
```

17.2.3 SuppressWarnings

读者也许已经猜到，使用 **SuppressWarnings** 注解是为了阻止编译器发出警告。该注解可应用于类型、构造方法、方法、字段、参数和局部变量等。

可以通过传递一个包含需要阻止的警告的字符串数组来使用 **SuppressWarnings**，语法如下：

```
@SuppressWarnings (value ={String-1,…,string-n})
```

其中 string-1 到 string-n 表示要阻止的一组警告。重复的和未识别的警告将被忽略。

以下是@SuppressWarnings 的有效参数。

（1）**unchecked**，提供有关 Java 语言规范强制要求的未检查转换警告的详细信息。

（2）**path**，警告不存在路径（类路径、源路径等）目录。

（3）**serial**，警告可序列化类上缺少 serialVersionUID 字段定义。

（4）**finally**，警告无法正常完成的 finally 子句。

（5）**fallthrough**，检查 switch 块是否有直接执行（fall-through）的情况，即除了块中的最后一个 case（代码不包含 **break** 语句，从而允许代码执行从这个 case 直接通往下一个 case 标签）的其他情况。例如，下面这个 **switch** 块中 **case 2** 标签后面的代码不包含 **break** 语句：

```
switch (i) {
case 1:
    System.out.println("1");
    break;
case 2:
    System.out.println("2");
    //  直接通往下一个 case
case 3:
    System.out.println("3");
}
```

例如，清单 17.4 中的 **SuppressWarningsDemo1** 类使用了 **SuppressWarnings** 注解类型来阻止编译器发出 **unchecked** 和 **fallthrough** 警告。

清单 17.4　使用@SuppressWarnings

```
package app17;
import java.io.File;
import java.io.Serializable;
import java.util.ArrayList;

@SuppressWarnings(value={"unchecked","Serial"})
public class SuppressWarningsDemo1 implements Serializable {
    public void openFile() {
        ArrayList a = new ArrayList();
        File file = new File("X:/java/doc.txt");
    }
}
```

17.3　一般注解

Java 包含 JSR 250 的一个实现——"Java 平台的一般注解"，它为一般概念指定了注解。这个 JSR 的目标是避免不同的 Java 技术定义类似的注解（那将导致重复）。

读者可以从 http://jcp.org/en/jsr/detail?id=250 下载文档，从中可以找到一般注解的完整列表。

遗憾的是，除了 **Generated** 注解，它里面指定的所有注解都是高级内容，或是适合 Java EE 的内容，超出了本书的范围，因此本书只讨论一个常见的注解：**@Generated**。

@Generated 用于标记计算机生成的源代码，而不是手工编写的代码，它可以应用于类、方法和字段。**@Generated** 的参数包括：**value**，代码生成器的名称，约定使用生成器的完全限定名；**date**，代码生成的日期，它的格式必须符合 ISO 8601；**comments**，生成代码附带的注释。

例如，清单 17.5 中的**@Generated** 用于对一个生成的类进行标注。

清单 17.5　使用@Generated

```
package app17;
import javax.annotation.Generated;

@Generated(value="com.example.robot.CodeGenerator",
           date="2014-12-31", comments="Generated code")
public class GeneratedTest {

}
```

17.4　标准元注解

元注解（meta annotation）是对注解进行标注的注解，有 4 种元注解类型可用于标注注解：**Documented**、**Inherited**、**Retention** 和 **Target**。这 4 个注解定义在 **java.lang.annotation** 包中。本节将讨论这几个注解类型。

17.4.1　Documented

Documented 是一种标记注解类型，用于对一个注解类型的声明进行标注，以使该注解类型的实例包含在使用 **Javadoc** 或类似工具生成的文档中。

例如，**Override** 注解没有使用 **Documented** 进行标注。因此，如果使用 **Javadoc** 生成一个方法被标注为**@Override** 的类，在结果文档中将看不到**@Override** 的任何踪迹。

例如，清单 17.6 显示了一个 **OverrideDemo2** 类，它使用**@Override** 来标注 **toString** 方法。

清单 17.6　OverrideDemo2 类

```
package app17;
public class OverrideDemo2 {
    @Override
    public String toString() {
        return "OverrideDemo2";
    }
}
```

此外，**Deprecated** 注解类型则使用了**@Documented** 进行标注。还记得吗？清单 17.2 中的 **DeprecatedTest** 类中的 **serve** 方法使用了**@Deprecated** 注解标注。现在，如果用 **Javadoc** 为 **OverrideTest2** 生成文档，那么文档中 **serve** 方法的描述将包括**@Deprecated** 信息，如下所示：

```
serve
@Deprecated
public void serve()
```

17.4.2　Inherited

使用 **Inherited** 对一种注解类型进行标注，使得这个注解类型的任何实例都会被继承。如果用 **Inherited** 注解类型标注一个类，那么这个注解就会被标注类的所有子类继承。如果用户在一个类声明中查询这个注解类型，并且该类声明没有这个类型的注解，那么这个类的父类将自动查询这种注解类型。这个过程将重复进行，直至找到该类型的注解，或者到达根类为止。

关于如何查询某一种注解类型的内容，请参阅 17.5 节。

17.4.3 Retention

@Retention 表示用它标注的注解类型会保留多长时间，**@Retention** 的元素值是 **java.lang.annotation.RetentionPolicy** 枚举成员：

（1）**SOURCE** 表示注解将被 Java 编译器丢弃；

（2）**CLASS** 表示注解被保存在类文件中，但不被 JVM 保存，它是默认值；

（3）**RUNTIME** 表示注解要被 JVM 保存，以便可以利用反射查询到它们。

例如，**SupressWarnings** 注解的声明就使用了 **@Retention** 注解标注，并且它的值为 **SOURCE**：

```
@Retention(value=SOURCE)
public @interface SuppressWarnings
```

17.4.4 Target

Target 表示该注解类型标注的注解实例可以对哪个（些）程序元素进行标注。**Target** 的值是 **java.lang.annotation.ElementType** 枚举的一个成员：

（1）**ANNOTATION_TYPE**，被标注的注解类型可用于标注注解类型声明；

（2）**CONSTRUCTOR**，被标注的注解类型可用于标注构造方法声明；

（3）**FIELD**，被标注的注解类型可用于标注字段声明；

（4）**LOCAL_VARIABLE**，被标注的注解类型可用于标注局部变量声明；

（5）**METHOD**，被标注的注解类型可用于标注方法声明；

（6）**PACKAGE**，被标注的注解类型可用于标注包声明；

（7）**PARAMETER**，被标注的注解类型可用于标注参数声明；

（8）**TYPE**，被标注的注解类型可用于标注类型声明。

作为示例，**Override** 注解类型使用下列 **Target** 注解进行标注，这使得 **Override** 只适用于方法声明：

```
@Target(value=METHOD)
```

在 **Target** 注解中可以有多个值，例如，下面是 **SuppressWarnings** 的部分声明：

```
@Target(value={TYPE,FIELD, METHOD, PARAMETER,CONSTRUCTOR,
LOCAL_VARIABLE})
```

17.5 自定义注解类型

注解类型属于 Java 接口，只是在声明注解类型时必须在 **interface** 关键字之前添加@符号：

```
public @interface CustomAnnotation {
}
```

默认情况下，所有注解类型都隐式或显式地扩展 **java.lang.annotation.Annotation** 接口。此外，即使可以扩展注解类型，也不能将其子类型视为注解类型。

17.5.1　编写自定义注解类型

清单 17.7 给出了一个名为 **Author** 的自定义注解类型。

清单 17.7　Author 注解类型

```
package app17.custom;
import java.lang.annotation.Documented;
import java.lang.annotation.Retention;
import java.lang.annotation.RetentionPolicy;

@Documented
@Retention(RetentionPolicy.RUNTIME)
public @interface Author {
    String firstName();
    String lastName();
    boolean internalEmployee();
}
```

17.5.2　使用自定义注解类型

Author 注解类型与任何其他 Java 类型一样，一旦将它导入某个类或接口中，就可以简单地像下面这样使用它：

```
@Author(firstName="firstName",lastName="lastName",
internalEmployee=true|false)
```

例如，清单 17.8 中的 **Test1** 类使用了 **Author** 注解。

清单 17.8　标注 Author 的类

```
package app17.custom;
@Author(firstName="John",lastName="Guddell",internalEmployee=true)
public class Test1 {
}
```

是这样吗？是的，就是这样。很简单，不是吗？我们将在下一节展示 **Author** 注解有多好用。

17.5.3　用反射查询注解

java.lang.Class 类有几个与注解有关的方法。

```
public <A extends java.lang.annotation.Annotation> A getAnnotation
        (Class<A> annotationClass)
```

如果注解存在，返回该元素指定注解类型的注解；否则，返回 **null**。

```
public java.lang.annotation.Annotation[] getAnnotations()
```

将返回这个类中出现的所有注解。

```
public boolean isAnnotation()
```

如果该类是注解类型，则返回 **true**。

```
public boolean isAnnotationPresent(Class<? Extends
        java.lang.annotation.Annotation> annotationClass)
```

表明这个类中是否存在指定类型的注解。

app17.custom 包有 3 个测试类：**Test1**、**Test2** 和 **Test3**，它们都是带 **Author** 注解的类。清单 17.9 显示了一个测试类，该类使用反射来查询注解。

清单 17.9　使用反射来查询注解

```java
package app17.custom;

public class CustomAnnotationDemo1 {
    public static void printClassInfo(Class c) {
        System.out.print(c.getName() + ". ");
        Author author = (Author) c.getAnnotation(Author.class);
        if (author != null) {
            System.out.println("Author:" + author.firstName()
                    + " " + author.lastName());
        } else {
            System.out.println("Author unknown");
        }
    }

    public static void main(String[] args) {
        CustomAnnotationDemo1.printClassInfo(Test1.class);
        CustomAnnotationDemo1.printClassInfo(Test2.class);
        CustomAnnotationDemo1.printClassInfo(Test3.class);
        CustomAnnotationDemo1.printClassInfo(
                CustomAnnotationDemo1.class);
    }
}
```

运行上述代码，将在控制台上看到以下消息：

```
app17.custom.Test1. Author:John Guddell
app17.custom.Test2. Author:John Guddell
app17.custom.Test3. Author:Lesley Nielsen
app17.custom.CustomAnnotationDemo1. Author unknown
```

17.6　小结

使用注解指示 Java 编译器对被标注的程序元素执行某些操作。任何程序元素都可以使用注解，包括 Java 包、类、构造方法、字段、方法、参数和局部变量等。本章解释了标准注解类型，并讲解了创建自定义注解类型的方法。

习题

1. 什么是注解类型？
2. 什么是元注解？
3. Java 5 中最早包含的标准注解类型有哪些？

第 18 章

嵌套类和内部类

嵌套类（nested class）和内部类（inner class）经常令初学者困惑不已，但它们还是有优点的。本章将对这两个主题进行适当的讨论。例如，可以使用嵌套类完全隐藏实现，可以用内部类实现编写事件监听器的快捷方法。

本章先定义什么是嵌套类和内部类，然后讨论嵌套类的各种类型。

18.1 嵌套类的概述

让我们从学习嵌套类和内部类的正确定义开始。嵌套类是在另一个类或接口的内部声明的类。嵌套类有两种类型：静态嵌套类（static nested class）和非静态嵌套类（non-static nested class）。非静态嵌套类又称为内部类。内部类包括成员内部类（member inner class）、局部内部类（local inner class）和匿名内部类（anonymous inner class）这 3 种类型。

术语"顶级类（top level class）"指不是在另一个类或接口中定义的类。换句话说，没有任何类可以包含顶级类。嵌套类的行为非常类似于普通（顶级）类。嵌套类可以扩展另一个类、实现接口、成为子类的父类等。下面是一个名为 **Nested** 的简单嵌套类的示例，它定义在名为 **Outer** 的顶级类中：

```
package app18;
public class Outer {
    class Nested {
    }
}
```

尽管不常见，还可以在一个嵌套类中定义另一个嵌套类，就像下面这样：

```
package app18;
public class Outer {
    class Nested {
        class Nested2 {
        }
    }
}
```

对于顶级类而言，嵌套类就像其他类成员一样，比如方法和字段。例如，嵌套类可以使用 4 个访问修饰符之一：private、protected、默认（包可访问）和 public。这一点与顶级类不同，顶级类只能访问 public 或默认访问修饰符。

由于嵌套类是外层类（enclosing class）的成员，因此静态嵌套类的行为与内部类的行为并不完全相同，下面是它们的一些不同之处。

（1）静态嵌套类可以有静态成员，而内部类不能。

（2）就像实例方法一样，内部类可以访问外层类的静态和非静态成员，包括其私有成员。而静态嵌套类只能访问外层类的静态成员。

（3）不需要先创建外层类的实例，就可以创建静态嵌套类的实例。相反，在实例化内部类之前，必须先创建一个包含内部类的外层类的实例。

内部类有以下优点。

（1）内部类可以访问外层类的所有（包括 private）成员。

（2）内部类有助于完全隐藏一个类的实现。

（3）内部类提供了在 Swing 和其他基于事件的应用程序中编写监听器的快捷方法。

现在，让我们来看看各种类型的嵌套类。

18.2 静态嵌套类

可以在不创建外层类实例的情况下创建静态嵌套类，如清单 18.1 所示。

清单 18.1 一个静态嵌套类

```
package app18;
class Outer1 {
    private static int value = 9;
    static class Nested1 {
        int calculate() {
            return value;
        }
    }
}

public class StaticNestedDemo1 {
    public static void main(String[] args) {
        Outer1.Nested1 nested = new Outer1.Nested1();
        System.out.println(nested.calculate());
    }
}
```

关于静态嵌套类，下面几点需要注意。

（1）使用以下格式引用嵌套类：

```
OuterClassName.InnerClassName
```

（2）不需要创建外层类的实例就可以实例化静态嵌套类。

（3）可以从静态嵌套类内部访问外层类静态成员。

此外，如果在嵌套类中声明了与外层类中的成员名称相同的成员，则前者将隐藏后者。但是，始终可以使用下面的格式引用外层类中的成员：

```
OuterClassName.memberName
```

注意，即使 *memberName* 是 private 的，它仍然会正常运行，如清单 18.2 所示。

清单 18.2　隐藏外层类的成员

```
package app18;
class Outer2 {
    private static int value = 9;
    static class Nested2 {
        int value = 10;
        int calculate() {
            return value;
        }
        int getOuterValue() {
            return Outer2.value;
        }
    }
}

public class StaticNestedDemo2 {
    public static void main(String[] args) {
        Outer2.Nested2 nested = new Outer2.Nested2();
        System.out.println(nested.calculate());       // 返回 10
        System.out.println(nested.getOuterValue()); // 返回 9
    }
}
```

18.3　成员内部类

成员内部类是一个类，该类的定义直接由另一个类或接口声明包围。仅在有一个外部类的实例引用时才能创建成员内部类的实例。要在外层类中创建内部类的实例，可以像调用其他普通类一样调用内部类的构造方法。但是，要在外层类的层外部创建内部类的实例，可以使用以下语法：

```
EnclosingClassName.InnerClassName inner =
        enclosingClassObjectReference.new InnerClassName();
```

像往常一样，在内部类中，可以使用关键字 **this** 引用当前实例（内部类的实例）。要引用外层类的实例，可以使用以下语法：

```
EnclosingClassName.this
```

清单 18.3 显示了如何创建内部类的实例。

清单 18.3　成员内部类

```
package app18;
class TopLevel {
    private int value = 9;
    class Inner {
        int calculate() {
            return value;
        }
    }
}

public class MemberInnerDemo1 {
    public static void main(String[] args) {
```

```
        TopLevel topLevel = new TopLevel();
        TopLevel.Inner inner = topLevel.new Inner();
        System.out.println(inner.calculate());
    }
}
```

注意，清单 18.3 中内部类的实例是如何创建的？

成员内部类可用于完全隐藏一种实现，如果不使用内部类，则无法完成此操作。清单 18.4 展示了如何使用内部类完全隐藏一种实现。

清单 18.4　完全隐藏实现

```
package app18;
interface Printer {
    void print(String message);
}
class PrinterImpl implements Printer {
    public void print(String message) {
        System.out.println(message);
    }
}
class SecretPrinterImpl {
    private class Inner implements Printer {
        public void print(String message) {
            System.out.println("Inner:" + message);
        }
    }
    public Printer getPrinter() {
        return new Inner();
    }
}
public class MemberInnerDemo2 {
    public static void main(String[] args) {
        Printer printer = new PrinterImpl();
        printer.print("oh");
        // 向下转换为 PrinterImpl
        PrinterImpl impl = (PrinterImpl) printer;

        Printer hiddenPrinter =
                (new SecretPrinterImpl()).getPrinter();
        hiddenPrinter.print("oh");
        // 无法将 hiddenPrinter 向下转换成 Outer.Inner
        // 因为 Inner 是 private 的
    }
}
```

其中的 **Printer** 接口有两个实现：第一个 **PrinterImpl** 是一个普通实现类，它将 **print** 方法作为 public 方法实现；第二个实现在 **SecretPrinterImpl** 类中。但是，**SecretPrinterImpl** 并没有实现 **Printer** 接口，而是定义了一个名为 **Inner** 的 private 类，用它来实现 **Printer** 接口。**SecretPrinterImpl** 的 **getPrinter** 方法则返回 **Inner** 的一个实例。

PrinterImpl 和 **SecretPrinterImpl** 有什么区别呢？可以从测试类中的 main 方法中看到：

```
Printer printer = new PrinterImpl();
printer.print("Hiding implementation");
```

```
// 向下转换为 PrinterImpl
PrinterImpl impl = (PrinterImpl) printer;

Printer hiddenPrinter = (new SecretPrinterImpl()).getPrinter();
hiddenPrinter.print("Hiding implementation");
// 无法将 hiddenPrinter 向下转换成 Outer.Inner
// 因为 Inner 是 private 的
```

为 **printer** 赋一个 **PrinterImpl** 实例，然后就可以将 **printer** 向下转换回 **PrinterImpl** 实例。在第二个实例中，通过调用 **SecretPrinterImpl** 上的 **getPrinter** 方法，为 **Printer** 赋一个 **Inner** 实例，但是无法将 **hiddenPrinter** 向下转换回 **SecretPrinterImpl.Inner**，因为 **Inner** 是 private 的，所以不可见。

18.4 局部内部类

局部内部类简称局部类（local class），是一个内部类，根据定义，它不是任何其他类的成员类（因为它的声明并不直接在外部类的声明中）。局部类有一个名称，而匿名类没有名称。

局部类可以在任何代码块中声明，它的作用域在这个块中，例如，可以在方法、**if** 块、**while** 块中声明一个局部类。如果某个类的实例仅在这个作用域内使用，则可以将这个类定义成局部类。清单 18.5 显示了一个局部类的例子。

清单 18.5 局部内部类

```
package app18;
import java.time.LocalDateTime;
import java.time.format.DateTimeFormatter;
import java.time.format.FormatStyle;

interface Logger {
    public void log(String message);
}

public class LocalClassDemo1 {
    String appStartTime = LocalDateTime.now().format(
            DateTimeFormatter.ofLocalizedDateTime(FormatStyle.MEDIUM));

    public Logger getLogger() {
        class LoggerImpl implements Logger {
            public void log(String message) {
                System.out.println(appStartTime + " : " + message);
            }
        }
        return new LoggerImpl();
    }

    public static void main(String[] args) {
        LocalClassDemo1 test = new LocalClassDemo1();
        Logger logger = test.getLogger();
        logger.log("Local class example");
    }
}
```

其中有一个名为 **LoggerImpl** 的局部类，它位于 **getLogger** 方法中。**getLogger** 方法必须返回 **Logger** 接口的实现，并且该实现不会在其他任何地方使用。因此，最好编写一个属于

getLogger 方法的局部实现。还要注意，局部类中的 **log** 方法可以访问外层类的实例字段 **appStartTime**。

然而，事情还远不止于此。局部类不仅可以访问其外层类的成员，还可以访问局部变量。但是，局部类只能访问 final 局部变量，如果试图访问非 final 的局部变量，编译器将生成编译错误。

清单 18.6 修改了清单 18.5 中的代码，其中的 **getLogger** 方法允许传递一个 **String**，它将作为每行日志的前缀。

清单 18.6　PrefixLoger 测试

```java
package app18;
import java.util.Date;

interface PrefixLogger {
    public void log(String message);
}

public class LocalClassDemo2 {
    public PrefixLogger getLogger(final String prefix) {
        class LoggerImpl implements PrefixLogger {
            public void log(String message) {
                System.out.println(prefix + " : " + message);
            }
        }
        return new LoggerImpl();
    }

    public static void main(String[] args) {
        LocalClassDemo2 test = new LocalClassDemo2();
        PrefixLogger logger = test.getLogger("DEBUG");
        logger.log("Local class example");
    }
}
```

18.5　匿名内部类

匿名内部类没有名称。使用这种嵌套类是为了编写接口实现。例如，清单 18.7 中的 **AnonymousInnerClassDemo1** 类创建了一个匿名内部类，它是 **Printable** 接口的实现。

清单 18.7　使用一个匿名内部类

```java
package app18;
interface Printable {
    void print(String message);
}

public class AnonymousInnerClassDemo1 {
    public static void main(String[] args) {

        Printable printer = new Printable() {
            public void print(String message) {
                System.out.println(message);
            }
```

```
    };        // 注意，这里是一个分号
    printer.print("Beach Music");
    }
}
```

这里有趣的是，通过使用 **new** 关键字后面跟一个类似于类的构造方法（在本例中是 **Printable()**）来创建一个匿名内部类实例。但请注意，**Printable** 是一个接口，没有构造方法。**Printable()**之后是 **print** 方法的实现。还要注意，在右大括号之后，使用分号终止实例化匿名内部类的语句。此外，还可以通过扩展抽象类或具体类来创建匿名内部类，如清单 18.8 所示。

清单 18.8　通过抽象类来创建匿名内部类

```
package app18;
abstract class Printable2 {
    void print(String message) {
    }
}

public class AnonymousInnerClassDemo2 {
    public static void main(String[] args) {
        Printable2 printer = new Printable2() {
            public void print(String message) {
                System.out.println(message);
            }
        };     // 注意，这里是一个分号

        printer.print("Beach Music");
    }
}
```

18.6　嵌套类和内部类的幕后

JVM 并不知晓"嵌套类"的概念。编译器总是尝试将内部类编译成包含外层类名和内部类名的顶级类，这两个名称用美元符号分隔。也就是说，定义一个在 **Outer** 内部的名为 **Inner** 的内部类的代码如下：

```
public class Outer {
    class Inner {
    }
}
```

最终将编译成两个类：**Outer.class** 和 **Outer$Inner.class**。

匿名内部类又将如何呢？对于匿名内部类，编译器会尽量使用数字为它们生成名称。因此，可看到类似 **Outer$1.class**、**Outer$2.class** 等这样的类名。

当嵌套类被实例化时，其实例作为堆中的一个独立对象存在。实际上，它并没有处于外层类对象的内部。

然而，内部类对象创建完成后，它们就自动拥有对外层类对象的一个引用。然而，在静态嵌套类的实例中不存在这种引用，因为静态嵌套类不能访问其外层类的实例成员。

一个内部类对象如何获得对其外层类对象的引用？这还是因为编译器在编译内部类时稍微更改了内部类的构造方法，也就是说，它向每个构造方法中添加了一个参数，这个参数就是外层类的类型。

例如，一个这样的构造方法：

```
public Inner()
```

就被改成：

```
public Inner(Outer outer)
```

而下面这个构造方法：

```
public Inner(int value)
```

被改成：

```
public Inner(Outer outer, int value)
```

注意 记住，编译器有权修改它编译的代码。例如，如果一个类（顶级或嵌套类）没有构造方法，它会给这个类添加一个无参数构造方法。

由于编译器将外部类对象的引用传递给了内部类构造方法，实例化内部类的代码也会被修改，如果编写了下面的代码：

```
Outer outer = new Outer();
Outer.Inner inner = outer.new Inner();
```

编译器会把它改成：

```
Outer outer = new Outer();
Outer.Inner inner = outer.new Inner(outer);
```

当然，当一个内部类在外层类内部实例化时，编译器使用关键字 **this** 传递外层类对象的当前实例。

```
// 在 Outer 类内部
Inner inner = new Inner();
```

被修改成：

```
// 在 Outer 类内部
Inner inner = new Inner(this);
```

现在讲解另外一个问题。我们知道，任何对象都不允许访问另一个对象的 private 成员，嵌套类是如何访问其外层类的 private 成员的呢？这还是因为编译器修改了代码，它创建了一个方法来访问外层类定义中的 private 成员。因此，

```
class TopLevel {
    private int value = 9;
    class Inner {
        int calculate() {
            return value;
        }
    }
}
```

被修改成下面这两个类：

```
class TopLevel {
    private int value = 9;
```

```
        TopLevel() {
        }
        // 由编译器添加
        static int access$0(TopLevel toplevel) {
            return toplevel.value;
        }
    }
    class TopLevel$Inner {
        final TopLevel this$0;
        TopLevel$Inner(TopLevel toplevel) {
            super();
            this$0 = toplevel;
        }
        int calculate() {
            // 由编译器修改
            return TopLevel.access$0(this$0);
        }
    }
```

这种添加是在编译器幕后发生的，在源代码中看不到。编译器添加了 **access$0** 方法，该方法返回 private 成员值，因此内部类可以访问 private 成员。

18.7 小结

嵌套类是在另一个类中声明的类，它有 4 种类型：静态嵌套类、成员内部类、局部内部类和匿名内部类。

使用嵌套类的好处包括：完全隐藏一个类的实现，以及可以快速编写一个其实例仅存在于某一个上下文中的类。

习题

1. 什么是嵌套类？什么是内部类？
2. 嵌套类有什么作用？
3. 什么是匿名类？

第 *19* 章

Lambda 表达式

Lambda 表达式是 Java SE 8 中最重要的新特性。长期以来，它一直被认为是 Java 中缺少的特性，有了它，Java 语言才会变得更完整，至少现在是这样。本章将介绍什么是 Lambda 表达式，以及为什么它是该语言的一个很好补充；还将介绍新的技术术语，如单抽象方法和函数式接口，并学习方法引用。

19.1　为何使用 Lambda 表达式

Lambda 表达式也称为闭包（closures），它可以使某些 Java 代码结构更简短，更易于阅读，尤其是在使用内部类时。

考虑下面的代码片段，它使用 **java.lang.Runnable** 接口定义一个匿名内部类同时实例化该类：

```
Runnable runnable = new Runnable() {
    @Override
    public void run() {
        System.out.println("Running...");
    }
}
```

使用 Lambda 表达式可将上述代码替换为如下形式：

```
Runnable runnable = () -> System.out.println("Running...");
```

换句话说，如果需要将 **Runnable** 传递给 **java.util.concurrent.Executor**，可以写成下面这样：

```
executor.execute(new Runnable() {
    @Override
    public void run() {
        System.out.println("Running...");
    }
});
```

使用如下的 Lambda 表达式有相同的效果：

```
executor.execute(() -> System.out.println("Running..."));
```

这样的代码简短、亲切，同时更清晰，也更具表现力。

19.2 函数式接口

在进一步解释 Lambda 表达式之前，先介绍函数式接口（functional interface）。函数式接口是只有一个抽象方法的接口，该抽象方法不能是覆盖 **java.lang.Object** 类的方法。函数式接口也称为单抽象方法（Single Abstract Method，SAM）接口。例如，**java.lang.Runnable** 是一个函数式接口，它只有一个 **run** 抽象方法。函数式接口可以有任意数量的默认方法和静态方法，也可以有覆盖 **java.lang.Object** 的公共方法。例如，清单 19.1 中的 **Calculator** 接口是一个函数式接口，它只有一个名为 **calculate** 的抽象方法。尽管它有两个默认方法和一个覆盖 **java.lang.Object** 中的 **toString** 抽象方法，但仍然是一个函数式接口。

清单 19.1 一个函数式接口

```
package app19;
public interface Calculator {

    double calculate(int a, int b);

    public default int subtract(int a, int b) {
        return a - b;
    }

    public default int add(int a, int b) {
        return a * b;
    }

    @Override
    public String toString();
}
```

Java 类库中的函数式接口示例包括 **java.lang.Runnable**、**java.lang.AutoCloseable**、**java.lang.Comparable** 和 **java.util.Comparator**。此外，新的 **java.util.function** 包也定义了许多函数式接口（见 19.4 节）。另外，还可以选择使用**@FunctionalInterface** 注解标注函数式接口。

为什么函数式接口很重要？因为读者可以使用 Lambda 表达式从函数式接口创建等价的匿名内部类。为此，不能使用非函数式接口。

19.3 Lambda 表达式语法

清单 19.1 中的 **Calculator** 接口有一个 **calculate** 方法，可以作为 Lambda 表达式的基础。该方法允许定义接收两个整数并返回一个 double 值的任何数学运算。下面是两个基于 **Calculator** 的 Lambda 表达式：

```
Calculator addition = (int a, int b) -> (a + b);
System.out.println(addition.calculate(5, 20));    // 打印 25.0

Calculator division = (int a, int b) -> (double) a / b;
System.out.println(division.calculate(5, 2));     // 打印 2.5
```

Lambda 表达式设计得如此优雅。如果没有 Lambda 表达式，要实现相同的程序需要多写很多行代码。

既然已经熟悉了 Lambda 表达式，下面看看它的正式语法：

```
(parameter-list) -> expression
```

或者

```
(parameter-list) -> {
    语句组
}
```

其中，*parameter-list* 是与函数式接口抽象方法的参数相同的参数列表。但是，每个参数的类型是可选的。换句话说，下面两个表达式是等价的：

```
Calculator addition = (int a, int b) -> (a + b);
Calculator addition = (a, b) -> (a + b);
```

总之，Lambda 表达式是定义函数式接口实现的快捷方式。Lambda 表达式等价于实现函数式接口的实例。由于可将对象作为参数传递给方法，因此也可将 Lambda 表达式作为参数传递给方法。

19.4　预定义函数式接口

java.util.function 包是 JDK 8 中的一个新包，包含 40 多个预定义的函数式接口，这些接口使编写 Lambda 表达式更容易。表 19-1 给出了一些预定义函数式接口。

表 19-1　核心函数式接口

函数式接口	说明
Function	为一个函数建模，该函数接收一个参数并返回一个结果。结果类型可不同于任何参数类型
BiFunction	为一个函数建模，该函数接收两个参数并返回一个结果。结果类型可不同于任何参数类型
UnaryOperator	表示一个操作数上的运算，该操作数返回的结果的类型与操作数的类型相同。可将 **UnaryOperator** 看作返回值与参数类型相同的 **Function**。事实上，**UnaryOperator** 是 **Function** 的子接口
BiOperator	表示两个操作数上的运算，返回结果必须和操作数的类型相同
Predicate	一个函数，它接收一个参数并根据该参数的值返回 **true** 或 **false**
Supplier	表示结果的提供者
Consumer	一种操作，它接收一个参数，但不返回任何结果

19.4.1　Function、BiFunction 及变体

Function 接口用于创建一个返回结果的单参数函数，它是一个参数化类型，其定义如下：

```
public interface Function<T, R>
```
其中，T 表示参数的类型，R 表示结果的类型。

Function 有一个 **apply** 抽象方法，其签名如下：

```
R apply(T argument)
```

该方法是在使用 **Function** 时需要覆盖的方法。例如，清单 19.2 的类定义了一个 **Function**，用于将英里转换为公里。**Function** 接收一个 **Integer** 型数作为参数并返回一个 **Double** 型数。

清单 19.2　FunctionDemo1 类

```
package app19.function;
import java.util.function.Function;

public class FunctionDemo1 {
    public static void main(String[] args) {
        Function<Integer, Double> milesToKms =
                (input) -> 1.6 * input;
        int miles = 3;
        double kms = milesToKms.apply(miles);
        System.out.printf("%d miles = %3.2f kilometers\n",
                miles, kms);
    }
}
```

运行 **FunctionDemo1** 类，将在控制台上看到下面的结果：

```
3 miles = 4.80 kilometers
```

BiFunction 是 **Function** 的一种变体，它接收两个参数并返回一个结果。清单 19.3 显示了一个 **BiFunction** 示例。它使用 **BiFunction** 创建一个函数，该函数用于计算给定宽度和长度的面积。调用函数是通过调用它的 **apply** 方法来完成的。

清单 19.3　BiFunctionDemo1 类

```
package app19.function;
import java.util.function.BiFunction;

public class BiFunctionDemo1 {
    public static void main(String[] args) {
        BiFunction<Float, Float, Float> area =
                (width, length) -> width * length;
        float width = 7.0F;
        float length = 10.0F;
        float result = area.apply(width, length);
        System.out.println(result);
    }
}
```

运行 **BiFunctionDemo1** 类，将在控制台上看到以下内容：

```
70.0
```

除了 **BiFunction**，还有一些变体是一些专门的 **Function**。例如，**IntFunction** 接口总是接收 **Integer** 型数，并且结果类型只需要一个参数化类型。它的 **apply** 方法返回一个 int 型数：

```
R apply(int input)
```

LongFunction 和 **DoubleFunction** 接口类似于 **IntFunction**，只是它们分别用 long 和 double 型数作为参数。

还有一些变体根本就不需要参数化参数，因为它们是为特定的参数类型和特定的返回类型设计的。例如，**IntToDoubleFunction** 接口可用于创建接收 int 并返回 double 型数的函数，该接口提供了一个 **applyAsDouble** 方法，而不是 **apply**。清单 19.4 给出了 **IntToDoubleFunction** 接口的一个例子，它是一个将摄氏温度转换为华氏温度的函数。

清单 19.4　IntToDoubleFunctionDemo1 类

```
package app19.function;
import java.util.function.IntToDoubleFunction;

public class IntToDoubleFunctionDemo1 {
    public static void main(String[] args) {
        IntToDoubleFunction celciusToFahrenheit =
                (input) -> 1.8 * input + 32;
        int celcius = 100;
        double fahrenheit =
                celciusToFahrenheit.applyAsDouble(celcius);
        System.out.println(celcius + "\u2103" + " = "
                + fahrenheit + "\u2109\n");
    }
}
```

下面是 **IntToDoubleFunctionDemo1** 类的输出：

```
100℃= 212.0℉
```

与 **IntToDoubleFunction** 接口类似的还有 **LongToDoubleFunction** 接口和 **LongToIntFunction** 接口，相信从它们的名字就能猜出它们可完成什么功能。

UnaryOperator 接口是 **Function** 的另一种专门化，它要求操作数类型与返回类型相同。其声明如下：

```
public interface UnaryOperator<T> extends Function<T,T>
```

BinaryOperator 是 **BiFunction** 的一种特殊化。**BinaryOperator** 表示带两个相同类型的操作数的操作，并返回与操作数类型相同的结果。

19.4.2　Predicate

Predicate 是一个函数，用于接收一个参数并根据该参数的值返回 **true** 或 **false**，它有一个名为 **test** 的抽象方法。

例如，清单 19.5 中的 **PredicateDemo1** 类定义了一个 **Predicate**，用于计算输入字符串，如果字符串中的每个字符都是数字，则返回 **true**。

清单 19.5　PredicateDemo1 类

```
package app19.function;
import java.util.function.Predicate;

public class PredicateDemo1 {
```

```
    public static void main(String[] args) {
        Predicate<String> numbersOnly = (input) -> {
            for (int i = 0; i < input.length(); i++) {
                char c = input.charAt(i);
                if ("0123456789".indexOf(c) == -1) {
                    return false;
                }
            }
            return true;
        };

        System.out.println(numbersOnly.test("12345"));    // true
        System.out.println(numbersOnly.test("100a"));      // false
    }
}
```

19.4.3　Supplier

Supplier 不接收任何参数并返回一个值。实现类必须覆盖其 **get** 抽象方法并返回接口类型参数的实例。

清单 19.6 显示了 **Supplier** 的一个示例。该示例定义了一个 **Supplier**，用于返回一个随机数（一位数），并使用 **for** 循环打印 5 个随机数。

清单 19.6　SupplierDemo1 类

```
package app19.function;
import java.util.Random;
import java.util.function.Supplier;

public class SupplierDemo1 {
    public static void main(String[] args) {
        Supplier<Integer> oneDigitRandom = () -> {
            Random random = new Random();
            return random.nextInt(10);
        };
        for (int i = 0; i < 5; i++) {
            System.out.println(
                    oneDigitRandom.get());
        }
    }
}
```

Supplier 也有专门的变体，如 **DoubleSupplier**（返回一个 **Double**）、**IntSupplier** 和 **LongSupplier** 等。

19.4.4　Consumer

Consumer 是一个不会返回结果的操作，它有一个 **accept** 抽象方法。

清单 19.7 给出了 **Consumer** 的一个示例。该示例接收一个字符串并将其以中心对齐方式打印出来。

清单 19.7 Consumer 示例

```
package app19.function;
import java.util.function.Consumer;
import java.util.function.Function;

public class ConsumerDemo1 {
    public static void main(String[] args) {
        Function<Integer, String> spacer = (count) -> {
            StringBuilder sb = new StringBuilder(count);
            for (int i = 0; i < count; i++) {
                sb.append(" ");
            }
            return sb.toString();
        };

        int lineLength = 60;      // 每行的字符数
        Consumer<String> printCentered =
                (input) -> {
                    int length = input.length();
                    String spaces = spacer.apply(
                        (lineLength - length) / 2);
                    System.out.println(spaces + input);
                };

        printCentered.accept("A lambda expression a day");
        printCentered.accept("makes you")
        printCentered.accept("look smarter");
    }
}
```

清单 19.7 中的示例提供了一个 **Consumer**，它接收一个字符串，并在该字符串前面加上一定数量的空格后打印它。每一行的最大字符数为 60，通过调用一个名为 spacer 的 **Function** 来获得空格。**Consumer** 的 **accept** 方法的实现由下面的 Lambda 表达式给出：

```
(input) -> {
    int length = input.length();
    String spaces = spacer.apply(
            (lineLength - length) / 2);
    System.out.println(spaces + input);
}
```

函数 **spacer** 返回指定的空格数，其定义为：

```
Function<Integer, String> spacer = (count) -> {
    StringBuilder sb = new StringBuilder(count);
    for (int i = 0; i < count; i++) {
        sb.append(" ");
    }
    return sb.toString();
};
```

该函数使用了一个 **for** 循环，该循环每次向 **StringBuilder** 上添加一个空格，共添加 count 个空格，其中 count 是函数的参数。当循环退出时，该函数返回 **StringBuilder** 的字符串表示形式。

运行 **ConsumerDemo1** 类，控制台上将输出下面的内容：

```
            A lambda expression a day
                    makes you
                    look smarter
```

19.5　方法引用

许多 Java 方法都以函数式接口对象作为参数，例如，**java.util.Arrays** 类的一个 **sort** 方法就接收 **Comparator** 实例，**Comparator** 就是一个函数式接口。**sort** 方法的签名如下：

```
public static T[] sort(T[] array, Comparator<? super T> comparator)
```

可以为 **sort** 方法传递一个 Lambda 表达式，而不是传递 **Comparator** 的实现，在前面的小节中，已经看到了如何实现这一点。

现在，可以更进一步，传递一个方法引用来代替 Lambda 表达式。方法引用只是一个类名或对象引用，后跟双冒号运算符（::）和方法名。

为什么要使用方法引用？有两个原因：方法引用的语法比 Lambda 表达式短，因为方法引用不包含 Lambda 表达式那样的定义——方法体是在别处定义的；可以使用现有的方法，从而提高代码重用性。

可以使用对静态方法、实例方法甚至构造方法的引用。使用 Java 8 中的一个新运算符——双冒号（::），来分隔类名/对象引用和方法名/构造方法名。封装了引用方法的类不必实现函数式接口。

方法引用的语法可以是如下 4 种形式之一：

```
ClassName::staticMethodName
ContainingType::instanceMethod
objectReference::methodName
ClassName::new
```

下面我们将讨论各种方法引用。

19.5.1　引用静态方法

如果方法具有与函数式接口的抽象方法兼容的返回类型和兼容的参数类型，则可以将对静态方法的引用作为参数传递给期望函数式接口的方法。

作为本主题的第一个例子，考虑清单 19.8 中的 **NoMethodRef** 类，它说明了在没有方法引用的情况下使用函数式接口。该类定义了一个名为 **StringListFormatter** 的函数式接口，该接口接收一个 **List<String>** 参数并格式化字符串。接口的 **format** 抽象方法接收一个 **String** 分隔符和一个 **List<String>**。还有一个 **formatAndPrint** 静态方法，它接收一个 **StringListFormatter** 实例、一个 **String** 分隔符和 **List<String>**，该方法转而调用 **StringListFormatter** 上的 **format** 方法并打印格式化后的列表。

清单 19.8　NoMethodRef 类

```
package app19.methodref;
import java.util.Arrays;
import java.util.List;

public class NoMethodRef {

    @FunctionalInterface
```

```
    interface StringListFormatter {
        String format(String delimiter, List<String> list);
    }

    public static void formatAndPrint(StringListFormatter formatter,
            String delimiter, List<String> list) {
        String formatted = formatter.format(delimiter, list);
        System.out.println(formatted);
    }

    public static void main(String[] args) {
        List<String> names = Arrays.asList("Don", "King", "Kong");
        StringListFormatter formatter =
                (delimiter, list) -> {
                    StringBuilder sb = new StringBuilder(100);
                    int size = list.size();
                    for (int i = 0; i < size; i++) {
                        sb.append(list.get(i));
                        if (i < size - 1) {
                            sb.append(delimiter);
                        }
                    }
                    return sb.toString();
                };
        formatAndPrint(formatter, ", ", names);
    }
}
```

NoMethodRef 中的 **main** 方法用 3 个元素构造一个字符串列表，并用下面的 Lambda 表达式创建 **StringListFormatter** 的实现：

```
StringListFormatter formatter =
        (delimiter, list) -> {
            StringBuilder sb = new StringBuilder(100);
            int size = list.size();
            for (int i = 0; i < size; i++) {
                sb.append(list.get(i));
                if (i < size - 1) {
                    sb.append(delimiter);
                }
            }
            return sb.toString();
        };
```

基本上，它遍历 **List** 并在两个元素之间添加分隔符。最后一个元素之后不添加分隔符。

接下来，**main** 方法调用 **formatAndPrint** 方法，传递 Lambda 表达式、一个分隔符和一个 **List<String>**。如果运行 **NoMethodRef** 类，会看到格式化的列表结果：

```
Don, King, Kong
```

在花了 20 分钟编写代码之后，我们发现这个 Lambda 表达式与 **String** 类的 **join** 方法的功能相同。**join** 方法是在 JDK 1.8 中被添加到 **String** 类中的一个静态方法，其中一个覆盖具有以下签名：

```
public static String join(CharSequence delimiter,
        Iterable<? extends CharSequence> elements)
```

将它与清单 19.8 中的函数式接口的 **format** 方法进行比较。

```
public String format(java.lang.String delimiter,
        java.util.List<String> list);
```

由于 **List** 扩展了 **Iterable**，**String** 实现了 **CharSequence**，因此 **join** 方法与 **format** 方法兼容。

方法引用允许重用现有的实现，如 **String.join()** 方法。因此，可以重写 **NoMethodRef** 类，以使用对 **String.join()** 方法的引用。清单 19.9 中的 **MethodReferenceDemo1** 类说明了这一点。

清单 19.9 MethodReferenceDemo1 类

```
package app19.methodref;
import java.util.Arrays;
import java.util.List;

public class MethodReferenceDemo1 {

    @FunctionalInterface
    interface StringListFormatter {
        String format(String delimiter, List<String> list);
    }

    public static void formatAndPrint(StringListFormatter formatter,
            String delimiter, List<String> list) {
        String formatted = formatter.format(delimiter, list);
        System.out.println(formatted);
    }

    public static void main(String[] args) {
        List<String> names = Arrays.asList("Don", "King", "Kong");
        formatAndPrint(String::join, ", ", names);
    }
}
```

这里仍然使用相同的 **StringListFormatter** 接口和相同的 **formatAndPrint** 方法。但是，**main** 方法不再包含实现 **StringListFormatter** 的 Lambda 表达式。相反，只需使用 **String.join** 作为 **StringListFormatter** 的实现。

```
formatAndPrint(String::join, ", ", names);
```

作为补充说明，注意到 **StringListFormatter** 中的抽象方法接收两个参数并返回一个值。这是 **BiFunction** 的一个很好的候选项。清单 19.10 中的 **WithBiFunction** 类重写了 **MethodReferenceDemo1** 类，该类完全消除了 **StringListFormatter** 接口。**formatAndPrint** 方法也被修改为接收一个 **BiFunction** 作为它的第一个参数。

清单 19.10 WithBiFunction 类

```
package app19.methodref;
import java.util.Arrays;
import java.util.List;
import java.util.function.BiFunction;

public class WithBiFunction {

    public static void formatAndPrint(
            BiFunction<String, List<String>, String> formatter,
            String delimiter, List<String> list) {
```

```
        String formatted = formatter.apply(delimiter, list);
        System.out.println(formatted);
    }

    public static void main(String[] args) {
        List<String> names = Arrays.asList("Don", "King", "Kong");
        formatAndPrint(String::join, ", ", names);
    }
}
```

19.5.2　引用对象可用的实例方法

这种方法引用的兼容性规则与静态方法的方法引用相同。所引用的方法必须具有兼容的返回值和兼容的参数，作为该方法替换的函数接口的抽象方法。

例如，在 JDK 1.8 中 **java.lang.Iterable** 接口有一个名为 **forEach** 的默认方法，它接收一个 **Consumer**：

```
default void forEach(java.util.function.Consumer<? super T> action)
```

forEach 方法为 **Iterable** 的每个元素执行给定的操作。由于继承性，这个方法由它的子接口 **List** 继承，我们将在清单 19.11 中的示例中使用它。

清单 19.11　引用对象的实例方法

```
package app19.methodref;
import java.util.Arrays;
import java.util.List;

public class MethodReferenceDemo2 {
    public static void main(String[] args) {
        List<String> fruits = Arrays.asList("Apple", "Banana");
        // 使用 Lambda 表达式
        fruits.forEach((name) -> System.out.println(name));

        // 使用方法引用
        fruits.forEach(System.out::println);
    }
}
```

MethodReferencDemo2 类有一个需要打印的水果列表，可以通过调用 **forEach** 方法来实现这一点，以 Lambda 表达式的形式传递一个 **Consumer**，如下所示：

```
fruits.forEach((name) -> System.out.println(name));
```

另外，因为 **System.out** 是系统创建的一个现有对象，所以可以使用对 **System.out** 上 **println** 方法的方法引用：

```
fruits.forEach(System.out::println);
```

19.5.3　引用对象不可用的实例方法

请集中注意力！下面的问题有点棘手，读者需要全神贯注。

　　可以将对实例方法的引用作为方法参数传递，以替换函数式接口。在这种情况下，不必显式地创建包含类的实例。这种方法引用的语法与第一种和第二种方法引用的语法不同。对于前两种方法，参数的数量必须与函数式接口的抽象方法所期望的参数数量相同。使用引用对象不可用的实例方法时，所引用的方法参数的数量必须比函数式接口抽象方法所期望的参数数量少一个。因此，如果函数式接口的抽象方法接收 4 个参数，那么引用的实例方法必须只接收 3 个参数，且这 3 个参数必须与抽象方法的第 2 个、第 3 个和第 4 个参数兼容。另外，抽象方法的第 1 个参数必须是与包含实例方法的类兼容的类型。

　　下面描述了这种方法引用的兼容性规则。第一行是函数式接口抽象方法的伪签名，第二行是引用实例方法的伪签名。

```
returnType abstractMethod(type-1, type-2, type-3, type-4)
returnType instanceMethod(type-2, type-3, type-4)
```

　　这里，*type-1* 必须与包含实例方法的类兼容，因为该类将被实例化，实例将作为第 1 个参数连同其他参数传递给抽象方法。

　　看完下面的类方法引用的示例之后，读者就会明白这一点。

清单 19.12　MethodReferenceDemo3 类

```
package app19.methodref;
import java.util.Arrays;

public class MethodReferenceDemo3 {

    public static void main(String[] args) {
        String[] names = {"Alexis", "anna", "Kyleen"};

        Arrays.sort(names, String::compareToIgnoreCase);
        for (String name : names) {
            System.out.println(name);
        }
    }
}
```

　　清单 19.12 展示了如何将实例方法引用传递给 **Arrays.sort** 方法来代替 **Comparator**。**MethodReferenceDemo3** 类包含一个有 3 个名字的 **String** 数组，其中这几个名字没有严格区分大小写。如果使用带一个参数的 **Arrays.sort** 方法对这个数组排序，则这几个名字的排序结果为：

```
Alexis, Kyleen, anna
```

这显然不是我们想要的结果。因此，需要使用带一个 **Comparator** 参数的 **Arrays.sort** 方法：

```
public static <T> void sort(T[] array, Comparator<? super T> c)
```

　　该示例展示了如何使用实例方法引用 **String.compareIgnoreCase** 来代替 **Comparator**（请记住 **Comparator** 是一个函数式接口）。下面是 **String** 类的 **compareToIgnoreCase** 方法的签名：

```
public int compareToIgnoreCase(String str)
```

它比 **Comparator** 的 **compare** 方法的签名少一个参数：

```
int compare(String str1, String str2)
```

这对第二种方法引用来说是完美的。

运行代码，将看到名称的排序是正确的，结果如下所示：

```
Alexis
anna
Kyleen
```

19.5.4　引用构造方法

第四种方法引用使用构造方法。构造方法引用的语法如下：

ClassName::new

假设需要一个方法将 **Integer** 数组转换为 **Collection**，并且需要能够确定结果集合是 **List** 还是 **Set**。为此，可以创建如清单 19.13 所示的 **arrayToCollection** 方法。

清单 19.13　MethodReferenceDemo4 类

```java
package app19.methodref;
import java.util.ArrayList;
import java.util.Collection;
import java.util.HashSet;
import java.util.function.Supplier;

public class MethodReferenceDemo4 {

    public static Collection<Integer> arrayToCollection(
            Supplier<Collection<Integer>> supplier, Integer[]
                numbers) {
        Collection<Integer> collection = supplier.get();
        for (int i : numbers) {
            collection.add(i);
        }
        return collection;
    }
    public static void main(String[] args) {
        Integer[] array = {1, 8, 5};
        Collection<Integer> col1
                = arrayToCollection(ArrayList<Integer>::new, array);
        System.out.println("Natural order");
        col1.forEach(System.out::println);
        System.out.println("========================");
        System.out.println("Ascending order");
        Collection<Integer> col2
                = arrayToCollection(HashSet<Integer>::new, array);
        col2.forEach(System.out::println);
    }
}
```

不是将这个 Lambda 表达式作为方法的第一个参数传递：

```
() -> new ArrayList<Integer>()
```

而是简单地将这个引用传递给 **ArrayList** 构造方法：

```
ArrayList<Integer>::new
```

创建 HashSet<Stirng>也不是下面这样：

```
() -> new HashSet<Integer>()
```

而是需要这样写：

```
HashSet<Integer>::new
```

如果运行这个示例，则将在控制台上看到下面的结果：

```
Natural order
1
8
5
=======================
Ascending order
1
5
8
```

更多构造方法引用的例子参见第 19 章。

19.6　Optional 与类似的类

为了处理 **NullPointerException** 异常，Java 8 添加了 **Optional**、**OptionalInt**、**OptionalLong** 和 **OptionalDouble** 类，它们都定义在 **java.util** 包中，是大量使用 Lambda 表达式和方法引用的很好的例子。

这 4 个类很相似，**Optional** 是其中最重要的类，因为它可用于任何类型，而其他类只适合 **integer**、**long** 或 **double** 类型。因此，本节重点讨论 **Optional** 类。

Optional 是存放一个值的容器，该值可能为 null 值。应该知道，在 null 引用变量上试图调用方法或访问字段会抛出 **NullPointerException** 异常。处理 null 并不难，但是可能很乏味。考虑清单 19.14 中的代码，它给出了一个 **Company** 类，它有一个 **Office** 字段，而 **Office** 又有一个 **Address** 字段。为了使问题变得简单，这里的 **Address** 只包含两个字段：**street** 和 **city**。所有这些属性都可能是 null。**Company** 可能没有 **Office**，**Address** 也可能没有关于 **street** 和 **city** 的完整数据。

清单 19.14　乏味的检查 null 值的方法

```
package app19.optional1;
class Company {
    private String name;
    private Office office;
    public Company(String name, Office office) {
        this.name = name;
        this.office = office;
    }

    public String getName() {
        return name;
    }

    public Office getOffice() {
        return office;
```

```java
        }
    }

class Office {
    private String id;
    private Address address;

    public Office(String id, Address address) {
        this.id = id;
        this.address = address;
    }

    public String getId() {
        return id;
    }

    public Address getAddress() {
        return address;
    }
}

class Address {
    private String street;
    private String city;

    public Address(String street, String city) {
        this.street = street;
        this.city = city;
    }

    public String getStreet() {
        return street;
    }

    public String getCity() {
        return city;
    }
}
public class OptionalDemo1 {

    public static void main(String[] args) {
        Address address1 = new Address(null, "New York");
        Office office1 = new Office("OF1", address1);
        Company company1 = new Company("Door Never Closed",
            office1);

        // company1 的街道（street）地址是什么？
        // company1 的城市（city）在哪里？
        String streetAddress = null;
        String city = null;
        if (company1 != null) {
            Office office = company1.getOffice();
            if (office != null) {
                Address address = office.getAddress();
                if (address != null) {
                    streetAddress = address.getStreet();
                    city = address.getCity();
                }
```

```
            }
          }
        System.out.println("Street Name:" + streetAddress);
        System.out.println("City:" + city);
      }
    }
```

清单 19.14 的 **OptionalDemo1** 类创建了一个用于测试的公司（**Company**），并尝试获取该公司的街道（**street**）地址。注意，任何字段都可能为 null，程序员在调用每个实例的方法之前要有意识地测试它是否为 null，代码如下：

```
if (company1 != null) {
    Office office = company1.getOffice();

    if (office != null) {
        Address address = office.getAddress();
        if (address != null) {
            streetAddress = address.getStreet();
            city = address.getCity();
        }
    }
}
```

这样的代码太乏味，而且可读性很差。

Optional 类可以提供帮助。如果要使用它，则需要将每个可能为 **null** 的字段包装为 **Optional**。例如，**Company** 的 **office** 字段现在应该定义为：

```
private Optional<Office> office;
```

Address 类的 **city** 字段应该定义为：

```
private Optional<String> city;
```

在学习如何使用 **Optional** 类重写清单 19.14 的示例之前，我们先看看表 19-2 中的 **Optional** 方法。

表 19-2　Optional 类的比较重要方法

方法	说明
empty	返回一个空的 **Optional**
filter	如果存在一个值并且它与给定谓词匹配，则返回一个描述该值的 **Optional**；否则，返回一个空的 **Optional**
flatMap	如果预先设置了一个值，则对该值应用指定的映射函数，并返回描述映射结果的 **Optional**；如果值不存在，则返回一个空的 **Optional**
get	如果值存在，则返回该值；否则，抛出 **NoSuchElementException** 异常
ifPresent	如果值存在，则使用该值调用给定的 **Consumer**
isPresent	如果值存在，则返回 **true**；否则，返回 **false**
map	如果值存在，对它应用给定的映射函数；如果结果不为 **null**，则返回一个描述结果的 **Optional**
of	返回描述给定非 null 值的 **Optional**
ofNullable	如果给定的值是非 null，则返回一个描述该值的 **Optional**；如果值为 null，则返回一个空的 **Optional**
orElse	如果值存在，则返回该值；否则，返回指定的值

这些方法很容易使用。要将一个值包装在 **Optional** 中，需要调用其静态 **of** 或 **ofNullable** 方法。如果确定要包装的值不为 null，则使用 **of** 方法；如果该值可能为 null，则使用 **ofNullable** 方法。另外，**empty** 方法也是静态的，返回一个空的 **Optional**，即一个没有值的 **Optional**。

其他方法用于处理 **Optional** 对象。如果只想在 **Optional** 中检索值，则首先要检查是否存在值。可以使用 **isPresent**，然后调用 **get** 方法：

```
if (optional.isPresent()) {
    value = optional.get();
}
```

然而，这与不使用 **Optional** 时检查 null 值类似。不过，还有更好的办法。

ifPresent 方法接收一个 **Consumer**，如果值存在，该 **Consumer** 将被调用。如果读者只是想打印值，可以这样做：

```
optional.ifPresent(System.out::println);
```

如果值不存在，什么也不会发生。这样更好一些，不是吗？

不过，更好的事还要等到开始使用 **flatMap** 方法时。此方法应用一个映射函数并返回一个描述该值的 **Optional**。更好的是，它可以级联，就像下面这样替换清单 19.14 中的一系列 null 检查：

```
company1.flatMap(Company::getOffice)
        .flatMap(Office::getAddress)
        .flatMap(Address::getCity)
        .ifPresent(System.out::println);
```

现在来看看清单 19.15，它是清单 19.14 的代码的重写。所有可能为 null 的字段都被包装在 **Optional** 中。

清单 19.15　使用 Optional

```
package app19. Optional 2;
import java.util.Optional;

class Company {
    private String name;
    private Optional<Office> office;

    public Company(String name, Optional<Office> office) {
        this.name = name;
        this.office = office;
    }

    public String getName() {
        return name;
    }

    public Optional<Office> getOffice() {
        return office;
    }
}

class Office {
    private String id;
    private Optional<Address> address;
```

```java
    public Office(String id, Optional<Address> address) {
        this.id = id;
        this.address = address;
    }

    public String getId() {
        return id;
    }

    public Optional<Address> getAddress() {
        return address;
    }
}

class Address {
    private Optional<String> street;
    private Optional<String> city;

    public Address(Optional<String> street, Optional<String> city) {
        this.street = street;
        this.city = city;
    }

    public Optional<String> getStreet() {
        return street;
    }

    public Optional<String> getCity() {
        return city;
    }
}

public class OptionalDemo2 {
    public static void main(String[] args) {
        Optional<Address> address1 = Optional.of(
                new Address(Optional.ofNullable(null),
                        Optional.of("New York")));
        Optional<Office> office1 = Optional.of(
                new Office("OF1", address1));

        Optional<Company> company1 = Optional.of(
                new Company("Door Never Closed", office1));

        // company1 的街道（street）地址是什么？
        // company1 的城市（city）在哪里？
        Optional<Office> maybeOffice =
                company1.flatMap(Company::getOffice);
        Optional<Address> maybeAddress =
                maybeOffice.flatMap(Office::getAddress);
        Optional<String> maybeStreet =
                maybeAddress.flatMap(Address::getStreet);
        maybeStreet.ifPresent(System.out::println);
```

```
            if (maybeStreet.isPresent()) {
               System.out.println(maybeStreet.get());
            } else {
               System.out.println("Street not found");
            }

            // 更简短的方式
            String city = company1.flatMap(Company::getOffice)
               .flatMap(Office::getAddress)
               .flatMap(Address::getCity)
               .orElse("City not found");
            System.out.println("City: " + city);

            // 仅当 city 非 null 时打印输出
            company1.flatMap(Company::getOffice)
                  .flatMap(Office::getAddress)
                  .flatMap(Address::getCity)
                  .ifPresent(System.out::println);
        }
    }
```

OptionalDemo2 类显示了如何获取公司的街道和城市，先将每个 **flatMap** 调用的返回值赋给一个变量，然后再对它进行级联调用。

OptionalInt、**OptionalLong** 和 **OptionalDouble** 类都有 **Optional** 提供的方法子集，例如，它们有以下方法：**empty**、**ifPresent**、**isPresent** 和 **of** 方法。**of** 可接收基本类型，由于基本类型值不会是 null，因此这些类没有 **ofNullable** 方法，也没有 **get** 方法。相反，**OptionalInt** 有一个 **getAsInt** 方法，**OptionalLong** 有一个 **getAsLong** 方法，**OptionalDouble** 有一个 **getAsDouble** 方法。这些类也没有 **filter**、**flatMap** 和 **map** 等方法。

19.7　小结

Lambda 表达式是 Java 8 中的一个新特性，它可以使某些构造更简短，更易于阅读，特别是在处理内部类时。本章讨论了 Lambda 表达式、函数式接口、预定义函数式接口以及方法引用。19.6 节还阐述了如何使用 **Optional** 处理空指针异常。

习题

1. 为什么要在 Java 中添加 Lambda 表达式？
2. Lambda 表达式也称为什么？
3. 什么是函数式接口？
4. 什么是方法引用？
5. 方法引用中使用的运算符是什么？
6. **java.util** 包中处理空指针异常的 4 个类是什么？

第 20 章

使用 Stream

在本章中，我们将学习流（stream）API，这也是 JDK 8 的一个新特性。要理解本章的主题，需要知道如何使用 Lambda 表达式和 **java.util.function** 包中预定义的函数式接口。它们已在第 19 章中讨论过。

20.1　概述

流就像管道一样，但它不是传输水或石油的管道，而是将数据从源传输到目的地的管道。根据传输模式的不同，流可以是顺序的，也可以是并行的。如果运行程序的计算机具有多核 CPU，则并行流尤其有用。

乍一看，流就像一个集合。然而，流不是用于存储对象的数据结构，它只用于移动对象。因此，不能像向集合中添加元素那样向流添加元素。

使用流的主要原因是它支持顺序和并行聚合操作。例如，可以轻松地过滤、排序或转换流中的元素。

Stream API 由 **java.util.stream** 包中的类型组成。**Stream** 接口是最常用的流类型。一个 **Stream** 可以用来传输任何类型的对象。也有专门类型的 **Stream**：**IntStream**、**LongStream** 和 **DoubleStream**。所有这 4 种流类型都派生自 **BaseStream**。

表 20-1 列出了 **Stream** 接口中定义的一些方法。

表 20-1　Stream 接口中较重要方法

方法	说明
concat	以延迟方式连接两个流。它返回一个新流，其元素是第一个流的所有元素，然后是第二个流的所有元素
count	返回流的元素个数
empty	创建并返回一个空流
filter	返回一个新流，其元素是该流中与给定谓词匹配的所有元素
forEach	对流的每个元素执行一次操作
limit	返回具有当前流中指定的元素最大数量的新流
map	返回一个流，该流由将给定函数应用于该流的元素的结果组成
max	根据给定的比较器返回此流的最大元素
min	根据给定的比较器返回此流的最小元素
of	返回一个流，它的源为给定值

方法	说明
reduce	使用标识符和累加器对该流的元素执行归约
sorted	返回按自然顺序包含此流元素的新流
toArray	返回包含此流中元素的一个数组

Stream 的某些方法执行中间操作，某些方法执行终止操作。中间操作将一个流转换为另一个流。**filter**、**map** 和 **sort** 等方法是执行中间操作的方法。终止操作产生最终结果或副作用。**count** 和 **forEach** 等方法是执行终止操作的方法。

值得注意的是，流操作的执行是延迟的（lazy）。只有当终止操作开始时，才会在数据源上执行有关计算。

Stream 的方法将在后面的小节中详细讨论。

20.2 创建和获得流

使用 **Stream** 的 **of** 静态方法可以创建一个顺序流，例如，下面的代码创建了一个包含 3 个 **Integer** 元素的 **Stream** 对象：

```
Stream<Integer> stream = Stream.of(100, 200, 300);
```

或者，还可以将数组传递给 **of** 方法：

```
String[] names = {"Bart", "Lisa", "Maggie"};
Stream<String> stream = Stream.of(names);
```

目前，**java.util.Arrays** 实用工具类也有一个 **stream** 方法，该方法可将数组转换为顺序流。例如，使用 **Arrays** 重写上面的代码，用数组元素创建一个 **Stream** 对象：

```
String[] names = {"Bart", "Lisa", "Maggie"};
Stream<String> stream = Arrays.stream(names);
```

此外，**java.util.Collection** 接口提供了名为 **stream** 和 **parallelStream** 的默认方法，这两个方法分别返回顺序流和并行流，它们都将集合作为数据源。这两个方法的签名如下：

```
default java.util.stream.Stream<E> stream()
default java.util.stream.Stream<E> parallelStream()
```

正因为有 **Collection** 中的这些方法，从 **List** 或 **Set** 中获取 **Stream** 非常简单。

另外，**java.nio.file.Files** 类也提供了两个方法：**list** 和 **walk**，它们返回一个 **Stream<Path>** 对象，**list** 返回指向给定路径中的条目的 **Path** 流，而 **walk** 遍历给定路径中的条目并以流的形式返回。

Files 还包含一个 **lines** 方法，该方法将文本文件中的所有行作为 **Stream<String>** 返回。

清单 20.1 中的 **ObtainStreamDemo** 类展示了如何从 **Files** 类获取流。

清单 20.1　ObtainStreamDemo 类

```
package app20;
import java.io.IOException;
import java.nio.file.Files;
```

```
import java.nio.file.Path;
import java.nio.file.Paths;
import java.util.stream.Stream;

public class ObtainStreamDemo {

    public static void main(String[] args) {
        Path path = Paths.get(".");
        try {
            Stream<Path> list = Files.list(path);
            list.forEach(System.out::println);
        } catch (IOException ex) {
            ex.printStackTrace();
        }
    }
}
```

清单 20.1 中的代码构造了一个 **Path** 对象，该对象引用当前目录（即运行 Java 程序的目录）并将它传递给 **Files.list** 方法。**Files.list** 方法返回一个 **Path** 流。然后，在 **Stream** 上调用 **forEach** 方法，传递一个 **Consumer** 打印每个条目。运行该代码，将在控制台上看到打印的当前路径中的所有条目。

20.3 连接流

Stream 接口提供了 **concat** 方法，它以延迟方式将两个流连接或链接在一起。此方法返回一个新流，其元素是第一个流的所有元素，后接第二个流的所有元素。

清单 20.2 的代码展示了如何连接两个 **String** 流并对它们排序。

清单 20.2　连接流

```
package app20;
import java.util.stream.Stream;

public class StreamConcatDemo {
    public static void main(String[] args) {
        Stream<String> stream1 =
                Stream.of("January", "Christie");
        Stream<String> stream2 =
                Stream.of("Okanagan", "Sydney", "Alpha");
        Stream.concat(stream1, stream2).sorted().
                forEach(System.out::println);
    }
}
```

运行清单 20.2 的 **StreamConcatDemo** 类，将在控制台上看到以下内容：

```
Alpha
Christie
January
Okanagan
Sydney
```

20.4 过滤

过滤一个流，是根据某些条件选择流中的元素，并针对所选元素返回一个新的 **Stream**。通过在一个 **Stream** 对象上调用 **filter** 方法，并传递一个 **Predicate** 来过滤流，**Predicate** 决定一个元素是否包含在新流中。

下面是 **filter** 方法的签名：

```
Stream<T> filter(java.util.function.Predicate<? super T> predicate)
```

作为示例，清单 20.3 的代码读取了清单 20.4 的 **example.txt** 文件，只传递非空的行和非注释的行。注释行是删除所有尾随空格后以井号（#）开头的行。

清单 20.3　StreamFilterDemo1 类

```java
package app20;
import java.io.BufferedReader;
import java.io.FileReader;
import java.io.IOException;
import java.util.function.Predicate;
import java.util.stream.Stream;

public class StreamFilterDemo1 {
    public static void main(String[] args) {
        Predicate<String> notCommentOrEmptyLine
                = (line) -> line.trim().length() > 0
                && !line.trim().startsWith("#");
        try (FileReader fr = new FileReader("example.txt");
            BufferedReader br = new BufferedReader(fr)) {
            Stream<String> lines = br.lines();
            lines.filter(notCommentOrEmptyLine)
                    .forEach(System.out::println);
        } catch (IOException e) {
            e.printStackTrace();
        }
    }
}
```

清单 20.4　example.txt 文件

```
# Set path so it includes user's private bin if it exists
if [ -d "$HOME/bin" ] ; then
    PATH="$HOME/bin:$PATH"

fi
```

运行清单 20.3 的类，可在控制台上看到下面的内容，它将打印文本文件中 5 行中的 3 行：

```
if [ -d "$HOME/bin" ] ; then
    PATH="$HOME/bin:$PATH"
fi
```

作为第二个例子，清单 20.5 的类展示了如何使用流在计算机上进行文件搜索。更准确地说，利用代码显示位于给定目录及其子目录中的所有 java 文件。

清单 20.5　StreamFilterDemo2 类

```
package app20;
import java.io.IOException;
import java.nio.file.Files;
import java.nio.file.Path;
import java.nio.file.Paths;
import java.util.stream.Stream;

public class StreamFilterDemo2 {
    public static void main(String[] args) {
        // 查找父目录及所有子目录中的 java 文件
        Path parent = Paths.get("..");
        try {
            Stream<Path> list = Files.walk(parent);
            list.filter((Path p) -> p.toString().endsWith(".java"))
                    .forEach(System.out::println);
        } catch (IOException ex) {
            ex.printStackTrace();
        }
    }
}
```

StreamFilterDemo2 类首先构造一个指向当前目录父目录的 **Path** 对象；然后，它将 **Path** 传递到 **Files.walk** 方法，以获取 **Path** 流并将结果赋给名为 **list** 的局部变量；接下来，它使用一个 **Predicate** 过滤流，结果包含名称以 **.java** 结尾的 **Path**，并调用 **forEach** 方法打印这些路径。

20.5　映射

Stream 接口的 **map** 方法对流的每个元素进行映射，并将元素传递给函数。下面是 **map** 方法的签名：

```
<R> Stream<R> map(java.util.function.Function<? super T,
        ? extends R> mapper)
```

从签名中可以看到，**map** 方法返回一个新 **Stream**，其元素类型可能与当前流的元素类型不同。

考虑清单 20.6 的代码，它给出一个更有用和更实际的 **Stream** 示例，用于计算某个公司所有员工的平均年龄。这具体分为两步。第一步，调用 **map** 方法将 **Employee** 对象的 **Stream** 转换为 **Period** 对象的 **Stream**。新流的每个 **Period** 元素包含从今天到每个员工生日之间的 **Period**。换句话说，每个 **Period** 元素都包含员工的年龄。第二步，代码调用 **mapToLong** 方法来计算所有员工的平均年龄。

清单 20.6　StreamMapDemo 类

```
package app20;
import java.time.LocalDate;
import java.time.Month;
import java.time.Period;
import java.util.stream.Stream;
```

```java
public class StreamMapDemo {
    class Employee {
        public String name;
        public LocalDate birthday;
        public Employee(String name, LocalDate birthday) {
            this.name = name;
            this.birthday = birthday;
        }
    }

    public Employee[] getEmployees() {
        Employee[] employees = {
            new Employee("Will Biteman",
                    LocalDate.of(1984, Month.JANUARY, 1)),
            new Employee("Sue Everyman",
                    LocalDate.of(1980, Month.DECEMBER, 25)),
            new Employee("Ann Wangi",
                    LocalDate.of(1976, Month.JULY, 4)),
            new Employee("Wong Kaching",
                    LocalDate.of(1980, Month.SEPTEMBER, 1))
        };
        return employees;
    }

    public double calculateAverageAge(Employee[] employees) {
        LocalDate today = LocalDate.now();
        Stream<Employee> stream = Stream.of(employees);
        Stream<Period> periods = stream.map(
                (employee)-> Period.between(
                        employee.birthday, today));
        double avgAge = periods.mapToLong(
                (period)->period.toTotalMonths())
                .average().getAsDouble() / 12;
        return avgAge;
    }

    public static void main(String[] args) {
        StreamMapDemo demo = new StreamMapDemo();
        Employee[] employees = demo.getEmployees();
        double avgAge = demo.calculateAverageAge(employees);
        System.out.printf("Average employee age : %2.2f\n",
                avgAge);
    }
}
```

如果运行 **StreamMapDemo** 类，将看到员工的平均年龄。当然，结果将取决于运行程序的时间。在编写这本书时，我们所得到的结果如下：

```
Average employee age : 34.13
```

20.6　归约

Stream 中一个更有用的方法是 **reduce**，它用于执行归约（reduction）操作。该方法有两

个重载:

```
java.util.Optional<T> reduce(java.util.function.BinaryOperator<T>
        accumulator)
T reduce(T identity,
        java.util.function.BinaryOperator<T> accumulator)
```

看一下这两个方法的签名,可能会注意到 **reduce** 方法在指定的 **BinaryOperator** 的帮助下将类型 T 的 **Stream** 归约为类型 T 的单个实例。尽管 Java 文档中的描述不是很直观,但实际上这种方法并不难理解。

图 20.1 显示了在归约由 4 个元素组成的顺序流时幕后发生的情况。

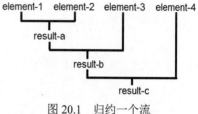

图 20.1　归约一个流

首先,将 element-1 和 element-2 作为指定二元运算符的操作数。该运算的结果是一个与元素类型相同的对象,称之为 result-a。其次,result-a 和 element-3 被传递给二元运算符,得到结果 result-b,该结果同样具有与元素相同的类型。最后,result-b 和 element-4 被传递给二元运算符,返回 result-c。由于流中没有更多的元素,因此 result-c 就作为归约的结果返回。

对于并行流,操作可以并行地执行。这意味着,对 element-1 和 element-2 的操作与对 element-3 和 element-4 的操作可以同时进行,然后将第一个操作的结果和第二个操作的结果传递给二元运算符,二元运算符执行计算并返回结果。

现在让我们来看一个例子。

清单 20.7 中的 **StreamReductionDemo1** 类显示了一个由 4 个 **Order** 对象组成的 **Stream**,它被归约为一个 **Order** 对象,这个 **Order** 对象是最近被下的订单,且这个对象具有最大的值。

清单 20.7　StreamReductionDemo1 类

```java
package app20;
import java.time.LocalDate;
import java.time.Month;
import java.util.Optional;
import java.util.stream.Stream;

public class StreamReductionDemo1 {
    class Order {
        public int orderId;
        public double value;
        public LocalDate orderDate;
        public Order(int orderId, double value,
                LocalDate orderDate) {
            this.orderId = orderId;
            this.value = value;
            this.orderDate = orderDate;
        }
    }

    public Order[] getOrders() {
        Order[] orders = {
            new Order(1, 100.49,
                    LocalDate.of(2014, Month.DECEMBER, 11)),
            new Order(1, 88.09,
```

```
                                    LocalDate.of(2014, Month.DECEMBER, 29)),
                new Order(1, 10.29,
                                    LocalDate.of(2014, Month.DECEMBER, 30)),
                new Order(1, 100.49,
                                    LocalDate.of(2014, Month.NOVEMBER, 22))
        };
        return orders;
    }

    public Optional<Order> getLatestLargestOrder(Order[] orders) {
        Stream<Order> stream = Stream.of(orders);
        Optional<Order> theOrder = stream.reduce((a, b) -> {
                if (a.value > b.value) {
                    return a;
                } else if (a.value < b.value) {
                    return b;
                } else {
                    if (a.orderDate.isAfter(b.orderDate)) {
                        return a;
                    } else {
                        return b;
                    }
                }
            });
        return theOrder;
    }

    public static void main(String[] args) {
        StreamReductionDemo1 demo = new StreamReductionDemo1();
        Order[] orders = demo.getOrders();
        Optional<Order> latestLargest = demo.getLatestLargestOrder(
                orders);
        if (latestLargest.isPresent()) {
            Order order = latestLargest.get();
            System.out.printf("Latest largest order value: $%2.2f,",
                    order.value);
            System.out.println(" date : " + order.orderDate);
        } else {
            System.out.println("No order found");
        }
    }
}
```

　　首先来看 **Order** 类，它对订单建模，有 3 个字段：**orderId**、**value** 和 **orderDate**。在 **main** 方法中实例化 **StreamReductionDemo1** 类并调用它的 **getOrders** 方法，该方法会返回一个包含 4 个元素的数组。接着 **main** 调用 **getLatestLargestOrder** 方法，传递 **Order** 数组。

　　getLatestLargestOrder 方法在这里很有趣。它先用 **Stream** 的 **of** 静态方法创建一个 **Stream<Order>**流：

```
Stream<Order> stream = Stream.of(orders);
```

然后，在 **Stream** 上传递一个二元运算符调用 **reduce** 方法：

```
Optional<Order> theOrder = stream.reduce((a, b) -> {
        if (a.value > b.value) {
```

```
            return a;
        } else if (a.value < b.value) {
            return b;
        } else {
            if (a.orderDate.isAfter(b.orderDate)) {
                return a;
            } else {
                return b;
            }
        }
    });
```

二元运算符比较两个 **Order** 操作数的值，并返回值较大的那个操作数。如果两个值相等，则返回订单日期最新的订单。

接下来，**main** 方法检查返回的 **Optional** 是否包含 **Order**。如果是，则 **Order** 会被打开，该 **Order** 对象的 value 和 orderDate 字段值将被打印出来；否则，显示一条错误消息。

如果运行这个类，在控制台上将看到下面的结果：

```
Latest largest order value: $100.49, date : 2014-12-11
```

如果流是空的，**reduce** 方法不会抛出异常，它只会返回一个空的 **Optional**。

作为第二个例子，考虑清单 20.8 中的代码。该演示类用一个 **Stream** 来计算给定月份的总订单值。

清单 20.8　StreamReductionDemo2 类

```
package app20;
import java.time.LocalDate;
import java.time.Month;
import java.time.YearMonth;
import java.util.function.Predicate;
import java.util.stream.Stream;

public class StreamReductionDemo2 {
    class Order {
        public int orderId;
        public double value;
        public LocalDate orderDate;
        public Order(int orderId, double value,
                LocalDate orderDate) {
            this.orderId = orderId;
            this.value = value;
            this.orderDate = orderDate;
        }
    }

    public Order[] getOrders() {
        Order[] orders = {
            new Order(1, 100.49,
                    LocalDate.of(2014, Month.DECEMBER, 11)),
            new Order(1, 88.09,
                    LocalDate.of(2014, Month.DECEMBER, 29)),
            new Order(1, 10.29
                    LocalDate.of(2014, Month.DECEMBER, 30)),
```

```
                    new Order(1, 100.49,
                        LocalDate.of(2014, Month.NOVEMBER, 22))
        };
        return orders;
    }

    public double calculateSalesTotal(Order[] orders,
            YearMonth yearMonth) {
        Predicate<Order> orderInGivenMonth
                = (order) -> order.orderDate.getMonth()
                        == yearMonth.getMonth()
                    && order.orderDate.getYear()
                        == yearMonth.getYear();

        Stream<Order> stream = Stream.of(orders);
        return stream.filter(orderInGivenMonth)
                .mapToDouble((order) -> order.value)
                .reduce(0, (a, b) -> a+b);
    }

    public static void main(String[] args) {
        StreamReductionDemo2 demo = new StreamReductionDemo2();
        Order[] orders = demo.getOrders();
        double totalSalesForMonth = demo.calculateSalesTotal(
                orders, YearMonth.of(2014, Month.NOVEMBER));
        System.out.printf("Sales for Nov 2014 : $%2.2f\n",
                totalSalesForMonth);

        totalSalesForMonth = demo.calculateSalesTotal(
                orders, YearMonth.of(2014, Month.DECEMBER));
        System.out.printf("Sales for Dec 2014 : $%2.2f\n",
                totalSalesForMonth);
    }
}
```

StreamReduceDemo2 类使用了与 **StreamReduceDemo1** 类中相同的 **Order** 对象。**calculateSalesTotal** 方法从 **Order** 数组创建一个 **Stream**，将 **Order** 过滤到具有给定年份/月份的订单，并将元素映射为 double，最后将其归约为 double。

运行这个演示类，在控制台上将看到下面的结果：

```
Sales for Nov 2014 : $100.49
Sales for Dec 2014 : $198.87
```

20.7　可变归约

可变归约操作将 **Stream** 的元素累积到一个容器中并返回容器。容器是可变的，由此得名可变（mutable）归约。

使用 **Stream** 接口的 **collect** 方法执行一个可变归约操作，该方法的签名如下：

```
<R> R collect(java.util.function.Supplier<R> supplier,
        java.util.function.BiConsumer<R, ? super T> accumulator,
        java.util.function.BiConsumer<R, R> combiner);
```

collect 方法分三步完成它的工作，每一步处理方法的一个参数。

第一步，处理第一个参数，该参数是返回容器（如一个 **Collection** 或一个 **StringBuilder**）的 **Supplier**。在顺序流中，**Supplier** 只被调用一次，并且只有一个容器。而在并行流中，**Supplier** 可以被多次调用，并且可能有多个容器。

第二步，处理第二个参数，它是一个执行集合操作的 **BiConsumer**。回想一下，**BiConsumer** 接收两个不同类型的参数，并且不返回任何值。实际上，**BiConsumer** 将每个流元素添加到容器或 **Supplier** 产生的容器中。对于顺序流，因为只有一个容器，所以所有元素都添加到同一个容器中。在并行流中，每个元素被添加到不同的容器中。

第三步，处理第三个参数，它也是一个 **BiConsumer**。在顺序流中，不进行任何处理，并且参数没有影响，因为它从不被调用。不过，不能将 null 作为第三个参数传递。在并行流中，使用 **BiConsumer** 指定的操作合并收集器。

清单 20.9 给出了这种操作的第一个示例，它演示了如何将字符串数组收集到 **StringBuilder** 中。这里有两个流，它们都完成相同的事情。第一个流使用 Lambda 表达式，第二个流使用方法引用。

清单 20.9　StreamCollectDemo1 类

```java
package app20;
import java.util.stream.Stream;

public class StreamCollectDemo1 {
    public static void main(String[] args) {
        String[] strings = { "a", "b", "c", "d" };
        Stream<String> stream1 = Stream.of(strings);
        StringBuilder sb1 = stream1.collect(
                () -> new StringBuilder(),
                (a1, b1) -> a1.append(b1),
                (a2, b2) -> a2.append(b2));
        System.out.println(sb1.toString());

        Stream<String> stream2 = Stream.of(strings);
        StringBuilder sb2 = stream2.collect(
                StringBuilder::new,
                StringBuilder::append,
                StringBuilder::append);
        System.out.println(sb2.toString());
    }
}
```

对每个流，**collect** 方法首先创建一个 **StringBuilder**。由于使用的是顺序流，因此只有一个 **StringBuilder**。接下来，该方法将流的每个元素附加到 **StringBuilder** 上。因为流中有 4 个元素，所以 **StringBuilder** 的 **append** 方法被调用了 4 次。

由于这是一个顺序流，因此没有处理第三个参数。**collect** 方法只返回 **StringBuilder**，它现在包含"abcd"。

清单 20.10 给出了另一个可变归约操作的例子。这次在一个顺序流环境中，使用一个 **List** 作为容器。同样有两个流，一个使用 Lambda 表达式，另一个使用方法引用。这里的 **collect** 方法返回一个包含 4 个元素的 **List**。

清单 20.10 StreamCollectDemo2 类

```java
package app20;
import java.util.ArrayList;
import java.util.List;
import java.util.stream.Stream;

public class StreamCollectDemo2 {
    public static void main(String[] args) {
        String[] strings = { "a", "b", "c", "d" };
        Stream<String> stream1 = Stream.of(strings);
        List<String> list1 = stream1.collect(
                () -> new ArrayList<>(),
                (a1, b1) -> a1.add(b1),
                (a2, b2) -> a2.addAll(b2));
        for (String s: list1) {
            System.out.println(s);
        }

        Stream<String> stream2 = Stream.of(strings);
        List<String> list2 = stream2.collect(
                ArrayList::new,
                ArrayList::add,
                ArrayList::addAll);
        for (String s: list2) {
            System.out.println(s);
        }
    }
}
```

作为本主题的最后一个例子，清单 20.11 中的 **StreamCollectDemo3** 类是对 **StreamCollectDemo1** 类的重写。但是，现在使用一个并行流来展示集合是如何工作的。并行流是通过调用初始流上的 **parallel** 方法创建的。为了显示每个参数被处理的确切时刻，这里还通过扩展 **ArrayList** 类并覆盖其 **add** 和 **addAll** 方法创建了一个自定义 **Supplier**。新方法打印一条消息并调用超类的 **add** 和 **addAll** 方法。

清单 20.11 StreamCollectDemo3 类

```java
package app20;
import java.util.ArrayList;
import java.util.Collection;
import java.util.List;
import java.util.concurrent.atomic.AtomicInteger;
import java.util.function.Supplier;
import java.util.stream.Stream;

public class StreamCollectDemo3 {

    public static void main(String[] args) {
        AtomicInteger counter = new AtomicInteger();
        Supplier<List<String>> supplier = () -> {
            System.out.println("supplier called");
            return new ArrayList<String>() {
```

```
                int id = counter.getAndIncrement();
                @Override
                public boolean add(String e) {
                    System.out.println(
                            "\"add\" called for " + e
                            + " on ArrayList " + id);
                    return super.add(e);
                }

                @Override
                public boolean addAll(
                        Collection<? extends String> c) {
                    System.out.println("\"addAll\" called"
                        + " on ArrayList " + id);
                    return super.addAll(c);
                }
            };
        };
        String[] strings = { "a", "b", "c", "d" };
        Stream<String> stream1 = Stream.of(strings).parallel();
        List<String> list1 = stream1.collect(
                supplier,
                (a1, b1) -> a1.add(b1),
                (a2, b2) -> a2.addAll(b2));
        for (String s: list1) {
            System.out.println(s);
        }
    }
}
```

如果在多核计算机上运行这个示例，将在控制台上看到类似下面的内容：

```
supplier called
supplier called
supplier called
supplier called
"add" called for d on ArrayList 0
"add" called for c on ArrayList 2
"add" called for a on ArrayList 1
"add" called for b on ArrayList 3
"addAll" called on ArrayList 2
"addAll" called on ArrayList 1
"addAll" called on ArrayList 1
a
b
c
d
```

可以看到，由于流中有 4 个元素，因此调用了 4 次 **Supplier**，从而产生了 4 个全新的 **ArrayList**。然后，在每个 **ArrayList** 上的每个元素调用一次 **add** 方法。最后，将 4 个 **ArrayList** 的内容合并到一个 **ArrayList** 中，并返回该 **ArrayList**。

20.8　并行流

如今，大多数计算机都有多核处理器，这意味着多个线程可以在不同的内核中并发运行，因此使用并行流是有意义的。然而，构建并行流比构建顺序流的代价更高，这意味着使用并行流并不总能使程序运行得更快。

清单 20.12 中的 **ParallelStreamDemo** 类将 6 个整数映射到它们的斐波那契数（fibonacci number）。本例的目的是说明并行流如何在多核处理器中运行得更快。

清单 20.12　　ParallelStreamDemo 类

```
package app20;
import java.time.Duration;
import java.time.Instant;
import java.util.Arrays;
import java.util.List;

public class ParallelStreamDemo {

    public static long fibonacci(long i) {
        if (i == 1 || i == 2) {
            return 1;
        }
        return fibonacci(i - 1) + fibonacci(i - 2);
    }

    public static void main(String[] args) {
        List<Integer> numbers =
                Arrays.asList(10, 20, 30, 40, 41, 42);

        Instant start = Instant.now();
        numbers.parallelStream()
                .map((input) -> fibonacci(input))
                .forEach(System.out::println);
        Instant end = Instant.now();
        System.out.printf(
                "Processing time with parallel stream : %dms\n",
                Duration.between(start, end).toMillis());

        start = Instant.now();
        numbers.stream()
                .map((input) -> fibonacci(input))
                .forEach(System.out::println);
        end = Instant.now();
        System.out.printf(
                "Processing time with sequential stream : %dms\n",
                Duration.between(start, end).toMillis());
    }
}
```

如果运行代码，将在控制台上看到下面的结果：

```
55
6765
832040
102334155
165580141
267914296
Processing time with parallel stream : 953ms
55
6765
832040
102334155
165580141
267914296
Processing time with sequential stream : 1764ms
```

正如所见，读者可以从并行流中获益。然而，对于资源不那么密集的任务，优势会越来越小，并且存在这样一个点，即采用并行流的代价超过了采用顺序流加上提速的代价，例如，如果用下面的整数替换程序中的数：

```
List<Integer> numbers =
        Arrays.asList(1, 2, 3, 4, 5, 6);
```

则在计算机上，使用并行流实际上需要更多的时间来完成这个任务。因此，在决定使用并行流之前，先进行一些测试，看看对某个特定任务，并行流是否比顺序流更快。

20.9　小结

流（stream）就像一根管子。然而，流不是传输石油或水，而是将数据从源传输到目的地。使用流的主要原因是它支持顺序和并行聚合操作，还可以轻松地过滤、排序或映射流中的元素。

习题

1. Stream 是什么？
2. 流包括哪 4 种主要类型？
3. 什么是归约操作？
4. 什么时候使用并行流？

第 *21* 章

Java 数据库连接

尽管 Java 是一种面向对象的编程语言，但数据和对象状态通常存储在关系数据库中。因此，访问数据库和操作数据是一个非常重要的主题。

数据库有很多品牌，例如 MySQL、MariaDB、Oracle、Sybase、Microsoft SQL Server、Microsoft Access、PostgreSQL、HSQLDB 和 Apache Derby 等。Derby 尤其有趣，因为它包含在 JDK 中。每个数据库引擎都允许通过专有协议访问。因此，访问不同的数据库需要不同的技术。幸运的是，对 Java 程序员来说，Java 数据库连接（JDBC）提供了访问不同关系数据库的统一方法，从而使操作数据库中的数据变得很容易。

Java 11 中提供了 JDBC 4.3 版本。JDBC 应用程序编程接口（API）由两部分组成：JDBC 核心 API 和 JDBC 可选包 API。核心部分用于基本的数据库编程，例如创建表、从单个或多个表中检索数据、在表中插入数据以及更新和删除数据。核心部分中的类和接口是 **java.sql** 包的成员。JDBC 可选包 API 在 **javax.sql** 包中定义，并支持高级特性，如连接池、Java 命名和目录接口（JNDI）、分布式事务等。本章只讨论核心部分。

21.1　JDBC 简介

JDBC 允许 Java 程序员使用相同的代码访问不同的数据库，这是通过使用 JDBC 驱动程序实现的，JDBC 驱动程序充当 Java 代码和关系数据库之间的转换器。

每种数据库都需要一个不同的 JDBC 驱动程序。幸运的是，现在市场上几乎所有数据库都有 JDBC 驱动程序。由于 Java 非常流行，因此数据库厂商竭力为他们的产品提供 JDBC 驱动程序。JDBC 驱动程序也可能来自第三方。流行的数据库还有多个 JDBC 驱动程序。以 Oracle 为例，它有一个用于服务器端应用程序的 Oracle JDBC 驱动程序，还有一个用于处理存储过程的优化驱动程序，等等。

从技术上讲，JDBC 驱动程序有 4 种类型，它们简单地称为类型 1、类型 2、类型 3 和类型 4。下面是每种类型的简要描述。

（1）类型 1 驱动程序将 JDBC API 实现为到另一个数据访问 API 的映射（如 Open Database Connectivity，ODBC）。JDBC-ODBC 桥是类型 1 驱动程序中最典型的例子。它允许 Java 代码访问任何可以通过 ODBC 访问的数据库。这种类型的驱动程序很慢，只适用于没有其他 JDBC 驱动程序可用的情况。JDBC-ODBC 桥在 JDK 8 中已经被删除了。

（2）类型 2 驱动程序是部分用本机 API 编写，部分用 Java 编写的。这种类型的驱动程序使用数据库的客户机 API 连接到数据库。

（3）类型 3 驱动程序将 JDBC 调用转换为中间件供应商的协议，然后中间件服务器将其转换为数据库访问协议。

（4）类型 4 驱动程序是用 Java 编写的，并直接连接到数据库。

可以在下面的网站找到每种驱动程序类型的体系结构：

```
http://www.oracle.com/technetwork/java/javase/jdbc/index.html
```

JDBC-ODBC 不复存在

当 Java 首次发布时，ODBC 是连接到关系数据库的主要技术。Sun 提供的 JDBC-ODBC 桥驱动程序使开发人员编写的 Java 代码能够连接到几乎任何数据库，而无须等待数据库厂商为其产品提供 JDBC 驱动程序。事实证明，这是一个很好的策略，可以说服企业开始用 Java 开发商业应用程序。如今，ODBC 已经不那么重要了，而且从 Java 8 开始不再包含在 JDK 中。再见，ODBC！

21.2 数据访问的 5 个步骤

通过 JDBC 访问数据库和操作数据需要 5 个步骤。

（1）加载数据库的 JDBC 驱动程序。Java 在 JDBC 4.0 及更高版本中还支持自动加载。

（2）获取一个数据库连接。

（3）创建表示某种 SQL 语句的 **java.sql.Statement** 或 **java.sql.PreparedStatement** 实例。

（4）可选地创建 **java.sql.ResultSet** 对象，以存储从数据库返回的数据。

（5）关闭 JDBC 对象以释放资源。使用 try-with-resources，可不必手动执行此操作。

下面将详细介绍这些步骤。

21.2.1 加载 JDBC 驱动程序

JDBC 驱动程序用 **java.sql.Driver** 接口表示，该接口定义 JDBC 驱动程序与要连接到数据库的 Java 类之间的一个契约。JDBC 驱动程序通常部署为 jar 或 zip 文件。在运行 Java 应用程序时，需要确保驱动程序文件包含在类路径中。

在 JDBC 4.0 或更高版本中，也就是使用 Java 6 或更高版本时，JDBC 驱动程序可以自动加载，因此可以跳过这一步。然而，最好知道幕后发生了什么，所以请继续读下去。

有两种加载 JDBC 驱动程序的方法：手动加载和动态加载。使用 **java.lang.Class** 的 **forName** 静态方法手动加载 JDBC 驱动程序：

```
class.forName(driverClass)
```

其中，driverClass 是驱动程序的完全限定名。例如，下面是加载 MySQL 驱动程序和 PostgreSQL 驱动程序的代码：

```
Class.forName("com.mysql.jdbc.Driver");
Class.forName("org.postgresql.Driver");
```

forName 方法可能抛出 **java.lang.ClassNotFoundException** 异常，因此必须像下面这样把它放在一个 **try** 块中：

```
try {
    Class.forName("org.postgresql.Driver");
} catch (ClassNotFoundException e) {
    // 处理异常或者重新将它抛出
}
```

当加载一个 JDBC 驱动程序时，将自动使用 **java.sql.DriverManager** 对象注册它，以便该对象能够找到驱动程序并创建连接。

使用动态加载时，不需要调用 **Class.forName** 方法，因为 **DriverManager** 会在类路径中搜索 JDBC 驱动程序，并在后台调用 **forName** 方法。

动态加载的好处有很多，而不仅是少写几行代码。由于不需要硬编码 JDBC 驱动程序类名，因此升级一个驱动程序只需用一个新的 jar 替换旧的 jar。新类名不需要与旧类名匹配。

21.2.2　获得数据库连接

数据库连接方便了 Java 代码和关系数据库之间的通信。**java.sql.Connection** 接口是连接对象的模板。使用 **java.sql.DriverManager** 类的 **getConnection** 静态方法获得 **Connection** 对象。该方法搜索内存中加载的 JDBC 驱动程序，并返回一个 **java.sql.Connection** 对象。

下面是最常用的 **getConnection** 重载方法的签名：

```
public static Connection getConnection(java.lang.String url)
        throws SQLException
```

```
public static Connection getConnection(java.lang.String url,
        java.lang.String userName, java.lang.String password)
        throws SQLException
```

第一个重载方法适合连接到不需要进行用户身份验证的数据库。第二个用于连接到需要进行用户身份验证的数据库。仍然可以使用第一个重载方法来传递用户凭证。当使用第二个重载方法连接到不需要进行身份验证的数据库时，给第二个和第三个参数传递 **null** 即可。

url 参数指定数据库服务器的位置和要连接的数据库的名称。数据库服务器可以与运行的 Java 代码驻留在同一台计算机中，也可以驻留在网络中的计算机中。除位置之外，还必须传递用户名和密码，以向数据库证明读者是经过授权的用户，大多数数据库服务器在授予连接之前都需要这样做。因此，第二个 **getConnection** 重载方法更容易使用。如果使用第一个重载，也可将用户名和密码附加到数据库 URL 上。下面是 url 参数的格式：

```
jdbc:subprotocol:subname
```

subprotocol 部分指定数据库类型。从 JDBC 驱动程序文档中可查到 subprotocol 的值。下面是一些例子。

（1）**postgresql**。连接到 PostgreSQL 数据库。

（2）**mysql**。连接到 MySQL 数据库。

（3）**oracle:thin**。使用 thin 驱动程序连接到 Oracle 数据库（有多种类型的 Oracle JDBC 驱动程序）。

（4）**derby**。如果要连接到 Apache Derby 数据库，需要使用这个值。

subname 部分指定运行数据库服务器的机器名称、数据库服务连接的端口和数据库名称。例如，下面的 URL 用于访问 **localhost** 主机上名为 **PurchasingDB** 的 PostgreSQL 数据库：

```
jdbc:postgresql://localhost/PurchasingDB
```

作为另一个例子，下面的 URL 用于连接到驻留在一台名为 **Production01** 机器上的名为 **Customers** 的 Oracle 数据库。注意，默认情况下 Oracle 在端口 1521 上运行：

```
jdbc:oracle:thin:@Production01:1521:Customers
```

下面是一个 URL，用于连接到一台名为 PC2 的计算机上名为 **CustomerDB** 的 MySQL 数据库：

```
jdbc:mysql://PC2/CustomerDB
```

下面是一个 URL，用于连接到 Derby 数据库，Derby 数据库的数据源名称是 **Legacy**，位于 Linux 系统的 **/home/db** 目录中：

```
jdbc:derby:/home/db/Legacy
```

下面是一个 URL，用于连接到 Windows 系统上 **C:\db** 中名为 **Marketing** 的 Derby 数据库：

```
jdbc:derby:c:/db/Marketing
```

最好使用第二个 **getConnection** 重载方法将用户名和密码作为单独的参数传入。但是，如果必须使用第一个重载方法，请使用以下语法：

```
url?user=username&password=password
```

假设用户名是 **Ray**，密码是 **Pwd**，前面 4 个用于访问数据库的 URL 可以重写，具体如下：

```
jdbc:postgresql://localhost/PurchasingDB?user=Ray&password=Pwd
jdbc:oracle:thin:@Production01:1521:Customers?user=Ray&password=Pwd
jdbc:mysql://PC2/CustomerDB?user=Ray&password=Pwd
jdbc:derby:/home/db/Legacy?user=Ray&password=Pwd
```

Connection 接口具有 **close** 方法，用于在完成连接操作后关闭连接。

21.2.3 创建 Statement 对象

java.sql.Statement 表示一个 SQL 语句。通过调用 **java.sql.Connection** 的 **createStatement** 方法获得 **Statement** 对象：

```
Statement statement = connection.createStatement();
```

接下来，需要在 **Statement** 对象上调用某方法，传递一个 SQL 语句。如果 SQL 语句检索数据，则使用 **executeQuery** 方法，否则使用 **executeUpdate** 方法：

```
ResultSet executeQuery(java.lang.String sql) throws SQLException
int executeUpdate(java.lang.String sql) throws SQLException
```

executeUpdate 和 **executeQuery** 方法都接收包含 SQL 语句的 String。SQL 语句无须以数据库语句终止符结束，语句终止符的使用因数据库而异，例如，Oracle 使用分号（;）表示语句的结束，Sybase 使用 **go** 表示结束。驱动程序将自动提供适当的语句终止符，不需要在 JDBC 代码中包含它。

executeUpdate 方法执行 SQL INSERT、UPDATE 或 DELETE 语句以及数据定义语言（DDL）语句来创建、删除和修改表。该方法会返回 INSERT、UPDATE 或 DELETE 语句的行

数，或返回 0（不返回任何内容的 SQL 语句）。

executeQuery 方法执行返回数据的 SQL SELECT 语句。它返回一个包含由给定查询生成的数据的 **java.sql.ResultSet**。如果没有返回数据，**executeQuery** 返回一个空的 **ResultSet**。它从不返回 **null**。

注意，SQL 语句在服务器上执行。因此，尽管不推荐，还是可以传递特定于数据库的指令。

PreparedStatement 派生于 **Statement**，它可以替代 **Statement**。**PreparedStatement** 与 **Statement** 的不同之处在于，可以预编译 SQL 语句并将其存储在数据库中，以便使同一 SQL 语句的后续调用更快。通过调用 **Connection** 的 **prepareStatement** 方法，传递一个 SQL 语句，可以获得 **PreparedStatement** 对象：

```
PreparedStatement pStatement =
        connection.prepareStatement(java.lang.String sql);
```

之后，就可以调用 **PreparedStatement** 上的 **executeQuery** 或 **executeUpdate** 方法：

```
ResultSet executeQuery() throws SQLException
int executeUpdate() throws SQLException
```

注意，这两个方法的签名都与 **Statement** 签名不同。在创建 **PreparedStatement** 时已传递 SQL 语句，所以在调用 **executeQuery** 或 **executeUpdate** 时不再需要 SQL 语句。

21.2.4　创建 ResultSet 对象

ResultSet 是从 **Statement** 或 **PreparedStatement** 返回的数据库表的表示。**ResultSet** 对象维护一个指向其当前数据行的游标（cursor）。当游标第一次返回时，它位于第一行之前。要访问 **ResultSet** 的第一行，需要在 **ResultSet** 实例上调用 **next** 方法。

next 方法将游标移动到下一行，并返回 **true** 或 **false**。如果新的当前行有效，则返回 **true**；如果没有更多行，则返回 **false**。通常，在 **while** 循环中使用此方法迭代 **ResultSet**。

要从 **ResultSet** 获取数据，可以使用 **ResultSet** 众多的 **getXXX** 方法之一，如 **getInt**、**getLong**、**getShort** 等。使用 **getInt** 获取当前行中指定列的 int 值，使用 **getLong** 获取单元格的 long 数据。最常用的方法是 **getString**，它以 **String** 的形式返回单元格数据。在许多情况下，使用 **getString** 更好，因为不需要担心数据库中表字段的数据类型。

与其他 **getXXX** 方法类似，**getString** 方法有两个重载，允许通过传递列索引或列名来获取单元格的数据。**getString** 两个重载方法的签名如下：

```
public java.lang.String getString(int columnIndex)
        throws SQLException
public java.lang.String getString(java.lang.String columnName)
        throws SQLException
```

21.2.5　关闭 JDBC 对象

Connection、**Statement**、**PreparedStatement** 和 **ResultSet** 接口都提供了一个 **close** 方法，在处理完对象后需要调用该方法。在 Java 7 及更高版本中，使用 try-with-resources 语句创建 JDBC 对象时，关闭会自动完成。换句话说，不必显式地对 JDBC 对象调用 **close** 了。下面是打开连接、创建 **PreparedStatement** 和执行查询的代码：

```
try (Connection connection = getConnection();
    Prepared pStatement = connection.prepareStatement(sql);
    ResultSet resultSet = pStatement.executeQuery()) {
    while (resultSet.next()) {
        // 这里进行数据操作
    }
} catch (SQLException e) {
    throw newException;
}
```

注意，当包含的 **Statement/PreparedStatement** 关闭时，**ResultSet** 将自动关闭。因此，如果不能在括号内创建 **ResultSet**（例如，因为需要调用 **PreparedStatement** 上的 **set** 方法，所以可以在括号外创建 **ResultSet** 对象），则仍然不必调用 **ResultSet.close()** 方法。下面的代码是安全的：

```
try (Connection connection = DriverManager.getConnection(dbUrl);
        PreparedStatement pStatement = connection.prepareStatement(sql)){
    pStatement.setString(1, ...);
    ResultSet resultSet = pStatement.executeQuery()) {
    while (resultSet.next()) {
        System.out.println(resultSet.getString(2));
    }
    // 这里不必调用 resultSet.close()
} catch (SQLException e) {
    e.printStackTrace();
}
```

21.3　综合应用

学习了 JDBC 的核心对象，现在把它们综合在一起。这里的示例使用了名为 Apache Derby 的数据库引擎，该引擎可以作为独立服务器运行，也可以嵌入到 Java 应用程序中。当嵌入运行时，Derby 运行在与 Java 应用程序相同的 JVM 上。使用嵌入式是了解 JDBC 最简单的方法，这里就是这么做的。遗憾的是，从 Java 9 开始，不再包含 Derby 的 JDBC 驱动程序。因此，首先使用本书配套资源中包含的 zip 驱动程序 **derby.jar**。

解压 zip 文件后，将 **derby.jar** 文件复制到工作目录中。

清单 21.1 的示例展示了如何在嵌入式模式下创建和运行 Derby 数据库。代码在当前目录中创建一个名为 testdb 的新数据库，并创建一个名为 person 的表。该表有两列：person_id 和 name。然后，将一些数据插入表中并将其读取回来。

用于连接数据库的 URL 如下：

```
jdbc:derby:testdb;create=true
```

create=true 部分表示如果数据库不存在，就创建数据库。

清单 21.1　使用 Java DB

```
package app21;
import java.sql.Connection;
import java.sql.DriverManager;
import java.sql.PreparedStatement;
```

```java
import java.sql.ResultSet;
import java.sql.SQLException;
import java.sql.Statement;

public class JavaDBDemo1 {
    private static String dbUrl = "jdbc:derby:testdb;create=true";
    private static final String CREATE_TABLE_SQL =
            "CREATE TABLE person "
            + "(person_id INT, name VARCHAR(100))";

    public void createTable() {
        try (Connection connection =
                DriverManager.getConnection(dbUrl);
                Statement statement =
                        connection.createStatement()) {
            statement.execute(CREATE_TABLE_SQL);
        } catch (SQLException e) {
            System.out.println(e.getMessage());
        }
    }

    private static final String INSERT_DATA_SQL =
            "INSERT INTO person (person_id, name) "
            + "VALUES (?, ?)";

    public void insertData(int id, String name) {
        try (Connection connection =
                DriverManager.getConnection(dbUrl);
                PreparedStatement pStatement =
                        connection.prepareStatement(
                                INSERT_DATA_SQL);) {
            pStatement.setInt(1, id);
            pStatement.setString(2, name);
            pStatement.executeUpdate();
        } catch (SQLException e) {
            e.printStackTrace();
        }
    }

    private static final String READ_DATA_SQL =
            "SELECT person_id, name FROM person";

    public void readData() {
        try (Connection connection =
                DriverManager.getConnection(dbUrl);
                PreparedStatement pStatement =
                        connection.prepareStatement(READ_DATA_SQL);
                ResultSet resultSet = pStatement.executeQuery()) {
            while (resultSet.next()) {
                System.out.println(resultSet.getString(2));
            }
        } catch (SQLException e) {
            e.printStackTrace();
        }
    }

    public static void main(String[] args) {
```

```
        // 必须将 derby.jar 包添加到类路径中
        JavaDBDemo1 demo = new JavaDBDemo1();
        demo.createTable();
        demo.insertData(2, "Alvin Average");
        demo.readData();
    }
}
```

清单 21.1 的 **JavaDBDemo1** 类提供了创建表、插入记录和读取数据的方法。要编译该类，不需要 JDBC 驱动程序，只需将目录更改为 **app21** 的父目录（包含 **JavaDBDemo1.java** 文件的目录）并输入：

```
javac app21/JavaDBDemo1.java
```

但是，要运行它，需要在类路径中传递 JDBC 驱动程序。假设 **derby.jar** 文件存放在 Linux 或 Mac OS X 机器上的 **/home/user1/jdbctest** 中，在编译 Java 文件的同一个目录中，输入下面的命令来运行该类：

```
java -cp ./:/home/user1/jdbctest/derby.jar app21/JavaDBDemo1
```

注意，需要向 **java** 程序传递两个路径，当前目录（./）和 **derby.jar** 文件的路径。

在 Windows 机器上，假设 JDBC 驱动程序安装在 C:\users\user1\jdbctest 中，输入下面的命令：

```
java -cp ./;"C:/users/user1/jdbctest/derby.jar" app21/JavaDBDemo1
```

21.4 使用 DAO 模式

Java 是一种面向对象的编程语言，很多时候都用它来处理对象。对于插入到关系数据库并从中检索的数据，其结构不是对象，使用起来很不方便。

访问数据库的数据一个好方法是使用一个单独的模块来管理获取连接和构建 SQL 语句的复杂性。DAO 设计模式是一种简单的模式，可以很好地完成这项工作，这种模式有一些变体，图 21.1 描述了其中最简单的一种。

使用这种模式，可以为需要持久存储的每种类型编写一个类。例如，如果应用程序需要持久化 3 种类型的对象：**Product**、**Customer** 和 **Order**，那么就需要 3 个 DAO 类，每个 DAO 类分别负责操作一种对象类型。因此，可有下面这些类：**ProductDAO**、**CustomerDAO** 和 **OrderDAO**。类名末尾的 DAO 后缀表示该类是 DAO 类，除非有充分的理由不这样命名，否则应该遵循这个惯例。

一个典型的 DAO 类负责对象的添加、删除、修改和检索，以及查找这些对象。例如，**ProductDAO** 类可能支持以下方法：

```
void addProduct(Product product)
void updateProduct(Product product)
void deleteProduct(int productId)
Product getProduct(int productId)
List<Product> findProducts(SearchCriteria searchCriteria)
```

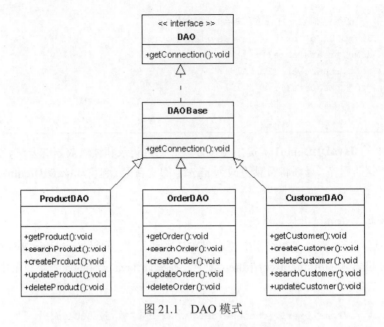

图 21.1　DAO 模式

在 DAO 实现类中，可以手动编写 SQL 语句，也可以使用 Java 持久 API（Java Persistence API，JPA）实现（如 Hibernate）来处理数据库数据。不过，JPA 超出了本书的范围，但应该知道它是一种流行的技术，许多人选择使用 JPA 访问数据。这里我们直接使用 SQL 语句。

例如，假设需要将清单 21.2 中的 **Product** 类的实例持久化到 Derby 数据库中。

清单 21.2　Product 类

```java
package app21.model;
import java.math.BigDecimal;

public class Product {
    private String name;
    private String description;
    private BigDecimal price;
    public String getName() {
        return name;
    }
    public void setName(String name) {
        this.name = name;
    }
    public String getDescription() {
        return description;
    }
    public void setDescription(String description) {
        this.description = description;
    }
    public BigDecimal getPrice() {
        return price;
    }
    public void setPrice(BigDecimal price) {
        this.price = price;
    }
    @Override
```

```
    public String toString() {
        return name + ", $" + price + ", " + description;
    }
}
```

Product 是一个简单类，它有 3 个属性：**name**、**description** 和 **price**。

首先，需要创建一个数据库和一个 **products** 表。在 Derby 中，可以自动地创建数据库，所以不必担心。但是，仍然需要使用清单 21.3 中的 SQL 语句来创建表。

清单 21.3　创建 products 表的 SQL 语句

```
CREATE TABLE products
    (id INTEGER NOT NULL GENERATED ALWAYS AS IDENTITY,

    name VARCHAR(255) NOT NULL,
    description VARCHAR(1000) default NULL,
    price DECIMAL(10,2) NOT NULL,
    PRIMARY KEY  (id))
```

DAO 模块由以下接口和类组成。

（1）清单 21.4 中的 **DAO** 接口：所有接口都从该接口派生。

（2）清单 21.5 中的 **BaseDAO** 类：提供了所有 DAO 类的基本实现。

（3）清单 21.6 中的 **DAOException** 类：是 DAO 方法抛出的一种运行时异常。

（4）清单 21.7 中的 **ProductDAO** 接口和清单 21.8 的 **ProductDAOImpl** 类：提供了持久化 **Product** 实例和从数据库中检索它们的方法。

清单 21.4　DAO 接口

```
package app21.dao;
import java.sql.Connection;

public interface DAO {
    Connection getConnection() throws DAOException;
}
```

清单 21.5　BaseDAO 类

```
package app21.dao;
import java.sql.Connection;
import java.sql.DriverManager;

public class BaseDAO implements DAO {
    public static final String dbUrl = "jdbc:derby:daotest";
    public Connection getConnection() throws DAOException {
        try {
            return DriverManager.getConnection(dbUrl);
        } catch (Exception e) {
            throw new DAOException();
        }
    }
}
```

本例中，数据库 URL 在 **BaseDAO** 类中硬编码。然而，其实可以不必这样。它可以来自一个文件，也可以从命令行传递给它，这样就可以在不重新编译类的情况下更改 URL。

清单 21.6　DAOException 类

```
package app21.dao;

public class DAOException extends Exception {
    private static final long serialVersionUID = 19192L;

    public DAOException() {
    }
    public DAOException(String message) {
        this.message = message;
    }
    public String getMessage() {
        return message;
    }
    public void setMessage(String message) {
        this.message = message;
    }
    private String message;
    public String toString() {
        return message;
    }
}
```

清单 21.7　ProductDAO 接口

```
package app21.dao;
import java.util.List;
import app21.model.Product;

public interface ProductDAO extends DAO {
    List<Product> getProducts() throws DAOException;
    void insert(Product product) throws DAOException;
}
```

在本例中，**ProductDAO** 接口只包含两个方法。在实际应用程序中，可能还需要搜索、更新和删除方法。

清单 21.8　ProductDAOImpl 类

```
package app21.dao;
import java.sql.Connection;
import java.sql.PreparedStatement;
import java.sql.ResultSet;
import java.sql.SQLException;
import java.util.ArrayList;
import java.util.List;
import app21.model.Product;

public class ProductDAOImpl extends BaseDAO
        implements ProductDAO {
```

```java
    private static final String GET_PRODUCTS_SQL =
            "SELECT name, description, price FROM products";

    public List<Product> getProducts() throws DAOException {
        List<Product> products = new ArrayList<Product>();
        try (Connection connection = getConnection();
                PreparedStatement pStatement = connection
                        .prepareStatement(GET_PRODUCTS_SQL);
                ResultSet resultSet = pStatement.executeQuery()) {
            while (resultSet.next()) {
                Product product = new Product();
                product.setName(resultSet.getString("name"));
                product.setDescription(
                        resultSet.getString("description"));
                product.setPrice(
                        resultSet.getBigDecimal("price"));
                products.add(product);
            }
        } catch (SQLException e) {
            throw new DAOException(
                    "Error getting products. " + e.getMessage());
        }
        return products;
    }

    private static final String INSERT_PRODUCT_SQL =
            "INSERT INTO products "
            + "(name, description, price) " + "VALUES (?, ?, ?)";

    public void insert(Product product) throws DAOException {
        try (Connection connection = getConnection();
                PreparedStatement pStatement = connection
                        .prepareStatement(INSERT_PRODUCT_SQL);) {
            pStatement.setString(1, product.getName());
            pStatement.setString(2, product.getDescription());
            pStatement.setBigDecimal(3, product.getPrice());
            pStatement.execute();
        } catch (SQLException e) {
            throw new DAOException(
                    "Error adding product. " + e.getMessage());
        }
    }
}
```

最后，清单 21.9 显示了一个测试 DAO 模块的类。

清单 21.9　测试 DAO 模块

```java
package app21.test;

import java.math.BigDecimal;
import java.sql.Connection;
import java.sql.DriverManager;
import java.sql.SQLException;
import java.sql.Statement;
import java.util.List;
```

```
import app21.dao.DAOException;
import app21.dao.ProductDAO;
import app21.dao.ProductDAOImpl;
import app21.model.Product;

public class ProductDAOTest {
    private static final String CREATE_TABLE_SQL =
            "CREATE TABLE products ("
            + "id INTEGER NOT NULL GENERATED ALWAYS AS IDENTITY,"
            + "name VARCHAR(255) NOT NULL,"
            + "description VARCHAR(1000) default NULL,"
            + "price DECIMAL(10,2) NOT NULL,"
            + "PRIMARY KEY  (id))";
    private static void createDatabase() {
        String dbUrl = "jdbc:derby:daotest;create=true";
        try (Connection connection =
                DriverManager.getConnection(dbUrl);
                Statement statement =
                        connection.createStatement()) {
            statement.execute(CREATE_TABLE_SQL);
        } catch (SQLException e) {
            System.out.println(e.getMessage());
        }
    }

    public static void main(String[] args) {
        createDatabase();

        Product product = new Product();
        product.setName("Kiano tablet keyboard");
        product.setDescription("Low cost tablet keyboard, "
                + "compatible will all Android devices");
        product.setPrice(new BigDecimal(24.95));

        ProductDAO productDAO = new ProductDAOImpl();
        try {
            productDAO.insert(product);
        } catch (DAOException e) {
            e.printStackTrace();
        }

        List<Product> products = null;
        try {
            products = productDAO.getProducts();
        } catch (DAOException e) {
            e.printStackTrace();
        }

        products.stream().forEach(System.out::println);
    }
}
```

　　首先，测试类在工作目录（即运行 **java** 的目录）中创建一个名为 daotest 的数据库。其次，它创建一个 **Product** 和一个 **ProductDAO** 实例，并通过调用 **ProductDAO** 上的 **insert** 方法将产品插入数据库。最后，通过调用 **ProductDAO** 上的 **getProducts** 方法从数据库中读取产品。

21.5 读取元数据

在有些情况下，可能希望读取 **ResultSet** 的元数据。元数据（metadata）包括 **ResultSet** 中的列数、每个列的名称和类型，等等。

元数据封装在 **java.sql.ResultSetMetaData** 对象中，可以通过调用 **ResultSet** 上的 **getMetaData** 方法来获取它：

```
public ResultSetMetaData getMetaData() throws SQLException
```

下面给出了 **ResultSetMetaData** 中的部分方法。

```
public int getColumnCount() throws SQLException
```

用于返回 **ResultSet** 中的列数。

```
public java.lang.String getColumnName(int columnIndex)
        throws SQLException
```

用于返回指定列的名称。索引从 1 开始，**getColumnName(1)** 将返回第一个列名。

```
public int getColumnType(int columnIndex) throws SQLException
```

用于返回列的类型。该值是 **java.sql.Types** 类中的一个静态 final 字段，例如 **ARRAY**、**BIGINT**、**BINARY**、**BLOB**、**CHAR**、**DATE**、**DECIMAL**、**TINYINT**、**VARCHAR** 等。

下面的示例展示了如何处理元数据。它提供了一个应用程序，可以使用该应用程序输入 SQL 语句并显示结果。它使用前面的示例创建的 Derby 数据库，但是可以对它进行修改以支持其他数据库。

SQLTool 类

清单 21.10 显示了 **SQLTool** 类，可以使用它将 SQL 语句传递给运行在本地机器上的 MySQL 服务器。

清单 21.10　SQLTool 类

```
package app21;

import java.sql.Connection;
import java.sql.DriverManager;
import java.sql.ResultSet;
import java.sql.ResultSetMetaData;
import java.sql.SQLException;
import java.sql.Statement;

public class SQLTool {
    private String dbUrl;
    private String dbUserName;
    private String dbPassword;
    private static final int COLUMN_WIDTH = 25;

    public SQLTool(String dbUrl,
            String dbUserName, String dbPassword) {
        this.dbUrl = dbUrl;
```

```java
            this.dbUserName = dbUserName;
            this.dbPassword = dbPassword;
        }

        public void executeSQL(String sql) {
            sql = sql.trim();
            try (Connection connection =
                    DriverManager.getConnection(dbUrl,
                            dbUserName, dbPassword);
                Statement statement = connection.createStatement()) {
                if (sql.toUpperCase().startsWith("SELECT")) {
                    try (ResultSet resultSet =
                            statement.executeQuery(sql)) {
                        ResultSetMetaData metaData =
                                resultSet.getMetaData();
                        int columnCount = metaData.getColumnCount();
                        for (int i = 0; i < columnCount; i++) {
                            System.out.print(pad(
                                    metaData.getColumnName(i + 1)));
                        }
                        // 画分隔线
                        int length = columnCount * COLUMN_WIDTH;
                        StringBuilder sb = new StringBuilder(length);
                        for (int i = 0; i < length; i++) {
                            sb.append('=');
                        }
                        System.out.println();
                        System.out.println(sb.toString());

                        while (resultSet.next()) {
                            String[] row = new String[columnCount];
                            for (int i = 0; i < columnCount; i++) {
                                row[i] = resultSet.getString(i + 1);
                                System.out.print(pad(row[i]));
                            }
                            System.out.println();
                        }
                    } catch (SQLException e) {
                        e.printStackTrace();
                    }
                } else {
                    int recordsUpdated = statement.executeUpdate(sql);
                    System.out.println(recordsUpdated
                            + " record(s) affected");
                }
            } catch (SQLException e) {
                System.err.println(e.getMessage());
            }
            System.out.println();
        }
        // 在 s 后面添加空格，使长度为 25
        private String pad(String s) {
            int padCount = COLUMN_WIDTH - s.length();
```

```
                StringBuilder sb = new StringBuilder(25);
                sb.append(s);
                for (int i = 0; i < padCount; i++) {
                    sb.append(" ");
                }
                return sb.toString();
            }

            public static void main(String[] args) {
                String dbUrl = "jdbc:derby:daotest";
                String dbUserName = null;
                String dbPassword = null;

                SQLTool sqlTool = new SQLTool(dbUrl,
                        dbUserName, dbPassword);
                String sql = null;
                Scanner scanner = new Scanner(System.in);
                do {
                    sql = scanner.nextLine();
                    if (sql != null && !sql.trim().isEmpty()) {
                        sqlTool.executeSQL(sql);
                    }
                } while (sql.trim().length() != 0);
                scanner.close();
            }
        }
```

程序使用 do-while 循环接收 SQL 语句并将其传递给 JDBC 驱动程序。要退出，只需按 Enter键，不需要输入任何内容。

当输入 SQL 语句并按 Enter 键时，SQL 语句将被传递给 **executeSQL** 方法：

```
    sqlTool.executeSQL(sql);
```

例如，尝试输入下面的 SQL 语句：

```
    SELECT name, price FROM products
```

executeSQL 方法将创建一个到数据库的连接：

```
    try (Connection connection =
            DriverManager.getConnection(dbUrl,dbUserName, dbPassword);
        Statement statement = connection.createStatement()) {
```

然后检查 SQL 语句是 SELECT 语句还是其他语句。如果是 SELECT 语句，则调用语句对象的 **executeQuery** 方法并返回 **ResultSet**。打开 **ResultSet** 是在 try-with-resources 语句中完成的：

```
    if (sql.toUpperCase().startsWith("SELECT")) {
        try (ResultSet resultSet = statement.executeQuery(sql)) {
```

executeSQL 方法将首先显示 **ResultSet** 的列名：

```
ResultSetMetaData metaData =
        resultSet.getMetaData();
int columnCount = metaData.getColumnCount();
for (int i = 0; i < columnCount; i++) {
    System.out.print(pad(metaData.getColumnName(i  + 1)));
}
```

```
// 画分隔线
int length = columnCount * COLUMN_WIDTH;
StringBuilder sb = new StringBuilder(length);
for (int i = 0; i < length; i++) {
    sb.append('=');
}
System.out.println();
System.out.println(sb.toString());
```

然后，它使用 while 循环迭代 **ResultSet** 并将列输出到控制台：

```
while (resultSet.next()) {
    String[] row = new String[columnCount];
    for (int i = 0; i < columnCount; i++) {
        row[i] = resultSet.getString(i + 1);
        System.out.print(pad(row[i]));
    }
    System.out.println();
}
```

如果传递的 SQL 语句不是 SELECT 语句，**executeSQL** 方法将显示受该语句影响的记录的数量。

```
} else {
    int recordsUpdated = statement.executeUpdate(sql);
    System.out.println(recordsUpdated +  " record(s) updated");
}
```

在计算机上传递 SQL 语句 "SELECT name, price FROM products"，在控制台上将输出如下内容：

```
NAME                         PRICE
==================================================
Kiano tablet keyboard        24.94
```

21.6 小结

Java 有自己的数据库访问和数据操作技术，即 JDBC。JDBC 的功能封装在 **java.sql** 包的类型中。本章已经了解这个包的各种成员，并学习了如何使用它们，还学习了如何创建一个工具类——该工具类可接收任何 SQL 语句并将其传递到 Derby 数据库。

习题

1. 列出访问数据库并在其中操作数据的 5 个步骤。
2. 列举 **java.sql** 包中最重要的 5 种类型。
3. 可以使用什么模式来隐藏与 JDBC 相关的代码的复杂性？

第 22 章

JavaFX 入门

JavaFX 是一种用于创建富客户端桌面应用程序的技术。它提供了比 Swing（Swing 是一种过时的 Java GUI 技术，现在已被弃用）更好、更简单的对象模型。

在本章中，我们将对 JavaFX 进行介绍，并将在第 23 章中介绍如何用一种称为 FXML 的特殊标记语言来分离表示层和业务逻辑。

22.1　概述

作为一种桌面技术，JavaFX 是任何 Java 开发人员或任何希望成为 GUI 开发人员的最佳选择，这要归功于它的特性和易用性。此外，由于 JavaFX 享有 Oracle 和整个 Java 社区的全面支持，因此很容易获得帮助。

JavaFX 已经从 JDK 分离出来，必须作为一种独立的技术单独下载。为了更容易地开发和部署 JavaFX 应用程序，Oracle 从 JDK 1.7 到 JDK 10 都包含了 JavaFX 库。在 JDK 11 中又发生了变化，它不再包含 JavaFX 库。这意味着，如果正在使用 JRE 11 或更高版本开发或部署 JavaFX 应用程序，则必须单独从下面的网站下载 JavaFX SDK：

```
https://openjfx.io
```

JavaFX SDK 可用于 3 种平台：Windows、Linux 和 macOS。下载 JavaFX SDK 并将其解压缩到一个工作目录中。

22.2　第一个 JavaFX 程序

本节将展示开发一个 JavaFX 应用程序是多么容易。该示例只包含一个 **FirstApp** 类，如清单 22.1 所示。

清单 22.1　FirstApp 类

```
package app22;
import javafx.application.Application;
import javafx.scene.Scene;
import javafx.scene.control.Label;
import javafx.scene.layout.StackPane;
import javafx.scene.paint.Color;
import javafx.stage.Stage;

public class FirstApp extends Application {
```

```
    @Override
    public void start(Stage stage) {
        Label label = new Label("Welcome");
        StackPane root = new StackPane();
        root.getChildren().add(label);

        Scene scene = new Scene(root, 400, 100);
        scene.setFill(Color.BEIGE);

        stage.setTitle("First FX");
        stage.setScene(scene);
        stage.show();
    }

    public static void main(String[] args) {
        launch(args);
    }
}
```

要编译和运行应用程序，需要向 **javac** 和 **java** 程序传递**--module-path** 和 **add-modules** 两个参数。**--module-path** 参数引用 JavaFX SDK 的 **lib** 目录，该目录包含构成 JavaFX 运行时的 jar 文件。

```
javac --module-path /path/to/javafx/sdk/lib --add-modules javafx.controls app22/
FirstApp.java

java --module-path /path/to/javafx/sdk/lib --add-modules javafx.controls app22
.FirstApp
```

如果 JavaFX SDK 目录在 C:\ JavaFX 中，使用以下命令编译和运行应用程序：

```
cd /path/to/src/directory
javac --module-path C:\JavaFX\lib --add-modules javafx.controls app22/FirstApp.java

cd /path/to/compile/directory
java --module-path C:\JavaFX\lib --add-modules javafx.controls app22.FirstApp
```

在 java 文件的源目录中运行 **javac** 程序，在编译目录中执行 **java** 程序。

图 22.1 和图 22.2 分别显示了程序在 Windows 和 Linux 上的运行结果。

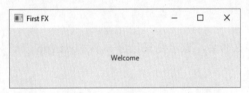

图 22.1　简单 JavaFX 程序（Windows 环境）　　图 22.2　简单 JavaFX 程序（Ubuntu 环境）

下一节将介绍 JavaFX API。

22.3　Application、Stage 和 Scene 类

JavaFX API 定义在 **javafx** 包及其子包中。**javafx.application.Application** 是最重要的一个类型，它表示 JavaFX 应用程序。JavaFX 应用程序由一个或多个窗口和其他资源组成。

在 JavaFX 中，窗口由 **javafx.stage.Window** 类表示，该类有两个子类：**Stage** 和 **PopupWindow**。**Stage**（**javafx.stage.Stage** 的一个实例）是一个顶级容器，可以在其上添加名为 **Scene** 的二级容器，后者又包含该窗口的 UI 组件。主窗口是由 JavaFX 运行时创建的，但如果需要，也可以创建其他 **Stage** 和 **PopupWindow**。

javafx.scene.Scene 类是 UI 组件的容器。在 JavaFX 中，UI 组件称为图形场景节点（简称节点）。要创建一个场景，必须传递一个父节点（**javafx.scene.Parent** 实例）来负责对子 UI 组件布局。

现在让我们来看一下这 3 个主要的类：**Application**、**Stage** 和 **Scene**。

22.3.1 Application 类

可以扩展 **Application** 类来创建 JavaFX 应用程序。要将其作为独立程序运行，需要调用其 **launch** 方法之一：

```
public static void launch(java.lang.String... args)
public static void launch(java.lang.Class <?extends Application>
        appClass, java.lang.String... args)
```

可以使用 **getParameters** 方法从应用程序内部检索到传递到 **launch** 的任何参数：

```
public final Application.Parameters getParameters()
```

Application 类具有如下生命周期方法，在启动实例时将调用这些方法。

```
public void init() throws java.lang.Exception
```

在应用程序构造之后调用。如果应用程序需要执行初始化，那么它应该被覆盖。

```
public abstract void start(Stage stage) throws java.lang.Exception
```

在 **init**() 返回后调用，应该在这个方法实现中构造 UI。JavaFX 运行时创建一个 **Stage** 对象作为参数传递给该方法。

```
public void stop() throws java.lang.Exception
```

在应用程序应该停止时调用。应该在这里释放任何持有的资源。

在生命周期的方法中，只有 **start** 才需要被覆盖。

22.3.2 Stage 类

Stage 类是 UI 组件的顶级容器。如果应用程序调用 **start** 方法，则创建一个 **Stage** 实例并将其传递给 **start** 方法。应用程序创建的 **Stage** 是应用程序的主窗口。如果需要，还可以创建自己的 **Stage**。

与任何其他 UI 窗口一样，**Stage** 也可以有一个标题，可以使用 **Stage** 类的 **title** 属性来设置标题。在此之上，调用 **Stage** 的 **setScene** 方法将一个 **Scene** 添加到 **Stage** 上。之后，要显示 **Stage**，需要调用它的 **show** 方法。

22.3.3 Scene 类

Scene 是可以添加到 **Stage** 上的容器。**Scene** 必须包含一个父节点，它是添加到 **Scene** 中的所有组件的根节点。父节点由 **javafx.scene.Parent** 类表示。**Scene** 类的最简单的构造方法只接收一个参数，即 **Parent** 类的一个实例：

```
public Scene(Parent root)
```

还有其他的构造方法可以用来指定 **Scene** 的尺寸和填充颜色：

```
public Scene(Parent root, double width, double height)
public Scene(Parent root, javafx.scene.paint.Paint fill)
public Scene(Parent root, double width, double height,
        javafx.scene.paint.Paint fill)
```

22.4　UI 组件

内置的 UI 组件使编写 JavaFX 应用程序变得如此简单而有趣。JavaFX 开发人员将 UI 组件称为场景图节点（或简单称为节点）。

javafx.scene.Node 类是所有节点的基类，它有 5 个子类，可以用来区分 JavaFX 中节点的类型。

（1）**Canvas**，画布，可以画一个矩形区域。

（2）**Parent**，可以向其中添加其他 UI 组件的容器。

（3）**Shape**，表示形状，如矩形、圆或弧。

（4）**ImageView**，显示图像的视图区域。

（5）**MediaView**，提供由 MediaPlayer 播放的媒体的视图。

其中，**Canvas**、**ImageView** 和 **MediaView** 没有子类，**Parent** 和 **Shape** 有子类。

Parent 类有下面的子类。

（1）**Control**，该类是所有 UI 控件的基类，包括 **Button**、**Label** 等简单控件以及 **ProgressBar**、**TreeView** 和 **TableView** 等更复杂的控件。

（2）**Region**，表示可以包含其他节点并使用 CSS 进行样式化的屏幕区域。子类包括 **Chart** 和各种 **Pane**，如 **BorderPane**、**StackPane**、**FlowPane**、**GridPane**、**HBox**、**VBox**、**AnchorPane** 等。

（3）**Group**，包含子控件的 **ObservableList** 的区域，是处理 **Shape** 对象的最佳 **Parent** 对象。

（4）**WebView**，一个 **WebView** 用于管理 **WebEngine** 并显示其内容。顾名思义，**WebEngine** 可以加载 Web 页面、创建文档模型和在页面上运行 JavaScript。

javafx.scene.shape.Shape 类是各种几何形状的基类，包括 **Arc**、**Circle**、**Ellipse**、**Line**、**Path** 和 **Rectangle** 类。

我们将在下一节进一步讨论 **Control** 类和 **Region** 类。

22.5　控件

UI 控件是用户可以与之交互的节点。**javafx.scene.control.Control** 类是所有 UI 控件的基类。图 22.3 显示了 **Control** 类的直接子类和间接子类。

图 22.4 显示了一个包含若干 JavaFX 控件的 **Scene**，清单 22.2 给出了生成该 **Scene** 的代码。

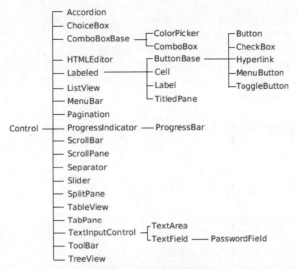

图 22.3 控件的实现类

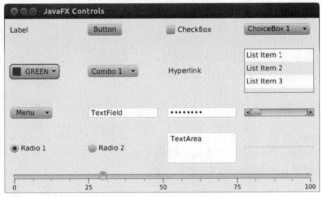

图 22.4 JavaFX UI 控件

清单 22.2 ControlsDemo 类

```
package app22;
import javafx.application.Application;
import javafx.geometry.Insets;
import javafx.scene.Scene;
import javafx.scene.control.Button;
import javafx.scene.control.CheckBox;
import javafx.scene.control.ChoiceBox;
import javafx.scene.control.ColorPicker;
import javafx.scene.control.ComboBox;
import javafx.scene.control.Hyperlink;
import javafx.scene.control.Label;
import javafx.scene.control.ListView;
import javafx.scene.control.MenuButton;
import javafx.scene.control.MenuItem;
import javafx.scene.control.PasswordField;
import javafx.scene.control.RadioButton;
import javafx.scene.control.ScrollBar;
import javafx.scene.control.Separator;
import javafx.scene.control.Slider;
import javafx.scene.control.TextArea;
```

```java
import javafx.scene.control.TextField;
import javafx.scene.control.ToggleGroup;
import javafx.scene.layout.ColumnConstraints;
import javafx.scene.layout.GridPane;
import javafx.scene.paint.Color;
import javafx.stage.Stage;

public class ControlsDemo extends Application {

    @Override
    public void start(Stage stage) {
        GridPane grid = new GridPane();
        grid.setHgap(15);
        grid.setVgap(25);
        ColumnConstraints constraint = new ColumnConstraints();
        constraint.setPercentWidth(25);
        grid.getColumnConstraints().addAll(constraint,
                constraint, constraint, constraint);
        grid.setPadding(new Insets(10));

        grid.add(new Label("Label"), 0, 0);
        grid.add(new Button("Button"), 1, 0);
        grid.add(new CheckBox("CheckBox"), 2, 0);

        ChoiceBox<string> choiceBox = new ChoiceBox<string>();

        choiceBox.getItems().addAll("ChoiceBox 1", "ChoiceBox 2");
        choiceBox.setValue("ChoiceBox 1");
        grid.add(choiceBox, 3, 0);

        grid.add(new ColorPicker(Color.GREEN), 0, 1);

        ComboBox<string> comboBox = new ComboBox<string>();
        comboBox.getItems().addAll("Combo 1", "Combo 2");
        comboBox.setValue("Combo 1");
        grid.add(comboBox, 1, 1);

        grid.add(new Hyperlink("Hyperlink"), 2, 1);
        ListView<string> listView = new ListView<string>();
        listView.getItems().addAll("List Item 1",
                "List Item 2", "List Item 3");
        grid.add(listView, 3, 1);

        MenuButton menuButton = new M enuButton("M enu");
        menuButton.getItems().addAll(new MenuItem("M enu 1"),
                new MenuItem("Menu 1"));
        grid.add(menuButton, 0, 2);

        grid.add(new TextField("TextField"), 1, 2);

        PasswordField passwordField = new PasswordField();
        passwordField.setText("Password");
        grid.add(passwordField, 2, 2);
```

```
    grid.add(new ScrollBar(), 3, 2);

    ToggleGroup group = new ToggleGroup();
    RadioButton radioButton1 = new RadioButton("Radio 1");
    radioButton1.setToggleGroup(group);
    radioButton1.setSelected(true);
    RadioButton radioButton2 = new RadioButton("Radio 2");
    radioButton2.setToggleGroup(group);
    grid.add(radioButton1, 0, 3);
    grid.add(radioButton2, 1, 3);

    TextArea textArea = new TextArea("TextArea");
    textArea.setMinHeight(60.00);
    grid.add(textArea, 2, 3);

    grid.add(new Separator(), 3, 3);

    Slider slider2 = new Slider(0, 100, 30);
    slider2.setShowTickM arks(true);
    slider2.setShowTickLabels(true);
    grid.add(slider2, 0, 4, 4, 1);

    Scene scene = new Scene(grid, 600, 320);
    scene.setFill(Color.BEIGE);

    stage.setTitle("JavaFX Controls");
    stage.setScene(scene);
    stage.show();
  }

  public static void main(String[] args) {
    launch(args);
  }
}
```

22.6 区域

Region 是一个屏幕区域，它可以包含其他节点并使用 CSS 设置样式。所有区域都是 **javafx.scene.layout.Region** 的子类。**Region** 有 3 个直接后代：**Axis**、**Chart** 和 **Pane**。**Axis** 用于在图表区域上呈现轴，**Chart** 用于建模图表，**Pane** 是通常用于对 UI 控件布局的区域。

本节仅讨论 **Pane** 类。**Pane** 类的子类包括 **BorderPane**、**StackPane**、**GridPane**、**FlowPane**、**AnchorPane**、**HBox** 和 **VBox** 等。

BorderPane 将 **Parent** 对象划分为 5 个区域：顶部、底部、左侧、右侧和中部。图 22.5 显示了一个 **BorderPane** 的不同区域。

HBox 将它的子元素放置在一个水平行中；**VBox** 将它的子元素放置在一个垂直列中；而 **GridPane** 在网格中排列子元素，通常用于对窗体的控件布局。

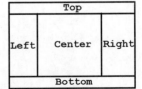

图 22.5 **BorderPane** 的 5 个区域

清单 22.3 中的 **BorderPaneDemo** 类使用 **BorderPane** 对控件布局。它只使用了顶部、左

侧和中部区域。顶部包含一个带两个按钮的 **HBox**，左侧包含一个 **Label** 和一个 **ColorPicker**，中心是一个带 **Image** 的 **ImageView** 控件。

清单 22.3　BorderPaneDemo 类

```java
package app22;

import javafx.application.Application;
import javafx.geometry.Insets;
import javafx.scene.Scene;
import javafx.scene.control.Button;
import javafx.scene.control.ColorPicker;
import javafx.scene.control.Label;
import javafx.scene.image.ImageView;
import javafx.scene.layout.BorderPane;
import javafx.scene.layout.HBox;
import javafx.scene.layout.VBox;
import javafx.stage.Stage;

public class BorderPaneDemo extends Application {

    @Override
    public void start(Stage stage) {
        Button okButton = new Button("OK");
        okButton.setDefaultButton(true);

        Button cancelButton = new Button("Cancel");
        HBox hBox = new HBox();
        hBox.setPadding(new Insets(15, 12, 15, 12));
        hBox.setSpacing(10);
        hBox.setStyle("-fx-background-color: #886699;");
        hBox.getChildren().addAll(okButton, cancelButton);
        BorderPane root = new BorderPane();
        root.setTop(hBox);

        ImageView imageView = new ImageView("image/1.jpg");
        root.setCenter(imageView);

        VBox vBox = new VBox();
        vBox.setStyle("-fx-background-color: " +
                "#ddeeff;-fx-padding:10px");
        vBox.getChildren().addAll(
                new Label("Select Color:"),
                new ColorPicker());
        root.setLeft(vBox);

        root.setStyle("-fx-background-color: #6680e6;");
        Scene scene = new Scene(root, 740, 530);

        stage.setTitle("HBox, VBox, BorderPane Demo");
        stage.setScene(scene);
        stage.show();
    }

    public static void main(String[] args) {
```

```
        launch(args);
    }
}
```

图 22.6 显示了 **BorderPaneDemo** 应用在 Windows 下的运行结果。

图 22.6 **BorderPane** 演示程序

22.7 事件驱动编程

　　JavaFX 使用一种称为事件驱动编程的技术，其中组件被设计为可以引发事件，而且可以编写事件处理程序或监听器来处理事件。例如，单击按钮将引发一个 **ActionEvent** 事件，当用户在获得焦点的 **TextField** 中输入一个字符时，将引发一个 **KeyEvent** 事件。

　　在许多 GUI 框架中，都采用事件驱动编程模型，其中也包括 Swing 和 AWT 等较旧的技术。然而，它的使用并不局限于 GUI 系统，即使不使用任何 GUI，也可以采用事件驱动编程。这种范例的主要优点之一是松耦合（loose coupling）。

　　那么，什么是耦合呢？在面向对象的编程中，耦合是指对象或组件之间的相互依赖程度。为了提高代码重用性，我们希望对象之间具有最小的依赖性。以文件查找器组件和使用它的 JavaFX 应用程序为例。JavaFX 应用程序从用户那里获取一个文件名，并利用文件查找器查找名称与给定名称匹配的文件。为使它更具交互性，可能希望将找到的文件添加到 **ListView** 中。可以看到，文件查找器需要有一种方法在找到文件时通知 JavaFX 应用程序。怎么做呢？最简单的方法可能是将 **ListView** 传递给文件查找器，但是这样做会使文件查找程序依赖于 JavaFX 应用程序，即它在类声明时必须导入 **javafx.scene.control.ListView** 类并调用它的方法。如果文件查找器仅被一个 JavaFX 应用程序使用，那么这样做可能没问题，但是如果还想在 Servlet 应用程序中使用它呢？这意味着必须将 JavaFX 库与 Servlet 部署到一起！这是一种糟糕的设计。

　　作为一种选择，可以使用事件驱动编程方法，创建一个名为 **FileFoundEvent** 的事件类。这个类应该非常短，大约由 5 到 10 行代码组成，甚至可以作为文件查找器的内部类编写。每当文件查找器找到一个文件，它将创建一个 **FileFoundEvent** 事件，该事件封装了找到的文件的信息，并将事件对象传递给为该事件注册的任何事件处理程序。使用这种设计，文件查找器就不需要知道使用它的其他组件的任何信息。现在就可以在 JavaFX 应用程序或 Servlet 应用程序中轻松地使用它。

本节讨论了如何在 JavaFX 中使用 Java 事件驱动编程。在第 25 章中，读者还会看到事件驱动编程的实际应用，那里提供了一个示例来演示这种范例的实用性。

22.7.1　Java 事件模型

在 Java 事件模型中，任何对象都可以通知其他对象关于其状态的变化。在事件驱动编程中，这种状态的变化称为事件（event）。关于事件的信息封装在事件对象中。在这种模型中，有如下 3 个参与者。

（1）事件源，即状态发生变化的对象。

（2）事件对象，用于封装事件源中的状态更改。

（3）事件监听器或事件处理程序，它是希望将事件源中的状态更改通知给它的对象。

当事件发生时，事件源生成事件对象并将其发送到事件监听器。

任何对象都可以是一个或多个事件的源。然而，事件源类必须为事件监听器提供方法来注册和注销它们对接收事件的关注。此外，事件源必须维护关注的事件监听器列表。例如，单击一个 **javafx.scene.control.Button** 将引发 **ActionEvent** 事件。因此，**Button** 是一个事件源。**Button** 类有一个 **setOnAction** 方法，用于事件处理程序注册它所关注的事件。

事件对象封装了关于特定类型事件的信息，例如已更改状态的旧值和新值。事件对象的类必须扩展 **java.util.EventObject** 类。该类有一个 **getSource** 方法，该方法可返回事件源。

事件处理程序或监听器可以通过实现适当的监听器接口接收特定类型的事件。所有监听器接口都是 **java.util.EventListener** 的子接口，这个接口没有方法，只是一个标记接口。事件监听器接口必须定义用于接收适当事件对象的方法。例如，要在单击按钮时从按钮接收通知，可以创建一个实现 **javafx.event.EventHandler** 的类，它是 **java.util.EventListener** 的子接口。**EventHandler** 接口有一个 **handle** 方法。

22.7.2　JavaFX 事件

有许多类型的事件，它们都派生自 **javafx.event.Event** 类，而 **javafx.event.Event** 类派生自 **EventObject** 类。**Event** 类的子类包括 **ActionEvent**、**InputMethodEvent**、**MouseEvent**、**MouseDragEvent**、**ScrollEvent**、**SwipeEvent** 等。

不同的组件可能引发不同的事件。例如，单击按钮将引发 **ActionEvent** 事件，修改 **TextField** 中的文本将引发 **InputMethodEvent** 事件。可以为控件编写并注册一个事件处理程序，当相应的事件发生时调用该事件处理程序，例如可以为 **TextField** 的 **InputMethodEvent** 编写一个处理程序，该程序在输入的文本被更改为大写时引发。或者，可以编写一个处理程序来实现。如果单击按钮，将打开另一个 **Stage** 窗口。

在 JavaFX 中编写和注册事件处理程序的最简单的方法是使用 **Node** 类提供的某种方便方法。方法名一般采用 **setOnXXX** 形式，这些方法被 **Node** 的所有后代继承。方便方法的例子有 **setOnDragEntered**、**setOnDragExited**、**setOnInputMethodTextChanged**、**setOnKeyTyped**、**setOnMouseClicked**，还有许许多多的其他方法。**Node** 的子类可以添加更多方便方法来处理特定的事件。

这些方便的方法接收一个 **EventHandler** 对象作为参数。**javafx.event.EventHandler** 是一个参数化接口，其中定义了一个 **handle** 方法。下面是 **EventHandler** 的定义：

```
package javafx.event;
public interface EventHandler<T extends Event> extends
        java.util.EventListener {

    void handle(T event)

}
```

在构造 **EventHandler** 时，必须传递一个适当的事件类型，例如，下面的代码为 **ActionEvent** 构造了一个 **EventHandler**：

```
EventHandler handler = new EventHandler<ActionEvent>() {

    @Override
    public void handle(ActionEvent event) {
        // 执行某些操作
    }
};
```

清单 22.4 的 **RotateDemo** 类显示了 JavaFX 事件处理代码。该类有一个矩形 **Rectange** 和一个按钮 **Button**，以及捕获按钮的事件 **ActionEvent**。单击该按钮，矩形将沿顺时针方向旋转 10°。

清单 22.4　RotateDemo 类

```
package app22;
import javafx.application.Application;
import javafx.collections.ObservableList;
import javafx.event.ActionEvent;
import javafx.event.EventHandler;
import javafx.scene.Node;
import javafx.scene.Scene;
import javafx.scene.control.Button;
import javafx.scene.layout.VBox;
import javafx.scene.paint.Color;
import javafx.scene.shape.Rectangle;
import javafx.stage.Stage;
public class RotateDemo extends Application {

    @Override
    public void start(Stage stage) {
        VBox root = new VBox(40);
        ObservableList<Node> children = root.getChildren();
        final Rectangle rect = new Rectangle(80, 50);
        rect.setFill(Color.AQUAMARINE);
        children.add(rect);

        Button button = new Button("Rotate");
        button.setOnAction(new EventHandler<ActionEvent>() {
            @Override
            public void handle(ActionEvent event) {
                rect.setRotate(rect.getRotate() + 10);
            }
        });
        children.add(button);
```

```
        Scene scene = new Scene(root, 120, 130);
        scene.setFill(Color.BEIGE);
        stage.setTitle("Rotate Test");
        stage.setScene(scene);
        stage.show();
    }

    public static void main(String[] args) {
        launch(args);
    }
}
```

在应用程序的 **start** 方法中，创建一个按钮 **Button** 并调用它的 **setOnAction** 方法。

```
Button button = new Button("Rotate");
button.setOnAction(new EventHandler<ActionEvent>() {
    @Override
    public void handle(ActionEvent event) {
        rect.setRotate(rect.getRotate() + 10);
    }
});
```

请注意如何创建 **EventHandler** 并将其传递给按钮的 **setOnAction** 方法。图 22.7 显示了该应用程序。试着单击按钮并观察效果。

图 22.7　JavaFX 中的事件处理

22.8　使用 CSS 样式

一些控件提供了某些方法来改变它们的外观和感觉。例如，**Label** 类的 **setFont** 方法允许设置字体来展示标签文本。虽然这些方法很容易使用，但是它们必须在代码中调用，这意味着表示层和业务逻辑之间存在紧耦合。更好的方法是使用层叠样式表（Cascading Style Sheet，CSS）对 UI 组件进行样式设计。JavaFX CSS 与 Web 设计中使用的 CSS 并不完全相同。本章的 CSS 是指 JavaFX 应用程序中使用的 CSS。

CSS 文件包含可以通过 id 或 class 引用的样式。每个 JavaFX 控件都已经指定了一个默认的 CSS 类，这个类与控件的 Java 类名类似。例如，**Button** 的默认样式类是 **button**，**Label** 的默认样式类是 **label**。这意味着，要提供影响所有按钮的样式，只需在 CSS 文件中提供一个名为 **button** 的样式，例如：

```
.button {
    -fx-border-width: 3px;
    -fx-background-color:#dd8818;
}
```

名称由多单词组合的控件的默认样式是用连字符分隔的单词组合，例如，**CheckBox** 的默认样式是 **check-box**，**ProgressBar** 的默认样式是 **progress-bar**。

非控件节点没有默认样式。如果希望对 **VBox** 进行样式设置，首先需要向实例中添加 CSS 类，例如，下面的代码将一个名为 **vbox** 的样式添加到一个 **VBox** 中：

```
VBox vBox = new VBox();
vBox.getStyleClass().add("vbox");
```

然后，**VBox** 将对应用程序引用的任何 CSS 文件中的 **vbox** 样式做出反应。

除了使用样式类，还可以创建由组件标识符引用的样式。如果想要的样式只影响某个类型的某个实例，而不是该类型的所有实例，那么可以这样做，例如，**.button** 样式影响应用程序中的所有 **Button** 控件，如果希望样式只影响某个按钮而不是所有按钮，可以向该按钮中添加一个新类或添加一个标识符。下面是一个 **Button** 示例，它被指定的 id 值是 **nextBtn**：

```
Button nextButton = new Button("Next");
nextButton.setId("nextBtn");
```

然后，可以在 CSS 文件中创建一个仅影响该按钮的样式：

```
#nextBtn {
    -fx-font-weight: bold;
}
```

注意，每个节点都有 **setStyle** 方法，可以调用该方法来指定 CSS 样式。但是，不建议这样做，因为这会将表示逻辑和业务逻辑混合在一起。下面是一个如何使用 **setStyle** 的示例：

```
Button button = new Button();
button.setStyle("-fx-background-color:green");
```

最好在 CSS 文件中编写所有样式。一旦准备好 CSS 文件，就可以从应用程序的 **start** 方法加载它，如下所示：

```
@Override
public void start(Stage stage) {
    ...
    Scene scene = ...;
    scene.getStylesheets().add("style.css");
    ...
}
```

这里，CSS 文件 **style.css** 应该与类文件位于相同目录。

下面是本章使用的一些样式。

- -fx-fill
- -fx-font-family
- -fx-font-size
- -fx-font-style
- -fx-font-weight
- -fx-background-color
- -fx-text-fill

作为一个例子，考虑清单 22.5 中的 **CSSDemo** 类，它使用了清单 22.6 中的 **style.css** 文件。

清单 22.5　CSSDemo 类

```
package app22;
import javafx.application.Application;
import javafx.scene.Scene;
import javafx.scene.control.Button;
import javafx.scene.control.Label;
import javafx.scene.layout.BorderPane;
import javafx.scene.layout.HBox;
```

```java
import javafx.stage.Stage;

public class CSSDemo extends Application {
    @Override
    public void start(Stage stage) {
        BorderPane root = new BorderPane();
        root.setCenter(new Label("Welcome"));

        HBox hBox = new HBox();
        hBox.getStyleClass().add("hbox");

        Button backButton = new Button("Back");
        hBox.getChildren().add(backButton);
        Button nextButton = new Button("Next");
        nextButton.setId("nextBtn");
        hBox.getChildren().add(nextButton);
        root.setBottom(hBox);

        Scene scene = new Scene(root, 400, 300);
        scene.getStylesheets().add("style.css");
        stage.setTitle("CSS Demo");
        stage.setScene(scene);
        stage.show();
    }

    public static void main(String[] args) {
        launch(args);
    }
}
```

清单 22.6 style.css 文件

```css
.label {
    -fx-background-color: #778855;
    -fx-font-family: helvetica;
    -fx-font-size: 450%;
    -fx-text-fill: yellow;
}
.hbox {
    -fx-background-color: #2f4f4f;
    -fx-padding: 15;
    -fx-spacing: 10;
    -fx-alignment: center-right;
}

.button {
    -fx-border-width: 2px;
    -fx-background-color:#ff8800;
    -fx-cursor: hand;
}

#nextBtn {
    -fx-font-weight: bold;
}
```

运行应用程序，将看到图 22.8 所示的 Stage 窗口。

图 22.8　CSS 演示程序

22.9　小结

JavaFX 是一种用于创建桌面应用程序的 Java 技术。我们在本章中介绍了 JavaFX 并提供了几个示例。我们将在第 23 章中解释如何使用一种称为 FXML 的特殊标记语言来分离表示层和业务逻辑。

习题

1. 什么类是所有 JavaFX 应用程序的模板？
2. JavaFX 中的顶级容器窗口是什么？
3. 什么是节点？
4. 设计 JavaFX UI 组件的最佳方式是什么？

JavaFX 与 FXML

FXML 是一种基于 XML 的标记语言，用于构建 JavaFX 的用户界面（UI）。在 JavaFX 应用程序中使用 FXML 是分离表示层和应用程序逻辑的一种好方法。本章将讨论 FXML，并展示如何在 JavaFX 应用程序开发中使用它。

23.1 概述

用 FXML 将用户界面组件构建转移到基于 XML 的文档中，会极大地降低 JavaFX 类的复杂性。此外，FXML 在可视化 UI 组件层次结构方面比使用 Java 类更好。FXML 文档的根表示一个 **javafx.scene.Parent**。可以使用称为 **FXMLLoader** 特殊的类加载器将 **Parent** 加载到 JavaFX 中。下面 **Application** 子类的 **start** 方法用了 FXML：

```
@Override
public void start(Stage stage) throws Exception {
    stage.setTitle("FXML Example");
    Parent root = (Parent) FXMLLoader.load(
            getClass().getResource("example1.fxml"));
    Scene scene = new Scene(root, 740, 530);
    stage.setScene(scene);
    stage.show();
}
```

上面的代码调用 **FXMLLoader** 的 **load** 方法首先读取 FXML 文件并将其内容转换为一个 **Parent** 对象，然后使用该 **Parent** 对象构造一个场景（Scene）。

编写 FXML 文件很容易。首先创建一个文本文件，并将其保存在与类文件相同的目录中。也可以将它存储在其他地方，但它应与加载它的类位于同一个目录中，这样会使加载最容易。

由于 FXML 文件是 XML 文档，因此所有 FXML 文档都以下面的声明开始：

```
<?xml version="1.0" encoding="UTF-8"?>
```

接下来是 **import** 指令，用于导入将在 FXML 文件中引用的类型。可以导入一个包或一个类型：

```
<?import javafx.scene.*?>
<?import javafx.scene.control.*?>
<?import javafx.scene.layout.*?>
<?import javafx.geometry.Insets?>
```

再下面是根元素，它可以是 **Parent** 类的任何子类，例如：

```
<GridPane xmlns:fx="http://javafx.com/fxml"
          hgap="5" vgap="12" layoutY="30">

</GridPane>
```

fx 前缀是 FXML 中的一个特殊前缀。本章后面将学习它的用法。

要为某个对象设置属性，可使用嵌套元素或属性。例如，上面的 **GridPane** 元素中的 **hgap** 属性就设置了 **GridPane** 窗格的 **hgap** 属性。

在根元素内部，构造 UI 界面。清单 23.1 显示了一个 FXML 示例文件。

清单 23.1　一个 FXML 示例文件

```
<?xml version="1.0" encoding="UTF-8"?>
<?import javafx.scene.*?>
<?import javafx.scene.control.*?>
<?import javafx.scene.layout.*?>
<?import javafx.geometry.Insets?>
<?import javafx.scene.image.Image?>
<?import javafx.scene.image.ImageView?>

<BorderPane>
    <top>
        <HBox spacing="10.0" style="-fx-background-color:#886699;">
            <padding>
                <Insets top="15" bottom="15" left="12" right="12"/>
            </padding>
            <Button id="okButton" text="OK" defaultButton="true"/>
            <Button text="Cancel"/>
        </HBox>
    </top>
</BorderPane>
```

元素可以包含要实例化的类或要填充的属性。清单 23.1 的 FXML 文件包含一个 **BorderPane** 类型的根。**BorderPane** 的 **top** 属性填充一个 **HBox**。**HBox** 依次包含两个 **Button**，并使用 **Insets** 填充 **padding** 属性。

注意　　建议在编写 FXML 时使用一种支持 JavaFX 的 IDE，并利用其代码补全特性来使编写 FXML 更容易。Eclipse 和 IntelliJ 都支持 JavaFX。

23.2 节将展示在 JavaFX 应用程序中使用 FXML 的示例。

23.2　一个基于 FXML 的简单应用

这个例子是对上一章创建的 **BorderPaneDemo** 应用程序的重写。这次使用 FXML 文档构建和组织 UI 组件。为了方便阅读，这里再次给出 **BorderPaneDemo** 类的代码：

```
package app23;
import javafx.application.Application;
import javafx.geometry.Insets;
import javafx.scene.Scene;
import javafx.scene.control.Button;
import javafx.scene.control.ColorPicker;
```

```java
import javafx.scene.control.Label;
import javafx.scene.image.ImageView;
import javafx.scene.layout.BorderPane;
import javafx.scene.layout.HBox;
import javafx.scene.layout.VBox;
import javafx.stage.Stage;

public class BorderPaneDemo extends Application {

    @Override
    public void start(Stage stage) {
        Button okButton = new Button("OK");
        okButton.setDefaultButton(true);

        Button cancelButton = new Button("Cancel");
        HBox hBox = new HBox();
        hBox.setPadding(new Insets(15, 12, 15, 12));
        hBox.setSpacing(10);
        hBox.setStyle("-fx-background-color: #886699;");
        hBox.getChildren().addAll(okButton, cancelButton);
        BorderPane root = new BorderPane();
        root.setTop(hBox);

        ImageView imageView = new ImageView("image/1.jpg");
        root.setCenter(imageView);

        VBox vBox = new VBox();
        vBox.setStyle("-fx-background-color: " +
                "#ddeeff;-fx-padding:10px");
        vBox.getChildren().addAll(
                new Label("Select Color:"),
                new ColorPicker());
        root.setLeft(vBox);

        root.setStyle("-fx-background-color: #6680e6;");
        Scene scene = new Scene(root, 740, 530);

        stage.setTitle("HBox, VBox, BorderPane Demo");
        stage.setScene(scene);
        stage.show();
    }

    public static void main(String[] args) {
        launch(args);
    }
}
```

可以用 **example1.fxml** 文件的标记替换 **BorderPaneDemo** 类的 UI 构造部分，FXML 文件如清单 23.2 所示。

清单 23.2　example1.fxml 文件

```xml
<?xml version="1.0" encoding="UTF-8"?>
<?import javafx.scene.*?>
<?import javafx.scene.control.*?>
```

```xml
<?import javafx.scene.layout.*?>
<?import javafx.geometry.Insets?>
<?import javafx.scene.image.Image?>
<?import javafx.scene.image.ImageView?>

<BorderPane>
    <top>
        <HBox spacing="10.0" style="-fx-background-color:#886699;">
            <padding>
                <Insets top="15" bottom="15" left="12" right="12"/>
            </padding>
            <Button id="okButton" text="OK" defaultButton="true"/>
            <Button text="Cancel"/>
        </HBox>
    </top>
    <left>
        <VBox style="-fx-background-color:#ddeeff;-fx-padding:10px">
            <Label text="Select Color:"/>
            <ColorPicker />
        </VBox>
    </left>
    <center>
        <ImageView>
            <Image url="/image/1.jpg"></Image>
        </ImageView>
    </center>
</BorderPane>
```

清单 23.3 给出了 Java 主类 **Example1**，它扩展了 **Application** 并提供了 **start** 方法的实现。

清单 23.3　Example1 类

```java
package app23;
import javafx.application.Application;
import javafx.fxml.FXMLLoader;
import javafx.scene.Parent;
import javafx.scene.Scene;
import javafx.stage.Stage;
public class Example1 extends Application {

    @Override
    public void start(Stage stage) throws Exception {
        // Example1.fxml 文件必须与 Example1.class
        // 存放在相同的目录中
        Parent root = FXMLLoader.load(
                getClass().getResource("example1.fxml"));
        root.setStyle("-fx-background-color: #6680e6;");
        Scene scene = new Scene(root, 740, 530);
        stage.setTitle("JavaFX with FXML (Example 1)");
        stage.setScene(scene);
        stage.show();
    }

    public static void main(String[] args) {
```

```
        launch(args);
    }
}
```

　　start 方法使用 **FXMLLoader** 加载 FXML 文档并返回一个 **Parent** 对象，该对象包含文档中声明的组件。然后该方法创建一个 **Scene**，并在调用 **Stage** 的 **show** 方法之前将 **Scene** 传递给 **Stage**。

　　与第 22 章一样，要编译和运行应用程序，需要向 **javac** 和 **java** 程序传递两个参数：**--module-path** 和**--add-modules**。**--module-path** 参数必须引用 JavaFX SDK 目录的 **lib** 目录，其中包含组成 JavaFX 运行时的 jar 文件。

```
javac --module-path /path/to/javafx/sdk/lib --add-modules javafx.controls app2
3/Example1.java

java --module-path /path/to/javafx/sdk/lib --add-modules javafx.controls app23
.Example1
```

例如，如果 JavaFX SDK 目录位于 C:\JavaFX 中，则使用下面的命令编译并运行应用程序：

```
cd /path/to/src/directory
javac --module-path C:\JavaFX\lib --add-modules javafx.controls app23/Example1
.java
cd /path/to/compile/directory
java --module-path C:\JavaFX\lib --add-modules javafx.controls app23.Example1
```

　　除了必须将 **javafx.controls** 和 **javafx.fxml** 传递给 add-modules 参数，这些命令与上一章中的命令类似。

　　从 Java 源文件的目录中运行 **javac** 程序，从编译的类文件目录中运行 **java** 程序。图 23.1 显示了运行应用程序的结果。

图 23.1　使用 FXML

23.3　FXML 的事件处理

　　FXML 是一种功能强大的语言，它的特性之一是能够将 UI 组件绑定到控制器中的事件处理方法（事件处理程序）上，以便在事件发生时调用该方法。控制器是一个 Java 类，该类实

现了 **javafx.fxml.Initializable** 接口。要利用这个特性，必须在 FXML 文件的根元素中使用 **fx:controller** 属性指定控制器类，如下所示：

```
<Group fx:controller="app23.Example2Controller"
```

回想一下，**fx** 是 FXML 中的一个特殊前缀。要将组件绑定到事件处理程序，请使用元素的相关 **onXXX** 属性。例如，要将 **ActionEvent** 与控制器中名为 **handleAction** 的方法绑定，请编写以下代码：

```
onAction="#handleAction"
```

考虑下面的应用程序，该应用程序有一个登录表单，用来接收用户名和密码。应用程序的主界面如图 23.2 所示。

用户可以输入用户名和密码。单击 Reset 按钮可以清除用户名和密码字段。单击 Login 对用户进行身份验证。验证结果将写在字段上方的 **Label** 上。

该程序包含一个 FXML 文档（清单 23.4 中的 **example2.fxml**）、一个控制器类（清单 23.5 中的 **Example2Controller**）和主类（清单 23.6 中的 **Example2**）。

图 23.2　Example2 的登录表单

清单 23.4　example2.fxml 文件

```xml
<?xml version="1.0" encoding="UTF-8"?>
<?import javafx.scene.*?>
<?import javafx.scene.control.*?>
<?import javafx.scene.layout.*?>
<?import javafx.geometry.Insets?>
<GridPane xmlns:fx="http://javafx.com/fxml"
        fx:controller="app23.Example2Controller"
        hgap="5" vgap="12" layoutY="30"  >
    <columnConstraints>
        <ColumnConstraints percentWidth="15"/>
        <ColumnConstraints percentWidth="35"
                halignment="RIGHT"/>
        <ColumnConstraints percentWidth="35"/>
        <ColumnConstraints percentWidth="10"/>
    </columnConstraints>

    <children>
        <Label fx:id="statusLabel" >
            <GridPane.columnIndex>1</GridPane.columnIndex>
            <GridPane.rowIndex>0</GridPane.rowIndex>
            <GridPane.columnSpan>2</GridPane.columnSpan>
        </Label>

        <Label text="User Name:">
            <GridPane.columnIndex>1</GridPane.columnIndex>
            <GridPane.rowIndex>1</GridPane.rowIndex>
        </Label>
        <TextField fx:id="userNameField">
            <GridPane.columnIndex>2</GridPane.columnIndex>
```

```
                    <GridPane.rowIndex>1</GridPane.rowIndex>
            </TextField>

            <Label text="Password:">
                    <GridPane.columnIndex>1</GridPane.columnIndex>
                    <GridPane.rowIndex>2</GridPane.rowIndex>
            </Label>
            <PasswordField fx:id="passwordField">
                    <GridPane.columnIndex>2</GridPane.columnIndex>
                    <GridPane.rowIndex>2</GridPane.rowIndex>
            </PasswordField>
            <Button fx:id="resetButton" text="Reset"
                    onAction="#handleReset">
                    <GridPane.columnIndex>1</GridPane.columnIndex>
                    <GridPane.rowIndex>3</GridPane.rowIndex>
            </Button>
            <Button fx:id="loginButton" text="Login"
                    defaultButton="true" onAction="#handleLogin">
                    <GridPane.columnIndex>2</GridPane.columnIndex>
                    <GridPane.rowIndex>3</GridPane.rowIndex>
            </Button>
        </children>
    </GridPane>
```

清单 23.4 中的 FXML 文档使用 **GridPane** 作为根元素。标记还填充 **GridPane** 的 **columnConstraints** 和 **children** 属性。**columnConstraints** 包含 **ColumnConstraints** 元素，这些元素用来指定每列的宽度。**children** 属性指定要在 **GridPane** 中呈现的 UI 组件。

要特别注意 **Button** 元素的 **onAction** 属性，它们分别用于将 **ActionEvent** 事件绑定到 **handleLogin** 和 **handleReset** 方法上。

清单 23.5　Example2Controller 类

```
package app23;
import java.net.URL;
import java.util.ResourceBundle;
import javafx.event.ActionEvent;
import javafx.fxml.FXML;
import javafx.fxml.Initializable;
import javafx.scene.control.Label;
import javafx.scene.control.PasswordField;
import javafx.scene.control.TextField;

public class Example2Controller implements Initializable {

    @FXML
    private TextField userNameField;
    @FXML
    private PasswordField passwordField;
    @FXML
    private Label statusLabel;

    @FXML
    private void handleReset(ActionEvent event) {
```

```
            userNameField.setText("");
            passwordField.setText("");
            statusLabel.setText("");
        }

        @FXML
        private void handleLogin(ActionEvent event) {
            String userName = userNameField.getText();
            String password = passwordField.getText();
            if ("john".equals(userName)
                    && "secret".equals(password)) {
                statusLabel.setText("Login successul");
            } else {
                statusLabel.setText("Login failed");
            }
        }

        @Override
        public void initialize(URL url, ResourceBundle rb) {
        }
    }
```

控制器为与之绑定的 FXML 文档提供事件处理程序。事件处理程序必须用**@FXML** 标注。此外，要允许访问 UI 组件，可以使用**@FXML** 标注字段。带注解的字段必须具有与其绑定到的组件的 **fx:id** 属性相同的名称。

在清单 23.5 中的控制器类中，声明并使用**@FXML** 标注了 3 个字段：**userNameField**、**passwordField** 和 **statusLabel**。

清单 23.6　Example2 类

```
package app23;
import javafx.application.Application;
import javafx.fxml.FXMLLoader;
import javafx.scene.Parent;
import javafx.scene.Scene;
import javafx.stage.Stage;

public class Example2 extends Application {

    @Override
    public void start(Stage stage) throws Exception {
        Parent root = FXMLLoader.load(
                getClass().getResource("example2.fxml"));
        Scene scene = new Scene(root, 300, 200);
        stage.setTitle("Login Form");
        stage.setScene(scene);
        stage.show();
    }

    public static void main(String[] args) {
        launch(args);
```

```
    }
  }
```

清单 23.6 中的 **Example2** 类加载了 FXML 文档，创建并显示了主界面。

23.4　小结

FXML 是一种标记语言，用于构建 JavaFX 应用程序的 UI 组件图。使用 FXML 可以使编写 UI 更容易。本章学习了 FXML 的基础知识以及如何使用它。

习题

1. 什么是 FXML？
2. 什么是控制器类？

第*24*章

Java 线程

Java 中最吸引人的特性之一就是线程编程更容易。在 1995 年 Java 发布之前，线程只是编程专家的领域。有了 Java，就算是初学者，也可以编写多线程应用程序。

本章将学习什么是线程以及它们为什么重要。还将讨论线程相关的主题，如同步和可见性问题。第 25 章讨论的并发工具提供了一种更好、更简单的线程处理方法。

24.1　Java 线程简介

一个程序可以将处理器的时间分配给它内部的各个单元，这样每个单元都会获得一部分处理器时间。即使计算机只有一个单核处理器，它也可能有多个单元在同时运行。单处理器计算机的秘诀是对处理器时间进行分片，并将每个时间片分配给各个处理单元。可以分配处理器时间的最小程序单元称为线程（thread）。具有多个线程的程序称为多线程应用程序。

线程是操作系统分配处理器时间的基本处理单元，而且一个进程中可以有多个线程在执行代码。线程有时被称为轻量级进程（lightweight process）或执行上下文（execution context）。尽管线程是轻量级的，但它们也会消耗资源，因此不应该创建过多的线程。此外，跟踪多个线程是一项复杂的编程任务。

每个 Java 程序至少有一个线程，这个线程是在调用 Java 类的 **main** 方法时创建的。许多 Java 程序（如游戏）都使用多个线程。

多线程编程不仅适用于游戏，非游戏应用程序也可以使用多线程来提高用户的响应性能。例如，如果只有一个线程在执行，当将一个大文件写入硬盘时，应用程序可能看起来像是"挂起"的，鼠标指针无法移动，按钮也无法单击。通过指定一个线程来保存文件，另一个线程接收用户输入，应用程序响应就会更快。

24.2　创建线程

有两种方法可以用来创建线程：扩展 **java.lang.Thread** 类；创建一个实现 **java.lang.Runnable** 接口的类，并将它的一个实例传递给 **Thread**。

若选择第一种方法，需要覆盖它的 **run** 方法，并在其中编写希望由线程执行的代码。一旦有一个 **Thread** 对象，就可调用它的 **start** 方法来启动线程。线程启动时，将执行它的 **run** 方法。一旦 **run** 方法返回或抛出异常，线程就会死亡并被作为垃圾回收。

在 Java 中，可以为 **Thread** 对象指定一个名称，这是处理多线程时的常见做法。如果需

要监视程序中正在运行的线程，为线程命名的好处显而易见。使用 Java VisualVM 和 Graal
VisualVM 这样的工具，可以确切地知道如何找到一个特定的线程。

此外，每个线程都有一个状态，可以是以下 6 种状态之一。

（1）new，线程还没有启动的状态。

（2）runnable，线程正在执行的状态。

（3）blocked，线程正在等待一个锁（lock），以便访问某个对象的状态。

（4）waiting，线程无限期等待另一个线程执行某个动作的状态。

（5）timed_waiting，线程在指定时间内等待另一个线程执行某个动作的状态。

（6）terminated，线程退出的状态。

表示线程的这些状态的值封装在 **java.lang.Thread.State** 枚举中。这个枚举的成员是
NEW、**RUNNABLE**、**BLOCKED**、**WAITING**、**TIMED_WAITING** 和 **TERMINATED**。

Thread 类提供了可以创建 **Thread** 对象的公共构造方法，以下是其中的一些：

```
public Thread()
public Thread(String name)
public Thread(Runnable target)
public Thread(Runnable target, String name)
```

下面是 **Thread** 类的一些有用的方法。

```
public String getName()
```

返回这个线程的名称。

```
public Thread.State getState()
```

返回这个线程当前的状态。

```
public void interrupt()
```

中断这个线程。

```
public void start()
```

启动这个线程。

```
public static void sleep(long millis)
```

在指定的毫秒时间内停止当前线程。

Thread 还提供了一个名为 **currentThread** 的静态方法，该方法将返回当前的工作线程：

```
public static Thread currentThread()
```

24.2.1 扩展 Thread 类

清单 24.1 中的代码展示了如何通过扩展 **Thread** 类来创建线程。

清单 24.1 一个简单的多线程程序

```
package app24;
public class ThreadDemo1 extends Thread {
    @Override
    public void run() {
        for (int i = 1; i <= 10; i++) {
```

```
        System.out.println(i);
        try {
            sleep(1000);
        } catch (InterruptedException e) {
        }
        }
    }
    public static void main(String[] args) {
        (new ThreadDemo1()).start();
    }
}
```

    ThreadDemo1 类扩展了 **Thread** 类，并覆盖了它的 **run** 方法。**ThreadDemo1** 类首先将自身实例化。一个新创建的线程处于 NEW 状态。调用 **start** 方法使线程从 NEW 状态进入到 RUNNABLE 状态，这将引起对 **run** 方法的调用。该方法将打印数字 1 到 10，并且线程会在两个数字之间休眠一秒。当 **run** 方法返回时，线程终止并将被作为垃圾回收。这个类没有什么特别之处，但它让读者大致了解如何使用 **Thread**。

    当然，并不总是能够从主类扩展 **Thread**，例如，如果一个类扩展了另一个类，那么它就不能再扩展 **Thread** 类，因为 Java 不支持多继承。但是，总是可以创建另一个扩展 **Thread** 的类，如清单 24.2 中的代码所示。或者，如果需要访问主类的成员，也可以编写一个扩展 **Thread** 的嵌套类。

清单 24.2 使用扩展 Thread 的独立类

```
package app24;
class MyThread extends Thread {
    @Override
    public void run() {
        for (int i = 1; i <= 10; i++) {
            System.out.println(i);
            try {
                sleep(1000);
            } catch (InterruptedException e) {
            }
        }
    }
}

public class ThreadDemo2 {
    public static void main(String[] args) {
        MyThread thread = new MyThread();
        thread.start();
    }
}
```

    ThreadDemo2 类与清单 24.1 中的 **ThreadDemo1** 类类似，但是它可以自由地扩展另一个类。

24.2.2 实现 Runnable 接口

    创建线程的另一种方法是实现 **java.lang.Runnable** 接口。这个接口有个需要实现的 **run** 方法。**Runnable** 接口的 **run** 方法与 **Thread** 类的 **run** 方法一样。事实上，**Thread** 本身就实现了 **Runnable** 接口。

如果使用 **Runnable** 接口，则必须实例化 **Thread** 类并将 **Runnable** 实例传递给它的构造方法。清单 24.3 显示了如何使用 **Runnable**，它的作用与清单 24.1 和 24.2 中的类相同。

清单 24.3　实现 Runnable 接口

```java
package app24;
public class RunnableDemo1 implements Runnable {
    @Override
    public void run() {
        for (int i = 1; i <= 10; i++) {
            System.out.println(i);
            try {
                Thread.sleep(1000);
            } catch (InterruptedException e) {
            }
        }
    }

    public static void main(String[] args) {
        RunnableDemo1 demo = new RunnableDemo1();
        Thread thread = new Thread(demo);
        thread.start();
    }
}
```

24.3　使用多线程

可以使用多个线程。清单 24.4 中的示例是创建两个线程的 JavaFX 应用程序。第一个线程负责递增一个计数器，第二个线程负责递减另一个计数器。

清单 24.4　使用两个线程

```java
package app24;
import javafx.application.Application;
import javafx.application.Platform;
import javafx.collections.ObservableList;
import javafx.scene.Node;
import javafx.scene.Scene;
import javafx.scene.control.Label;
import javafx.scene.layout.HBox;
import javafx.scene.paint.Color;
import javafx.stage.Stage;

public class ThreadDemo3 extends Application {
    Label countUpLabel = new Label("    ");
    Label countDownLabel = new Label("    ");

    class CountUpThread extends Thread {
        @Override
        public void run() {
            for (int i = 0; i < 100; i++) {
                final int count = i;
```

```
                Platform.runLater(() ->
                        countUpLabel.setText(Integer.toString(count)));
                try {
                    Thread.sleep(50);
                } catch (InterruptedException e) {
                }
            }
        }
    }

    class CountDownThread extends Thread {
        @Override
        public void run() {
            for (int i = 100; i >= 0; i--) {
                final int count = i;
                Platform.runLater(() ->
                        countDownLabel.setText(Integer.toString(count)));
                try {
                    Thread.sleep(100);
                } catch (InterruptedException e) {
                }
            }
        }
    }

    @Override
    public void start(Stage stage) {
        HBox root = new HBox(40);
        ObservableList<Node> children = root.getChildren();
        Scene scene = new Scene(root, 250, 25, Color.WHITESMOKE);
        children.addAll(countUpLabel, countDownLabel);
        stage.setTitle("Counters");
        stage.setScene(scene);
        stage.show();
        new CountUpThread().start();
        new CountDownThread().start();
    }

    public static void main(String[] args) {
        launch(args);
    }
}
```

ThreadDemo3 类定义了两个嵌套线程类：CountUpThread 和 CountDownThread，它们都扩展了 Thread，且都嵌套在主类中，以便访问 Label 控件并修改文本。使用 JavaFX 时需要注意的是，只能在 JavaFX 应用程序线程中更新 UI 控件。要从另一个线程更新 UI 控件，必须将更新代码封装在 Runnable 中，并将其传递给 Platform.runLater()方法：

```
Platform.runLater(() -> countUpLabel.setText(Integer.toString(count)));
```

清单 24.4 的代码显示类似于图 24.1 所示的窗口。

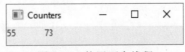

图 24.1　使用两个线程

24.4 线程优先级

在处理多线程时，我们有时必须考虑线程调度问题。换句话说，需要确保每个线程都有公平的运行机会，这可以通过在线程的 **run** 方法中调用 **sleep** 来实现。一个长时间处理的线程总是应该调用 **sleep** 方法，来给其他线程分配一些 CPU 处理时间片。调用 **sleep** 的线程称为放弃（yield）。

那么，如果有多个线程处于等待状态，当运行的线程放弃时，哪个线程将获得运行权呢？答案是优先级最高的线程。给线程设置优先级需使用它的 **setPriority** 方法，并且需要传递一个介于 1 和 10 之间的值（包括），该方法的签名如下：

```
public final void setPriority(int priority)
```

清单 24.5 中的例子是有 10 个计数器的 JavaFX 应用程序。前 5 个计数器由优先级为 1 的线程提供支持，后 5 个计数器由优先级为 10 的线程提供支持。运行代码，看一下优先级更高的线程是如何运行得更快的。

清单 24.5 测试线程优先级

```java
package app24;
import java.util.ArrayList;
import java.util.List;
import javafx.application.Application;
import javafx.application.Platform;
import javafx.collections.ObservableList;
import javafx.scene.Node;
import javafx.scene.Scene;
import javafx.scene.control.Label;
import javafx.scene.layout.HBox;
import javafx.scene.paint.Color;
import javafx.stage.Stage;

public class ThreadPriorityDemo extends Application {

    List<Label> labels = new ArrayList<>();
    int numThreads = 10;

    class CounterThread extends Thread {
        Label counterLabel;
        public CounterThread(Label counterLabel) {
            this.counterLabel = counterLabel;
        }

        @Override
        public void run() {
            for (int i = 0; i < 50_000; i++) {
                final int count = i;
                Platform.runLater(() ->
                        counterLabel.setText(Long.toString(count)));
                try {
                    Thread.sleep(1);
```

```
                } catch (InterruptedException e) {
                }
            }
        }
    }
    @Override
    public void start(Stage stage) {
        HBox root = new HBox(40);
        ObservableList<Node> children = root.getChildren();
        Scene scene = new Scene(root, 600, 25, Color.WHITESMOKE);
        for (int i = 0; i < numThreads; i++) {
            labels.add(new Label("     "));
        }
        children.addAll(labels);
        stage.setTitle("Thread Priority Demo");
        stage.setScene(scene);
        stage.show();

        CounterThread[] threads = new CounterThread[numThreads];
        for (int i = 0; i < numThreads; i++) {
            threads[i] = new CounterThread(labels.get(i));
            threads[i].setPriority(i >= numThreads / 2 ? 10 : 1);
        }
        for (int i = 0; i < numThreads; i++) {
            threads[i].start();
        }
    }

    public static void main(String[] args) {
        launch(args);
    }
}
```

所有正在运行的线程都是同一个类（**CounterThread**）的实例。前 5 个线程的优先级为 1，后 5 个线程的优先级为 10。图 24.2 表明后 5 个线程的计数速度更快，因为它们的优先级高于前 5 个线程。

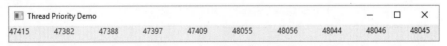

图 24.2　不同优先级的线程

24.5　停止线程

Thread 类有一个 **stop** 方法可用于停止线程，由于这个方法不安全，因此不推荐使用它。相反，应该使 **run** 方法在需要停止某个线程时能够自然退出。一种常用的技术是使用带条件的 **while** 循环。当想要停止线程时，只需将条件值设为 **false** 即可。此外，如果代码是长时间运行的，那么在每次迭代中还需要检查线程是否已经被中断。如果线程被中断，则需要退出 **while** 循环。下面是这个策略的语法：

```
boolean condition = true;
public void run {
    while (condition) {
        if (Thread.interrupted()) {
            // 当前线程被中断
            break;
        }

        // 执行长时间运行任务
    }
}
```

在类中，还需要提供一个方法来修改 **condition** 的值：

```
public synchronized void stopThread() {
    condition = false;
}
```

注意 关键字 **synchronized** 的使用将在 24.6 节中进行介绍。

清单 24.6 中的示例演示了如何停止线程。

清单 24.6 停止一个线程

```java
package app24;
import javafx.application.Application;
import javafx.application.Platform;
import javafx.collections.ObservableList;
import javafx.event.ActionEvent;
import javafx.event.EventHandler;
import javafx.scene.Node;
import javafx.scene.Scene;
import javafx.scene.control.Button;
import javafx.scene.control.Label;
import javafx.scene.layout.HBox;
import javafx.scene.paint.Color;
import javafx.stage.Stage;

public class StopThreadDemo extends Application {
    private Label counterLabel = new Label("Counter");
    private Button startButton = new Button("Start");
    private Button stopButton = new Button("Stop");
    private CounterThread thread;
    private boolean stopped = false;
    private int count = 0;

    class CounterThread extends Thread {
        public void run() {
            while (!stopped) {
                try {
                    sleep(10);
                } catch (InterruptedException e) {
                }
                int count2 = count++;
                Platform.runLater(() ->
```

```
                              counterLabel.setText(Integer.toString(count2)));
                }
            }
        }

    public void start(Stage stage) {
        HBox root = new HBox(40);
        ObservableList<Node> children = root.getChildren();
        Scene scene = new Scene(root, 250, 25, Color.WHITESMOKE);
        children.addAll(counterLabel, startButton, stopButton);
        stage.setTitle("Stop Thread Demo");
        stage.setScene(scene);
        startButton.setOnAction(new EventHandler<ActionEvent>() {
            @Override
            public void handle(ActionEvent event) {
                Platform.runLater(()-> {
                        startButton.setDisable(true);
                        stopButton.setDisable(false);
                });
                 startThread();
            }
        });
        stopButton.setOnAction(new EventHandler<ActionEvent>() {
            @Override
            public void handle(ActionEvent event) {
                Platform.runLater(()-> {
                        startButton.setDisable(false);
                        stopButton.setDisable(true);
                });
                stopThread();
            }
        });
        stage.show();
    }

    public synchronized void startThread() {
        stopped = false;
        thread = new CounterThread();
        thread.start();
    }

    public synchronized void stopThread() {
        stopped = true;
    }

    public static void main(String[] args) {
        launch(args);
    }
}
```

StopThreadDemo 类使用一个 **Label** 来显示计数器，使用两个 **Button** 分别启动和停止计数器。在每个 **Button** 上添加了事件处理程序。与 Start 按钮关联的事件处理程序调用 **startThread** 方法，而与 Stop 按钮关联的事件处理程序调用 **stopThread** 方法。

```
public synchronized void startThread() {
    stopped = false;
    thread = new CounterThread();
    thread.start();
}
public synchronized void stopThread() {
    stopped = true;
}
```

要停止计数器，只需将 **stopped** 变量更改为 **true**，这将导致 **run** 方法中的 **while** 循环退出。要启动或重启计数器，必须创建一个新 **Thread**。一旦线程从 **run** 方法中退出，线程就会终止，不能再重新调用线程的 **start** 方法。

图 24.3 显示了来自 **StopThreadDemo** 类的计数器，它可以停止和重新启动计数器线程。

图 24.3　停止和重启线程

24.6　同步

已经看到了彼此独立运行的线程。在实际生活中，常常会有多个线程需要访问同一资源或数据的情况。如果无法保证两个线程不会在同一时间访问同一个对象，就可能会出现线程干扰问题。

本节将介绍线程干扰的主题，以及语言内置锁机制，以确保通过 **synchronized** 修饰符以独占方式访问某一对象。

24.6.1　线程干扰

为了更好地理解与多线程试图访问同一资源相关的问题，请参阅清单 24.7 的代码。

清单 24.7　UserStat 类

```
package app24;
public class UserStat {
    int userCount;

    public int getUserCount() {
        return userCount;
    }

    public void increment() {
        userCount++;
    }

    public void decrement() {
        userCount--;
    }
}
```

如果一个线程试图调用 **getUserCount** 来读取 **userCount** 变量，而另一个线程正在对该变量进行递增，会发生什么情况？请记住，语句 **userCount++** 实际上由 3 个连续的步骤组成：

（1）读取 **userCount** 的值，并将其存储在某个临时存储区；

（2）递增这个值；

（3）将递增后的值写回到 **userCount** 中。

假设一个线程读取并递增 **userCount** 值，在它有机会将增加的值存储回去之前，另一个线程读取它并获取旧值。当第二个线程最终写入 **userCount** 时，它将替换第一个线程的递增值，因此 **userCount** 不能正确地反映用户的数量。这里，两个非原子（non-atomic）操作运行在不同的线程中，但对同一个数据操作，这种交叉称为线程干扰（thread interference）。

1. 原子操作

原子操作（stomic operation）是一组可以组合起来的操作，对系统的其余部分而言就像单个操作一样。原子操作不会导致线程干扰。正如所见，整数递增不是原子操作。

在 Java 中，除 long 和 double 之外的所有基本类型都可以以原子方式读取和写入。

2. 线程安全性

线程安全的（thread safe）代码在被多个线程访问时，其功能可以正确实现。清单 24.7 中的 **UserStat** 类不是线程安全的。

线程干扰会导致竞争条件。它是指多个线程同时读取或写入某些共享数据，其结果是不可预测的。竞争条件可能导致细微或严重的 bug，它们难以被发现。

我们将在 "方法同步" 和 "块同步" 这两部分中解释如何用 **synchronized** 编写线程安全代码。

3. 方法同步

每个 Java 对象都有一个内在锁（intrinsic lock），有时称为监视器锁（monitor lock）。获得对象的内在锁是能够独占该对象访问权的一种方式。获得对象的内在锁与锁定对象是一回事。试图访问被锁定对象的线程将被阻塞（换句话说，不能继续执行），直到持有该锁的线程释放锁。

4. 互斥与可见性

由于锁定的对象只能由一个线程访问，因此锁提供了互斥特性。锁提供的另一个特性是可见性，这将在下一节中讨论。

synchronized 修饰符可用于锁定对象。当一个线程调用一个非静态 **synchronized** 方法时，它会在方法执行之前，自动尝试获得该方法对象的内在锁。在该方法返回前，线程一直持有锁。一旦某个线程锁定了某个对象，其他线程就不能调用同一个对象的同一方法或其他同步方法。其他线程只有等待，直到这个锁再次变成可用的为止。锁还可以重入（reentrant），这意味着持有锁的线程可以调用同一对象上的其他同步方法。当这个方法返回时，释放内在锁。

注意　静态方法也可以同步，在这种情况下，会使用与该方法的类关联的 **Class** 对象的锁。

清单 24.8 中的 **SafeUserStat** 类重写了 **UserStat** 类。与 **UserStat** 不同，**SafeUserStat** 是线程安全的。

清单 24.8　SafeUserStat 类

```
package app24;
public class SafeUserStat {
    int userCount;
```

```
    public synchronized int getUserCount() {
        return userCount;
    }

    public synchronized void increment() {
        userCount++;
    }

    public synchronized void decrement() {
        userCount--;
    }
}
```

在一个程序内部，保证每次只有一个线程可以访问共享资源的代码段称为临界区（critical section）。在 Java 中，临界区是使用 **synchronized** 关键字实现的。在 **SafeUserStat** 类中，**increment**、**decrement** 和 **getUserCount** 方法都是临界区。只有通过 **synchronized** 方法才允许访问 **userCount**，这就保证了不会产生竞争条件。

24.6.2　块同步

同步一个方法并不总能实现。假如编写一个多线程应用程序，其中多个线程访问一个共享对象，但是对象的类并没有考虑到线程安全性。更糟糕的是，读者不能访问共享对象的源代码。也就是说，读者必须使用线程不安全的 **UserStat** 类，并且该类的源代码不可用。

幸运的是，Java 允许通过块同步（block synchronization）锁定任何对象，其语法如下所示：

```
synchronized(object) {
    // 在 object 被锁定的情况下执行某些操作
}
```

一个同步块可提供对象的内部锁。锁在块中的代码执行之后被释放。

例如，下面的代码使用了清单 24.7 中的线程不安全 **UserStat** 类作为计数器，要在递增计数器时锁定计数器，**incrementCounter** 方法将锁定 **UserStat** 实例：

```
UserStat userStat = new UserStat();
...
public void incrementCounter() {
    synchronized(userStat) {
        // 在 userStat 上调用
        // increment、decrement 和 getUserCount 方法
        // 都将被同步
        userStat.increment();
    }
}
```

顺便提一下，方法同步和锁定当前对象的块同步的效果是一样的：

```
synchronized(this) {
    ...
}
```

24.7 可见性

在 24.6 节中，我们学习了如何同步可以被多个线程访问的非原子操作。此时，可能会有这样的印象：如果没有非原子操作，就没必要同步被多个线程访问的资源了。

事实并非如此。在一个单线程程序中，读取变量的值总是会得到最后写入该变量的值。但是，由于 Java 的内存模型，在多线程应用程序中并不总是这样的。一个线程可能看不到另一个线程所做的更改，除非在数据上执行的操作是同步的。

例如，清单 24.9 中的 **Inconsistent** 类创建了一个后台线程，该线程应该在更改 **started** 值（一个 boolean 值）之前等待 3 秒。**main** 方法中的 **while** 循环应该不断检查 **started** 的值，一旦将 **started** 设置为 **true**，则继续执行。

清单 24.9　Inconsistent 类

```
package app24;
public class Inconsistent {
    static boolean started = false;
    public static void main(String[] args) {
        Thread thread1 = new Thread(new Runnable() {
            public void run() {
                try {
                    Thread.sleep(3000);
                } catch (InterruptedException e) {
                }
                started = true;
                System.out.println("started set to true");
            }
        });
        thread1.start();

        while (!started) {
            // 一直等到启动
        }

        System.out.println("Wait 3 seconds and exit");
    }
}
```

然而，在计算机中运行时，它从未打印字符串并退出。这是怎么回事呢？看起来 **while** 循环（在 **main** 方法中运行）从未看到 **started** 的值发生变化。通过同步对 **started** 的访问就可以纠正这个问题，如清单 24.10 中的 **Consistent** 类所示。

清单 24.10　Consistent 类

```
package app24;
public class Consistent {
    static boolean started = false;

    public synchronized static void setStarted() {
        started = true;
```

```
    }

    public synchronized static boolean getStarted() {
        return started;
    }

    public static void main(String[] args) {
        Thread thread1 = new Thread(new Runnable() {
            public void run() {
                try {
                    Thread.sleep(3000);
                } catch (InterruptedException e) {
                }
                setStarted();
                System.out.println("started set to true");
            }
        });
        thread1.start();

        while (!getStarted()) {
            // 一直等到启动
        }

        System.out.println("Wait 3 seconds and exit");
    }
}
```

注意，**setStarted** 和 **getStarted** 都是同步的，达到了预期的效果。如果只有 **setStarted** 是同步的，它也将无法工作。

然而，同步是有代价的。锁定一个对象会导致运行时开销。如果想要的是可见性，而不需要互斥，那么可以使用 **volatile** 关键字，而不是 **synchronized**。

将一个变量声明为 **volatile**，可以保证所有访问该变量的线程都能够见到它，如下所示：

```
static volatile boolean started = false;
```

因此，可以重写 **Consistent** 类，使用 **volatile** 来减小开销，如清单 24.11 所示。

清单 24.11　用 volatile 解决可见性问题

```
package app24;
public class LightAndConsistent {
    static volatile boolean started = false;
    public static void main(String[] args) {
        Thread thread1 = new Thread(new Runnable() {
            public void run() {
                try {
                    Thread.sleep(3000);
                } catch (InterruptedException e) {
                }
                started = true;
                System.out.println("started set to true");
            }
        });
```

```
        thread1.start();

        while (!started) {
            // 一直等到启动
        }
        System.out.println("Wait 3 seconds and exit");
    }
}
```

注意，虽然 **volatile** 解决了可见性问题，但它不能用于解决互斥问题。

24.8　join 方法

可能经常希望在执行其他操作之前等待一个线程完成它的任务。实现这一点的简单方法是使用 **Thread** 类的 **join** 方法。清单 24.12 代码给出了一个使用 **join** 的示例。

清单 24.12　使用 join 方法

```
package app24;
public class JoinDemo {
    public static void main(String[] args) {
        Thread thread = new Thread(() -> {
            try {
                Thread.sleep(3000);
            } catch (InterruptedException e) {
            }
            System.out.println("After 3 seconds");
        });
        thread.start();

        try {
            thread.join();
        } catch (InterruptedException e) {
        }
        System.out.println("Exit");
    }
}
```

清单 24.12 中的代码启动线程并调用它的 **join** 方法，导致当前线程被阻塞，直到调用 **join** 的线程完成它的工作。该程序运行时将打印 "After 3 seconds" 后面跟着 "Exit"。如果没有 **join** 方法，它将打印 "Exit" 后面跟着 "After 3 seconds"，因为 Java 运行时不会等到线程完成后才调用第二个 **System.out.println()**。

24.9　线程协调

线程还有更加棘手的情况，比如，一个线程访问某个对象的时间，会影响需要访问相同对象的其他线程。这种情况需要对线程进行协调，下面的例子说明了这种情况，并给出了解决方案。

假设有一家快递公司，负责提货和送货。公司聘用了一名调度员和几名卡车司机。调度员的工作是准备送货单，并把它们放到送货单架子上。司机空闲时要检查送货单架子。如果发现一个送货单，司机应执行提货和送货服务；如果没有发现送货单，他/她就应该等到有送货单的时候。此外，为了保证公平，可能希望送货单以先入先出的方式执行。为了方便，假设一个时刻在送货架子上只允许有一个送货单。如果在架子上有一个新的送货单，调度员将通知某位等待的司机。

java.lang.Object 类提供了几个在线程协调中有用的方法。

```
public final void wait() throws InterruptedException
```

导致当前线程等待，直到另一个线程调用该对象的 **notify** 或 **notifyAll** 方法。**wait** 方法通常在同步方法中使用，其会导致正在访问同步方法的调用线程将自己置于等待状态并放弃对象锁。

```
public final void wait(long timeout) throws InterruptedException
```

将导致当前线程等待，直到另一个线程调用该对象的 **notify** 或 **notifyAll** 方法，或者指定的时间已经过去。**wait** 方法通常在同步方法中使用，其会导致正在访问同步方法的线程将自己置于等待状态，同时放弃对象锁。

```
public final void notify()
```

将通知正在等待该对象锁的单个线程。如果有多个线程在等待，则选择通知其中一个线程，这种选择是任意的。

```
pubic final void notifyAll()
```

将通知所有等待该对象锁的线程。

现在我们来看看如何使用 **wait**、**notify** 和 **notifyAll** 方法在 Java 中实现送货服务业务模型。涉及的对象有 3 种类型。

（1）**DeliveryNoteHolder**，表示放送货单的架子，如清单 24.13 所示，它被 **DispatcherThread** 和 **DriverThread** 访问。

（2）**DispatcherThread**，表示调度员线程，如清单 24.14 所示。

（3）**DriverThread**，表示一名司机线程，如清单 24.15 所示。

清单 24.13　DeliveryNoteHolder 类

```
package app24;
public class DeliveryNoteHolder {
    private String deliveryNote;
    private boolean available = false;

    public synchronized String get() {
        while (available == false) {
            try {
                wait();
            } catch (InterruptedException e) { }
        }
        available = false;
        System.out.println(System.currentTimeMillis()
                + ": got " + deliveryNote);
        notifyAll();
        return deliveryNote;
```

```
        }

        public synchronized void put(String deliveryNote) {
            while (available == true) {
                try {
                    wait();
                } catch (InterruptedException e) { }
            }
            this.deliveryNote = deliveryNote;
            available = true;
            System.out.println(System.currentTimeMillis() +
                    ": Put " + deliveryNote);
            notifyAll();
        }
    }
```

DeliveryNoteHolder 类中有两个同步方法：**get** 和 **put**。**DispatcherThread** 对象调用 **put** 方法，**DriverThread** 对象调用 **get** 方法。送货单只是一个包含送货信息的 **String**（**deliveryNote**）变量。**available** 变量指示此架子上是否有送货单。**available** 的初始值为 **false**，表示 **DeliveryNoteHolder** 对象为空。注意，每次只有一个线程可以访问任意一个同步方法。

如果 **DriverThread** 是首先访问 **DeliveryNoteHolder** 的线程，它将在 **get** 方法中遇到以下 **while** 循环：

```
while (available == false) {
    try {
        wait();
    } catch (InterruptedException e) {
    }
}
```

由于 **available** 为 **false**，因此线程将执行 **wait** 方法，这会导致线程处于休眠状态并释放当前对象上的锁。现在，其他线程可以访问 **DeliveryNoteHolder** 对象。

如果 **DispatcherThread** 是首先访问 **DeliveryNoteHolder** 的线程，它将在 **put** 方法中看到以下代码：

```
while (available == true) {
    try {
        wait();
    } catch (InterruptedException e) {
    }
}
this.deliveryNote = deliveryNote;
available = true;
notifyAll();
```

因为 **available** 的值为 **false**，所以它将跳过 **while** 循环，给 **DeliveryNoteHolder** 对象的 **deliveryNote** 赋一个值。该线程还将 **available** 的值修改为 **true**，并通知所有等待的线程。

调用 **notifyAll** 时，如果 **DriverThread** 正在等待 **DeliveryNoteHolder** 对象，它将被唤醒，重新获取 **DeliveryNoteHolder** 对象的锁，然后从 **while** 循环中跳出，并执行 **get** 方法的其余代码：

```
available = false;
notifyAll();
```

320 ▶▶ 第 24 章 Java 线程

```
    return deliveryNote;
```

available 的 boolean 值又被修改为 **false**，调用 **notifyAll** 方法，并返回 **deliveryNote** 的值。

现在，让我们来看看清单 24.14 中的 **DispatcherThread** 类。

清单 24.14　DispatcherThread 类

```java
package app24;
public class DispatcherThread extends Thread {
    private DeliveryNoteHolder deliveryNoteHolder;

    String[] deliveryNotes = { "XY23. 1234 Arnie Rd.",
            "XY24. 3330 Quebec St.",
            "XY25. 909 Swenson Ave.",
            "XY26. 4830 Davidson Blvd.",
            "XY27. 9900 Old York Dr." };

    public DispatcherThread(DeliveryNoteHolder holder) {
        deliveryNoteHolder = holder;
    }

    @Override
    public void run() {
        for (int i = 0; i < deliveryNotes.length; i++) {
            String deliveryNote = deliveryNotes[i];
            deliveryNoteHolder.put(deliveryNote);
            try {
                sleep(100);
            } catch (InterruptedException e) {
            }
        }
    }
}
```

DispatcherThread 扩展了 **Thread** 类并声明了一个 **String** 数组，其中包含要放在 **Delivery NoteHolder** 对象中的送货单。它通过构造方法访问 **DeliveryNoteHolder** 对象。它的 **run** 方法包含一个 **for** 循环，该循环尝试调用 **DeliveryNoteHolder** 对象上的 **put** 方法。

DriverThread 类也扩展了 **Thread**，如清单 24.15 所示。

清单 24.15　DriverThread 类

```java
package app24;
public class DriverThread extends Thread {
    DeliveryNoteHolder deliveryNoteHolder;
    boolean stopped = false;
    String driverName;

    public DriverThread(DeliveryNoteHolder holder, String
                driverName) {
        deliveryNoteHolder = holder;
        this.driverName = driverName;
    }

    @Override
```

```
    public void run() {
        while (!stopped) {
            String deliveryNote = deliveryNoteHolder.get();
            try {
                sleep(300);
            } catch (InterruptedException e) {
            }
        }
    }
}
```

DriverThread 方法试图通过调用 **DeliveryNoteHolder** 对象上的 **get** 方法来获取送货单。**run** 方法使用一个由 **stopped** 变量控制的 **while** 循环。为使该示例简单一些，这里没有给出修改 **stopped** 的方法。

最后，清单 24.16 中的 **ThreadCoordinationDemo** 类将所有内容整合到了一起。

清单 24.16　ThreadCoordinationDemo 类

```
package app24;
public class ThreadCoordinationDemo {
    public static void main(String[] args) {
        DeliveryNoteHolder c = new DeliveryNoteHolder();
        DispatcherThread dispatcherThread =
                new DispatcherThread(c);
        DriverThread driverThread1 = new DriverThread(c, "Eddie");
        dispatcherThread.start();
        driverThread1.start();
    }
}
```

下面是运行 **ThreadCoordinationDemo** 类的输出结果：

```
1135212236001: Put XY23. 1234 Arnie Rd.
1135212236001: got XY23. 1234 Arnie Rd.
1135212236102: Put XY24. 3330 Quebec St.
1135212236302: got XY24. 3330 Quebec St.
1135212236302: Put XY25. 909 Swenson Ave.
1135212236602: got XY25. 909 Swenson Ave.
1135212236602: Put XY26. 4830 Davidson Blvd.
1135212236903: got XY26. 4830 Davidson Blvd.
1135212236903: Put XY27. 9900 Old York Dr.
1135212237203: got XY27. 9900 Old York Dr.
```

24.10　使用 Timer

java.util.Timer 类提供了执行计划任务或重复任务的另一种方法。它很容易使用。创建一个 **Timer** 之后，调用它的 **schedule** 方法，传递一个 **java.util.TimerTask** 对象，它包含需要由 **Timer** 执行的代码。

最容易使用的是无参构造方法。

```
public Timer()
```

Timer 类有几个重载的 **schedule** 方法。

```
public void schedule(TimerTask task, Date time)
```

计划在指定时间执行一次指定的任务。

```
public void schedule(TimerTask task, Date firstTime, long period)
```

计划在指定的时间第一次执行指定的任务，然后在参数 period 指定的时间间隔（单位为 ms）重复执行指定的任务。

```
public void schedule(TimerTask task, long delay, long period)
```

计划在指定的 delay 延迟时间第一次执行指定的任务，然后在参数 period 指定的时间间隔（单位为 ms）重复执行指定的任务。

若要取消计划执行的任务，调用 **Timer** 类的 **cancel** 方法：

```
public void cancel()
```

TimerTask 类有一个 **run** 方法，需要在任务类中覆盖该方法。与 **java.lang.Runnable** 中的 **run** 方法不同，不需要将计划的或重复执行的任务代码放在循环中。

清单 24.17 的 **TimerDemo** 类给出一个 JavaFX 应用程序，该程序使用 **Timer** 和 **TimerTask** 进行测试。测试中有 5 个问题，每个问题在一个标签中显示 5 秒，以便给用户足够的时间来回答。任何答案都将被插入 **ListView** 控件。

清单 24.17　使用 Timer

```java
package app24;
import java.awt.Toolkit;
import java.util.Timer;
import java.util.TimerTask;

import javafx.application.Application;
import javafx.application.Platform;
import javafx.collections.ObservableList;
import javafx.event.ActionEvent;
import javafx.event.EventHandler;
import javafx.geometry.Insets;
import javafx.scene.Node;
import javafx.scene.Scene;
import javafx.scene.control.Button;
import javafx.scene.control.Label;
import javafx.scene.control.ListView;
import javafx.scene.control.TextField;
import javafx.scene.layout.HBox;
import javafx.scene.layout.VBox;
import javafx.stage.Stage;

public class TimerDemo extends Application {
    String[] questions = { "What is the largest mammal?",
            "Who is the current prime minister of Japan?",
            "Who invented the Internet?",
            "What is the smallest country in the world?",
            "What is the biggest city in America?",
            "Finished. Please remain seated" };
```

```java
Label questionLabel = new Label();
TextField answer = new TextField("");
Button startButton = new Button("Start");
int counter = 0;
Timer timer = new Timer();
ListView<String> answerListView = new ListView<String>();

@Override
public void start(Stage stage) {
   VBox root = new VBox(4);
   root.setPadding(new Insets(2, 2, 2, 2));
    ObservableList<Node> children = root.getChildren();
    HBox hBox = new HBox(2);
    hBox.getChildren().addAll(new Label("Click Start"), startButton);
    children.addAll(hBox, questionLabel, answer, answerListView);
    startButton.setOnAction(new EventHandler<ActionEvent>() {
        @Override
        public void handle(ActionEvent event) {
         Platform.runLater(() -> startButton.setDisable(true));
         timer.schedule(new DisplayQuestionTask(), 0, 5 * 1000);
        }
    });
    Scene scene = new Scene(root, 600, 200);
    stage.setTitle("Timer Demo");
    stage.setScene(scene);
    stage.show();
}
@Override
public void stop() {
   timer.cancel();
}

public static void main(String[] args) {
   launch(args);
}

private String getNextQuestion() {
    return questions[counter++];
}

private class DisplayQuestionTask extends TimerTask {
    @Override
    public void run() {
        Toolkit.getDefaultToolkit().beep();
        String nextQuestion = getNextQuestion();
         Platform.runLater(() -> {
            if (answer.getText().trim().length() > 0) {
                answerListView.getItems().add(answer.getText());
                answer.setText("");
            }
            questionLabel.setText(nextQuestion);
         });
        if (counter == questions.length) {
            timer.cancel();
        }
```

```
        }
    }
}
```

问题存储在 **String** 数组 **questions** 中。它包含 6 个成员，前 5 个是问题，最后一个是用户回答完问题后要求其不要离开座位的提示。

DisplayQuestionTimerTask 嵌套类扩展了 **java.util.TimerTask** 类并提供了要执行的代码。每个任务都以"嘟嘟"声开始，然后继续显示数组中的下一个问题。当所有数组成员都显示出来后，将调用 **Timer** 对象的 **cancel** 方法。

图 24.4 给出了该应用程序的运行结果。

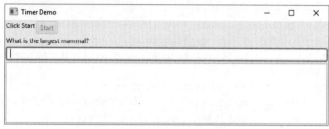

图 24.4　一个 Timer 应用程序

24.11　小结

由于 Java 对线程的支持，用 Java 进行多线程应用程序开发很容易。要创建线程，可以扩展 **java.lang.Thread** 类或实现 **java.lang.Runnable** 接口。本章学习了如何编写操作线程和同步线程的程序，还学习了如何编写线程安全代码，以及使用 **java.util.Timer** 类执行计划的任务。

习题

1. 什么是线程？
2. 修饰符 **synchronized** 用来做什么？
3. 什么是临界区？
4. 如何为 **java.util.Timer** 编写一个计划任务？

第 25 章

并发工具

Java 为编写多线程应用程序提供了内在的支持，例如 **Thread** 类和 **synchronized** 关键字，但因为它们太底层了，很难正确使用。Java 5 在 **java.util.concurrent** 包和子包中添加了并发工具（Concurrency Utility）。这些包中的类型旨在为 Java 的内在线程和同步特性提供更好的替代方案。本章将讨论并发工具中比较重要的类型，包括原子变量、**Executor**、**Callable** 和 **Future**。

25.1　原子变量

java.util.concurrent.atomic 包中提供了下面一些类：**AtomicBoolean**、**AtomicInteger**、**AtomicLong** 和 **AtomicReference**。这些类能够以原子方式执行各种操作，例如，**AtomicInteger** 在内部存储一个整数，并提供了对该整数的原子操作方法，例如 **addAndGet**、**decrementAndGet**、**getAndIncrement**、**incrementAndGet** 等。

getAndIncrement 和 **incrementAndGet** 方法返回的结果是不同的。**getAndIncrement** 返回原子变量的当前值，然后递增该值。因此，执行下面的代码行之后，**a** 的值是 0，**b** 的值是 1：

```
AtomicInteger counter = new AtomicInteger(0);
int a = counter.getAndIncrement();      // a = 0
int b = counter.get();                  // b = 1
```

incrementAndGet 方法则是递增原子变量，再返回结果，例如，运行下面的代码段之后，**a** 和 **b** 的值都为 1：

```
AtomicInteger counter = new AtomicInteger(0);
int a = counter.incrementAndGet();      // a = 1
int b = counter.get();                  // b = 1
```

清单 25.1 给出了一个使用 **AtomicInteger** 的线程安全计数器。可以将它与第 24 章中的线程不安全 **UserStat** 类进行比较。

清单 25.1　使用 AtomicInteger 的计数器

```
package app25;
import java.util.concurrent.atomic.AtomicInteger;

public class AtomicCounter {
    AtomicInteger userCount = new AtomicInteger(0);

    public int getUserCount() {
```

```
        return userCount.get();
    }

    public void increment() {
        userCount.getAndIncrement();
    }

    public void decrement() {
        userCount.getAndDecrement();
    }
}
```

25.2 Executor 和 ExecutorService

任何时候，都应该尽可能不用 **java.lang.Thread** 线程执行 **Runnable** 任务，而应该用 **java.util.concurrent.Executor** 或其子接口 **ExecutorService** 的一个实现来执行。**Executor** 接口只有一个 **execute** 方法：

```
void execute(java.lang.Runnable task)
```

ExecuorService 是 **Executor** 的一个扩展，它添加了终止方法和用于执行 **Callable** 的方法。**Callable** 类似于 **Runnable**，只是它可以返回一个值并且便于通过 **Future** 接口来完成删除的任务。**Callable** 和 **Future** 的相关内容参见 25.4 节。

很少需要自己编写 **Executor**（或 **ExecutorService**）接口的实现。相反，使用 **Executors** 工具类中定义的如下静态方法之一：

```
public static ExecutorService newSingleThreadExecutor()
public static ExecutorService newCacheThreadPool()
public static ExecutorService newFixedThreadPool(int numOfThreads)
```

newSingleThreadExecutor 返回包含单个线程的 **Executor**。可以向 **Executor** 提交多个任务，但在任何给定时间内，只有一个任务在执行。

newCacheThreadPool 返回一个 **Executor**，当提交的任务越来越多时，这个 **Executor** 将创建更多的线程，以满足多个任务。它适用于运行短期异步作业，但使用时要十分谨慎，因为如果在内存不足的情况下 **Executor** 试图创建新线程，那么可能会耗尽内存。

newFixedThreadPool 允许确定在返回的 **Executor** 中保持多少线程。如果任务数量多于线程数量，那么没有分配线程的任务将等待正在运行的线程完成其任务。下面是如何将 **Runnable** 任务提交给 **Executor** 的示例：

```
Executor executor = Executors.newSingleThreadExecutor();
executor.execute(new Runnable() {
    @Override
    public void run() {
        // 执行某些相关操作
    }
});
```

或者，也可以把 **Runnable** 任务写成 Lambda 表达式：

```
Executor executor = Executors.newSingleThreadExecutor();
executor.execute(() -> {
    //执行某些相关操作
});
```

如果不需要向任务传递参数，那么将 **Runnable** 任务构造为匿名类对短任务是非常适合的。但对于较长的任务，或者如果需要向任务传递参数，则需要在类中实现 **Runnable** 接口。

清单 25.2～清单 25.5 中的示例解释了 **Executor** 的使用。这个例子是一个 JavaFX 应用程序，它带一个按钮和一个列表，当单击按钮时，列表开始搜索图像文件，每次当任务找到一个图像时，其路径就被添加到列表中，该任务由清单 25.2 中的 **ImageSearchTask** 类建模，GUI 界面由清单 25.3 给出。清单 25.4 显示了一个事件类，每当任务找到一个图像就会触发这个事件类。清单 25.5 是一个事件监听器。本例使用事件驱动范式，以避免任务和 GUI 之间的耦合。将 JavaFX 列表传递给任务是很诱人的，以便任务可以在每次找到图像时更新它。然而，这样做会迫使任务导入 JavaFX 组件，这是糟糕的设计，因为一个任务不应该一定知道使用它的组件的任何信息。

ImageSearchTask 类是本例中最重要的类型。它实现了 **Runnable** 接口，并在构造方法中接收一个搜索目录和一个 **Executor**。在 **run** 方法中，它迭代搜索目录。对搜索目录中的每个文件夹，生成一个新的 **ImageSearchTask** 并将其提交给 **Executor**。同样重要的是 **setFileFoundListener** 方法，该方法用于将 **FileFoundListener** 注入任务中。每次当任务找到一个图像，它都会调用这个监听器，并将 **Path** 传递给该图像。

清单 25.2　ImageSearchTask 类

```
package app25.imagesearch;
import java.io.IOException;
import java.nio.file.AccessDeniedException;
import java.nio.file.DirectoryStream;
import java.nio.file.Files;
import java.nio.file.Path;
import java.util.concurrent.Executor;

public class ImageSearchTask implements Runnable {
    private Path searchDir;
    private Executor executor;
    private FileFoundListener fileFoundListener = null;

    public ImageSearchTask(Path searchDir, Executor executor) {
        this.searchDir = searchDir;
        this.executor = executor;
    }

    @Override
    public void run() {
        try (DirectoryStream<Path> children =
                Files.newDirectoryStream(searchDir)) {
            for (final Path child : children) {
                if (Files.isDirectory(child)) {
                    ImageSearchTask task = new ImageSearchTask(
                            child, executor);
```

```
                           task.setFileFoundListener(fileFoundListener);
                           executor.execute(task);
                   } else if (Files.isRegularFile(child)) {
                       String name = child.getFileName()
                               .toString().toLowerCase();
                       if (name.endsWith(".jpg") || name.endsWith(".png")
                               || name.endsWith(".bmp")) {
                           triggerFileFoundEvent(child);
                       }
                   }
               }
        } catch (AccessDeniedException e) {
            System.out.println("AccessDeniedException : "
                    + e.getMessage());
        } catch (IOException e) {
            System.out.println("IOException : " + e.getMessage());
        }
    }

    public void setFileFoundListener(FileFoundListener fileFoundListener)
    {
        this.fileFoundListener = fileFoundListener;
    }

    private void triggerFileFoundEvent(Path path) {
        if (fileFoundListener != null) {
                fileFoundListener.fileFound(new FileFoundEvent(this, path));
        }
    }
}
```

清单 25.3　ImageSearcher 类

```
package app25.imagesearch;
import java.nio.file.FileSystems;
import java.nio.file.Path;
import java.util.concurrent.Executor;
import java.util.concurrent.Executors;
import java.util.concurrent.atomic.AtomicInteger;
import javafx.application.Application;
import javafx.application.Platform;
import javafx.collections.ObservableList;
import javafx.event.ActionEvent;
import javafx.event.EventHandler;
import javafx.geometry.Insets;
import javafx.scene.Node;
import javafx.scene.Scene;
import javafx.scene.control.Button;
import javafx.scene.control.ListView;
import javafx.scene.layout.VBox;
import javafx.stage.Stage;

public class ImageSearcher extends Application {
```

```
    private Executor executor = Executors.newFixedThreadPool(10);
    private AtomicInteger fileNumber = new AtomicInteger();
    private Button searchButton = new Button("Search");
    private ListView<String> imageListView = new ListView<String>();
    private FileFoundListener fileFoundListener =
            new FileFoundListener() {
        @Override
        public void fileFound(FileFoundEvent event) {
            Platform.runLater(new Runnable() {
                public void run() {
                    String element = fileNumber.incrementAndGet() + ": "
                        + event.getPath().toString();
                    imageListView.getItems().add(0, element);
                }
            });
        }
    };

    @Override
    public void start(Stage stage) {
        VBox root = new VBox(4);
        root.setPadding(new Insets(2, 2, 2, 2));
        ObservableList<Node> children = root.getChildren();
        children.addAll(searchButton, imageListView);
        searchButton.setOnAction(new EventHandler<ActionEvent>() {
            @Override
            public void handle(ActionEvent event) {
                Iterable<Path> roots = FileSystems.getDefault()
                        .getRootDirectories();
                searchButton.setDisable(true);
                for (Path root : roots) {
                    ImageSearchTask task = new ImageSearchTask(root,
                            executor);
                    task.setFileFoundListener(fileFoundListener);
                    executor.execute(task);
                }
            }
        });
        Scene scene = new Scene(root, 600, 400);
        stage.setTitle("Image Searcher");
        stage.setScene(scene);
        stage.show();
    }
    public static void main(String[] args) {
        launch(args);
    }
}
```

ImageSearcher 类是这个示例的图形用户界面。请仔细看一下按钮的事件处理程序：

```
Iterable<Path> roots =
        FileSystems.getDefault().getRootDirectories();
for (Path root : roots) {
    ImageSearchTask task = new ImageSearchTask(root,
```

```
                    executor);
            task.setFileFoundListener(fileFoundListener);
            executor.execute(task);
    }
```

FileSystem.getRootDirectories 方法返回文件系统的根。在 Windows 上，该方法返回驱动器 C、驱动器 D 等。如果使用的是 Linux 或 Mac 系统，它返回"/"。它是如何创建 **ImageSearchTask** 实例并将其传递给执行器的？

清单 25.4 FileFoundEvent 类

```
package app25.imagesearch;
import java.nio.file.Path;
import java.util.EventObject;

public class FileFoundEvent extends EventObject {
    private static final long serialVersionUID = -1L;
    private Path path;

    public FileFoundEvent(Object source, Path path) {
        super(source);
        this.path = path;
    }

    public Path getPath() {
        return path;
    }
}
```

清单 25.5 FileFoundListener 类

```
package app25.imagesearch;
import java.util.EventListener;

public interface FileFoundListener extends EventListener {
    void fileFound(FileFoundEvent event);
}
```

因为图像查找器是 JavaFX 应用程序，所以需要将**--module-path** 和**--add-modules** 传递到 **java** 程序中才能运行它：

```
java.exe --module-path /path/to/javafx/sdk/lib --add-modules
javafx.controls app25.imagesearch.ImageSearcher
```

如果 JavaFX SDK 在 C:\ javafx 目录中，应该使用以下命令：

```
java.exe --module-path C:/javafx/lib --add-modules javafx.controls
app25.imagesearch.ImageSearcher
```

需要从包含类文件的目录中运行该命令，在本例中是 **app25** 目录的父目录。

图 25.1 显示了应用程序和找到的图像文件列表。

图 25.1　图像查找器

25.3　命名线程

在使用并发工具时，我们几乎从不自己创建线程，这意味着不能轻松地为线程命名。但是，有一种间接的方法可以控制线程的创建方式：编写一个自定义 **ThreadFactory**，用它来替换 **ExecutorService** 实现中的默认 **ThreadFactory**。

清单 25.6 中的代码显示了一个 **NamedThreadFactory** 类，它允许读者为线程池传递一个前缀。它创建的线程的名称将从前缀-thread1 开始，直到前缀-thread-n。清单 25.7 中的类给出了如何使用 **NamedThreadFactory**。

清单 25.6　NamedThreadFactory 类

```java
package app25;
import java.util.concurrent.ThreadFactory;
import java.util.concurrent.atomic.AtomicInteger;

public class NamedThreadFactory implements ThreadFactory {
    private final ThreadGroup group;
    private final AtomicInteger threadNumber = new AtomicInteger(1);
    private final String name;

    public NamedThreadFactory(String name) {
        SecurityManager s = System.getSecurityManager();
        group = s != null ? s.getThreadGroup() :
                Thread.currentThread().getThreadGroup();
        this.name = name;
    }

    public Thread newThread(Runnable runnable) {
        return new Thread(group, runnable,
                name + threadNumber.getAndIncrement(), 0);
    }
}
```

清单 25.7　NamedThreadFactoryDemo 类

```java
package app25;
import java.util.concurrent.ExecutorService;
import java.util.concurrent.Executors;

public class NamedThreadFactoryDemo {
    public static void main(String[] args) {
        ExecutorService executorService =
                Executors.newFixedThreadPool(10,
                new NamedThreadFactory("file-finder-thread"));
        Runnable runnable = () -> {
            for (int i = 0; i < 100; i++) {
                if (Thread.interrupted()) {
                    break;
                }
                System.out.println(i);
                try {
                    Thread.sleep(3000);
                } catch (InterruptedException e) {
                }
            }
        };
        executorService.submit(runnable);
        executorService.shutdown();
    }
}
```

如果运行 **NamedThreadFactoryDemo** 类并打开 Java VisualVM[①]，可以看到读者的线程已被正确地命名，如图 25.2 所示。

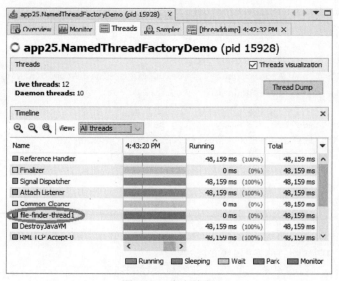

图 25.2　命名线程

---

① 从 Java 9 开始 Java VisualVM 就从 JDK 中删除了。——译者注

25.4　Callable 和 Future

Callable 是并发工具中最有价值的成员之一。**Callable** 也是一项任务，它返回一个值，并且可能引发一个异常。**Callable** 与 **Runnable** 类似，只是 **Callable** 可以返回一个值或抛出一个异常。

Callable 定义了一个 **call** 方法：

```
V call() throws java.lang.Exception
```

可以将一个 **Callable** 传递给 **ExecutorService** 的 **submit** 方法：

```
Future<V> result = executorService.submit(callable);
```

submit 方法返回一个 **Future**，它可用于取消任务或获取 **Callable** 的返回值。要取消一个任务，需要调用 **Future** 对象的 **cancel** 方法：

```
boolean cancel(boolean myInterruptIfRunning)
```

如果一个任务正在运行，但还是想取消它，那么可以将 **true** 传递给 **cancel** 方法。传递 **false** 允许正在进行的任务不受干扰地完成。注意，如果任务已经完成，或者提前被取消，或者由于某种原因不能被取消，**cancel** 将会失败。

若要获得 **Callable** 的结果，调用相应 **Future** 的 **get** 方法。**get** 方法有两种重载形式：

```
V get()
V get(long timeout, TimeUnit unit)
```

第一个重载方法会阻塞，直到任务完成。第二个重载方法会等待指定的时间，直到指定的时间失效。timeout 参数指定等待的最长时间，unit 参数指定 timeout 的时间单位。

要想知道一个任务是否已被取消或完成，可以调用 **Future** 的 **isCancelced** 或 **isDone** 方法：

```
boolean isCancelled()
boolean isDone()
```

清单 25.8 中的 **FileCountTask** 类提供了一个 **Callable** 任务，用于计算一个目录及其子目录中的文件数量。

清单 25.8　FileCountTask 类

```java
package app25.filecounter;
import java.io.IOException;
import java.nio.file.DirectoryStream;
import java.nio.file.Files;
import java.nio.file.Path;
import java.nio.file.Paths;
import java.util.ArrayList;
import java.util.List;
import java.util.concurrent.Callable;

public class FileCountTask implements Callable {
    Path dir;
    long fileCount = 0L;
    public FileCountTask(Path dir) {
```

```
        this.dir = dir;
    }

    private void doCount(Path parent) {
        if (Files.notExists(parent)) {
            return;
        }
        try (DirectoryStream<Path> children =
                    Files.newDirectoryStream(parent)) {
            for (Path child : children) {
                if (Files.isDirectory(child)) {
                    doCount(child);
                } else if (Files.isRegularFile(child)) {
                    fileCount++;
                }
            }
        } catch (IOException e) {
            e.printStackTrace();
        }
    }

    @Override
    public Long call() throws Exception {
        System.out.println("Start counting " + dir);
        doCount(dir);
        System.out.println("Finished counting " + dir);
        return fileCount;
    }
}
```

　　清单 25.9 中的 **FileCounter** 类使用 **FileCountTask** 统计两个目录中的文件数量，并输出结果。它指定了一个 **Path** 数组（**dirs**），其中包含要统计文件数量的目录路径。请用文件系统中的目录名替换 **dirs** 的值。

清单 25.9　FileCounter 类

```
package app25.filecounter;
import java.nio.file.Path;
import java.nio.file.Paths;
import java.util.concurrent.ExecutionException;
import java.util.concurrent.ExecutorService;
import java.util.concurrent.Executors;
import java.util.concurrent.Future;

public class FileCounter {
    public static void main(String[] args) {
        Path[] dirs = {
            Paths.get("C:/temp"),
            Paths.get("C:/temp/data")
        };
        ExecutorService executorService =
                Executors.newFixedThreadPool(dirs.length);

        Future<Long>[] results = new Future[dirs.length];
        for (int i = 0; i < dirs.length; i++) {
```

```
                Path dir = dirs[i];
                FileCountTask task = new FileCountTask(dir);
                results[i] = executorService.submit(task);
            }
            // 输出结果
            for (int i = 0; i < dirs.length; i++) {
                long fileCount = 0L;
                try {
                    fileCount = results[i].get();
                } catch (InterruptedException | ExecutionException ex){
                    ex.printStackTrace();
                }
                System.out.println(dirs[i] + " contains "
                        + fileCount + " files.");
            }
            // 除非调用 ExecutorService 的 shutdown 方法，否则程序不会退出
            executorService.shutdown();
        }
    }
```

运行时，**FileCounter** 类使用 **ExecutorService** 的 **newFixedThreadPool** 方法创建的线程数与 dirs 中的目录数相同，每个目录一个线程：

```
ExecutorService executorService =
        Executors.newFixedThreadPool(dirs.length);
```

它还定义了一个 **Future** 数组，用于存放执行 **FileCountTask** 任务的结果：

```
Future<Long>[] results = new Future[dirs.length];
```

然后，它为每个目录创建一个 **FileCountTask**，并将其提交给 **ExecutorService**：

```
for (int i = 0; i < dirs.length; i++) {
    Path dir = dirs[i];
    FileCountTask task = new FileCountTask(dir);
    results[i] = executorService.submit(task);
}
```

最后，输出结果并关闭 **ExecutorService**：

```
// 输出结果
for (int i = 0; i < dirs.length; i++) {
    long fileCount = 0L;
    try {
        fileCount = results[i].get();
    } catch (InterruptedException | ExecutionException ex){
        ex.printStackTrace();
    }
    System.out.println(dirs[i] + " contains "
            + fileCount + " files.");
}
// 除非调用 ExecutorService 的 shutdown 方法，否则程序不会退出
executorService.shutdown();
```

25.5　JavaFX 任务

在处理其状态可以改变的组件时，最好使用事件驱动的编程范式，它规定了当组件状态每次改变时都要引发一个 **EventObject** 事件。为此，JavaFX 提供了 **javafx.concurrent.Worker** 接口及其实现类 **Task** 和 **Service**。本节将介绍如何使用 **Task** 类。

与实现 **Runnable** 或 **Callable** 相比，使用 **Task** 的优点是不需要新的事件类或事件处理程序。通过将 JavaFX 组件绑定到所关注的状态上，当状态改变时就可以获得通知。这将在本节的示例中展示。这种范式的缺点是任务只能在 JavaFX 环境中重用，也可以在其他 JavaFX 应用程序中使用它，但是在非 JavaFX 应用程序中它就没有什么用了。

使用 **Task** 很容易。需要做的就是覆盖它的 **call** 方法，这看起来与覆盖 **Callable** 中的 **call** 方法类似：

```
protected abstract V call() throws java.lang.Exception
```

由于 **Task** 间接实现了 **Runnable** 接口，因此要运行任务，可以将其传递给 **Thread** 或将其提交给 **Executor**。要通知状态改变，可以在 **call** 方法中调用 **updateMessage** 和 **updateProgress** 方法：

```
protected void updateMessage(java.lang.String message)
protected void updateProgress(double workDone, double max)
```

下面的示例展示了一个 JavaFX 应用程序，其中包含一个名为 **CounterTask** 的类，它是 **Task** 的子类。该任务要花 10 秒完成，并且可以被取消。清单 25.10 给出了 **CounterTask** 类。主 JavaFX 应用程序名为 **JavaFXTaskDemo**，它实例化了 **CounterTask** 并提供了一个处理程序来调用 **CounterTask** 的 **execute** 方法，如清单 25.11 所示。

清单 25.10　CounterTask 类

```
package app25.javafxworker;
import javafx.concurrent.Task;

public class CounterTask extends Task<Void> {
    private static final int DELAY = 1000;
    @Override
    protected Void call() throws Exception {
        int count = 10;
        for (int i = 1; i <= count; i++) {
            if (isCancelled()) {
                updateMessage("Cancelled!");
                break;
            }
            updateMessage(Integer.toString(i));
            updateProgress(i, count);
            try {
                Thread.sleep(DELAY);
            } catch (InterruptedException e) {
                updateMessage("Cancelled while sleeping");
                return null;
            }
        }
    }
```

```
            updateMessage("Done!");
            return null;
        }
    }
```

清单 25.11 JavaFXTaskDemo 类

```
package app25.javafxworker;
import java.util.concurrent.ExecutorService;
import java.util.concurrent.Executors;
import javafx.application.Application;
import javafx.collections.ObservableList;
import javafx.event.ActionEvent;
import javafx.event.EventHandler;
import javafx.geometry.Insets;
import javafx.scene.Node;
import javafx.scene.Scene;
import javafx.scene.control.Button;
import javafx.scene.control.ProgressBar;
import javafx.scene.control.TextField;
import javafx.scene.layout.HBox;
import javafx.scene.layout.VBox;
import javafx.scene.paint.Color;
import javafx.scene.text.Font;
import javafx.scene.text.FontWeight;
import javafx.stage.Stage;

public class JavaFXTaskDemo extends Application {
    private CounterTask task;
    private ExecutorService executorService =
            Executors.newFixedThreadPool(2);

    public void start(Stage stage) {

        VBox root = new VBox(4);
        ObservableList<Node> children = root.getChildren();
        HBox hbox = new HBox(4);
        hbox.setStyle("-fx-background-color:#DEDEDE;-fx-margin:5");
        hbox.setPadding(new Insets(8, 12, 8, 12));
        hbox.setSpacing(10);

        ProgressBar progressBar = new ProgressBar();
        // 拉伸 progressBar 的宽度以匹配父控件的宽
        progressBar.prefWidthProperty().bind(root.widthProperty());
        TextField textField = new TextField();
        textField.setFont(Font.font("Verdana", FontWeight.BOLD, 15));

        Button startButton = new Button("Start");
        startButton.setOnAction(new EventHandler<ActionEvent>() {
            @Override
            public void handle(ActionEvent event) {
                task = new CounterTask();
                progressBar.progressProperty().bind(
```

```
                                   task.progressProperty());
                textField.textProperty().bind(task.messageProperty());
                executorService.submit(task);
            }

        });

        Button cancelButton = new Button("Cancel");
        cancelButton.setOnAction(new EventHandler<ActionEvent>() {
            @Override
            public void handle(ActionEvent event) {
                task.cancel();
            }
        });

        hbox.getChildren().addAll(startButton, cancelButton);
        children.addAll(hbox, textField, progressBar);

        Scene scene = new Scene(root, 280, 100);
        stage.setTitle("JavaFX Task Demo");
        stage.setScene(scene);
        stage.show();
    }

    @Override
    public void stop() {
        executorService.shutdownNow();
    }

    public static void main(String[] args) {
        launch();
    }
}
```

该 JavaFX 应用程序有两个按钮（**Start** 和 **Cancel**），一个 **TextField** 文本框和一个 **ProgressBar** 进度条。**JavaFXTaskDemo** 最重要的部分是与 **Start** 按钮关联的 **handle** 方法。代码如下：

```
public void handle(ActionEvent event) {
    task = new CounterTask();
    progressBar.progressProperty().bind(
            task.progressProperty());
    textField.textProperty().bind(task.messageProperty());
    executorService.submit(task);
}
```

当单击 **Start** 按钮时，JavaFX 运行时调用 **handle** 方法，它创建了一个 **CounterTask** 对象，然后将 **ProgressBar** 与任务的 **progressProperty** 绑定，将 **TextField** 与任务的 **MessageProperty** 属性绑定，并将任务提交给 **ExecutorService**。

要运行应用程序，请在包含类文件的目录中使用此命令：

```
java.exe --module-path /path/to/javafx/sdk/lib --add-modules
javafx.controls app25.javafxworker.JavaFXTaskDemo
```

图 25.3 显示了该应用程序的运行结果。单击 **Start** 按钮启动进程。注意，**Cancel** 按钮在 **Task** 任务执行期间仍然可以响应用户操作，可以单击它来取消任务的执行。

25.6　锁

图 25.3　JavaFX 任务示例

在第 24 章中，我们已经知道可以使用 **synchronized** 修饰符来锁定共享资源。虽然 **synchronized** 很容易使用，但是这种锁定机制也有局限性，例如，试图获取这种内在锁的线程不能后退，而且如果无法获得锁，线程就会无限期地阻塞。此外，锁定和解锁仅限于方法和代码块：无法在一个方法中锁定一个资源，在另一个方法中释放它。

幸运的是，并发工具提供了一些更高级的锁。**Lock** 接口是本书讨论的唯一接口，它提供了一些方法可以克服 Java 内在锁的局限性。**Lock** 接口定义了 **lock** 方法和 **unlock** 方法。这意味着，只要持有对锁的引用，就可以在程序的任何地方释放锁。在大多数情况下，最好是在调用 **lock** 之后，在 finally 子句中调用 **unlock**，以确保锁总能被释放：

```
aLock.lock();
try {
    // 利用锁定的资源完成一些操作
} finally {
    aLock.unlock();
}
```

如果某个锁不可用，**lock** 方法将一直阻塞，直到锁可用为止。这种行为类似于使用 **synchronized** 产生的隐式锁的效果。

除了锁定和解锁，**Lock** 接口还提供了 **tryLock** 方法：

```
boolean tryLock()
boolean tryLock(long time, TimeUnit timeUnit)
```

只有当锁可用时，第一个重载才返回 **true**；否则，返回 **false**。在后一种情况下，它不会发生阻塞。

如果锁可用，第二个重载立即返回 **true**；否则，它将等到指定的时间失效，而且如果没有获得锁，将返回 **false**。time 参数指定它将等待的最长时间，timeUnit 参数指定第一个参数的时间单位。

清单 25.12 中的代码展示了 **ReentrantLock** 的使用，它是 **Lock** 的一种实现。这些代码取自一个允许用户上传和分享文件的文档管理系统。上传一个与同一服务器文件夹中的某个现有文件同名的文件，会使这个现有文件成为历史文件，而新文件会成为当前文件。

为了提高性能，允许多个用户同时上传文件。上传不同名的文件，或者将文件上传到服务器的不同文件夹中，都不会发生问题，因为它们将被写入不同的物理文件中。如果用户将同名文件上传到服务器的同一个文件夹中，可能会出现问题。为了避免这个问题，系统使用一个 **Lock** 来确保多个试图对同一个物理文件进行写操作的线程不会并发地进行写操作。换句话说，只有一个线程可以执行写操作，其他线程必须等到第一个线程完成。

在清单 25.12 中（实际上，这是摘自 Brainy Software 的文档管理包中的真实代码），系统使用一个 **Lock** 来保护对文件的访问，并从一个线程安全的 Map 中获得锁，该 Map 中存放了

路径/锁的映射。因此，它只能防止写入同名的文件，而对不同名的文件可以同时写入，因为
不同的路径映射到不同的锁。

清单 25.12　用锁防止线程写入同名文件

```
ReentrantLock lock = fileLockMap.putIfAbsent(fullPath,
        new ReentrantLock());
lock.lock();
try {

    // 索引和复制文件，创建历史等

} finally {
    lock.unlock();
    fileLockMap.remove(fullPath, lock);
}
```

这段代码块首先尝试从线程安全的 Map 中获取一个锁。如果找到锁，则表示另一个线程
正在访问该文件。如果没有找到锁，则当前线程创建一个新的 **ReentrantLock** 并将其存储在
Map 中，以便别的线程注意到当前线程正在访问该文件。

```
ReentrantLock lock = fileLockMap.putIfAbsent(fullPath,
        new ReentrantLock());
```

然后，它调用 **lock** 方法。如果只有当前线程试图获取这个锁，那么 **lock** 方法就会返回。
否则，当前线程将等待，直到锁持有者释放锁为止。

一旦某线程成功获得一个锁，它就会独占对该文件的访问权，从而可以对它做任何事情。
一旦访问完成，它就会调用 **unlock** 和 Map 的 **remove** 方法。**remove** 方法将只删除不被其他线
程持有的锁。

25.7　小结

并发工具旨在使编写多线程应用程序更容易。API 中的类和接口是用来替换 Java 中比较
低级的线程机制，如 **Thread** 类和 **synchronized** 修饰符。本章讨论了并发工具的基础知识，包
括原子变量、**Executor**、**Callable**、**Future** 和 JavaFX 的 **Task**。通过实现 **Runnable** 或 **Callable**
可创建任务，而使用事件驱动范式可以使任务完全可重用。然而，尽管 **Task** 子类只能在 JavaFX
环境中重用，但 JavaFX 的 **Task** 提供了一种创建任务的更容易的方法。

习题

1. 什么是原子变量？
2. 如何获得一个 **ExecutorService** 实例？
3. 什么是 **Callable**？什么是 **Future**？
4. 列举出 **Lock** 接口的一种标准实现。

第 26 章

Java 网络

计算机网络主要研究计算机之间的通信，如今，这种形式的交互无处不在。每当上网的时候，读者的机器就要与远程服务器交换消息。当通过 FTP 通道传输文件时，也在使用某种网络服务。Java 提供了 **java.net** 包，其中包含使网络编程变得简单的类型。

本章首先概述网络并研究 HTTP 协议。在本章的最后，给出了一些使用套接字的例子。

26.1 网络概述

网络是可以互相通信的许多计算机。就像两个人使用某种共同的语言交流一样，两台计算机也使用一种双方达成一致的共同"语言"进行通信。在计算机术语中，这种"语言"被称为协议。令人困惑的是有多个协议层。因为在物理层，两台计算机通过交换比特流（1 和 0 的组合）进行通信。这很难被应用程序和人类理解。因此，还有另一层可以将比特流转换成更易懂的东西，或将一些信息转换成比特流。

最简单的协议是应用层的协议。编写应用程序时，需要理解应用层中的协议。这一层有几种协议：HTTP、FTP、telnet 等。

应用层协议使用传输层（transport layer）中的协议。传输层中最流行的两种协议是 TCP 和 UDP。反过来，传输层协议利用其下一层的协议。图 26.1 显示了其中的某些层。

由于这种策略，我们只需关注应用层中的协议，而不必关心其他层的协议。Java 甚至还提供了封装应用层协议的类。例如，在使用 Java 时，不需要理解 HTTP 就可以向 HTTP 服务器发送消息。HTTP 是最流行的协议之一，本章将详细讨论它。

还有一点需要知道，网络使用一种寻址系统来区分不同的计算机，就像房子有一个地址，这样邮递员才可投递信件。街道地址在互联网上就相当于 IP 地址。每台计算机都被分配一个唯一的 IP 地址。

IP 地址不是网络寻址系统中最小的单元，端口（port）才是。这就好比一栋公寓，虽然公寓中许多套房的街道地址相同，但每套房都有自己的房号。

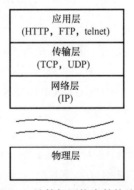

图 26.1 计算机网络中的协议层

26.2 超文本传输协议（HTTP）

HTTP 是允许 Web 服务器和浏览器通过 Internet 发送和接收数据的协议。它是一个请求和响应协议。客户端请求一个文件，服务器对该请求做出响应。默认情况下，HTTP 在 TCP 端口 80 上使用可靠的 TCP 连接。HTTP 的第一个版本是 HTTP/0.9，随后 HTTP/1.0 替代了这个版本。目前 HTTP/1.1 替代了 HTTP/1.0。2015 年，HTTP/2 被批准为 HTTP 的新修订版本。然而，HTTP/1.1 仍然是迄今为止使用得最广泛的 HTTP 版本。

在 HTTP/1.1 中，总是客户端通过建立连接和发送 HTTP 请求来启动事务。Web 服务器无法与客户端联系或与客户端建立回调连接。客户端或服务器都可以提前终止连接。例如，当使用 Web 浏览器时，可以单击浏览器上的"停止"（Stop）按钮来停止下载文件，从而有效地关闭与 Web 服务器的 HTTP 连接。

26.2.1　HTTP 请求

一个 HTTP 请求由 3 部分组成：

（1）方法——统一资源标识符（URI）——协议/版本；

（2）请求头；

（3）实体主体。

下面是一个 HTTP 请求的例子：

```
POST /examples/default.jsp HTTP/1.1
Accept: text/plain; text/html
Accept-Language: en-gb
Connection: Keep-Alive
Host: localhost
User-Agent: Mozilla/5.0 (Windows NT 10.0; Win64; x64) AppleWebKit/537.36
        (KHTML, like Gecko) Chrome/67.0.3396.99 Safari/537.36
Content-Length: 33
Content-Type: application/x-www-form-urlencoded
Accept-Encoding: gzip, deflate

lastName=Franks&firstName=Michael
```

方法——URI——协议/版本显示在请求的第一行。

```
POST /examples/default.jsp HTTP/1.1
```

这里，**POST** 是请求方法，**/examples/default.jsp** 是 URI，**HTTP/1.1** 是协议/版本部分。

每个 HTTP 请求都使用 HTTP 标准中指定的请求方法之一。HTTP 1.1 支持 7 类请求：GET、POST、HEAD、OPTIONS、PUT、DELETE 和 TRACE。其中，GET 和 POST 是 Internet 应用中最常用的。

URI 指定一个 Internet 资源，它通常被解释为相对于服务器的根目录。因此，它应该总是以正斜杠（/）开头。统一资源定位器（URL）实际上是一种 URI。协议版本表示正在使用的 HTTP 协议的版本。

请求头包含关于客户机环境和请求实体主体的有用信息。例如，它可以包含浏览器设置的语言、实体主体的长度等。每个请求头由一个回车/换行（CRLF）符分隔。

在请求头和实体主体之间有一个空行（CRLF），这对 HTTP 请求格式很重要。CRLF 告诉 HTTP 服务器实体主体从这里开始。在某些 Internet 编程书籍中，CRLF 被认为是 HTTP 请求的第 4 个组成部分。

在前面的 HTTP 请求中，实体主体只有下面一行：

```
lastName=Franks&firstName=Michael
```

在典型的 HTTP 请求中，实体主体很容易变得更长。

26.2.2 HTTP 响应

与 HTTP 请求类似，一个 HTTP 响应也由 3 部分组成：

（1）协议——状态码——描述；

（2）响应头；

（3）实体主体。

下面是一个 HTTP 响应的例子：

```
HTTP/1.1 200 OK
Server: Apache-Coyote/1.1
Date: Tue, 7 Aug 2018 13:13:33 GMT
Content-Type: text/html
Last-Modified: Wed, 1 Aug 2018 13:13:12 GMT
Content-Length: 112

<html>
<head>
<title>HTTP Response Example</title>
</head>
<body>
Welcome to Brainy Software
</body>
</html>
```

响应头的第一行类似于请求头的第一行。第一行告诉读者使用的协议是 HTTP 1.1 版，请求成功（200 是成功代码），一切正常。

响应头包含与请求头类似的有用信息。响应的实体主体是响应本身的 HTML 内容。响应头和实体主体用回车/换行符（CRLF）分隔。

26.3 HttpClient API

Java 9 引入了 HttpClient API，它使建立 HTTP 连接比旧 API 容易得多，旧 API 主要包括 **java.net.URLConnection** 和 **java.net.HttpUrlConnection**。新 API 主要是 **HttpClient** 类，在 JDK 11 及后续版本中，它定义在 **java.net.http** 包中。不过，在 JDK 9 和 JDK 10 中，该 API 是作为实验性的，且定义在 **jdk.incubating.http** 包中。

其他重要的类有 **HttpRequest** 和 **HttpResponse**，它们分别表示 HTTP 请求和响应。由于 **HttpClient** 和 **HttpRequest** 是抽象的，因此不能使用它们的构造方法创建实例。但是，这两个类都包含一个名为 **Builder** 的内部接口，并且 API 为这两个构建器都提供了默认实现，可以用来配置生成的实例。

构建器遵循流利 API 模式，这意味着它们被设计成广泛依赖于方法链接并使代码更具可读性。**HttpClient.Builder** 和 **HttpRequest.Builder** 中的大多数方法都返回相同的对象类型，例

如以下是 **HttpClient.Builder** 中的一些方法：

```
abstract HttpClient.Builder executor(
    java.util.concurrencyExecutor    executor)
abstract HttpClient.Builder cookieHandler(CookieHandler cookieHandler)
abstract HttpClient.Builder version(HttpClient.Version version)
```

因此，在最终调用构建方法之前，可以链接这些方法：

```
HttpClient httpClient = HttpClient.newBuilder()
        .executor(...)
        .version(...)
        .cookieHandler(...)
        .build();
```

HttpClient 还提供了一个名为 **newHttpClient** 的静态方法，用于创建具有默认设置的 **HttpClient**。

一旦有了 **HttpClient**，就可以通过连接它的构建器的方法来创建 **HttpRequest**，最后调用 **build()** 方法：

```
HttpRequest httpRequest = HttpRequest.newBuilder()
        .uri(...)
        .POST()
        .headers()
        .build();
```

要发送 HTTP 请求，需要下面 3 行代码。构造 **HttpClient** 和 **HttpRequest** 之后，调用 **HttpClient** 上的 **send** 方法，该方法将返回一个 **HttpResponse**：

```
HttpClient httpClient = HttpClient.newHttpClient();
HttpRequest httpRequest = HttpRequest.newBuilder().uri(new URI(...))
        .GET().build();
HttpResponse<String> httpResponse = httpClient.send(
        httpRequest, HttpResponse.BodyHandlers.ofString());
```

在上面的代码中，用到了 GET 方法，但也可以用 POST()或 DELETE()或其他 HTTP 方法替换 GET()。如果连接成功，可以从返回的 **HttpResponse** 获得响应头和响应体。清单 26.1 中的代码将一个 HTTP GET 发送到谷歌官网，并输出响应主体和头部。

清单 26.1　使用 HttpClient

```
package app26;
import java.io.IOException;
import java.net.URI;
import java.net.URISyntaxException;
import java.net.http.HttpClient;
import java.net.http.HttpHeaders;
import java.net.http.HttpRequest;
import java.net.http.HttpResponse;
import java.util.List;
import java.util.Map;

public class HttpClientDemo1 {
    public static void main(String[] args) {
        HttpClient httpClient = HttpClient.newHttpClient();
```

```
        String uri = "https://www.google.com";
        try {
            HttpRequest httpRequest = HttpRequest.newBuilder().uri(
                    new URI(uri)).GET().build();
            HttpResponse<String> httpResponse = httpClient.send(
                    httpRequest, HttpResponse.BodyHandlers.ofString());
            System.out.println(httpResponse.statusCode());
            System.out.println(httpResponse.body());
            HttpHeaders headers = httpResponse.headers();
            Map<String, List<String>> map = headers.map();
            for (Map.Entry<String, List<String>> entry : map.entrySet()){
                System.out.println(entry.getKey() + ":"
                        + entry.getValue());
            }
        } catch (IOException | URISyntaxException
                | InterruptedException e) {
            e.printStackTrace();
        }
    }
}
```

清单 26.2 演示了如何发送 HTTP post 请求。要发送表单数据，需要发送请求体中的内容。此外，还需要在 **HttpRequest** 中使用下面的代码设置 Content-Type 请求头的值：

```
application/x-www-form-urlencoded
```

清单 26.2 发送表单数据

```
package app26;
import java.io.IOException;
import java.net.URI;
import java.net.URISyntaxException;
import java.net.http.HttpClient;
import java.net.http.HttpRequest;
import java.net.http.HttpResponse;

public class HttpClientDemo2 {
    public static void main(String[] args) {
        HttpClient httpClient = HttpClient.newHttpClient();
        String uri = "http://localhost:8080/test/test2.jsp";
        try {
            HttpRequest httpRequest = HttpRequest.newBuilder()
                    .uri(new URI(uri))
                    .header("User-Agent", "Java HttpClient API")
                    .header("Content-Type",
                            "application/x-www-form-urlencoded")
                    .POST(HttpRequest.BodyPublishers.ofString(
                            "firstName=Charles&lastName=Darwin"))
                    .build();
            HttpResponse<String> httpResponse = httpClient.send(
                    httpRequest, HttpResponse.BodyHandlers.ofString());
            System.out.println(httpResponse.body());
        } catch (IOException | URISyntaxException
                | InterruptedException e) {
            e.printStackTrace();
```

```
        }
    }
}
```

当请求某种资源时，一些 HTTP 服务器会发送 301 状态码。301 状态码表示 HTTP 客户机必须将其请求重定向（redirect）到另一台主机。例如，http://google.com 向 http://www.google.com 发送重定向命令（目标 URL 在 HTTP 响应的 Location 响应头中发送）。如果使用清单 26.1 中的代码来将 http://google.com 作为目标，则不会看到太多信息，因为主机使用 301 状态码进行响应。要执行重定向命令，需要使用 **followReredirects** 方法构建 **HttpClient**，并传递 **HttpClient.Redirect.ALWAYS** 参数，如清单 26.3 所示。

清单 26.3　重定向的 HttpClient

```java
package app26;
import java.io.IOException;
import java.net.URI;
import java.net.URISyntaxException;
import java.net.http.HttpClient;
import java.net.http.HttpRequest;
import java.net.http.HttpResponse;

public class HttpClientRedirectDemo {

    public static void main(String[] args) {
        HttpClient.Builder httpClientBuilder = HttpClient.newBuilder()
                .followRedirects(HttpClient.Redirect.ALWAYS);
        HttpClient httpClient = httpClientBuilder.build();
        String uri = "http://google.com";
        try {
            HttpRequest httpRequest = HttpRequest.newBuilder().uri(
                    new URI(uri)).GET().build();
            System.out.println("request uri:" + httpRequest.uri());
            HttpResponse<String> httpResponse = httpClient
                    .send(httpRequest,
                            HttpResponse.BodyHandlers.ofString());
            System.out.println("response uri:" + httpResponse.uri());
            System.out.println(httpResponse.statusCode());
        } catch (IOException | URISyntaxException
                | InterruptedException e) {
            e.printStackTrace();
        }
    }
}
```

26.4　java.net.Socket

HttpClient 类很容易使用，但只能与 HTTP 一起使用。如果需要使用不同的协议（如 telnet 或 SCP）进行通信，则需要使用不同的 API。这些 API 确实存在，但它们不是 Java 类库的一部分。不过，可以使用套接字（socket）编程。

套接字是网络连接的一个端点（endpoint）。套接字使应用程序能够读取和写入网络。驻留在两台不同计算机上的两个软件应用程序，可以在一个连接上发送和接收字节流来彼此通信。要将消息从你的应用程序发送到另一个应用程序，需要知道另一个应用程序所在机器的 IP 地址以及套接字的端口号。在 Java 中，套接字由 **java.net.Socket** 类表示。与 **HttpClient** 相比，**Socket** 属于更低级的 API。

要创建套接字，可以使用 **Socket** 类的多个构造方法之一。其中一个构造方法接收主机名和端口号：

```
public Socket(java.lang.String host, int port)
```

其中，host 是远程计算机名或 IP 地址，port 是远程应用程序的端口号。例如，要在端口 80 连接到 yahoo.com，需要构造以下 **Socket** 对象：

```
new Socket("yahoo.com", 80)
```

一旦成功创建 **Socket** 类的一个实例，就可以用它来发送和接收字节流。要发送字节流，必须首先调用 **Socket** 类的 **getOutputStream** 方法，获得一个 **java.io.OutputStream** 对象。为了将文本发送到远程应用程序，需要用 **OutputStream** 对象构造一个 **java.io.PrintWriter** 对象。要从连接的另一端接收字节流，可以调用 **Socket** 类的 **getInputStream** 方法，该方法会返回 **java.io.InputStream** 对象。

清单 26.4 中的代码使用一个 **Socket** 模拟 HTTP 客户端，它向主机发送 HTTP 请求并显示来自服务器的响应消息。

清单 26.4　一个简单的 HTTP 客户端

```
package app26;
import java.io.BufferedReader;
import java.io.IOException;
import java.io.InputStreamReader;
import java.io.OutputStream;
import java.io.PrintWriter;
import java.net.Socket;

public class SocketDemo1 {
    public static void main(String[] args) {
        String host = "books.brainysoftware.com";
        try {
            Socket socket = new Socket(host, 80);
            OutputStream os = socket.getOutputStream();
            boolean autoflush = true;
            PrintWriter out = new
                    PrintWriter(socket.getOutputStream(),
                    autoflush);
            BufferedReader in = new BufferedReader(
                    new InputStreamReader(socket.getInputStream()));
            // 将一个 HTTP 请求发送到 Web 服务器
            out.println("GET / HTTP/1.1");
            out.println("Host: " + host + ":80");
            out.println("Connection: Close");
            out.println();

            // 读取响应消息
```

```
            boolean loop = true;
            StringBuilder sb = new StringBuilder(8096);
            while (loop) {
                if (in.ready()) {
                    int i = 0;
                    while (i != -1) {
                        i = in.read();
                        sb.append((char) i);
                    }
                    loop = false;
                }
            }

            // 将响应消息显示到 out 控制台
            System.out.println(sb.toString());
            socket.close();
        } catch (IOException e) {
            e.printStackTrace();
        }
    }
}
```

要从 Web 服务器那里获得适当的响应，需要发送一个符合 HTTP 协议的 HTTP 请求。如果已经学习了上一节内容，应该能够理解上面代码中的 HTTP 请求。

26.5　java.net.ServerSocket

Socket 类表示一个"客户端"套接字，即每当要连接到远程服务器应用程序时构造的套接字。现在，如果想实现服务器应用程序，比如 HTTP 服务器或 FTP 服务器，就需要用一种不同的方法。服务器必须一直开着，因为它不知道客户端应用程序何时尝试与它连接。为了让应用程序能够做到这一点，需要使用 **java.net.ServerSocket** 类。**ServerSocket** 是服务器套接字的一个实现。

ServerSocket 与 **Socket** 不同。服务器套接字的作用是等待来自客户端的连接请求。一旦服务器套接字收到连接请求，它就创建一个 **Socket** 实例来处理与客户端的通信。

要创建服务器套接字，需要使用 **ServerSocket** 类提供的 4 个构造方法之一。需要指定服务器套接字将监听的 IP 地址和端口号。通常，IP 地址是 127.0.0.1，这意味着服务器套接字要在本机上监听。服务器套接字监听的 IP 地址称为地址绑定。服务器套接字的另一个重要属性是它的 backlog，它是服务器套接字开始拒绝传入请求之前，传入连接请求的最大队列长度。

ServerSocket 类的一个构造方法的签名如下：

```
public ServerSocket(int port, int backLog,
        InetAddress bindingAddress);
```

注意，对这个构造方法而言，绑定地址必须是 **java.net.InetAddress** 的一个实例。构造 **InetAddress** 对象的一个简单方法是调用它的 **getByName** 静态方法，传递一个包含主机名的 **String**，如下面的代码所示：

```
InetAddress.getByName("127.0.0.1");
```

下面的代码行构造了一个 **ServerSocket**，它监听本地机的 8080 端口。**ServerSocket** 的 backlog 值为 1。

```
new ServerSocket(8080, 1, InetAddress.getByName("127.0.0.1"));
```

一旦有了 **ServerSocket**，就可以让它等待该服务器套接字正在监听的端口上的对绑定地址的传入连接请求。可以调用 **ServerSocket** 类的 **accept** 方法实现这一点。仅当有连接请求时，此方法才返回，且其返回值为 **Socket** 类的一个实例。然后可以使用这个套接字对象发送和接收来自客户端应用程序的字节流，请参见上一节内容。实际上，accept 方法是伴随本章应用程序中使用的唯一方法。

我们将在 26.6 节通过创建一个简单的 Web 服务器应用程序来演示 **ServerSocket** 的用法。

26.6　创建一个 Web 服务器

这个应用程序演示了如何使用 **ServerSocket** 和 **Socket** 类与远程计算机通信。Web 服务器应用程序包含 3 个类，它们都属于 **app26.webserver** 包。这 3 个类是 **HttpServer**、**Request** 和 **Response**。

这个应用程序的入口点是 **HttpServer** 类中的 **main** 方法。该方法创建一个 **HttpServer** 实例，并调用它的 **await** 方法。顾名思义，**await** 方法就是在指定的端口上等待 HTTP 请求，然后处理它们，并将响应发送回客户端。它会一直等待，直至接收到 shutdown（关机）命令为止。

这个应用程序只能发送位于特定目录中的静态资源，如 HTML 文件和图像文件。它还在控制台上显示传入的 HTTP 请求字节流。但是，它不会向浏览器发送任何响应头，例如日期或 Cookie 等。

下面开始讨论这 3 个类。

26.6.1　HttpServer 类

HttpServer 类表示一个 Web 服务器，如清单 26.5 所示。注意：为了节省空间，清单 26.5 中没有包含 **await** 方法（**await** 方法将在清单 26.6 中给出）。

清单 26.5　HttpServer 类

```java
package app26.webserver;
import java.net.Socket;
import java.net.ServerSocket;
import java.net.InetAddress;
import java.io.InputStream;
import java.io.OutputStream;
import java.io.IOException;

public class HttpServer {

    // 定义 shutdown 命令
    private static final String SHUTDOWN_COMMAND = "/SHUTDOWN";

    // 接收 shutdown 命令
    private boolean shutdown = false;

    public static void main(String[] args) {
        HttpServer server = new HttpServer();
        server.await();
```

```
        }

        public void await() {
            ServerSocket serverSocket = null;
            int port = 8080;
            try {
                serverSocket = new ServerSocket(port, 1, InetAddress
                        .getByName("127.0.0.1"));
            } catch (IOException e) {
                e.printStackTrace();
                System.exit(1);
            }
            // 循环等待一个请求
            while (!shutdown) {
                Socket socket = null;
                InputStream input = null;
                OutputStream output = null;
                try {
                    socket = serverSocket.accept();
                    input = socket.getInputStream();
                    output = socket.getOutputStream();
                    // 创建 Request 对象并进行解析
                    Request request = new Request(input);
                    request.parse();

                    // 创建 Response 对象
                    Response response = new Response(output);
                    response.setRequest(request);
                    response.sendStaticResource();

                    // 关闭这个 socket
                    socket.close();

                    // 检查前一个 URI 是否是一个 shutdown 命令
                    shutdown =
                            request.getUri().equals(SHUTDOWN_COMMAND);
                } catch (Exception e) {
                    e.printStackTrace();
                    continue;
                }
            }
        }
    }
```

代码清单包括一个名为 **webroot** 的目录，其中包含一些静态资源，可以使用它们来测试这个应用程序。要请求静态资源，请在浏览器的地址栏输入以下 URL：

```
http://machineName:port/staticResource
```

如果从与运行应用程序的不同机器发送请求，machineName 是运行此应用程序的计算机名或 IP 地址。如果浏览器位于同一台机器上，可以使用 **localhost** 作为机器名称。port 是 8080，staticResource 是请求的文件名，必须驻留在 WEB_ROOT 目录中。

例如，如果用同一台计算机来测试该应用程序，并且希望 **HttpServer** 对象发送 index.html 文件，则使用以下 URL：

```
http://localhost:8080/index.html
```

要停止服务器，可以在浏览器的地址栏或 URL 框中，在 URL 的 **host:port** 部分之后输入预定义的字符串，从而通过 Web 浏览器发送关闭命令。关闭命令由 **HttpServer** 类中的 static final 变量 SHUTDOWN 定义：

```
private static final String SHUTDOWN_COMMAND = "/SHUTDOWN";
```

因此，要停止服务器，可以使用以下 URL：

```
http://localhost:8080/SHUTDOWN
```

现在，让我们来看看清单 26.6 中列出的 **await** 方法。

清单 26.6　HttpServer 类的 await 方法

```
public void await() {
    ServerSocket serverSocket = null;
    int port = 8080;
    try {
        serverSocket = new ServerSocket(port, 1, InetAddress
                .getByName("127.0.0.1"));
    } catch (IOException e) {
        e.printStackTrace();
        System.exit(1);
    }
    // 循环等待一个请求
    while (!shutdown) {
        Socket socket = null;
        InputStream input = null;
        OutputStream output = null;
        try {
            socket = serverSocket.accept();
            input = socket.getInputStream();
            output = socket.getOutputStream();
            // 创建 Request 对象并进行解析
            Request request = new Request(input);
            request.parse();

            // 创建响应对象
            Response response = new Response(output);
            response.setRequest(request);
            response.sendStaticResource();

            // 关闭 socket
            socket.close();

            // 检查前一个 URI 是否为 shutdown 命令
            shutdown = request.getUri().equals(SHUTDOWN_COMMAND);
        } catch (Exception e) {
            e.printStackTrace();
            continue;
```

```
                }
            }
        }
```

方法名使用 **await** 而不是 **wait**，因为 **wait** 是 **java.lang.Object** 类中的一个重要方法，它经常在多线程编程中用到。

await 方法首先创建一个 **ServerSocket** 实例，然后进入一个 **while** 循环。

```
serverSocket =  new ServerSocket(port, 1,
        InetAddress.getByName("127.0.0.1"));
    ...
// 循环等待一个请求
while (!shutdown) {
    ...
}
```

while 循环中的代码在 **ServerSocket** 的 **accept** 方法处停止，该方法将被阻塞，直到在端口 8080 上接收到一个 HTTP 请求：

```
socket = serverSocket.accept();
```

在接收到一个请求后，**await** 方法从 **accept** 方法返回的 **Socket** 对象上获得一个 **java.io.InputStream** 和一个 **java.io.OutputStream** 对象：

```
input = socket.getInputStream();
output = socket.getOutputStream();
```

然后 **await** 方法创建一个 **Request** 并调用它的 **parse** 方法解析 HTTP 请求原始数据：

```
// 创建 Request 对象并进行解析
Request request = new Request(input);
request.parse();
```

接下来，**await** 方法创建一个 **Response**，并将 **Request** 对象传递给它；然后，调用它的 **sendStaticResource** 方法：

```
// 创建 Response 对象
Response response = new Response(output);
response.setRequest(request);
response.sendStaticResource();
```

最后，**await** 方法关闭 **Socket**，并调用 **Request** 的 **getUri** 方法，以便查看 HTTP 请求的 URI 是否是一个关闭命令，如果是，则将 **shutdown** 变量设置为 **true**，程序退出 **while** 循环：

```
// 关闭 socket
socket.close();

// 检查前一个 URI 是否是一条 shutdown 命令
shutdown = request.getUri().equals(SHUTDOWN_COMMAND);
```

26.6.2　Request 类

Request 类表示一个 HTTP 请求，通过传递一个从处理与客户端通信的 **Socket** 对象那里获取的 **java.io.InputStream** 对象，构造该类的一个实例。调用 **InputStream** 对象上的一个 **read**

方法来获取 HTTP 请求原始数据。

清单 26.7 中提供了 **Request** 类，它有两个 public 方法：**parse** 和 **getUri**。

清单 26.7　Request 类

```
package app26.webserver;
import java.io.InputStream;
import java.io.IOException;

public class Request {
    private InputStream input;
    private String uri;

    public Request(InputStream input) {
        this.input = input;
    }
    public void parse() {
        ...
    }

    private String parseUri(String requestString) {
        ...
    }

    public String getUri() {
        return uri;
    }
}
```

parse 方法解析 HTTP 请求中的原始数据。这个方法做的工作不多。它提供的唯一信息是通过调用 private 方法 **parseUri** 获得的 HTTP 请求的 URI。**parseUri** 将 URI 存储在 **uri** 变量中。调用 public 方法 **getUri**，可以返回 HTTP 请求的 URI。

要想理解 **parse** 和 **parseUri** 的工作原理，需要了解 HTTP 请求结构（见 26.2 节）。在本节中，我们只关注 HTTP 请求的第一部分，即请求行。请求行以方法名开头，然后是请求 URI 和协议版本，最后是回车换行符（CRLF）。一个请求行中的元素由空格字符分隔。例如，使用 GET 方法请求 index.html 文件的请求行如下：

```
GET /index.html HTTP/1.1
```

parse 方法从传递给 **Request** 的套接字的 **InputStream** 读取整个字节流，并将字节数组存储在一个缓冲区中。然后，它使用缓冲区字节数组中的字节，填入一个名为 **request** 的 **StringBuilder**，并将 **StringBuilder** 的字符串形式传递给 **parseUri** 方法。

清单 26.8 给出了 **parse** 方法。

清单 26.8　Request 类的 parse 方法

```
public void parse() {
    // 从 socket 读取一组字符
    StringBuilder request = new StringBuilder(2048);
    int i;
    byte[] buffer = new byte[2048];
    try {
        i = input.read(buffer);
```

```
    } catch (IOException e) {
        e.printStackTrace();
        i = -1;
    }
    for (int j = 0; j < i; j++) {
        request.append((char) buffer[j]);
    }
    System.out.print(request.toString());
    uri = parseUri(request.toString());
}
```

然后 **parseUri** 方法从请求行获取 URI。清单 26.9 给出了 **parseUri** 方法，这个方法在请求中搜索第一个和第二个空格，并从中获取 URI。

清单 26.9   Request 类的 parseUri 方法

```
private String parseUri(String requestString) {
    int index1 = requestString.indexOf(' ');
    int index2;
    if (index1 != -1) {
        index2 = requestString.indexOf(' ', index1 + 1);
        if (index2 > index1) {
            return requestString.substring(index1 + 1, index2);
        }
    }
    return null;
}
```

26.6.3 Response 类

Response 类表示一个 HTTP 响应，如清单 26.10 所示。

清单 26.10   Response 类

```
package app26.webserver;
import java.io.OutputStream;
import java.io.IOException;
import java.io.InputStream;
import java.nio.file.Files;
import java.nio.file.Path;
import java.nio.file.Paths;

/*
HTTP Response =
Status-Line (( general-header | response-header | entity-header ) CRLF)
CRLF
[ message-body ]
Status-Line = HTTP-Version SP Status-Code SP Reason-Phrase CRLF
*/

public class Response {

    private static final int BUFFER_SIZE = 1024;
    Request request;
```

```
        OutputStream output;

        public Response(OutputStream output) {
            this.output = output;
        }

        public void setRequest(Request request) {
            this.request = request;
        }

        public void sendStaticResource() throws IOException {
            byte[] bytes = new byte[BUFFER_SIZE];
            Path path = Paths.get(System.getProperty("user.dir"),
                    "webroot", request.getUri());
            if (Files.exists(path)) {
                try (InputStream inputStream =
                            Files.newInputStream(path)) {
                    int ch = inputStream.read(bytes, 0, BUFFER_SIZE);
                    while (ch != -1) {
                        output.write(bytes, 0, ch);
                        ch = inputStream.read(bytes, 0, BUFFER_SIZE);
                    }
                } catch (IOException e) {
                    e.printStackTrace();
                }
            } else {
                // 没有找到文件
                String errorMessage = "HTTP/1.1 404 File Not Found\r\n"
                        + "Content-Type: text/html\r\n"
                        + "Content-Length: 23\r\n" + "\r\n"
                        + "<h1>File Not Found</h1>";
                output.write(errorMessage.getBytes());
            }
        }
    }
```

注意，**Response** 类的构造方法接收一个 **java.io.OutputStream** 对象：

```
public Response(OutputStream output) {
    this.output = output;
}
```

Response 对象是由 **HttpServer** 类的 **await** 方法通过传递从套接字获得的 **OutputStream** 对象而构造的。

Response 类有两个 public 方法：**setRequest** 和 **sendStaticResource** 方法。**setRequest** 方法用于将 **Request** 对象传递给 **Response** 对象。

sendStaticResource 用于发送一个静态资源，比如 HTML 文件。首先它创建一个指向用户目录下 **webroot** 目录中资源的 **Path**：

```
Path path = Paths.get(System.getProperty("user.dir"),
        "webroot", request.getUri());
```

然后，它会测试该资源是否存在。如果存在，**sendStaticResource** 就会调用 **Files.newInputStream**

从而得到一个连接到资源文件的 **InputStream**。之后，它会调用 **InputStream** 的 **read** 方法，并将字节数组写到 **OutputStream** 的 output 中。注意，在本例中，静态资源的内容作为原始数据发送到浏览器。

```java
if (Files.exists(path)) {
    try (InputStream inputStream =
            Files.newInputStream(path)) {
        int ch = inputStream.read(bytes, 0, BUFFER_SIZE);
        while (ch != -1) {
            output.write(bytes, 0, ch);
            ch = inputStream.read(bytes, 0, BUFFER_SIZE);
        }
    } catch (IOException e) {
        e.printStackTrace();
    }
}
```

如果该资源不存在，**sendStaticResource** 将向浏览器发送一条错误消息：

```java
String errorMessage = "HTTP/1.1 404 File Not Found\r\n"+
    "Content-Type: text/html\r\n"+
    "Content-Length: 23\r\n" + "\r\n"+
    "<h1>File Not Found</h1>";
output.write(errorMessage.getBytes());
```

26.6.4　运行应用程序

从工作目录运行应用程序，请输入以下命令：

```
java app26.webserver.HttpServer
```

要测试该应用程序，请打开浏览器并在 URL 或地址框中输入：

```
http://localhost:8080/index.html
```

读者将在浏览器中看到 **index.html** 页面，如图 26.2 所示。

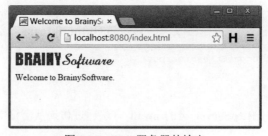

图 26.2　Web 服务器的输出

在控制台上可以看到类似以下内容的 HTTP 请求：

```
GET /index.html HTTP/1.1
Accept: image/gif, image/x-xbitmap, image/jpeg, image/pjpeg,
        application/vnd.ms-excel, application/msword,application/vnd.ms-
        powerpoint,application/x-shockwave-flash, application/pdf, */*
Accept-Language: en-us
Accept-Encoding: gzip, deflate
```

```
User-Agent: Mozilla/5.0 (Macintosh; U; Intel Mac OS X 10.5; en-US;
      rv:1.9.2.6) Gecko/20100625 Firefox/3.6.6
Host: localhost:8080
Connection: Keep-Alive

GET /images/logo.gif HTTP/1.1
Accept: */*
Referer: http://localhost:8080/index.html
Accept-Language: en-us
Accept-Encoding: gzip, deflate
User-Agent: Mozilla/5.0 (Macintosh; U; Intel Mac OS X 10.5; en-US;
      rv:1.9.2.6) Gecko/20100625 Firefox/3.6.6
Host: localhost:8080
Connection: Keep-Alive
```

注意 这个简单的 Web 服务器应用程序摘自我的另一本书 *How Tomcat Works: A Guide to Developing Your Own Java Servlet Container*。有关 Web 服务器和 Servlet 容器工作原理的详细讨论，请参阅此书。

26.7 小结

随着互联网的出现，计算机网络已成为当今人们生活不可或缺的一部分。Java 使网络编程变得简单。本章讨论了 **java.net** 和 **java.net.http** 包的比较重要的类型，包括 **HttpClient**、**HttpRequest**、**HttpResponse**、**Socket** 和 **ServerSocket** 等。本章的最后一节介绍了一个简单的 Web 服务器，它演示了 **Socket** 和 **ServerSocket** 的使用。

习题

1. 为什么在计算机网络中有好几层协议？
2. 一个 URL 由哪几部分组成？
3. 表示 HTTP 请求的类是什么？
4. 套接字是什么？
5. 套接字和服务器套接字之间的区别是什么？

第 27 章

安全

互联网在给我们带来诸多便利的同时，也带来了病毒、间谍软件和其他恶意的程序。恶意程序一旦运行，就可能做任何事情进行破坏，包括通过互联网把读者的机密文件发送出去、残忍地删除硬盘上的数据等。如果所有应用程序都是用 Java 编写的，那么就不必那么担心了。

Java 的设计考虑到了安全性，Java 安全的目标针对以下两类人。

（1）Java 用户，也就是运行 Java 应用程序的人。至少，使用 Java 可以让人安心。但是，正如稍后将看到的，Java 用户需要了解 Java 的安全特性，以便配置安全环境。

（2）Java 开发者，可以使用 Java API 将细粒度的安全特性包含到应用程序中，比如安全检查和加密。

在本章中，我们主要讨论下面两大 Java 安全主题。

（1）限制 Java 应用程序的运行。

（2）加密，也就是对消息和 Java 代码进行加密和解密。

本章首先概述 Java 的安全特性。这部分讨论了如何保护 Java 应用程序，以及这一般是如何实现的。之后，重点讨论在互联网上广泛使用的非对称加密技术（asymmetric cryptography）。密码学的直接和实际应用是对代码进行数字签名，本章末尾也给出了一个例子。

27.1 Java 安全概述

人们说 Java 是安全的，并不意味着它就自动安全。通常，运行 Java 应用程序是不安全的，因为它运行在不受限制的环境中。这意味着，恶意 Java 程序可能对它的环境做任何事情，包括删除读者所有的宝贵数据。它可以做任何事情，因为在默认情况下，当运行一个应用程序时，就给了它做任何事情的权限。

要对程序施加限制，必须使用安全管理器（security manager）运行应用程序，它是一个 Java 组件，负责限制对系统资源的访问。如果安全管理器处于打开状态时，将取消所有权限。

Java 的安全模型传统上称为沙箱（sandbox）模型。沙箱的概念是，作为 Java 应用程序的用户，可以将运行的应用程序限制在某个"游戏场"内运行。这意味着，用户可以指定应用程序能做什么，不能做什么，特别是在读/写文件、访问网络等方面。

启用安全管理器后，Java 应用程序就受到很大限制，因为不允许它访问系统资源。例如，它不能读写文件，不能建立到网络的连接或读取系统属性。读者仍然可以编写实现这些功能的方法，但是当读者的应用程序在打开安全管理器的情况下运行时，应用程序将受到限制。

由于大多数应用程序都无法在这种非常受限的情况下正常运行，因此需要通过授予应用程序一些权限来放松一些限制。例如，可以允许应用程序读取文件，但不能删除它们；或者，可以授予应用程序访问网络的权限，但禁止它执行输入/输出操作。告诉安全管理器允许哪些权限的方法是传递一个策略文件（policy file）。策略文件是一个文本文件，因此不需要编程就可以为安全管理器配置安全设置。

27.2　使用安全管理器

要使用安全管理器运行 Java 应用程序，请使用**-D** 选项执行程序：

```
java -Djava.security.manager MyClass arguments
```

以这种方式执行的应用程序将在安全管理器的监视下运行，并且没有上一节讨论的任何权限。可以通过告诉安全管理器你愿意放松哪些权限，来授予应用程序执行其他受限操作的权限。可以通过编写一个策略文件来实现这一点。策略文件是带 **policy** 扩展名的文本文件，其中列出了授予应用程序的所有权限。可以使用文本编辑器创建和编辑策略文件。

下面是将策略文件传递给 **java** 工具的语法：

```
java -Djava.security.manager -Djava.security.policy=policyFile
       MyClass arguments
```

其中，policyFile 是策略文件的路径，MyClass 是要执行的 Java 类，arguments 是 Java 类的参数列表。

如果使用了**-Djava.security.manager** 执行 **java** 程序，但没有使用**-Djava.security.policy**，那么就使用默认策略文件。默认策略文件在**${java.home}/lib/security** 目录下的安全属性文件（**java.security** 文件）中指定，其中**${java.home}**是 JRE 的安装目录。[①]

安全属性文件指定与安全相关的设置，如策略文件、提供者包名称、是否允许属性文件扩展等。

要将策略文件添加到安全属性文件中，使用 **policy.url.*n*** 属性名称，其中 *n* 是一个数字。例如，下面的代码设置了一个名为 **myApp.policy** 的策略文件，它位于 **C:\user** 目录中（在 Windows 下）：

```
policy.url.3=file:/C:/user/myApp.policy
```

下面的代码设置了**/home/userX** 目录下的策略文件 **myApp.policy**：

```
policy.url.3=file:/home/userX/myApp.policy
```

27.3　策略文件

策略配置文件（或简称策略文件）包含一个条目列表，它可以包含一个可选的 **keystore** 条目和任意数量的 **grant** 条目。清单 27.1 给出了默认策略文件 **java.policy** 的内容，可以在 **${java.home}/lib/security** 下找到这个文件。它有两个 **grant** 条目，没有 **keystore** 条目。注意，以//开头的行是注释。

---

① 在 Java 11 中，默认策略文件和安全属性文件保存在${java.home}/conf/security 目录中。——译者注

清单 27.1　默认的策略文件

```
// Standard extensions get all permissions by default
grant codeBase "file:${{java.ext.dirs}}/*" {
        permission java.security.AllPermission;
};

// default permissions granted to all domains
grant {
    // Allows any thread to stop itself using the
    // java.lang.Thread.stop() method that takes no argument.
    // Note that this permission is granted by default only to
    // remain backwards compatible.
    // It is strongly recommended that you either remove this
    // permission from this policy file or further restrict it to
    // code sources that you specify, because Thread.stop() is
    // potentially unsafe.
    // See the API specification of java.lang.Thread.stop() for more
    // information.
    permission java.lang.RuntimePermission "stopThread";

    // allows anyone to listen on dynamic ports
    permission java.net.SocketPermission "localhost:0", "listen";

    // "standard" properies that can be read by anyone
    permission java.util.PropertyPermission "java.version", "read";
    permission java.util.PropertyPermission "java.vendor", "read";
    permission java.util.PropertyPermission "java.vendor.url","read";
    permission java.util.PropertyPermission "java.class.version","read";
    permission java.util.PropertyPermission "os.name", "read";
    permission java.util.PropertyPermission "os.version", "read";
    permission java.util.PropertyPermission "os.arch", "read";
    permission java.util.PropertyPermission "file.separator","read";
    permission java.util.PropertyPermission "path.separator","read";
    permission java.util.PropertyPermission "line.separator","read";

    permission java.util.PropertyPermission
        "java.specification.version", "read";
    permission java.util.PropertyPermission
        "java.specification.vendor", "read";
    permission java.util.PropertyPermission
        "java.specification.name", "read";

    permission java.util.PropertyPermission
        "java.vm.specification.version", "read";
    permission java.util.PropertyPermission
        "java.vm.specification.vendor", "read";
    permission java.util.PropertyPermission
        "java.vm.specification.name", "read";
    permission java.util.PropertyPermission "java.vm.version","read";
    permission java.util.PropertyPermission "java.vm.vendor","read";
    permission java.util.PropertyPermission "java.vm.name", "read";
};
```

默认策略文件列出用它运行安全管理器时所允许的操作。例如，最后几行指定读取系统属性的权限。允许读取 **java.version** 和 **java.verdor** 系统属性，但是不允许读取其他系统属性，比如 **user.dir**。因此，默认策略限制很严格。在大多数情况下，都希望编写一个策略文件，为应用程序提供更大的操作空间。

本节后面的内容将讨论 **keystore** 和 **grant** 条目，它教我们如何编写自己的策略文件。

27.3.1　keystore

这个条目指定一个密钥库（keystore），该密钥库存储私钥和相关证书。密钥库将在 27.6 节中讨论。

27.3.2　grant

grant 条目包含一个或多个权限条目，前面有可选的 **codeBase**、**signedBy** 和 **principle** 名/值对，它们指定要授予哪些代码权限。**grant** 条目的语法如下：

```
grant [signedBy "signerNames"], [codeBase "URL"],
  [ principal principal_class_name_1 "principal_name_1",
    principal principal_class_name_2 "principal_name_2",
    ...
    principal principal_class_name_n principal_name_n
  ]
{
  permission permission_class_name_1 "target_name_1", "action_1",
      signedBy "signer_name_1"
  permission permission_class_name_2 "target_name_2", "action_2",
      signedBy "signer_name_2"
    ...
  permission permission_class_name_n "target_name_n", "action_n",
      signedBy "signer_name_n"
}
```

signedBy、**codeBase** 和 **principal** 值的顺序并不重要。**codeBase** 值表示要授予权限的源代码的 URL。空 **codeBase** 表示任何代码。例如，下面的 **grant** 条目将与 **java.security.AllPermission** 类相关的权限授予用 **java.ext.dir** 目录值所表示的目录：

```
grant codeBase "file:${{java.ext.dirs}}/*" {
    permission java.security.AllPermission;
};
```

signedBy 条目表明存储在密钥库中的证书的别名。除非读者已经阅读并理解了关于 Java 密码学一节的内容，否则这种解释可能没有意义。因此，读完整章之后，可随时再重新阅读这一节。

principal 值指定一个 className/principalName 对，这个名/值对必须出现在执行线程 principal 集中。同样，在理解了 Java 密码学的概念之后，再来重新阅读本节内容。

现在，请注意一个 **grant** 条目由一个或多个 **permission** 条目组成。每个条目规定一种允许应用程序执行的权限类型，例如，下面的权限条目规定应用程序可以读取 **java.vm.name** 系统属性的值：

```
permission java.util.PropertyPermission "java.vm.name", "read";
```

权限条目的相关内容参见 27.4 节。

27.4 权限

权限（permission）用 **java.security.Permission** 类表示，它是一个抽象类。它的子类表示不同类型的系统资源的访问权限。例如，**java.io.FilePermission** 类表示对文件的读写权限。

策略文件中的权限条目具有以下语法：

```
permission permissionClassName target action
```

参数 permissionClassName 用于指定与特定权限对应的权限类型，例如，文件操作权限用 **java.io.FilePermission** 类表示； target 参数用于指定权限的目标。有些权限类型需要目标，有些则不需要；参数 action 用于指定与此权限关联的操作类型。

例如，考虑以下权限条目：

```
permission java.util.PropertyPermission "os.name", "read";
```

权限类 **java.util.PropertyPermission** 与读写系统属性有关。"os.name"目标指定系统属性 **os.name**，"read"指定操作。该权限条目表示允许应用程序读取 **os.name** 系统属性。

下面描述 Java 中的每种标准权限类。

27.4.1 java.io.FilePermission

该类表示读取、写入、删除和执行文件的权限。该类的构造方法带两个参数：一个目标和一个操作。

```
public FilePermission(java.lang.String path, java.lang.String actions)
```

其中 path 参数包含文件或目录的名称。字符串中不能有空格。可以使用星号表示目录中的所有文件，并使用连字符递归地表示目录的内容。表 27-1 列出了一些例子及其说明。

actions 参数描述了一种可能的操作，它的值是如下之一：**read**、**write**、**delete** 和 **execute**，也可以使用这 4 种操作的组合。例如，"read,write"表示对目标文件或目录的读取和写入权限。

表 27-1 FilePerssion 目标示例

目标	说明
myFile	当前目录中的 myFile 文件
myDirectory	当前目录中的 myDirectory 目录
myDirectory/	当前目录中的 myDirectory 目录
myDirectory/*	myDirectory 目录中的所有文件
myDirectory/-	myDirectory 目录以及 myDirectory 的直接和间接目录下的所有文件
*	当前目录下的所有文件
-	当前目录下的所有文件
<<ALL FILES>>	这是一个特殊的字符串，它表示系统中的所有文件

> **注意** 在 Windows 中使用反斜杠（\）作为目录分隔符。因此，**C:\\temp*** 表示 **C:\temp** 目录下的所有文件。这里需要转义反斜杠字符。

27.4.2 java.security.BasicPermission

BasicPermission 类是 **Permission** 的子类。它被用作"已命名"权限（即不包含任何操作的权限）的基类。其子类包括 **java.lang.RuntimePermission**、**java.security.SecurityPermission**、**java.util.PropertyPermission** 和 **java.net.NetPermission** 等。

27.4.3 java.util.PropertyPermission

PropertyPermission 类表示读取特定系统属性（使用 **java.lang.System** 的 **getProperty** 方法）和更改特定属性值（调用 **java.lang.System** 的 **setProperty** 方法）的权限。此权限的目标是 Java 属性的名称，例如"java.home"和"user.dir"。可以使用星号（*）表示任何属性或替换属性名称的一部分。换句话说，"user.*"表示其名称前缀为"user."的所有属性。

27.4.4 java.net.SocketPermission

这个权限表示通过套接字访问网络。此权限的目标具有以下语法：

```
hostName:portRange
```

这里，hostname 可以表示单个主机、一个 IP 地址、localhost、空字符串（与 localhost 相同）、hostname.domain、hostname.subDomain.domain、*.domain（指定域中的所有主机）、*.subDomain.domain 以及*（所有主机）。

portRange 可以表示为单个端口、**N-**（所有编号为 N 及以上的端口）、**-N**（所有编号为 N 及以下的端口）和 **N1-N2**（N1 到 N2 之间的所有端口，含 N1 和 N2）。端口号必须是介于 0 和 65535 之间的数（包含 0 和 65535）。

action 的可能值是 **accept**、**connect**、**listen** 和 **resolve**。注意，前 3 个值也隐含了 **resolve**。

27.4.5 java.security.UnresolvedPermission

这个类表示当 Policy 被初始化时尚未解析的权限，即当这个策略初始化时，其 **Permission** 类尚不存在。

27.4.6 java.security.RuntimePermission

RuntimePermission 类表示一种运行时权限，它不需要 action 就可以使用，并且 target 可以是以下内容之一（所有名字都是自解释的）：

```
createClassLoader
getClassLoader
```

```
setContextClassLoader
setSecurityManager
createSecurityManager
exitVM
setFactory
setIO
modifyThread
modifyThreadGroup
stopThread
getProtectionDomain
readFileDescriptor
writeFileDescriptor
loadLibrary.{libraryName}
accessClassInPackage.{packageName}
defineClassInPackage.{packageName}
accessDeclaredMembers.{className}
queuePrintJob
```

27.4.7　java.net.NetPermission

使用这个权限时也是没有 action 的，其可能的 target 包括：

```
requestPasswordAuthentication
setDefaultAuthenticator
specifyStreamHandler
```

27.4.8　java.lang.reflect.ReflectPermission

这个权限与反射操作有关，没有 action。只定义了一个名称：**suppressAccessChecks**，它用于表示阻止对 public、默认的、protected 或 private 成员进行标准 Java 语言访问检查的权限。

27.4.9　java.io.SerializablePermission

这个权限没有 action，其 target 为以下任意一个：

```
enableSubclassImplementation
enableSubstitution
```

27.4.10　java.security.SecurityPermission

SecurityPermission 类表示访问与安全相关对象的权限，如 Identity、Policy、Provider、Security 以及 Signer。使用这个权限时不用 action，以下是它可能的 target 值。

```
setIdentityPublicKey
setIdentityInfo
printIdentity
addIdentityCertificate
removeIdentityCertificate
getPolicy
```

```
setPolicy
getProperty.{key}
setProperty.{key}
insertProvider.{providerName}
removeProvider.{providerName}
setSystemScope
clearProviderProperties.{providerName}
putProviderProperty.{providerName}
removeProviderProperty.{providerName}
getSignerPrivateKey
setSignerKeyPair
```

27.4.11　java.security.AllPermission

这个权限是用来表示所有权限的一个快捷方式。

27.4.12　javax.security.auth.AuthPermission

这个权限表示身份验证权限和与身份验证相关的对象，如 **Configuration**、**LoginContext**、**Subject** 和 **SubjectDomainCombiner** 等。这个类不需要 action 就可以使用，它的 target 可以是以下内容之一：

```
doAs
doAsPrivileged
getSubject
getSubjectFromDomainCombiner
setReadOnly
modifyPrincipals
modifyPublicCredentials
modifyPrivateCredentials
refreshCredential
destroyCredential
createLoginContext.{name}
getLoginConfiguration
setLoginConfiguration
refreshLoginConfiguration
```

27.5　安全编程

用户可以在打开安全管理器的情况下运行应用程序。如果在读者的代码中不做任何检查，应用程序可能就会抛出一个安全异常，并意外退出。

为了让安全管理器知道应用程序，须特别注意那些可能抛出 **java.lang.SecurityException** 异常的方法。例如，**java.nio.file.Files** 类的 **delete** 方法可用来删除一个文件，它的签名如下：

```
public static void delete(Path path) throws java.io.IOException
```

然而，如果仔细阅读 Javadoc 中对该方法的描述，会看到以下内容：

Throws:
SecurityException - In the case of the default provider, and a security manager
   is installed, the SecurityManager.checkDelete(String) method is invoked to
   check delete access to the file.

这表明，**Files.delete** 方法可能受到安全管理器的限制。如果用户使用安全管理器运行应用程序，这个安全管理器不允许执行 **Files.delete** 操作，那么程序将崩溃。为了避免这种突然退出，可以用一个 **try** 块将代码括起来，该 **try** 块捕获 **SecurityException** 异常，例如：

```
try {
    Path file = Paths.get(filename);
    Files.delete(file);
} catch (IOException e) {
} catch (SecurityException e) {
    System.err.println("You do not have permission to " +
            "delete the file.");
}
```

27.6 加密概述

一直以来，我们总是需要安全的通信通道，即消息是安全的，即使其他人能够访问到它们，他们也无法理解，并且不能篡改这些消息。

从历史上看，密码学（cryptography）只关注加密和解密，在加密和解密中，交换消息的双方都可以放心，只有他们才能读取消息。起初，人们使用对称加密技术对消息进行加密和解密。在对称加密技术中，使用同一把密钥对消息进行加密和解密。下面是一种非常简单的加密/解密技术。当然，今天的加密技术比这个例子高级多了。

假设加密方法使用一个秘密数字向前移动字母表中的每个字符。这样，如果这个秘密数字是 2，那么"ThisFriday"加密后将变成"VjkuHtkfca"。当到达字母表的末尾时，再从头开始，因此 y 变成了 a。接收者知道密钥是 2，就可以很容易地解密这条消息。

然而，对称加密要求双方都要事先知道加密/解密的密钥。由于以下原因，对称加密技术不适合在互联网中使用。

（1）交换消息的两个人常常互不认识。例如，当读者在亚马逊网站购买一本书时，需要发送读者的个人信息和信用卡信息。如果使用对称加密技术，读者必须在交易之前给亚马逊网站打电话，就所使用的密钥达成一致。

（2）每个人都希望能够与其他许多人进行通信。如果使用对称加密技术，每个人都必须为不同的人维护不同的唯一密钥。

（3）因为读者不认识将要与之通信的实体，所以需要确保他们真正是他们声称的那些人。

（4）互联网上的消息是通过许多不同的计算机传递的。因此，窃取别人的信息相当容易。对称加密技术无法保证数据不被第三方篡改。

因此，今天互联网上的安全通信使用非对称加密技术，它提供了以下 3 个特性。

（1）加密/解密。消息被加密，是对第三方隐藏消息。只有预期的接收者才能解密这些消息。

（2）身份验证。验证一个实体是否是它所声称的那个实体。

（3）数据完整性。通过互联网发送的信息经过了许多计算机。必须确保发送的数据保持不变和完整。

在非对称加密技术中，使用公钥加密。在这种加密方法中，数据加密和解密使用一对非对称密钥实现：公钥和私钥。私钥是私有的，所有人都必须把它放在安全的地方，并且它不应该落入其他任何人的手中。公钥将被分发给公众，通常任何人都可以下载公钥，以便与密钥所有者进行通信。可以使用工具生成公钥和私钥对。本章稍后将讨论这些工具。

公钥加密的美妙之处在于：使用公钥加密的数据只能使用对应的私钥解密；同时，使用私钥加密的数据只能使用对应的公钥解密。这个优雅的算法基于非常大的质数，是由麻省理工学院的 Ron Rivest、Adi Shamir 和 Len Adleman 于 1977 年发明的。他们将该算法简单地称为 RSA 算法，这是取自 3 个人姓的首字母。

RSA 已被证明是互联网上一种非常实用的算法，尤其是在电子商务应用中，只有卖家需要一对能够与其所有买家通信的密钥，买家根本不需要任何密钥。

公钥加密通常使用两个人（名为 Bob 和 Alice）来说明其工作原理。

27.6.1　加密/解密

希望交换消息的双方之一必须有一对密钥。假设 Alice 想和 Bob 通信，而 Bob 有一个公钥和一个私钥。Bob 需将他的公钥发送给 Alice，Alice 使用得到的公钥加密给 Bob 的消息。只有 Bob 可以解密这些加密的消息，因为他拥有对应的私钥。Bob 要向 Alice 发送一条消息，需使用他的私钥对其加密，然后 Alice 使用 Bob 的公钥对其解密。

但是，除非 Bob 能够亲自与 Alice 见面，并把他的公钥交给 Alice，否则这种方法还远不够完美。拥有一对密钥的任何人都可以声称他是 Bob，而 Alice 没有办法查证其真伪。在互联网上，需要交换信息的两个人常常住在地球的另一端，见面通常是不太可能的。

27.6.2　身份验证

在 SSL 中，身份验证是通过引入证书（certificate）来解决的。证书包含：一个公钥、关于该主题的信息（即公钥的所有者）、证书发放者的名字以及时间戳——使证书在经过一定的时间之后过期。

证书的关键之处在于，它必须由可信任的证书颁发者（如 VeriSign 或 Thawte）进行数字签名。要对一个电子文件（文档、Java jar 文件等）进行数字签名，需要将签名添加到文档/文件中。原始文件不用加密，签名的真正目的是确保文档/文件没有被篡改。给文档签名涉及创建文档摘要（digest），也涉及使用签名者的私钥加密摘要。要检查文档是否仍然处于原始状态，可以执行以下 3 个步骤。

（1）使用签名者的公钥解密文档附带的摘要。读者将很快知道，可信证书颁发者的公钥是广泛可用的。

（2）创建文档的摘要。

（3）比较步骤（1）和步骤（2）的结果，如果两者匹配，则文件为原始文件。

这种身份验证方法之所以有效，是因为只有私钥的持有者才能加密文档摘要，而该摘要只能使用对应的公钥才能解密。假设读者相信读者持有的是原始的公钥，那么读者就知道文件没有被更改过。

注意　由于证书可以由可信任的证书颁发者进行数字签名，因此人们使它们的证书公开可用，而不是使他们的公钥公开可用。

有多个证书颁发机构，包括 VeriSign 和 Thawte。证书颁发者有一对公钥和私钥。要申请证书，Bob 必须生成一对密钥，并将他的公钥发送给证书颁发者，之后，颁发者会要求 Bob 发送一份护照或其他类型的身份验证文件，对 Bob 进行身份验证。验证了 Bob 之后，证书颁发者将使用其私钥签名证书。"签名"的意思就是加密。因此，只能使用证书颁发者的公钥来读取证书。证书颁发者的公钥是广泛分布的。例如，Chrome、Edge、Firefox 和其他浏览器，在默认情况下就包含多个证书颁发者的公钥。

例如，在 Chrome 中，单击浏览器工具栏上的 Chrome 菜单→Settings（设置）→advanced setting（高级）→ Manage certificates（管理证书）。然后，单击 Trusted Root Certification Authorities（受信任的根证书颁发机构）选项卡，查看证书列表（见图 27.1）。

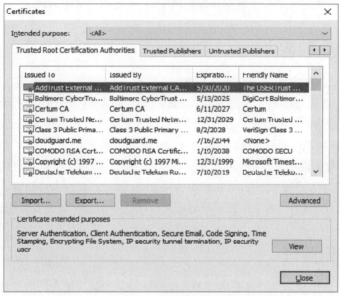

图 27.1　在 Chrome 中嵌入公钥的证书颁发者

现在，有了证书，Bob 在与对方交换消息之前分发证书，而不是他的公钥。

工作原理如下：

（1）A->B　嗨，Bob，我想和你谈谈，但首先我要确定你真的是 Bob 本人。

（2）B->A　可以理解，这是我的证书。

（3）A->B　这还不够，我还需要你其他的身份证明。

（4）B->A　Alice，真的是我 +[用 Bob 的私钥加密的消息摘要]

在 Bob 给 Alice 的最后一条消息中，使用 Bob 的私钥对消息进行了签名，以使 Alice 相信消息是真实的。这就是验证的过程。Alice 联系 Bob，Bob 将他的证书发送给 Alice，但是仅凭证书是不够的，因为任何人都可以获得 Bob 的证书。请记住，Bob 会将他的证书发送给任何想与他交换消息的人。因此，Bob 向她发送一条消息（"Alice，真的是我"）以及用他的私钥对该消息加密了的摘要。

Alice 从证书中获取 Bob 的公钥。她可以这样做，因为证书是使用证书颁发者的私钥签名的，而 Alice 可以访问证书颁发者的公钥（她的浏览器保存了一份公钥的副本）。现在，她还获得了一条消息和使用 Bob 的私钥加密的摘要。Alice 所需要做的只是提取消息的摘要，并将其与 Bob 发送的解密过的摘要进行比较。Alice 拥有 Bob 的公钥，所以 Alice 可以对它进行解密，因为它是使用 Bob 的私钥加密的。如果两者匹配，Alice 就能确定对方就是 Bob。

验证完 Bob 之后，Alice 要做的第一件事就是发送一个私钥，该密钥将用于后续的消息交换。没错，一旦建立了安全通道，SSL 就使用对称加密，因为它比非对称加密快得多。

现在，这里还少一样东西。互联网上传送的消息要经过许多计算机，任何人都可以在中途截获这些消息，那如何确保这些消息的完整性呢？

27.6.3 数据完整性

Mallet，一个怀有恶意的家伙，可能处于 Alice 和 Bob 之间，试图破译他们发送的消息。遗憾的是，尽管他可以复制这些消息，但消息都是经过加密的，而 Mallet 不知道密钥。但 Mallet 仍然可以破坏这些消息，或者不转发其中的某些消息。为了解决这个问题，SSL 引入了报文认证码（Message Authentication Code，MAC）。MAC 是一些使用密钥计算的数据和一些传输数据。由于 Mallet 不知道密钥，因此他不能为摘要计算正确的值。因此，消息接收者会发现是否有人试图篡改数据，或者数据是否不完整。如果发生这种情况，双方可以停止通信。

MD5 是消息摘要算法之一，它也是由 RSA 发明的，且非常安全。例如，如果采用 128 位的 MAC 值，怀有恶意之徒猜出正确值的概率大约是 18446744073709551616 分之一，实际上是不可能的。

27.6.4 SSL 的工作原理

了解了 SSL 如何处理加密/解密、身份验证和数据完整性问题，让我们再来回顾一下 SSL 的工作原理。这次，我们以 Amazon（代替 Bob）和一个买家（代替 Alice）为例。与任何其他真正的电子商务供应商一样，Amazon 也向某个可信的证书颁发机构申请了一份证书。若买家正在使用 Chrome 浏览器，游览器也嵌入了可信任的证书颁发机构的公钥。买家实际上不需要知道 SSL 是如何工作的，也不需要拥有公钥或私钥。他只需要确保一件事：当输入重要信息时，例如信用卡号码，所使用的协议是 HTTPS，而不是 HTTP。协议必须显示在 URL 地址框中，因此它必须以 https 开头。

当买家进入一个安全页面时（完成购物时），他的浏览器和亚马逊服务器之间在后台依次发生了以下事件。

浏览器：你真的是亚马逊官网（此处实际显示网址链接）吗？

服务器：是的，这是我的证书。

然后，浏览器使用证书颁发者的公钥对证书进行解密，验证证书的有效性。如果出现错误，比如证书已经过期，浏览器就会警告用户。如果用户同意在证书过期后继续，浏览器将继续。

浏览器：仅凭证书是不够的，请再发送一些其他证明材料。

服务器：我真的是亚马逊官网（此处实际显示网址链接）+[使用 Amazon.com 的私钥加密的同一条消息的摘要]。

浏览器使用 Amazon 的公钥解密摘要，并创建一个摘要。如果两者匹配，则验证成功。然后浏览器就会随机生成一个密钥，使用 Amazon 的公钥对它加密。这个随机密钥用于加密和解密后续的消息。换句话说，一旦 Amazon 通过了身份验证，就使用对称加密技术，因为它比非对称加密技术更快。除消息之外，双方还会发送消息摘要，以确保消息是完整的和没有修改过的。

现在让我们研究一下如何创建自己的数字证书。

27.7　创建证书

从 2018 年开始，Chrome 浏览器把所有使用 HTTP 而不是 HTTPS 的网站标记为"不安全"。幸运的是，如果正在管理一个网站，可以从 Let's Encrypt 免费获得一个 SSL/TLS 证书。

可以用 Java 工具 KeyTool（见 27.8 节）来生成配对的公钥和私钥。公钥通常包含在一个证书中，因为证书是分发公钥的更可信的方式。证书使用私钥签名，这个私钥是与包含在证书中的公钥相对应的。这叫自签名证书（self-signed certificate）。换句话说，自签名证书的签名者与证书中描述的主题（subject）相同。

如果人们已经知道签名文档的发送者，那么自签名证书足以对发送者进行身份验证。为了得到更广泛的接收，还需要一个由证书颁发机构（Certificate Authority，CA），比如 VeriSign 和 Thawte 签名的证书。

对于传统的证书颁发机构，读者需要向它们发送读者的自签名证书。CA 对读者进行身份验证之后，他们将给读者颁发一个证书，这个证书将替换读者的自签名证书。在使用 Let's Encrypt 的情况下，读者可以安装一个程序并当场获得证书。

这个新证书也可能是一个证书链。在链的顶部是"根"，即自签名证书。接下来是 CA 颁发的验证读者的证书。如果这个 CA 不够著名，他们会将证书发给一个更大的 CA，该 CA 将验证第一个 CA 的公钥。后一个 CA 也会发送证书，从而形成一个证书链。这个更大的 CA 通常将它们的公钥广泛分布，因此人们可以轻松地对其签名的证书进行身份验证。

Java 提供了一套工具和 API，可用于处理上一节讲过的非对称加密。读者可以用它们完成以下事情。

（1）生成配对的公钥和私钥。然后可以将生成的公钥发送给一个证书颁发者，以获得读者自己的证书。当然，这是要付费的。

（2）将读者的私钥和公钥存储到称为密钥库（keystore）的数据库中。密钥库具有名称并且是用密码保护的。

（3）将其他人的证书存储在同一个密钥库中。

（4）使用读者自己的私钥签名，创建读者自己的证书。然而，这些证书的用途有限。对于实践练习，自签名证书就足够了。

（5）对一个文件进行数字签名。这一点特别重要，因为浏览器只允许那些保存在已签名的 jar 文件中的 Applet 才可以访问资源。经签名的 Java 代码可以向用户保证读者真的是这个类的开发者。如果用户信任读者，他们在运行 Java 类时就不会怀疑了。

现在我们来看一下这些工具。

27.8　KeyTool 程序

KeyTool 程序是一个实用工具，用于创建和维护公钥和私钥以及证书。它随 JDK 一起提供，位于 JDK 的 **bin** 目录中。Keytool 是一个命令行程序。要查阅正确的语法，只需在命令提示符处输入 keytool。下面将提供一些重要功能的示例。

27.8.1 生成配对的密钥

关于在 Java 中生成密钥，首先有几件事情需要注意。

（1）Keytool 会生成一对公钥和私钥，并创建一个使用私钥签名的证书（自签名证书）。还有，证书包含公钥和密钥所在实体的标识。因此，需要提供读者的姓名和其他信息。此名称叫专有名称（distinguished name），包含以下信息：

```
CN= common name, e.g. Joe Sample
OU= organizational unit, e.g. Information Technology
O=organization name, e.g. Brainy Software Corp
L=locality name, e.g. Vancouver
S=state name, e.g. BC
C=country, (two letter country code) e.g. CA
```

（2）读者的密钥将存储在一个名为 keystore 的数据库中。由于密钥库是基于文件和密码保护的，因此未经授权的人不能访问存储在其中的私钥。

（3）如果在生成密钥或执行其他功能时没有指定密钥库，则假定使用默认密钥库。默认密钥库名为.keystore，存储在用户的主目录中，即由 user.home 系统属性定义的目录。例如，在 Windows XP 中，默认密钥库保存在 C:\Documents and Settings\ *userName* 目录中。

（4）密钥库中有以下两种类型的条目。

a. 密钥条目，每个密钥都是一个私钥，伴随对应公钥的证书链。

b. 受信任的证书项，每个证书项包含读者信任的实体的公钥。每个条目也受密码保护，因此有两种类型的密码，一种保护密钥库，另一种保护条目。

（5）密钥库中的每个条目都由唯一的名称或别名标识。在生成密钥对或使用 keytool 执行其他操作时，必须指定别名。

（6）如果在生成密钥对时没有指定别名，则使用 mykey 作为别名。

生成一个密钥对的最短命令如下：

```
keytool -genkeypair
```

执行此命令，将使用默认密钥库，如果用户的主目录中不存在密钥库，则创建一个密钥库。生成的密钥将有一个别名 mykey。接着，将提示读者输入密钥库的密码，并为读者的专有名称提供信息。最后，将提示读者输入该条目的密码。

再次调用 keytool –genkeypair 会导致错误，因为它将再次尝试使用别名 mykey 创建一对密钥并且也使用别名 mykey。

为了指定一个别名，请使用-alias 参数。例如，下面的命令创建了一个使用关键字 email 标识的密钥对：

```
keytool -genkeypair -alias email
```

同样，也使用了默认密钥库。

为了指定一个密钥库，请使用-keystore 参数。例如，下面的命令生成了一个密钥对，并将其存储在 C:\javakeys 目录中名为 myKeystore 的密钥库中：

```
keytool -genkeypair -keystore C:\javakeys\myKeyStore
```

调用程序后，将要求读者输入任务信息。

生成一个密钥对的完整命令是使用 genkeypair、alias、keypass、storepass 和 dname 参数，例如：

```
keytool -genkeypair -alias email4 -keypass myPassword -dname "CN=JoeSample, OU
    =IT, O=Brain Software Corp, L=Surrey, S=BC, C=CA" -storepass myPassword
```

27.8.2　进行认证

虽然可以使用 Keytool 生成一对公钥和私钥以及自签名证书，但是读者的证书只会被已经认识读者的人信任。要获得更广泛的认可，证书需要由 CA 签名，例如 VeriSign、Entrust 或 Let's Encrypt。

如果打算这样做，需要用 Keytool 的 **-certreq** 参数生成证书签名请求（CSR）。语法如下：

```
keytool -certreg -alias alias -file certregFile
```

该命令的输入是 alias 引用的证书，输出是 CSR，CSR 是路径由 certregFile 指定的文件。将这个 CSR 发送给一个 CA，CA 将离线对读者进行身份验证，通常要求读者提供有效的身份信息，例如护照或驾照的复印件。

如果 CA 对读者的凭证满意，他们将向读者发送一个新的证书或包含读者的公钥的证书链。这个新证书将用于替换读者发送的现有证书链（它是自签名的）。一旦收到回复，就可以用 Keytool 的 **importcert** 参数将新证书导入密钥库。

27.8.3　将证书导入密钥库

如果收到来自第三方的签名文档或来自 CA 的回复，就可以将其存储在一个密钥库中。需要为这个证书指定一个容易记住的别名。

要将一个证书导入或存储到密钥库，请使用 **importcert** 参数。语法如下：

```
keytool -importcert -alias anAlias -file filename
```

例如，要将 joeCertificate.cer 文件中的证书导入密钥库，并给它指定一个 brotherJoe 别名，课使用下面的命令：

```
keytool -importcert -alias brotherJoe -file joeCertificate.cer
```

将证书存储在密钥库中有两个好处：首先，读者有一个受密码保护的集中存储库；其次，如果读者已将第三方的证书导入密钥库，就可以很容易地对来自第三方签署的文档进行身份验证。

27.8.4　从密钥库导出证书

可以使用读者的私钥签署一个文档。在签署文档时，要先制作一份文档摘要，然后使用私钥加密摘要，最后发布文档以及加密过的摘要。

如果其他人想对文档进行身份验证，他们必须有读者的公钥。为了安全起见，读者的公钥也需要签名。读者可以自签名，也可以让可信任的证书颁发者签名。

首先要做的是，从密钥库中导出证书并将其另存为一个文件。然后，就可以轻松地分发文件。要从密钥库中提取证书，需要使用 **-exportcert** 参数，并传递别名和包含证书的文件名。

语法如下：

```
keytool -exportcert -alias anAlias -file filename
```

包含证书的文件通常具有.cer 扩展名。例如，提取别名为 Meredith 的证书并将其保存到 meredithcertificate.cer 文件中，使用以下命令：

```
keytool -exportcert -alias Meredith -file meredithcertificate.cer
```

27.8.5 列出密钥库条目

既然有了一个密钥库存储私钥和信任机构颁发的证书，就可以使用 keytool 程序将它列出来，以便查询它的内容。可以使用 **list** 参数来实现：

```
keytool -list -keystore myKeyStore -storepass myPassword
```

同样，如果缺少 keystore 参数，则假定默认密钥库。

27.9 JarSigner 工具

如读者所见，Keytool 是生成和维护密钥的好工具。要签署文档或 Java 类，还需要另一个工具：JarSigner。除签署文档之外，JarSigner 还可以用来验证第三方签署的 **jar** 文件的签名和完整性。

要使用 JarSigner，首先必须将文件打包在一个 jar 文件中——可以用 jar 工具实现（jar 工具的用法参见附录 C）。除了签名 jar 文件，**JarSigner** 还可以用来验证签名的 jar 文件的签名和完整性。下面来看一下这两个功能。

27.9.1 签名 jar 文件

顾名思义，JarSigner 只能用来对 jar 文件签名，一次签一个。因此，如果有一个想要签名的文档，需要首先使用 jar 工具对它进行打包（相关内容参见附录 C）。

下面是 JarSigner 的语法：

```
jarsigner [options] -signedJar newJarFile jarFile alias
```

其中，jarFile 是要签名的 jar 文件的路径，newJarFile 是结果输出。新的 jar 文件与签名的 jar 完全相同，只是在 META-INF 目录下有两个额外的文件。这两个额外的文件是一个签名文件（扩展名为.SF）和一个签名块文件（扩展名为.DSA）。

还可以多次对 jar 文件进行签名，每次使用一个不同的别名。

27.9.2 验证已签名的 jar 文件

验证已签名的 jar 文件包括检查 jar 文件中的签名是否有效，以及签名的文档没有被篡改。可以使用带**-verify** 参数的 **jarsigner** 程序来验证已签名的 jar 文件，其语法如下：

```
jarsigner -verify [options] jarFile
```

其中，jarFile 是要验证的 jar 文件的路径。

jarsigner 程序通过检查.SF 文件中的签名、.SF 文件中每个条目中列出的摘要以及清单中的每个相应部分来验证 jar 文件。

27.10　Java 加密 API

对于初学者来说，理解了公钥加密的概念，并且知道如何生成密钥对和对 jar 文件签名就足够了。然而，Java 提供了更多功能。可以用 Java Cryptography API 以编程方式完成 keytool 能够完成的功能。如果有兴趣了解更多关于 Java 加密技术的知识，建议研究 **javax.crypto** 包。

27.11　小结

本章阐述了安全管理器如何限制 Java 应用程序，以及如何编写策略文件来给应用程序授予权限。它还讨论了非对称密码技术以及 Java 如何实现它。

习题

1. 什么是策略文件？
2. 为什么对称加密技术不适合在互联网上使用？
3. 什么是密钥库？

第 28 章

Java Web 应用程序

Java 有 3 种"官方"技术用于开发 Web 应用程序：Servlet、JavaServer Pages（JSP）和 JavaServer Faces（JSF）。它们不属于 Java Standard Edition（SE）的一部分，而是 Jakarta EE 的成员。在 2017 年 Oracle 将 Java Enterprise Edition（Java EE）所有权转让给 Eclipse Foundation 之后，Java EE 改用新的名称 Jakarta EE。考虑到 Web 应用程序是当今最流行的应用程序，本书将讨论 Servlet 和 JSP。这两种技术都非常复杂，每种都可以单独写一本书，因此仅在这里作简单介绍。如果有兴趣了解更多信息，建议阅读笔者的另一本书：《Servlet & JSP：A Tutorial, Second Edition》（ISBN 9781771970273）。

在这 3 种技术中，Servlet 是核心技术，JSP 和 JSF 都以它为基础。在 Servlet 之后出现的 JSP 并没有使 Servlet 过时。相反，它们在现代 Java Web 应用程序中一起使用。Servlet 4.0 是最新的 Servlet 规范，本章将探讨核心的 Servlet API，并给出几个 Servlet 应用程序示例。我们将在第 29 章中介绍 JSP 的相关内容。

28.1　Servlet 应用程序架构

Servlet 基本上是一个 Java 程序。Servlet 应用程序由一个或多个 Servlet 组成。Servlet 应用程序需要在 Servlet 容器中运行，不能单独运行。Servlet 容器（也称为 Servlet 引擎）将用户的请求传递给 Servlet 应用程序，并将 Servlet 应用程序的响应返回给用户。大多数 Servlet 应用程序至少包含几个 JSP 页面。因此，使用术语"Servlet/JSP 应用程序"来表示 Java Web 应用程序比省略掉 JSP 更恰当一些。

图 28.1 给出了 Servlet/JSP 应用程序的架构。用户使用 Chrome、Edge 和 Firefox 等 Web 浏览器访问 Servlet 应用程序。Web 浏览器被称为 Web 客户端。

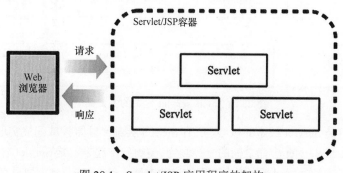

图 28.1　Servlet/JSP 应用程序的架构

在所有 Web 应用程序中，服务器和客户端都使用一种它们双方都非常熟悉的语言：超文本传输协议（HTTP）进行通信。因此，Web 服务器也称为 HTTP 服务器。HTTP 的相关内容参见第 26 章。

　　Servlet/JSP 容器是一种特殊的 Web 服务器，它可以处理 Servlet，也可以提供静态内容。过去，人们更愿意将 Servlet/JSP 容器作为 HTTP 服务器（如 Apache HTTP 服务器）的模块来运行，因为人们认为 HTTP 服务器比 Servlet/JSP 容器更健壮。在这种情况下，Servlet/JSP 容器负责生成动态内容，HTTP 服务器负责提供静态资源。现在，Servlet/JSP 容器已经很成熟，并且不需要 HTTP 服务器就可以广泛部署。Apache Tomcat 和 Jetty 是两种最流行的 Servlet/JSP 容器，且免费、开源。

　　Servlet 和 JSP 是 Jakarta EE 中定义的众多技术中的两种。其他 Jakarta EE 技术包括 Java Message Service (JMS)、Enterprise JavaBeans (EJB)、JavaServer Faces (JSF) 和 Java Persistence。

　　要运行 Jakarta EE 应用程序，需要一个 Jakarta EE 容器，如 GlassFish、WildFly、Apache TomEE、Oracle WebLogic 或 IBM WebSphere。可以在 Jakarta EE 容器中部署 Servlet/JSP 应用程序，但有 Servlet/JSP 容器就足够了，而且它比 Jakarta EE 容器更加轻量化。Tomcat 和 Jetty 都不是 Jakarta EE 容器，因此它们不能运行 EJB 或 JMS，但可以运行 Servlet/JSP 应用程序。

28.2　Servlet API 概述

　　Servlet API 有 4 个包。

　　（1）**javax.servlet**，包含定义 Servlet 和 Servlet 容器之间契约的类和接口。

　　（2）**javax.servlet.http**，包含定义 HTTP Servlet 和 Servlet 容器之间契约的类和接口。

　　（3）**javax.servlet.annotation**，包含用于标注 Servlet、过滤器和监听器的注解。它还为带标注的组件指定元数据。

　　（4）**javax.servlet.descriptor**，包含提供以编程方式访问 Web 应用程序配置信息的类型。

　　本章重点介绍 **javax.servlet** 和 **javax.servlet.http** 包中一些比较重要的成员。

java.servlet 包

　　图 28.2 给出了 **javax.servlet** 包中的主要类型。

图 28.2　**javax.servlet** 包中的主要类型

　　Servlet 接口是 Servlet 技术的核心，所有 Servlet 类都必须直接或间接实现该接口。这个接口定义了 Servlet 和 Servlet 容器之间的一种契约。契约归结起来就是 Servlet 容器承诺将 Servlet 类加载到内存中，并在 Servlet 实例上调用特定的方法。每个 Servlet 类型只有一个实例，它由 Servlet 的所有请求共享。有关详细信息，请参阅 28.3 节。

当用户请求一个 Servlet 时，Servlet 容器将调用 Servlet 的 **service** 方法，并为其传递一个 **ServletRequest** 实例和一个 **ServletResponse** 实例。**ServletRequest** 对象封装了当前 HTTP 请求。**ServletResponse** 对象表示当前用户的 HTTP 响应，用它可以很容易向用户发送响应。

此外，Servlet 容器还创建了一个 **ServletContext** 实例，该实例封装了运行在同一应用程序中的所有 Servlet 的环境。对于每个 Servlet，还有一个 **ServletConfig** 对象，它封装了 Servlet 配置信息。

接下来的几节将详细讨论这些接口。

28.3 Servlet

所有 Servlet 都必须直接或间接地实现 **javax.servlet.Servlet** 接口。**Servlet** 接口定义了 5 个方法：

```
void init(ServletConfig config) throws ServletException

void service(ServletRequest req, ServletResponse res)
        throws ServletException, java.io.IOException

void destroy()

java.lang.String getServletInfo()

ServletConfig getServletConfig()
```

其中，**init**、**service** 和 **destroy** 是生命周期方法。Servlet 容器根据以下规则调用这 3 个方法。

（1）**init**，当 Servlet 第一次被请求时，Servlet 容器将调用此方法。在后续请求中，此方法不会再次被调用。使用这个方法编写初始化代码。当调用这个方法时，Servlet 容器传递一个 **ServletConfig** 对象。通常，将 **ServletConfig** 赋给一个类级变量，这样就可以在 Servlet 类的其他地方使用这个对象。

（2）**service**，Servlet 每次被请求时，Servlet 容器都会调用该方法。应该在这里编写 Servlet 要执行的代码。Servlet 第一次被请求时，容器调用 **init** 方法，如果 **init** 方法成功完成，则调用 **service** 方法。对后续的请求，只调用 **service** 方法。在调用 **service** 方法时，Servlet 容器传递两个对象：一个 **ServletRequest** 对象和一个 **ServletResponse** 对象。

（3）**destroy**，当 Servlet 要被销毁时，Servlet 容器调用该方法。Servlet 容器在卸载应用程序或关闭 Servlet 容器时销毁 Servlet。通常，在该方法中编写一些清理代码。

getServletInfo 和 **getServletConfig** 是 **Servlet** 接口中定义的非生命周期方法。

（1）**getServletInfo**，该方法返回 Servlet 的描述信息，可以返回任何有用字符串，也可以返回 **null**。

（2）**getServletConfig**，该方法返回 Servlet 容器传递给 **init** 方法的 **ServletConfig** 对象。但是，要使 **getServletConfig** 方法能够做到这一点，必须在 **init** 方法中将 **ServletConfig** 对象赋值给一个类级变量。**ServletConfig** 对象的相关内容参见 28.7 节。

需要注意的非常重要的一点是线程安全性。Servlet 容器创建一个 Servlet 实例，该实例将在所有用户之间共享，因此不推荐使用类级别的变量，除非它们是只读的，或是原子变量。

我们将在 28.4 节展示如何实现 **Servlet** 来编写第一个 Servlet 程序。直接实现 Servlet 不是编写 Servlet 的最简单方法。扩展 **GenericServlet** 或 **HttpServlet** 比较容易一些。但是，直接使用 **Servlet** 可使读者熟悉 API 中最重要的成员。

28.4 编写基本的 Servlet 应用程序

编写 Servlet 应用程序非常简单，只需要创建一个目录结构，并将 Servlet 类放在某个目录中。在本节中，读者将学习如何创建一个名为 **app28a** 的简单 Servlet 应用程序。最初它只包含一个 Servlet：**MyServlet**，这个 Servlet 向客户端发送一句问候语。

需要一个 Servlet 容器来运行 Servlet。Tomcat 是一个开源 Servlet 容器，可以免费使用，并且可以运行在任何 Java 平台上。如果还没有安装 Tomcat，现在应该阅读下面的部分并安装 Tomcat。

28.4.1 安装 Tomcat

下载 Tomcat。要运行本章中的示例，需要 Tomcat 7 或更高版本。应该下载最新的 zip 或 gz 格式的二进制发行版。

下载 Tomcat 二进制文件后，解压文件，将在安装目录下看到几个目录，最值得关注的是 **bin** 和 **webapps** 目录。在 **bin** 目录中，可找到启动和停止 Tomcat 的程序。**webapps** 目录很重要，因为 Servlet 应用程序保存在这里。

解压之后，需要设置 **JAVA_HOME** 环境变量，将它设置为 JDK 的安装目录。

对于 Windows 用户来说，最好下载 Tomcat 在 Windows 环境下的安装程序，它更容易安装。

Tomcat 安装完成后，可以运行 **startup.bat**(在 Windows 中)或 **start.sh** 文件(在 Unix/Linux 中)来启动 Tomcat。默认情况下，Tomcat 运行在端口 8080 上，所以可以通过将 Web 浏览器指向下面的地址来测试 Tomcat 是否启动成功：

```
http://localhost:8080
```

28.4.2 编写和编译 Servlet 类

在本地机器上安装好 Servlet 容器之后，下一步是编写和编译 Servlet 类。这个 Servlet 类必须实现 **javax.servlet.Servlet** 接口。本例中的 Servlet 类 **MyServlet** 如清单 28.1 所示。按照惯例，Servlet 类的名称通常以 **Servlet** 作为后缀。

清单 28.1　MyServlet 类

```
package app28a;
import java.io.IOException;
import java.io.PrintWriter;
import javax.servlet.Servlet;
import javax.servlet.ServletConfig;
import javax.servlet.ServletException;
import javax.servlet.ServletRequest;
import javax.servlet.ServletResponse;
import javax.servlet.annotation.WebServlet;

@WebServlet(name = "MyServlet", urlPatterns = { "/my" })
public class MyServlet implements Servlet {
```

```java
    private transient ServletConfig servletConfig;

    @Override
    public void init(ServletConfig servletConfig)
            throws ServletException {
        this.servletConfig = servletConfig;
    }

    @Override

    public ServletConfig getServletConfig() {
        return servletConfig;
    }

    @Override
    public String getServletInfo() {
        return "My Servlet";
    }

    @Override
    public void service(ServletRequest request,
            ServletResponse response) throws ServletException,
                IOException {
        String servletName = servletConfig.getServletName();
        response.setContentType("text/html");
        PrintWriter writer = response.getWriter();
        writer.print("<!DOCTYPE html><html><head></head>"
                + "<body>Hello from " + servletName
                + "</body></html>");
    }

    @Override
    public void destroy() {
    }
}
```

看到清单 28.1 中的源代码，读者首先可能想到的是下面这个注解：

```java
@WebServlet(name = "MyServlet", urlPatterns = { "/my" })
```

WebServlet 注解类型用于标注一个 Servlet 类。可以给 Servlet 命名，并告诉容器访问该 Servlet 的 URL 是什么。**name** 属性是可选的，通常给出 Servlet 类的名称。重要的是 **urlPatterns** 属性，它也是可选的，但它几乎总是存在。一旦存在，**urlPatterns** 指定访问该 Servlet 的一个或多个 URL 模式。在 **MyServlet** 中，**urlPatterns** 用于告诉容器，使用 **/my** 模式来访问这个 Servlet。

注意，URL 模式必须以一个正斜杠（/）开头。

MyServlet 中的 **init** 方法将传递给该方法的 **servletConfig** 对象赋值给类级的私有临时变量 **servletConfig**。

```java
private transient ServletConfig servletConfig;

@Override
public void init(ServletConfig servletConfig)
        throws ServletException {
    this.servletConfig = servletConfig;
}
```

如果打算在 Servlet 内部使用传递来的 **ServletConfig**，则只需将它赋给一个类级变量即可。

service 方法向浏览器发送一个字符串 "Hello from MyServlet"。每当容器接收到对该 Servlet 的 HTTP 请求时，都会调用该方法。

要编译这个 Servlet，必须在类中导入该类所使用的 Servlet API 类型。Tomcat 包含一个 **servlet-api.jar** 文件，该文件打包了 **javax.servlet** 和 **javax.servlet.http** 包的成员。该 jar 文件位于 Tomcat 安装目录下的 **lib** 目录中。

28.4.3　应用程序目录结构

一个 Servlet 应用程序必须部署在特定的目录结构中。图 28.3 显示了这个应用程序的目录结构。

这个结构顶部的 **app28a** 目录是应用程序目录。在这个应用程序目录下是 **WEB-INF** 目录，**WEB-INF** 目录又有两个子目录。

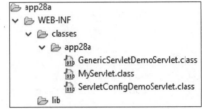

图 28.3　应用程序目录结构

（1）**classes**，Servlet 类和其他 Java 类必须存放在这里。classes 下面的目录反映类的包名。在图 28.3 中部署了一个 **app28a.MyServlet** 类。

（2）**lib**，在这里部署 Servlet 应用程序所需的 jar 文件。Servlet API 的 jar 文件不需要部署在这里，因为 Servlet 容器已经有了它的副本。在这个应用程序中，**lib** 目录是空的，空的 **lib** 目录可以删除。

不应该在应用程序中包含源代码。

一个 Servlet/JSP 应用程序通常还包含 JSP 页面、HTML 文件、图像文件和其他资源。这些内容应该放在应用程序目录下，并且通常组织在子目录中。例如，所有图像文件都应该放到 **image** 目录中，所有 JSP 文件都应该放到 **jsp** 目录中，等等。

现在，将应用程序部署到 Tomcat，有多种方法可以做到这一点，最简单的方法是将应用程序目录及其内容复制到 Tomcat 安装下的 **webapps** 目录。其他 Servlet 容器提供了部署应用程序的不同方法。

另外，也可以将应用程序部署为 WAR 文件。WAR 文件是具有 **war** 扩展名的 jar 文件。可以使用 JDK 或其他工具(如 WinZip)附带的 **jar** 程序创建 WAR 文件。创建 WAR 文件后，将其复制到 Tomcat 的 **webapps** 目录中，重新启动 Tomcat，Tomcat 将在启动时自动解压缩 WAR 文件。

在 Tomcat 上部署 Web 应用程序的另一种方法是在 Tomcat 的 **conf** 目录中编辑 **server.xml** 文件，或者部署一个特殊的 XML 文件。

28.4.4　访问 Servlet

启动或重启 Tomcat，并将浏览器指向以下 URL（假设 Tomcat 被配置为监听其默认端口 8080）：

```
http://localhost:8080/app28a/my
```

输出结果应该与图 28.4 所示的类似。

图 28.4　来自 MyServlet 的响应

28.5　ServletRequest

对每个 HTTP 请求，Servlet 容器都创建一个 **ServletRequest** 实例，该实例封装了关于请求的信息，并将该对象传递给 Servlet 的 **service** 方法。

下面是 **ServletRequest** 接口中的一些方法。

```
public int getContentLength()
```

返回请求体的字节数。如果长度未知，方法返回−1。

```
public java.lang.String getContentType()
```

返回请求体的 MIME 类型，如果类型未知，方法返回 null。

```
public java.lang.String getParameter(java.lang.String name)
```

返回指定名的请求参数的值。

```
public java.lang.String getProtocol()
```

返回此 HTTP 请求协议的名称和版本。

getParameter 是最重要的方法。此方法通常用来返回 HTML 表单字段的值。在 28.10 节中，我们将学习如何检索表单字段值。

getParameter 方法还可以用来获取查询字符串的值，例如，如果使用这个 URI 访问一个 Servlet：

```
http://domain/context/servletName?id=123
```

就可以用以下语句从 Servlet 中检索出参数 **id** 的值：

```
String id = request.getParameter("id");
```

如果参数不存在，**getParameter** 方法返回 null。

除了 **getParameter**，还可以用 **getParameterNames**、**getParameterMap** 和 **getParameterValues** 来检索表单字段名和值，以及查询字符串的值。有关如何使用这些方法的示例，请参阅 28.10 节。

28.6　ServletResponse

javax.servlet.ServletResponse 接口表示一个 Servlet 响应。在调用 Servlet 的 **service** 方法之前，Servlet 容器也创建一个 **ServletResponse** 对象，并将其作为第二个参数传递给 **service** 方法。**ServletResponse** 对象隐藏了向客户端浏览器发送响应的复杂性。

ServletResponse 最重要的方法是 **getWriter**，该方法将返回 **java.io.PrintWriter** 对象。用该对象向客户发送字符文本。默认情况下，**PrintWriter** 对象使用 ISO-8859-1 编码。

当向客户发送响应时，是将响应作为 HTML 发送的。在发送任何 HTML 标记之前，还需要通过调用 **setContentType** 方法设置响应的内容类型，并传递 "text/ html" 作为参数。这是告诉浏览器内容类型是 HTML 的方式。如果内容类型缺省，在默认情况下，大多数浏览器都会将响应呈现为 HTML。但是，如果不设置响应内容类型，一些浏览器会以纯文本形式显示 HTML 标记。

28.7 ServletConfig

已经看到，当 Servlet 容器初始化 Servlet 时，容器会将一个 **ServletConfig** 对象传递给 Servlet 的 **init** 方法。**ServletConfig** 对象封装了可以传递给 Servlet 的配置信息。如果希望将一个部署与另一个部署不同的动态信息传递给应用程序，这可能非常有用。

ServletConfig 对象的每一条信息都称为一个初始化参数。初始化参数有两个组成部分：键和值。通过使用 **@WebServlet** 的属性或在一个称作部署描述符的配置文件中声明初始化参数，可以将初始化参数传递给 Servlet。在本章后面，我们将学习更多关于部署描述符的内容。

要在 Servlet 中检索初始化参数，需调用 **ServletConfig** 的 **getInitParameter** 方法，**ServletConfig** 是由容器传递给 Servlet 的 **init** 方法的。**getInitParameter** 方法的签名如下：

```
java.lang.String getInitParameter(java.lang.String name)
```

要检索 **contactName** 参数的值，可以这样写：

```
String contactName = servletConfig.getInitParameter("contactName");
```

getInitParameterNames 将返回所有初始参数名的一个 **Enumeration** 对象：

```
java.util.Enumeration<java.lang.String> getInitParameterNames()
```

除了 **getInitParameter** 和 **getInitParameterNames** 方法，**ServletConfig** 还提供了另一个有用的方法 **getServletContext**。使用此方法从 Servlet 内部检索 **ServletContext** 对象。有关此对象的讨论，请参阅 28.8 节。

为了举例说明如何使用 **ServletConfig**，我们将一个名为 **ServletConfigDemoServlet** 的 Servlet 添加到 app28a 应用中。新的 Servlet 由清单 28.2 给出。

清单 28.2　ServletConfigDemoServlet 类

```
package app28a;
import java.io.IOException;
import java.io.PrintWriter;
import javax.servlet.Servlet;
import javax.servlet.ServletConfig;
import javax.servlet.ServletException;
import javax.servlet.ServletRequest;
import javax.servlet.ServletResponse;
import javax.servlet.annotation.WebInitParam;
import javax.servlet.annotation.WebServlet;

@WebServlet(name = "ServletConfigDemoServlet",
    urlPatterns = { "/servletConfigDemo" },
```

```
    initParams = {
        @WebInitParam(name="admin", value="Harry Taciak"),
        @WebInitParam(name="email", value="admin@example.com")
    }
)
public class ServletConfigDemoServlet implements Servlet {
    private transient ServletConfig servletConfig;

    @Override
    public ServletConfig getServletConfig() {
        return servletConfig;
    }

    @Override
    public void init(ServletConfig servletConfig)
            throws ServletException {
        this.servletConfig = servletConfig;
    }

    @Override
    public void service(ServletRequest request,
            ServletResponse response)
            throws ServletException, IOException {
        ServletConfig servletConfig = getServletConfig();
        String admin = servletConfig.getInitParameter("admin");
        String email = servletConfig.getInitParameter("email");
        response.setContentType("text/html");
        PrintWriter writer = response.getWriter();
        writer.print("<!DOCTYPE html><html><head></head><body>" +
                "Admin:" + admin +
                "<br/>Email:" + email +
                "</body></html>");
    }

    @Override
    public String getServletInfo() {
        return "ServletConfig demo";
    }

    @Override
    public void destroy() {
    }
}
```

从清单 28.2 可以看到，在 **@WebServlet** 的 **initParams** 属性中，将两个初始参数（admin 和 email）传递给 Servlet：

```
@WebServlet(name = "ServletConfigDemoServlet",
    urlPatterns = { "/servletConfigDemo" },
    initParams = {
        @WebInitParam(name="Admin", value="Harry Taciak"),
        @WebInitParam(name="Email", value="admin@example.com")
    }
)
```

可以使用以下 URL 调用 **ServletConfigDemoServlet**：

```
http://localhost:8080/app28a/servletConfigDemo
```

结果如图 28.5 所示。

图 28.5　**ServletConfigDemoServlet** 效果图

　　传递初始参数的另一种方法是使用部署描述符。用部署描述符传递参数很容易，因为部署描述符是一个文本文件，可以在不重新编译 Servlet 类的情况下对它进行编辑。此外，在 @WebServlet 中传递初始化参数会让人觉得不太直观，因为初始参数最初的设计是为了方便传递给 Servlet，即无须重新编译 Servlet 类。

　　部署描述符的相关内容参见 28.11 节。

28.8　ServletContext

　　ServletContext 对象表示 Servlet 应用程序本身。每个 Web 应用程序只有一个上下文（context）。在分布式环境中，同一应用程序可同时部署到多个容器中，每个 Java 虚拟机有一个 **ServletContext** 对象。通过调用 **ServletConfig** 对象的 **getServletContext** 方法可获得 **ServletContext** 对象。

　　ServletContext 存在的主要原因是为了在同一应用程序的资源之间共享公共信息，并支持 Web 对象的动态注册。前者是通过在 **ServletContext** 的一个内部 **Map** 中存储对象来实现的。存储在 **ServletContext** 中的对象称为属性（attribute），应用程序中的任何 Servlet 都可以访问存储在这里的对象。

　　在 **ServletContext** 中定义了以下方法来处理属性：

```
java.lang.Object getAttribute(java.lang.String name)
java.util.Enumeration<java.lang.String> getAttributeNames()
void setAttribute(java.lang.String name, java.lang.Object object)
void removeAttribute(java.lang.String name)
```

下面的代码在 **ServletContext** 中存储了一个 **List** 列表：

```
List<String> countries = ...
servletContext.setAttribute("countries", countries);
```

28.9　GenericServlet

　　前面的示例展示了如何实现 **Servlet** 接口来编写 Servlet。但可能注意到，即使某些方法不包含代码，也必须为 **Servlet** 中的所有方法都提供实现。此外，需要将 **ServletConfig** 对象保存到类级变量中。

幸运的是，为了简化开发，可以使用 **GenericServlet** 抽象类，它同时实现 **Servlet** 和 **ServletConfig** 两个接口（以及 **java.io.Serializable**），并完成以下任务。

（1）将 **init** 方法中的 **ServletConfig** 对象赋给一个类级变量，以便它能通过调用 **getServletConfig** 获取它。

（2）为 **Servlet** 接口的所有方法提供了默认实现。

（3）提供调用 **ServletConfig** 对象中所有方法的方法。

GenericServlet 通过将它赋给一个类级变量 **servletConfig** 来保存 **ServletConfig** 对象。但是，如果覆盖这个方法，需要调用 Servlet 中的 **init** 方法。要保存 **ServletConfig** 对象，必须在初始化代码之前调用 **super.init(ServletConfig)**。为了帮读者节省这个步骤，**GenericServlet** 提供了另一个不带参数的 **init** 方法，即将 **ServletConfig** 赋给 **servletConfig** 后，第一个 **init** 方法调用该方法：

```
public void init(ServletConfig servletConfig)
        throws ServletException {
    this.servletConfig = servletConfig;
    this.init();
}
```

这意味着，可以通过覆盖无参数的 **init** 方法来编写初始化代码，并且 **GenericServlet** 实例仍然保留 **ServletConfig** 对象。

清单 28.3 的 **GenericServletDemoServlet** 类是清单 28.2 的 **ServletConfigDemoServlet** 的改写。注意，新的 Servlet 扩展了 **GenericServlet** 类，而不是实现 **Servlet** 接口。

清单 28.3　GenericServletDemoServlet 类

```
package app28a;
import java.io.IOException;
import java.io.PrintWriter;
import javax.servlet.GenericServlet;
import javax.servlet.ServletConfig;
import javax.servlet.ServletException;
import javax.servlet.ServletRequest;
import javax.servlet.ServletResponse;
import javax.servlet.annotation.WebInitParam;
import javax.servlet.annotation.WebServlet;

@WebServlet(name = "GenericServletDemoServlet",
    urlPatterns = { "/generic" },
    initParams = {
        @WebInitParam(name="admin", value="Harry Taciak"),
        @WebInitParam(name="email", value="admin@example.com")
    }
)
public class GenericServletDemoServlet extends GenericServlet {

    private static final long serialVersionUID = 62500890L;

    @Override
    public void service(ServletRequest request,
```

```
            ServletResponse response)
            throws ServletException, IOException {
        ServletConfig servletConfig = getServletConfig();
        String admin = servletConfig.getInitParameter("admin");
        String email = servletConfig.getInitParameter("email");
        response.setContentType("text/html");
        PrintWriter writer = response.getWriter();
        writer.print("<!DOCTYPE html><html><head></head><body>" +
                "Admin:" + admin +
                "<br/>Email:" + email +
                "</body></html>");
    }
}
```

可以看到，通过扩展 **GenericServlet** 类，读者不需要覆盖不打算修改的方法，因此拥有了更简洁的代码。在清单 28.3 中，**service** 是唯一被覆盖的方法。此外，不需要自己保存 **ServletConfig** 对象。如果需要访问 **ServletConfig** 对象，简单地调用 **GenericServlet** 的 **getServletConfig** 方法即可。

使用下面的 URL 访问该 Servlet，结果类似于访问 **ServletConfigDemoServlet** 的结果：

```
http://localhost:8080/app28a/generic
```

尽管 **GenericServlet** 是 Servlet 的一个很好的增强，但因为它没有 **HttpServlet** 那么高级，所以用得并不多。实际上，**HttpServlet** 才是实际应用程序中真正使用的类。

28.10 HTTP Servlet

我们编写的 Servlet 应用程序，即便不是都使用 HTTP 通信，也是大部分都使用。**javax.servlet.http** 包中定义了用来编写 HTTP Servlet 应用程序的类和接口。**java.servlet.http** 中的许多成员都是 **javax.servlet** 中的那些成员的覆盖。大多数情况下，将使用 **javax.servlet.http** 中的成员。

图 28.6 显示了 **javax.servlet.http** 中的主要类型。

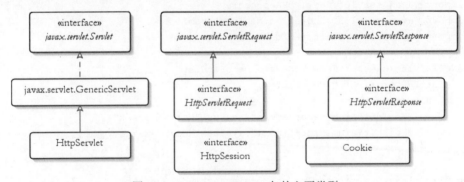

图 28.6 **javax.servlet.http** 包的主要类型

28.10.1 HttpServlet

HttpServlet 类继承 **javax.servlet.GenericServlet** 类。在使用 **HttpServlet** 时，我们还将使

用 **HttpServletRequest** 和 **HttpServletResponse** 对象，用它们分别表示 Servlet 请求和响应。**HttpServletRequest** 接口扩展了 **javax.servlet.ServletRequest** 接口，**HttpServletResponse** 接口扩展了 **javax.servlet.ServletResponse** 接口。

　　HttpServlet 覆盖了 **GenericServlet** 中的 **service** 方法，并添加了另一个具有以下签名的 **service** 方法：

```
protected void service(HttpServletRequest request,
        HttpServletResponse response)
        throws ServletException, java.io.IOException
```

　　新的 **service** 方法与 **javax.servlet.Servlet** 接口中的 **service** 方法之间的区别是，前者接收 **HttpServletRequest** 和 **HttpServletResponse** 参数，而不是 **ServletRequest** 和 **ServletResponse** 参数。

　　通常，Servlet 容器调用 **javax.servlet.Servlet** 中的原始 **service** 方法，该方法在 **HttpServlet** 中的定义如下：

```
public void service(ServletRequest req, ServletResponse res)
    throws ServletException, IOException {
  HttpServletRequest request;
  HttpServletResponse response;
  try {
    request = (HttpServletRequest) req;
    response = (HttpServletResponse) res;
  } catch (ClassCastException e) {
    throw new ServletException("non-HTTP request or response");
  }
  service(request, response);
}
```

　　原始的 **service** 方法将 Servlet 容器中的请求和响应对象分别转换成 **HttpServletRequest** 和 **HttpServletResponse**，并调用新的 **service** 方法。向下转换总是成功的，因为 Servlet 容器在调用 Servlet 的 **service** 方法时总是传递 **HttpServletRequest** 和 **HttpServletResponse** 对象，做好使用 HTTP 的准备。即使是实现 **javax.servlet.Servlet** 或扩展 **javax.servlet.GenericServlet**，也可以将传递给 **service** 方法的请求和响应向下转换为 **HttpServletRequest** 和 **HttpServletResponse**。

　　然后，**HttpServlet** 中新的 **service** 方法检查用于发送请求的 HTTP 方法（通过调用 **request.getMethod**），并据此调用以下方法之一：**doGet**、**doPost**、**doHead**、**doPut**、**doTrace**、**doOptions** 和 **doDelete** 等。每个方法都表示一种 HTTP 方法。**doGet** 和 **doPost** 是最常用的。此外，很少再覆盖 **service** 方法，而是直接覆盖 **doGet** 或 **doPost** 方法，或者同时覆盖 **doGet** 和 **doPost** 方法。

　　总之，**HttpServlet** 中的如下两个特性是 **GenericServlet** 没有的。

　　（1）不是覆盖 **service** 方法，而是覆盖 **doGet**、**doPost** 或两者都覆盖。偶尔可能还覆盖 **doHead**、**doPut**、**doTrace**、**doOptions**、**doDelete** 这几个方法之一。

　　（2）方法参数使用 **HttpServletRequest** 和 **HttpServletResponse**，而不是 **ServletRequest** 和 **ServletResponse**。

28.10.2　HttpServletRequest

HttpServletRequest 表示 HTTP 环境中的 Servlet 请求，它扩展了 **javax.servlet.ServletRequest** 接口，并添加了几个方法，其中有：

```
java. lang.String getContextPath ()
```

返回请求 URI 中表示请求的上下文路径。

```
Cookie[] getCookies()
```

返回一个 Cookie 对象数组。

```
java.lang.String getHeader(java.lang.String name)
```

返回指定的 HTTP 请求头的值。

```
java.lang.String getMethod()
```

返回发出此请求的 HTTP 方法的名称。

```
java.lang.String getQueryString()
```

返回请求 URL 中的查询字符串。

```
HttpSession getSession ()
```

返回与此请求关联的会话对象。如果没有找到，创建一个新的会话对象。

```
HttpSession getSession(boolean create)
```

返回与此请求关联的当前会话对象。如果没有找到且 create 参数为 **true**，创建一个新的会话对象。

28.10.3　HttpServletResponse

HttpServletResponse 表示 HTTP 环境中的 Servlet 响应。下面是其中定义的一些方法。

```
void addCookie(Cookie cookie)
```

将一个 Cookie 添加到此响应对象中。

```
void addHeader(java.lang.String name, java.lang.String value)
```

将一个响应头添加到此响应对象中。

```
void sendRedirect(java.lang.String location)
```

发送将浏览器重定向到指定位置的响应代码。

28.10.4　编写一个 HTTP Servlet

扩展 **HttpServlet** 与继承 **GenericServlet** 类似。不同的是，不需要覆盖 **service** 方法，而是覆盖 **HttpServlet** 类的 **doGet** 或 **doPost** 方法。

本章附带的 **app28b** 应用程序包含一个 Servlet，它呈现一个 HTML 表单并处理表单提交。

该 Servlet 如清单 28.4 所示。

清单 28.4　FormServlet 类

```java
package app28b;
import java.io.IOException;
import java.io.PrintWriter;
import java.util.Enumeration;
import javax.servlet.ServletException;
import javax.servlet.annotation.WebServlet;
import javax.servlet.http.HttpServlet;
import javax.servlet.http.HttpServletRequest;
import javax.servlet.http.HttpServletResponse;

@WebServlet(name = "FormServlet", urlPatterns = { "/form" })
public class FormServlet extends HttpServlet {
    private static final long serialVersionUID = 54L;
    private static final String TITLE = "Order Form";

    @Override
    public void doGet(HttpServletRequest request,
            HttpServletResponse response)
            throws ServletException, IOException {
        response.setContentType("text/html");
        PrintWriter writer = response.getWriter();
        writer.println("<!DOCTYPE html>");
        writer.println("<html>");
        writer.println("<head>");
        writer.println("<title>" + TITLE + "</title></head>");
        writer.println("<body><h1>" + TITLE + "</h1>");
        writer.println("<form method='post'>");
        writer.println("<table>");
        writer.println("<tr>");
        writer.println("<td>Name:</td>");
        writer.println("<td><input name='name'/></td>");
        writer.println("</tr>");
        writer.println("<tr>");
        writer.println("<td>Address:</td>");
        writer.println("<td><textarea name='address' "
                + "cols='40' rows='5'></textarea></td>");
        writer.println("</tr>");
        writer.println("<tr>");
        writer.println("<td>Country:</td>");
        writer.println("<td><select name='country'>");
        writer.println("<option>United States</option>");
        writer.println("<option>Canada</option>");
        writer.println("</select></td>");
        writer.println("</tr>");
        writer.println("<tr>");
        writer.println("<td>Delivery Method:</td>");
        writer.println("<td><input type='radio' " +
                    "name='deliveryMethod'"
                + " value='First Class'/>First Class");
        writer.println("<input type='radio' " +
                    "name='deliveryMethod' "
                + "value='Second Class'/>Second Class</td>");
```

```java
        writer.println("</tr>");
        writer.println("<tr>");
        writer.println("<td>Shipping Instructions:</td>");
        writer.println("<td><textarea name='instruction' "
                + "cols='40' rows='5'></textarea></td>");
        writer.println("</tr>");
        writer.println("<tr>");
        writer.println("<td> </td>");
        writer.println("<td><textarea name='instruction' "
                + "cols='40' rows='5'></textarea></td>");
        writer.println("</tr>");
        writer.println("<tr>");
        writer.println("<td>Please send me the latest " +
                    "product catalog:</td>");
        writer.println("<td><input type='checkbox' " +
                    "name='catalogRequest'/></td>");
        writer.println("</tr>");
        writer.println("<tr>");
        writer.println("<td> </td>");
        writer.println("<td><input type='reset'/>" +
                    "<input type='submit'/></td>");
        writer.println("</tr>");
        writer.println("</table>");
        writer.println("</form>");
        writer.println("</body>");
        writer.println("</html>");
    }

    @Override
    public void doPost(HttpServletRequest request,
            HttpServletResponse response)
            throws ServletException, IOException {
        response.setContentType("text/html");
        PrintWriter writer = response.getWriter();
        writer.println("<!DOCTYPE html>");
        writer.println("<html>");
        writer.println("<head>");
        writer.println("<title>" + TITLE + "</title></head>");
        writer.println("</head>");
        writer.println("<body><h1>" + TITLE + "</h1>");
        writer.println("<table>");
        writer.println("<tr>");
        writer.println("<td>Name:</td>");
        writer.println("<td>" + request.getParameter("name")
                + "</td>");
        writer.println("</tr>");
        writer.println("<tr>");
        writer.println("<td>Address:</td>");
        writer.println("<td>" + request.getParameter("address")
                + "</td>");
        writer.println("</tr>");
        writer.println("<tr>");
        writer.println("<td>Country:</td>");
        writer.println("<td>" + request.getParameter("country")
```

```
                        + "</td>");
        writer.println("</tr>");
        writer.println("<tr>");
        writer.println("<td>Shipping Instructions:</td>");
        writer.println("<td>");
        String[] instructions = request.getParameterValues("instruction");
        if (instructions != null) {
            for (String instruction : instructions) {
                writer.println(instruction + "<br/>");
            }
        }
        writer.println("</td>");
        writer.println("</tr>");
        writer.println("<tr>");
        writer.println("<td>Delivery Method:</td>");
        writer.println("<td>"
                + request.getParameter("deliveryMethod")
                + "</td>");
        writer.println("</tr>");
        writer.println("<tr>");
        writer.println("<td>Catalog Request:</td>");
        writer.println("<td>");
        if (request.getParameter("catalogRequest") == null) {
            writer.println("No");
        } else {
            writer.println("Yes");
        }
        writer.println("</td>");
        writer.println("</tr>");
        writer.println("</table>");
        writer.println("<div style='border:1px solid #ddd;" +
                    "margin-top:40px;font-size:90%'>");

        writer.println("Debug Info<br/>");
        Enumeration<String> parameterNames = request.getParameterNames();
        while (parameterNames.hasMoreElements()) {
            String paramName = parameterNames.nextElement();
            writer.println(paramName + ": ");
            String[] paramValues = request.getParameterValues(paramName);
            for (String paramValue : paramValues) {
                writer.println(paramValue + "<br/>");
            }
        }
        writer.println("</div>");
        writer.println("</body>");
        writer.println("</html>");
    }
}
```

使用下面的 URL 调用 **FormServlet**：

```
http://localhost:8080/app28b/form
```

在浏览器中输入 URL 将调用 Servlet 的 **doGet** 方法，读者将在浏览器中看到一个 HTML
表单，如图 28.7 所示。

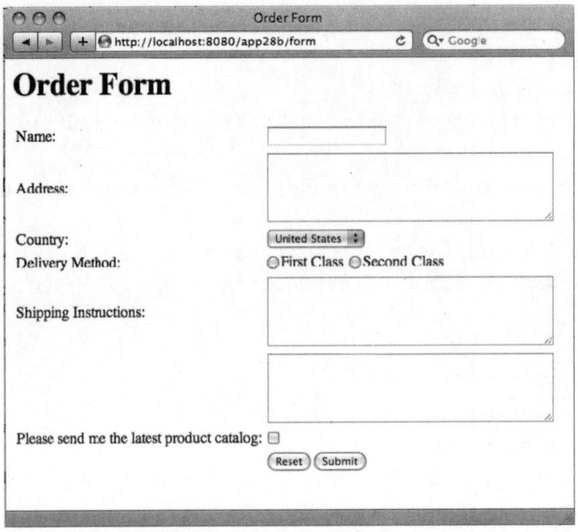

图 28.7　空的订单表单

如果查看 HTML 源代码，读者会发现一个带有如下 post 方法的表单：

```
<form method='post'>
```

提交表单将调用 Servlet 的 **doPost** 方法。因此，将在浏览器中看到向表单输入的值。图 28.8
显示了提交订单表单的结果。

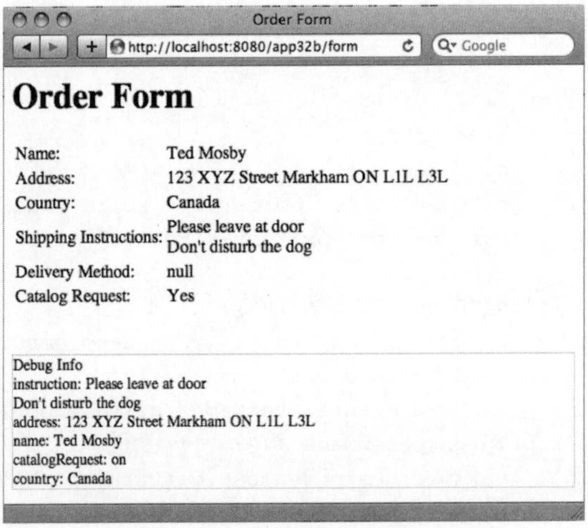

图 28.8　提交订单表单后得到的结果

28.11　使用部署描述符

如前面的示例所见，编写和部署 Servlet 应用程序很容易。部署的一个方面是将 Servlet 映
射到一个路径。在示例中，使用 **WebServlet** 注解类型将 Servlet 映射到一个路径。还有另一种
方法可以实现这点，即使用部署描述符（deployment descriptor）。在本节中，将介绍如何使用
部署描述符配置应用程序。

app28c 应用程序包含两个 Servlet：**SimpleServlet** 和 **WelcomeServlet**，它们演示了如何使
用部署描述符映射 Servlet。清单 28.5 和清单 28.6 分别给出了 **SimpleServlet** 和 **WelcomeServlet**

代码。注意，这里 Servlet 类都没有使用**@WebServlet** 注解部署。

清单 28.5　SimpleServlet 类

```
package app28c;
import java.io.IOException;
import java.io.PrintWriter;
import javax.servlet.ServletException;
import javax.servlet.http.HttpServlet;
import javax.servlet.http.HttpServletRequest;
import javax.servlet.http.HttpServletResponse;
public class SimpleServlet extends HttpServlet {

    private static final long serialVersionUID = 8946L;

    @Override
    public void doGet(HttpServletRequest request,
            HttpServletResponse response)
            throws ServletException, IOException {
        response.setContentType("text/html");
        PrintWriter writer = response.getWriter();
        writer.print("<!DOCTYPE html><html><head></head>" +
                "<body>Simple Servlet</body></html>");
    }
}
```

清单 28.6　WelcomeServlet 类

```
package app28c;
import java.io.IOException;
import java.io.PrintWriter;
import javax.servlet.ServletException;
import javax.servlet.http.HttpServlet;
import javax.servlet.http.HttpServletRequest;
import javax.servlet.http.HttpServletResponse;

public class WelcomeServlet extends HttpServlet {

    private static final long serialVersionUID = 27126L;

    @Override
    public void doGet(HttpServletRequest request,
            HttpServletResponse response)
            throws ServletException, IOException {
        response.setContentType("text/html");
        PrintWriter writer = response.getWriter();
        writer.print("<!DOCTYPE html><html><head></head>"
                + "<body>Welcome</body></html>");
    }
}
```

清单 28.7 给出了 app28c 的部署描述符，其中包括这两个 Servlet 的映射信息。部署描述符必须命名为 **web.xml**，并保存在应用程序的 **WEB-INF** 目录中。

清单 28.7　部署描述符

```xml
<?xml version="1.0" encoding="ISO-8859-1"?>
<web-app xmlns="http://java.sun.com/xml/ns/javaee"
    xmlns:xsi="http://www.w3.org/2001/XMLSchema-instance"
    xsi:schemaLocation="http://java.sun.com/xml/ns/javaee
        http://java.sun.com/xml/ns/javaee/web-app_3_0.xsd"
    version="3.0">

    <servlet>
        <servlet-name>SimpleServlet</servlet-name>
        <servlet-class>app28c.SimpleServlet</servlet-class>
        <load-on-startup>10</load-on-startup>
    </servlet>

    <servlet-mapping>
        <servlet-name>SimpleServlet</servlet-name>
        <url-pattern>/simple</url-pattern>
    </servlet-mapping>

    <servlet>
        <servlet-name>WelcomeServlet</servlet-name>
        <servlet-class>app28c.WelcomeServlet</servlet-class>
        <load-on-startup>20</load-on-startup>
    </servlet>

    <servlet-mapping>
        <servlet-name>WelcomeServlet</servlet-name>
        <url-pattern>/welcome</url-pattern>
    </servlet-mapping>
</web-app>
```

　　使用部署描述符有很多优点。首先，可以包含在 **@WebServlet** 中没有相应内容的元素，比如 **load-on-startup** 元素。这个元素表示在应用程序启动时加载 Servlet，而不是在第一次访问 Servlet 时加载它。使用 **load-on-startup** 意味着对 Servlet 的第一次访问不会比后续访问花费更长的时间。如果 Servlet 的 **init** 方法需要花费一定时间才能完成，那么这尤其有用。

　　使用部署描述符的另一个优点是，如果需要更改配置值，比如 Servlet 路径，则不需要重新编译 Servlet 类。此外，也可以将 Servlet 初始化参数传递给它，并可以在无须重新编译 Servlet 类的情况下修改它们。

　　部署描述符还允许覆盖 Servlet 注解中指定的属性值。如果 Servlet 上的 **WebServlet** 注解在部署描述符中也有声明，那么注解将不起作用。但是，如果注解在应用程序中没在部署描述符中声明，而在注解中声明了，则注解仍然有效。这意味着，可以在一个应用程序中同时使用注解和部署描述符声明 Servlet。

图 28.9　带有部署描述符的 **app28c** 目录结构

　　图 28.9 显示了 **app28c** 的目录结构。这个目录结构与 **app28a** 的目录结构没有太大区别。唯一的区别是 **app28c** 在 **WEB-INF** 目录中有一个 **web.xml** 文件（部署描述符）。

　　既然在部署描述符中声明了 **SimpleServlet** 和 **WelcomeServlet** 类，就可以使用下面的 URL 来访问它们：

```
http://localhost:8080/app28c/simple
http://localhost:8080/app28c/welcome
```

28.12　小结

　　Servlet 是 Jakarta EE 技术的一部分。Servlet 在一个 Servlet 容器中运行，容器和 Servlet 之间的契约采用 **javax.servlet.Servlet** 接口的形式。**javax.servlet** 包还提供了 **GenericServlet** 抽象类，这是一个方便的类，可以扩展它来编写 Servlet。然而，大多数现代 Servlet 都在 HTTP 环境中运行，因此扩展 **javax.servlet.http.HttpServlet** 类更方便。**HttpServlet** 类是 **GenericServlet** 的一个子类。

习题

1. **java.servlet.Servlet** 接口的 3 个生命周期方法是什么？
2. **javax.servlet.ServletResponse** 接口中的 **getWriter** 方法与 **getOutputStream** 方法之间的主要区别是什么？读者更经常使用这两种方法中的哪一种？
3. 请列举出 **javax.servlet** 包中的 4 个接口和 **javax.servlet.http** 包中的 3 个接口。

第 29 章

JavaServer Pages

从第 28 章可以看到，Servlet 有两个缺点无法克服。第一个缺点是，在发送响应时，所有 HTML 标记都必须包含在字符串中，这使得发送 HTTP 响应成为一项乏味的工作。第二个缺点是，所有文本和 HTML 标记都是硬编码的，因此，对应用程序表示层的细小的更改（如更改页面背景颜色）都需要 Servlet 重新编译。

JavaServer Pages（JSP）解决了上述两个问题。但是，JSP 并不是要取代 Servlet，而是对 Servlet 进行了补充。现代 Java Web 应用程序需要同时使用 Servlet 和 JSP。在编写本书时，JSP 的最新版本是 2.3。

29.1 JSP 概述

JSP 页面本质上是一个 Servlet，但是使用 JSP 页面比使用 Servlet 更容易，原因有两点。首先，JSP 页面不需要编译。其次，JSP 页面是扩展名为 **jsp** 的文本文件，可以使用任何文本编辑器来编写。

JSP 页面是在 JSP 容器中运行的。Servlet 容器通常也是 JSP 容器。例如，Tomcat 是一个 Servlet/JSP 容器。第一次请求 JSP 页面时，JSP 容器要做下面两件事。

（1）将 JSP 页面转换为 JSP 页面实现类。该类必须实现 **javax.servlet.Servlet** 接口。转换的结果依赖于 JSP 容器。类名也与 JSP 容器有关。不必担心这个实现类或它的名称，因为永远不需要直接使用它。如果存在转换错误，则向客户机发送一条错误消息。

（2）如果转换成功，JSP 容器将编译实现类，然后加载并实例化它，并像 Servlet 的正常生命周期一样来执行这个 JSP 实现类。

对于同一个 JSP 页面的后续请求，JSP 容器要检查 JSP 页面自上次被转换以来是否已被修改过。如果是，则重新转换、重新编译并执行；如果不是，则执行已经在内存中的 JSP Servlet。这样，第一次调用 JSP 页面的时间总是比随后的请求要长，因为它涉及转换和编译。要解决这个问题，可以执行以下操作之一。

（1）配置应用程序，以便在应用程序启动时调用所有 JSP 页面（以便转换和编译），而不是等到第一个请求才调用。

（2）预编译 JSP 页面，并将它们以 Servlet 的方式进行部署。

JSP 提供一个由 3 个包组成的 API。但是，在使用 JSP 时，通常不会直接使用这个 API，而是使用 Servlet API 中的类和接口。但是，需要熟悉 JSP 页面的语法。

JSP 页面可以包含模板数据和语法元素。这里，语法元素是一些具有特殊意义的 JSP 转换符。例如，"<%" 是一个元素，它表示 JSP 页面中 Java 代码块的开始。"%>" 也是一个元素，它是 Java 代码块的结束符。除语法元素之外，其他的都是模板数据。模板数据按原样发送到浏览器，例如，JSP 页面中的 HTML 标记和文本是模板数据。

清单 29.1 给出了一个名为 **welcome.jsp** 的 JSP 页面，它向客户发送"Welcome"字符串。注意，与清单 28.1 中的 Servlet 相比，对于做同样的事情，JSP 页面是多么简单。

清单 29.1　welcome.jsp 页面

```
<!DOCTYPE html>
<html>
<head><title>Welcome</title></head>
<body>
Welcome
</body>
</html>
```

此外，JSP 应用程序部署也更简单。JSP 页面被编译成 Servlet 类，但是 JSP 不需要在部署描述符中注册或映射。可以通过输入页面的名称来访问部署在应用程序目录中的每个 JSP 页面。图 29.1 显示了本章附带的 JSP 应用程序 **app29** 的目录结构。

应用程序 **app29** 的结构非常简单，它只有一个 JSP 页面。它只包含一个 **WEB-INF** 目录和一个 **welcome.jsp** 页面。**WEB-INF** 目录为空。该应用甚至不需要部署描述符。

图 29.1　app29 目录结构

可以使用下面的 URL 访问 **welcome.jsp** 页面：

```
http://localhost:8080/app29/welcome.jsp
```

注意　添加新 JSP 页面时不需要重新启动 Tomcat。

清单 29.2 显示了如何使用 Java 代码生成动态页面。清单 29.2 中的 **todaysDate.jsp** 页面显示了今天的日期。

清单 29.2　todaysDate.jsp 页面

```
<%@page import="java.time.LocalDate"%>
<%@page import="java.time.format.DateTimeFormatter"%>
<%@page import="java.time.format.FormatStyle"%>
<!DOCTYPE html>
<html>
<head><title>Today's date</title></head>
<body>
<%
  LocalDate today = LocalDate.now();
  String s = today.format(DateTimeFormatter.ofLocalizedDate(FormatStyle.LONG));
  out.println("Today is " + s);
%>
</body>
</html>
```

todaysDate.jsp 页面将字符串"Today is"，字符串后接当天的日期（以长日期的格式，如 2018 年 8 月 30 日）发送到浏览器。

有两点需要注意。第一，Java 代码可以出现在页面的任何位置，并由 <% 和 %> 包围。第二，为了从 Java 代码导入要使用的类型，可使用 **page** 指令的 **import** 属性。<%…%> 块和 **page** 指令都将在本章稍后进行讨论。

使用下面的 URL 访问 **todaysDate.jsp** 页面：

```
http://localhost:8080/app29/todaysDate.jsp
```

29.2 jspInit、jspDestroy 及其他方法

如前所述，JSP 被转换成 Servlet 源文件，然后编译成 Servlet 类。JSP 页面主体或多或少地转换为 **Servlet** 的 **service** 方法。但是，在 Servlet 中是用 **init** 和 **destroy** 方法来编写初始化和清理代码。如何在 JSP 页面中覆盖这些方法呢？

在 JSP 页面中有如下两个类似的方法。

（1）**jspInit**，该方法类似于 **Servlet** 中的 **init** 方法。在初始化 JSP 页面时调用 **jspInit**，区别是 **jspInit** 不接收参数。仍然可以通过 **config** 隐含对象获得 **ServletConfig** 对象（见 29.3 节）。

（2）**jspDestroy**，该方法类似于 **Servlet** 中的 **destroy** 方法，在 JSP 页面即将被销毁时调用。

JSP 页面中的方法定义包含在<%!和% >中。清单 29.3 显示了 **lifeCycle.jsp** 页面，演示了如何覆盖 **jspInit** 和 **jspDestroy** 方法。

清单 29.3 lifeCycle.jsp 页面

```
<%!
    public void jspInit() {
        System.out.println("jspInit ...");
    }
    public void jspDestroy() {
        System.out.println("jspDestroy ...");
    }
%>
<!DOCTYPE html>
<html>
<head><title>jspInit and jspDestroy</title></head>
<body>
Overriding jspInit and jspDestroy
</body>
</html>
```

使用下面的 URL 访问该 JSP 页面：

```
http://localhost:8080/app29/lifeCycle.jsp
```

第一次调用 JSP 页面时，将在控制台上看到 "jspInit…"，当 Tomcat 关闭时，将看到 "jspDestroy…"。

<%!...%>代码块可以出现在 JSP 页面的任何位置，并且在一个页面可以有多个<%!...%>块。还可以使用<%!...% >块编写其他方法，然后从 JSP 页面内部调用这些方法。

29.3 隐含对象

使用 **javax.servlet.Servlet** 中的 **service** 方法，可以得到一个 **HttpServletRequest** 和一个

HttpServletResponse 对象，还可得到 **ServletConfig** 对象（传递给 **init** 方法）和 **ServletContext**
对象。此外，可以通过调用 **HttpServletRequest** 对象上的 **getSession** 方法来获得 **HttpSession**
会话对象。

在 JSP 中，通过 JSP 隐含对象检索这些对象。表 29-1 列出了所有可用的隐含对象。

表 29-1　JSP 隐含对象

对象	类型
request	javax.servlet.http.HttpServletRequest
response	javax.servlet.http.HttpServletResponse
out	javax.servlet.jsp.JspWriter
session	javax.servlet.http.HttpSession
application	javax.servlet.ServletContext
config	javax.servlet.ServletConfig
pageContext	javax.servlet.jsp.PageContext
page	javax.servlet.jsp.HttpJspPage
exception	java.lang.Throwable

例如，**request** 隐含对象表示 Servlet/JSP 容器传递给 Servlet 的 **service** 方法的请求对象，
类型为 **HttpServletRequest**。可以像使用 **HttpServletRequest** 对象的变量一样使用 **request**。例
如，下面的代码从 **HttpServletRequest** 对象检索 **userName** 参数。

```
<%
    String userName = request.getParameter("userName");
%>
```

隐含对象 **out** 引用一个 **JspWriter** 对象，它类似于从 **HttpServletResponse** 对象的 **getWriter**
方法获得的 **java.io.PrintWriter**。可以像使用 **PrintWriter** 对象一样调用它的 **print** 重载方法来
向浏览器发送消息。

```
out.println("Welcome");
```

清单 29.4 的 **implicitObjects.jsp** 页面演示了一些隐式对象的用法。

清单 29.4　implicitObjects.jsp 页面

```
<%@page import="java.util.Enumeration"%>
<!DOCTYPE html>
<html>
<head><title>JSP Implicit Objects</title></head>
<body>
<b>Http headers:</b><br/>
<%
    for (Enumeration e = request.getHeaderNames();
            e.hasMoreElements(); ) {
        String header = (String) e.nextElement();
        out.println(header + ": " + request.getHeader(header) +
                "<br/>");
    }
%>
<hr/>
```

```
<%
    out.println("Buffer size: " + response.getBufferSize() + "<br/>");
    out.println("Session id: " + session.getId() + "<br/>");
    out.println("Servlet name: " + config.getServletName() + "<br/>");
    out.println("Server info: " + application.getServerInfo());
%>
</body>
</html>
```

尽管可以通过 **response** 隐含对象获取 **HttpServletResponse** 对象，但是不需要设置内容类型。默认情况下，JSP 编译器将每个 JSP 的内容类型设置为 **text/html**。

page 隐含对象表示当前 JSP 页面，JSP 页面作者通常不会使用它。

29.4 JSP 语法元素

要编写 JSP 页面，需要熟悉 JSP 语法，而不是 JSP API。JSP 语法元素有 3 种类型：指令、脚本元素和动作。本章将讨论指令和脚本元素。

29.4.1 指令

指令（directive）是针对 JSP 转换器的指示，说明如何将 JSP 页面转换成 Servlet 实现类。JSP 2.1 中定义了几个指令，本章只讨论了最重要的两个：**page** 指令和 **include** 指令。其他未涉及的指令包括 **taglib**、**tag**、**attribute** 和 **variable** 等。

1. page 指令

可以使用 **page** 指令来指示 JSP 转换器如何转换当前 JSP 页面的某些特征。例如，可以告诉 JSP 转换程序应该为 **out** 隐含对象所使用的缓冲区大小、要使用什么内容类型、要导入什么 Java 类型，等等。

page 指令的语法如下：

```
<%@ page attribute1="value1" attribute2="value2" ... %>
```

这里，@和 **page** 之间的空格是可选的，attribute1、attribute2 等是页面指令的属性。**page** 指令有 13 个属性。

（1）**import**，指定该页面 Java 代码导入和使用的类型。例如，指定 **import="java.util.ArrayList"** 将导入 **ArrayList** 类。可以使用通配符*导入整个包，例如 **import="java.util.* "**。要导入多个类型，可以使用逗号分隔两个类型，例如 **import="java.util.ArrayList,java.nio.file.Files, java.io.PrintWriter"**。以下包中的类型都是隐式导入的：**java.lang**、**javax.servlet**、**javax.servlet.http**、**javax.servlet.jsp**。

（2）**session**，值为 **true** 表示该页面参与会话管理，值为 false 表示不参与会话管理。默认情况下，该值为 **true**，这表示如果会话实例不存在，使用 **javax.servlet.http.HttpSession** 创建一个会话实例。

（3）**buffer**，指定输出对象 **JspWriter** 的缓冲区大小，以千字节为单位，后缀 **kb** 必须有。默认缓冲区大小为 8kb 或更多，这取决于 JSP 容器。也可以将该属性设置为 **none**，表示不使用任何缓冲，这将导致所有输出直接写到相应的 **PrintWriter** 对象。

（4）**autoFlush**，如果值为 **true**（默认值），则表示缓冲区满时应自动刷新缓冲输出。值为 **false** 表示仅在调用响应对象的 **flush** 方法时才刷新缓冲区。因此，在缓冲区溢出的情况下将抛出异常。

（5）**isThreadSafe**，表明页面中实现的线程安全级别。建议 JSP 作者不要使用这个属性，因为它可能导致生成包含不推荐代码的 Servlet。

（6）**info**，指定生成的 Servlet 的 **getServletInfo** 方法的返回值。

（7）**errorPage**，表明将处理此页面中错误的页面。

（8）**isErrorPage**，表明此页面是否为错误页面处理程序。

（9）**contentType**，指定此页面的响应对象的内容类型。默认情况下，其值为 **text/html**。

（10）**pageEncoding**，指定此页面的字符编码。默认情况下，该值为 **ISO-8859-1**。

（11）**isELIgnored**，表明是否忽略 EL 表达式。EL 是表达式语言（expression language）的缩写，本章对此不作讨论。

（12）**language**，指定此页面中使用的脚本语言。默认情况下，它的值是 **java**，这是 JSP 2.0 中唯一的有效值。

（13）**extends**，指定此 JSP 页面的实现类必须扩展的超类。这个属性很少使用，使用时应该特别谨慎。

page 指令可以出现在页面的任何位置，除非它包含 **contentType** 属性或 **pageEncoding** 属性，因为必须在发送任何内容之前设置内容类型和字符编码。

page 指令也可以多次出现。但是，出现在多个 **page** 指令中的相同属性必须具有相同的值。**import** 属性是一个例外。出现在多个 **page** 指令中的 **import** 属性的效果是累积的。例如，下面的 **page** 指令同时导入了 **java.util.ArrayList** 和 **java.nio.file.Path** 两个类型：

```
<%@page import="java.util.ArrayList"%>
<%@page import="java.nio.file.Path"%>
```

它们的效果与下面指令的效果相同：

```
<%@page import="java.util.ArrayList, java.nio.file.Path"%>
```

再举个例子，下面是另一条 **page** 指令：

```
<%@page session="false" buffer="16kb"%>
```

2. include 指令

可以用 **include** 指令在当前 JSP 页面中包含另一个文件的内容。可以在 JSP 页面中使用多个 **include** 指令。如果一个特定的内容被不同的页面使用，或者被一个页面在不同的地方使用，那么将该内容模块化到一个包含文件中是非常有用的。

include 指令的语法如下：

```
<%@ include file="url"%>
```

此处，**@** 和 **include** 之间的空格是可选的，url 表示 include 文件的相对路径。如果 url 以正斜杠（/）开头，则它被解释为服务器上的绝对路径；如果没有，则将其解释为相对于当前 JSP 页面。

JSP 转换器通过用包含文件的内容替换包含指令来转换 **include** 指令。换句话说，如果已经编写了清单 29.5 中的 **copyright.html** 文件：

清单 29.5　copyright.html 包含文件

```
<hr/>
©copy;2015 BrainySoftware
<hr/>
```

并且在清单 29.6 中写好了 **main.jsp** 页面：

清单 29.6　main.jsp 页面

```
<!DOCTYPE html>
<html>
<head><title>Including a file</title></head>
<body>
This is the included content: <hr/>
<%@ include file="copyright.html"%>
</body>
</html>
```

在 **main.jsp** 页面中使用 **include** 指令，与以下 JSP 页面的效果是相同的。

```
<!DOCTYPE html>
<html>
<head><title>Including a file</title></head>
<body>
This is the included content: <hr/>
<hr/>
©copy;2015 BrainySoftware
<hr/>
</body>
</html>
```

要使上面的 **include** 指令起作用，**copyright.html** 文件必须与 **include** 页面位于同一个目录中。

29.4.2　脚本元素

使用脚本元素将 Java 代码插入 JSP 页面。脚本元素有 3 种类型：scriptlet、声明和表达式。将在下面的小节中讨论它们。

1. scriptlet

scriptlet 是一段 Java 代码。scriptlet 以"<%"标记开始，以"%>"标记结束。在本章中，读者已经看到了 scriptlet 的用法。作为另一个例子，考虑清单 29.7 的 JSP 页面。

清单 29.7　使用 scriptlet

```
<%@page import="java.util.Enumeration"%>
<!DOCTYPE html>
<html>
<head><title>Scriptlet example</title></head>
<body>
<b>Http headers:</b><br/>
<%
    for (Enumeration e = request.getHeaderNames();
```

```
            e.hasMoreElements(); ) {
        String header = (String) e.nextElement();
        out.println(header + ": " + request.getHeader(header) +
                "<br/>");
    }
    String message = "Thank you.";
%>
<hr/>
<%
    out.println(message);
%>
</body>
</html>
```

清单 29.7 的 JSP 页面有两段脚本。注意，在 scriptlet 中定义的变量对它下面的其他脚本是可见的。

scriptlet 的第一行代码可以与 "<%" 标记位于同一行，而 "%>" 标记与最后一行代码位于同一行，这是合法的。然而，这会导致页面的可读性较差。

2. 表达式

表达式（expression）可以进行计算，并将其结果返回给 **out** 隐含对象的 **print** 方法。表达式以 "<%=" 开始，以 "%>" 结束。例如，下面的代码中有一个表达式：

```
Today is <%=java.time.LocalDate.now().toString()%>
```

注意，表达式后面没有分号。对该表达式，JSP 容器首先计算 **java.time.LocalDate.now(). tostring()**，然后将结果传递给 **out.print()**。这与编写以下脚本相同：

```
Today is
<%
    out.print(java.time.LocalDate.now().toString());
%>
```

3. 声明

可以声明在 JSP 页面中使用的变量和方法。声明要放在<%!和% >之间。例如，清单 29.8 显示了一个 JSP 页面，它声明了一个名为 **getTodaysDate** 的方法。

清单 29.8　使用声明

```
<%!
    public String getTodaysDate() {
        return java.time.LocalDate.now().toString();
    }
%>
<!DOCTYPE html>
<html>
<head><title>Declarations</title></head>
<body>
Today is <%=getTodaysDate()%>
</body>
</html>
```

29.5 处理错误

JSP 很好地支持错误处理。Java 代码可以使用 **try** 语句来处理，但是也可以指定一个页面，当应用程序中的任何页面遇到未捕获异常时，将显示这个页面。在这种情况下，用户将看到一个设计良好的页面，解释发生了什么，而不是一条让他们皱眉的错误消息。

使用 **page** 指令的 **isErrorPage** 属性，可以使 JSP 页面成为错误页面。**isErrorPage** 属性的值必须为 **true**。清单 29.9 给出了这样一个错误处理页面。

清单 29.9　errorHandler.jsp 页面

```
<%@page isErrorPage="true"%>
<!DOCTYPE html>
<html>
<head><title>Error</title></head>
<body>
An error has occurred. <br/>
Error message:
<%
  out.println(exception.toString());
%>
</body>
</html>
```

需要防止未捕获异常的其他页面必须使用 **page** 指令的 **errorPage** 属性，将错误处理页面的路径作为值。例如，清单 29.10 中的 **buggy.jsp** 页面使用了清单 29.9 中的错误处理程序。

清单 29.10　buggy.jsp 页面

```
<%@page errorPage="errorHandler.jsp"%>
Deliberately throw an exception
<%
  Integer.parseInt("Throw me");
%>
```

如果运行 **buggy.jsp** 页面，它将抛出异常。但是，读者不会看到 Servlet/JSP 容器生成的错误消息。相反，将显示 **errorHandler.jsp** 页面的内容。

29.6 小结

JSP 是构建 Web 应用程序的第二种技术。JSP 是在 Servlet 之后出现的，是为了补充 Servlet，而不是要取代它。精心设计的 Java Web 应用程序通常会同时使用 Servlet 和 JSP。

本章对 JSP 进行了简要介绍。

习题

1. JSP 解决了 Servlet 技术中的两个什么问题？
2. 为什么编写 JSP 比编写 Servlet 更容易？

第 30 章

模块

Java 模块系统是 Java 9 中添加的最新特性。模块对相关的包和资源进行分组，并由一个描述符进行描述。描述符指定模块的名称，列出它的依赖项，以及说明哪些包对外部用户可用。

本章将讨论 Java 模块系统，并解释如何创建 Java 模块，自定义自己的 JRE 并为 Windows 创建一个本机部署程序。

30.1 概述

Java 模块系统的起源可以追溯到 Project Jigsaw，它是几个 JDK 增强建议（JEP）的项目总称，目的是在 Java 中引入模块化。这个项目很复杂，范围也很广，它错过了两个 JDK 版本（JDK 7 和 JDK 8），并且在长时间的推迟之后才被包括在 JDK 9 中。本节将解释 Java 模块系统对 Java 开发人员和用户的深远影响。

Java 模块系统解决了大型 Java 应用程序的两个主要需求：可靠的配置和强封装。关于可靠的配置，Java 模块系统允许 Java 组件指定其所有依赖项（成功运行所需的组件）。在 Java 9 之前，Java 程序使用类路径作为查找所需 Java 类的机制。由于 Java 类是延迟加载的（也就是说，就在它们即将被使用的时候），应用程序已经运行才发现它的一个依赖项不能找到，那就已经太晚了。

就强封装而言，Java 模块系统允许程序员完全隐藏外部组件不能访问的类型。在 Java 9 之前，反射可以用来用私有构造方法实例化类并调用私有方法。换句话说，在引入 Java 模块系统之前，只应用了弱封装。

除了带来可靠的配置和强封装，Java 模块系统还带来了以下 3 个好处。

（1）一个可扩展的平台。Java 模块系统将整个 Java 核心库拆分成更小的部分，使分发 Java 应用程序更容易。回想一下，JRE 包含一个标准 Java 库，其中包含来自 Java 的任何内容，从 **java.lang** 包和 **java.util** 包到桌面技术，包括旧的（AWT 和 Swing）和新的（JavaFX）技术。在 Java 9 之前，所有这些 API 都放在一个名为 **rt.jar** 的文件中。即，rt 表示运行时。经过 20 年的发展，**rt.jar** 文件在 Windows 的 JRE 8 中已经增长到了 53MB。问题是，典型的 Java 程序只使用库的一小部分。因为没有办法分解 **rt.jar** 文件，所以即使是一个小程序，也依赖于整个 **rt.jar**。使用 Java 模块系统，Java 标准库被模块化为大约 70 个 JAR 文件，它们在 JDK 9 及后续版本中存放在 **$JAVA_HOME/jmods** 目录中。**java.base.jmod.jar** 文件包含 Java 基本模块，它必须包含在任何 Java 应用程序中，它的大小只有 18 MB。大多数 Java 应用程序只需要这个 JAR 和其他一些较小的 JAR 文件，所以可以在一个小于 25 MB 的文件中部署一个可运行的 Java

应用程序。这是重大的改进。

（2）大平台的完整性。Java 模块系统通过引入强封装，还限制了对 Java 运行时内部 API 的访问。

（3）性能的提升。当知道一个程序只能访问有限数量的类型，而不能访问整个 Java 库时，在运行时提高性能就变得更容易了。此外，当试图自动完成程序员输入的代码时，IDE 可以缩短搜索时间。当列表较短时，程序员也更容易从可能性列表中选择方法或类型。

30.2　Java 标准模块

模块的数量随着 Java 版本的不同而不同。Java 11 版有大约 70 个模块，其中包括 Java 的标准模块（名称以 java.开头）和非标准模块。

一些重要的标准模块包括 **java.base**、**java.desktop**（包含旧的 GUI 技术 AWT 和 Swing）、**java.logging**、**java.se**、**java.se.ee**、**java.sql** 和 **java.xml**。流行的非标准模块包括所有针对 JavaFX 的模块，比如 **javafx.base**、**javafx.controls**、**javafx.fxml** 和 **javafx.graphics**，还包括那些以 **jdk** 开头的模块，如 **jdk.compiler**、 **jdk.httpserver** 及 **jdk.jartool**。

如果要创建自己的 JRE，那么读者的 JRE 可能只包含应用程序使用的模块。可以使用 **java** 程序和--list-modules 参数列出特定于平台的模块：

```
java --list-modules
```

要使此命令工作，必须把 java 工具包含在读者自定义的 JRE 中。

除了 **java.base**，所有模块都定义了对其他模块的依赖关系。**java.base** 模块是基本模块，包含 **java.lang**、**java.util**、**java.time**、**java.io**、**java.nio** 及 **java.math** 等核心包。所有其他模块都依赖于 **java.base**。如果在 Java API 文档中查看模块的描述，将看到该模块所依赖的其他模块。例如，图 30.1 显示了 **java.sql** 模块及其依赖。

图 30.1 说明了 **java.sql** 模块依赖于 **java.logging** 和 **java.xml** 模块，这两个模块又依赖于 **java.base** 模块。

还有聚合器模块，聚合器模块不包含自己的包，相反，它在逻辑上对其他几个模块进行了分组。聚合器模块的例子包括 **java.se** 和 **java.se.ee**。

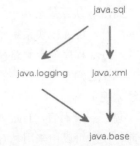

图 30.1　java.sql 模块及其依赖

30.3　创建模块应用程序

模块化应用程序（modular application）是使用 Java 模块系统的 Java 应用程序。相反，非模块化应用程序是不使用模块的 Java 应用程序。在 Java 9 之前创建的所有 Java 应用程序都是非模块化的。Java 9 或更高版本允许编写模块化和非模块化应用程序。

编写模块化应用程序与编写非模块化应用程序并没有太大的区别。实际上，只需要在源目录中创建一个名为 **module-info.java** 的模块描述符。模块描述符将编译成输出目录中的 **module-info.class** 文件。图 30.2 显示了一个简单的模块化应用程序。注意，在 **src** 下有一个 **module-info.java** 文件。

模块描述符的语法如下：

```
module moduleName {
    requires ...;
    requires ...;

    exports ...;
    exports ...;
}
```

模块名在整个系统中必须是唯一的。与命名 Java 包一样，最好使用域名的反转作为模块名的前缀。例如，如果域名是 example.com，请使用 **com.example.desktop** 或 **com.example.util** 作为模块名。

requires 语句指定模块所依赖的模块。任何模块对 **java.base** 的依赖都是隐含的，因此不需要在模块描述符中编写 **requires java.base**。exports 语句指定模块中的一个包，希望该包对其他模块可访问。

称一个模块需要另一个模块为读取另一个模块。可读性可能是传递的，也可能不是传递的。假设模块 A 读

图 30.2 模块化应用程序结构

取模块 B，模块 B 读取模块 C。如果可读性是传递的，模块 A 也读取模块 C。在 Java 模块系统中，可读性不是传递的，这也就意味着模块 A 不读取模块 C。

导出包使包对其他任何模块可用。然而，这并不总是读者想要的。可以在导出语句中指定另一个模块，使导出仅被所指定的模块使用。例如，下面的语句使 **com.example.util** 只被 **com.example.desktop** 模块使用，而其他任何模块都不能使用。

```
exports com.example.util to com.example.desktop;
```

如果使用 Java 9 或更高版本编写非模块化程序，那么包将属于一个被称为未命名模块（unnamed module）的特殊模块。未命名的模块还使向后兼容旧的 Java 成为可能。未命名模块可读取所有其他模块。

30.4 创建自包含的应用程序包

自包含的应用程序包含 Java 应用程序和运行程序所需的 JRE。换句话说，用户不需要单独安装 JRE。更重要的是，可以自定义 JRE 并仅包含应用程序所需的模块。例如，一个简单的控制台应用程序加上一个定制的 JRE 可以压缩到一个大小为 8MB 的文件中。一个 JavaFX 应用程序可以压缩到一个大小为 20MB 的文件中。

自包含应用程序只能运行在创建程序包的操作系统上。如果在 Windows 上创建自包含的应用程序包，则应用程序将只在 Windows 上运行。要创建在 Linux 和 macOS 系统上运行的包，必须分别在运行 Linux 和 macOS 的计算机上创建它们。

要创建自包含的应用程序，请使用 jlink 工具对其进行打包。jlink 位于 JDK 的 **bin** 目录中。下面是一个如何使用 jlink 打包控制台应用程序的示例，它不需要外部模块。在本例中，应用程序中唯一的模块称为 hello。图 30.3 显示了 hello 应用程序的目录结构，其中包含一个类

（Main），它仅打印输出"Hello World!"。

　　module-info 文件是空的，因为它只需要 **java.base**：

```
module hello {
 }
```

　　将目录更改为应用程序目录并运行此命令。在本例中，假设输出被编译到 **bin** 目录。

```
>$JDK_HOME\bin\jlink --module-path $JDK_HOME\jmods;bin --add-modules hello --
   output mypackage --launcher start=hello/hello.Main
```

　　命令需要在一行中输入。这里，$JDK_HOME 是 JDK 安装目录。使用的参数含义如下：

（1）**module-path**：Java 标准模块目录和应用程序目录。

（2）**add-modules**：应用程序模块和所有依赖模块。

（3）**output**：包含结果包的目录。

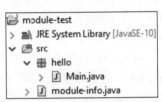

（4）**launcher**：启动应用程序的脚本（Windows 中的批处理文件或 Linux 中的 shello 脚本）。参数的值是 scriptName=mainModule/mainModule. mainClass。

图 30.3　hello 应用程序的结构

　　下面是一个 Windows 的例子：

```
"c:\Program Files\Java\jdk-11\bin\jlink.exe" --module-path
"C:\Program Files\Java\jdk-11\jmods;bin" --add-modules hello --output mypackage
   --launcher start=hello/hello.Main
```

　　该命令创建一个 **mypackage** 目录，该目录包含 5 个子目录。**bin** 子目录包含针对当前操作系统和启动程序文件的支持文件。**lib** 子目录包含一个模块文件和其他依赖项。

　　可以压缩 **mypackage** 目录及其内容，并将 zip 文件分发给用户。要运行应用程序，打开一个终端或命令提示符，进入 **mypackage/bin** 目录，运行启动程序（在本例中是 **start** 或 **start.bat** 文件）。

　　下面是另一个示例，这次是打包一个 JavaFX 应用程序。它与图 30.2 所示的应用程序相同。应用程序的模块名是 **com.example.fxdemo**。它需要两个模块：**javafx.base** 和 **javafx.controls**。以下是模块描述符：

```
module com.example.fxdemo {
    requires javafx.base;
    requires transitive javafx.controls;
    exports com.example;
 }
```

　　要为 fxdemo 创建一个自包含的包，请从应用程序目录运行下面的命令：

```
"C:\Program Files\Java\jdk-11\bin\jlink.exe" --module-path
"C:\Program Files\Java\jdk-11\jmod\;bin" --add-modules
com.example.fxdemo,javafx.base,javafx.controls --output mypackage
--launcher start=com.example.fxdemo/com.example.RotateDemo
```

　　由于这是一个带有 GUI 的 JavaFX 应用程序，因此可以从终端运行该应用程序，或者在 Windows 资源管理器中双击启动程序。

30.5 创建安装程序

我们在 30.4 节介绍了将模块应用程序打包到一个自包含的包中的方法。该包可以作为 zip 文件分发。本节将展示如何使用以下其中一种格式的安装程序（installer）分发自包含的应用程序：

（1）Windows 下的 EXE 或 MSI 文件；

（2）macOS 下的 DMG、PKG 或 mac.appStore 文件；

（3）Linux 下的 RPM 或 DEB 文件。

能够将应用程序部署在一个自包含的应用程序包中非常有吸引力，因为应用程序包将具有与本机应用程序相同的外观和感觉。当然，读者的 Java 应用程序不是本机应用程序，因为它仍然需要 JRE 才能运行。然而，对于外行人来说，它的外观和感觉都是一样的。

要创建安装程序，可以使用 JDK_HOME/bin 目录中的 javapackager 程序。要为 Linux 或 macOS 创建安装程序，不需要外部工具。但如果要创建 Windows 安装程序，还需要 Inno Setup 5.2 或更高版本。Inno Setup 是一个创建 Windows 安装程序的免费程序。

下面是一个关于如何为 fxdemo 应用程序创建 Windows 安装程序的示例。我使用了 javafx-install-test 项目和 Java 10 中的 javapackager 程序，由于某些原因，它们不能与模块化应用程序一起工作。如果尝试针对模块化应用程序使用 javapackager，将看到类似下面的错误：

```
Exception: java.lang.Exception: Error: Modules are not allowed in srcfiles: [.
    \dist\fxdemo.jar].
Error: Bundler "EXE Installer" (exe) failed to produce a bundle.
```

因此，我们从项目中删除了 **module-info.class** 文件。

下面是创建 Windows 安装程序的步骤。

（1）下载并安装 Inno Setup 5.2 或更高版本。

（2）在 PATH 环境变量中添加 Inno Setup。默认情况下 Inno Setup 安装在 C:\Program Files (x86)目录中。

（3）将目录更改为应用程序目录并创建一个可运行的 jar：

```
jar --create --file dist/fxdemo.jar --main-class
com.example.RotateDemo -C bin .
```

将在 **dist** 目录中创建 jar 文件。确保此目录存在于应用程序目录下，否则此步骤将失败。

（4）在一行中执行这个 **javapackager** 命令：

```
javapackager -deploy -native exe -BsystemWide=true -outdir packages -outfile
bin -srcdir dist -appclass com.example.RotateDemo -name FxWithInstaller -title
"Installer Demo"
```

该命令可能需要一分钟左右的时间完成，这取决于计算机的速度。如果一切顺利，将在一个新的 **packages** 目录下看到 **FxWithInstaller-1.0.exe** 安装文件。文件大小约为 40MB。图 30.4 显示了运行该 exe 文件时出现的窗口。

单击 Install 按钮开始安装 FxDemo 程序，将显示图 30.5 所示的窗口。

要在安装后运行程序，请在 Windows 10 系统的搜索框中输入"FxWithInstaller"。

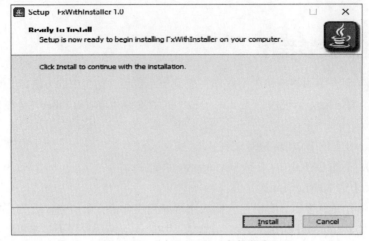

图 30.4　一个 Windows 安装程序

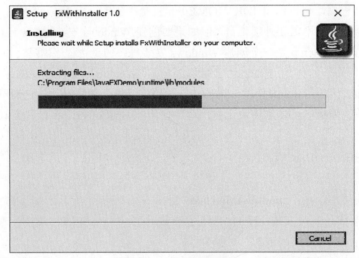

图 30.5　运行安装程序

30.6　小结

本章讨论了 Java 模块系统，并展示了如何使用它，还介绍了如何为应用程序创建自包含的应用程序包和 Windows 安装程序。

习题

1. Java 模块系统的优点是什么？
2. 什么是模块化应用程序？什么是非模块化应用程序？
3. 要创建安装程序，哪个操作系统要求用户使用外部工具？